"十四五"职业教育国家规划教材
高等职业教育农业农村部"十三五"规划教材

果树（南方本）生产技术

郭正兵　吴　红　主编

中国农业出版社
北　京

内容简介

本教材以介绍南方果树实用生产技术为主线、以技能培养为中心。为突出职业教育的特点，本教材根据教学实际精选教学内容，大大缩减了内容篇幅，以适应教学改革的要求。同时，根据果树的生长发育规律以及南方果园田间生产的相关技术来编排知识体系。本教材在对果树生产技术相关理论阐述的基础上，突出了果树生产操作技能的培养。在内容上融入了编者以及其他果树研究人员的科研新成果和新观点，力求符合生产实际，并体现生产技术发展趋势和方向。

本教材可供高等职业院校园艺技术、作物生产与经营管理、现代农业技术、林业技术等专业教学使用，也可供从事果树生产的技术人员参考或作为高素质农民培训用书。

编审人员名单

主　编　郭正兵　吴　红

副主编　刘洪坤　周　敏

编　者　（以姓氏笔画为序）

王其传　王英珍　王鹏凯　方应明　刘　文

刘洪坤　李　菲　李　静　李　霞　吴　红

邹盼红　陈　定　陈丙义　欧高政　周　敏

顾泽辰　郭　强　郭正兵　韩柏明　蔡善亚

审　稿　唐　蓉

前言

本教材根据《国务院关于印发国家职业教育改革实施方案的通知》（国发〔2019〕4号）、《教育部关于职业院校专业人才培养方案制订与实施工作的指导意见》（教职成〔2019〕13号），教育部关于印发《教育信息化“十三五”规划》的通知（教技〔2016〕2号）等有关文件精神，在中国农业出版社的组织下，由高等职业院校教师和行业、企业一线专家等共同编写完成。教材力求体现体例新颖、层次清晰、内容丰富、深入浅出的特点，注重理论知识和实践操作的有机融合，突出应用性和适用性，在保证基本理论和基础知识的基础上，补充生产实践所需的果树生产新知识和新技术，重要知识点、技能点配套了视频、动画等数字资源，以尽可能满足培养高素质农业技术类人才的需要。

同时，为落实立德树人根本任务，教材在编写的过程中一是聘请王其传、方应明等全国著名劳模工匠为教材的参编人员，劳模们在编写教材的同时将“乡村振兴”“绿色生态”“匠心精神”等内容巧妙融入知识体系之中，通过劳模工匠进教材，融德技并修之魂；二是在教材编排上，专设“思政花园”这一栏目，在此栏目中既有全国脱贫攻坚楷模赵亚夫科技兴的感人事迹，又有我国乡村振兴战略的专题介绍，从而使本教材实现了知识技能引领和价值品德引领同向同行。

本教材分上篇和下篇两部分。上篇分5个项目，包括果树分类、果树生长发育规律、果树种苗繁育、果园建立与改造和果园田间管理，每个项目下设学习目标、学习任务、知识拓展、思政花园、复习提高等环节。下篇共12个项目，介绍南方常见果树生产技术，包括葡萄、桃、草莓、梨、蓝莓、火龙果、猕猴桃、柑橘、杨梅、杧果、核桃、香蕉、板栗、百香果等14种南方果树的主要种类、优良品种、生物学特性以及生产技术，各树种以其相关知识与实训内容组成项目，每个项目下设学习目标、生产知识、技能实训、“三新”推荐、“双创”案例和复习提高等环节。这种编写结构既利于开展理实一体化教学，又利于学生强化技能，掌握技术，熟悉知识。

本教材由郭正兵（江苏农林职业技术学院）和吴红（江苏农牧科技职业学院）担任主编，刘洪坤（南充职业技术学院）和周敏（湖南生物机电职业技术学院）担任副主编，编写具体分工如下：郭正兵负责教材总体设计；顾泽辰（江苏农林职业技术学院）、李静（江苏农林职业技术学院）、蔡善亚（江苏农林职业技术学院）和陈定（湖北生物科技职业学院）负责本教材配套数字资源的开发；吴红、王其传（淮安柴米河农业科技股份有限公司）编写上篇项目一果树分类、项目二果树生长发育规律、项目三果树种苗繁育，下篇项目二桃优质生产技术；刘洪坤编写上篇项目四果园建立与改造，下篇项目五蓝莓优质生产技术；周敏、方应明（句容市七彩玉葡萄科技有限公司）编写上篇项目五果园田间管理，下篇项目一葡萄优质生产技术、项目八柑橘优质生产技术；邹盼红（成都农业科技职业学院）编写下篇项目三草莓优质生产技术；王英珍（丽水职业技术学院）、陈丙义（镇江市农业科学院）编写下篇项目四梨优质生产技术；李菲（贵州农业职业学院）编写下篇项目十一核桃优质生产技术、项目十二其他果树优质生产技术中的百香果优质生产技术；李霞（江苏农牧科技职业学院）编写下篇项目十杧果优质生产技术；王鹏凯（苏州农业职业技术学院）编写下篇项目九杨梅优质生产技术；欧高政（福建农业职业技术学院）编写下篇项目六火龙果优质生产技术；韩柏明（江苏农林职业技术学院）、郭强（句容市虎耳山无花果专业合作社）编写下篇项目十二其他果树优质生产技术中的板栗优质生产技术；刘文（广东农工商职业技术学院）编写下篇项目七猕猴桃优质生产技术、项目十二其他果树优质生产技术中的香蕉优质生产技术；唐蓉负责本教材的审稿工作。

本教材在编写过程中，参考、借鉴和引用了部分文献资料，对相关作者一并表示感谢！

限于编者水平，加之时间仓促，教材中不妥或疏漏之处在所难免，敬请读者批评指正。

编　者

2021年6月

目录

·下篇　南方常见果树生产技术·

绪论

果树是一类用来生产可供人们食用的果实或种子的多年生结实植物，是品种本身及其砧木的总称。随着生活水平的日益提高，果品在人们的食物构成中所占的比重越来越大，与此同时，对果树的生产也提出了更高的要求。

一、果树生产技术的概念

果树生产技术是一门以现代生物学理论为基础的综合性应用技术科学。它是运用植物学、植物生理学、植物生物化学、土壤学、肥料学、气象学以及分子生物学等基础科学的研究成果，在研究果树生长发育规律以及果树与环境条件关系的基础上，采用先进的栽培管理方法以实现果树早果、丰产、优质、高效为目的的生产管理过程。果树生产从果树育苗开始，经过建园、树体管理和环境管理直至采收等的一系列生产环节。在果树生产过程中，必须考虑自然规律和经济原则，掌握果品市场信息，做好果品的分级、包装、运输、贮藏加工、销售以及育种和果园综合管理等工作。只有使从生产到消费的各个环节相互衔接流畅，果树生产才能得到顺利发展。

果树生产技术的主要任务是在了解果树生产现状、掌握果树生长发育基本规律的基础上，明确果树生产的各主要环节并掌握关键的栽培技术，进而生产出优质、丰产、低耗、高效的多种果品，以满足国内外市场对干鲜果品及其加工制品的需要。随着科学技术的发展及社会的不断进步，果树生产正在朝着无公害、多花样、多用途、高效益的生态立体果园方向发展。

二、果树生产在国民经济发展中的意义

果树生产是农业生产的重要组成部分，对农业增效和农民增收起着重要作用，尤其当前观光自采果园的出现，使农业增效更为明显。

我国的果品远销美国、加拿大等几十个国家，是我国出口创汇的一大亮点。

果品的营养与保健功能

果品营养丰富，是人们生活中不可缺少的食品。成熟的果实中含有糖、酸、维生素、矿物质等营养物质，经常食用可延年益寿。国外营养学家认为，一个人每年食用70～80kg的水果，才能满足身体健康的需要。

果品具有一定的医疗价值。果实中的纤维素和果胶可使肠胃舒畅，通便排毒，预防血管硬化。果品中所含的蛋白质、脂肪、有机酸、酶类物质（淀粉酶、

脂肪酶、蛋白酶等）及各种色素（叶绿素、类胡萝卜素、类黄酮素、花青素等）不仅是重要的营养物质，还可防止人体内致癌物质的产生。《黄帝内经》中记载“肾宜桃，心宜李，肺宜杏，脾宜栗”，《神农本草经》把大枣列为可以长期食用的滋补上品，近代的医学化验及临床实验使果品的医疗价值得到了充分肯定。

果品除鲜食外还可以制成各种加工品，如果酱、果汁、果酒、果脯、果干、罐头等。果树生产也为其他产业提供丰富的原材料，有些果实的核壳可制成活性炭，树叶、树皮可以提炼鞣酸或染料，许多木材为国防工业、建筑工业和家具的优良材料。

种植果树有助于改善生态，美化环境。果树根系深广，有较强的地域适应性，在沙荒、丘陵、海滩等地区栽植，不仅能增加经济收入，还可以起到增加绿色覆盖面积、防风固沙、调节气候、净化空气、改善生态条件的作用。果树春华秋实，在房屋四周及室内栽植，在供给人们食用的同时，也起到了美化环境的作用。

三、果树的栽培历史及演进过程

我国果树已有 4 000 年以上的栽培历史。在漫长的历史进程中，我国劳动人民对果树生产技术不断改进。我国的果树的栽培历史大体可分为如下 4 个阶段：

1. 果树的原始栽培阶段 这个阶段主要的表现形式为果树的野生栽培管理。

2. 果树的初级栽培阶段 此阶段以公元前 13 世纪（商代）园圃从大田分化出来，园艺开始作为一个部门为标志。此期人们开始从国外引进葡萄、核桃、石榴、桃、榅桲等果树，同时我国的桃、李、杏、枣、柿、梅、柑橘等也向国外传播。这个时期人们发明了果树的嫁接技术及扦插繁殖技术，选育出了莱阳茌梨、砀山酥梨、肥城佛桃、乐陵金丝小枣、上海水蜜桃、洞庭枇杷、温州蜜柑等著名果树品种。我国从唐末至清代共出现了 19 部果树专著。

3. 果树的迅速发展阶段 此阶段以 1908—1909 年北京京师大学堂开设了园艺课程为标志，我国各地方农业大学也相继增设了果树栽培课程。特别是新中国成立后，中国农业科学院成立了兴城果树研究所和郑州果树研究所，各省、市、自治区也都组建了旨在解决本地区果树发展问题及指导果树前沿生产的果树研究所。在此期间，我国果树的科研方向重点放在优良新品种的选育、果树的丰产栽培技术等方面，先后培育出了早酥梨、黄冠梨、绿宝石梨、辽系薄皮核桃、三光油桃、秦冠苹果等一大批果树优良品种，收获了一大批高水平的栽培技术研究成果，如肖克明等研发的“多留长放修剪法”、束怀瑞等开展的“山东省百万亩*苹果幼树优质丰产综合技术开发研究”、刘承晏等研发的“乔砧密植梨树丰产栽培技术”、安宗祥等研发的“梨树优质丰产栽培技术”等。这一时期是我国的果树种植面积和水果年生产总量增长比较迅猛的阶段。

4. 果树的种植面积、产量相对稳定与品质全面提升阶段 此阶段以 1986 年刘承晏等开始进行的梨防虫果实袋研究为标志，在全国掀起了以提高果实外观品质为宗旨的果树有袋栽培研究的高潮。提高果实的综合品质、控制单株及单位面积产量已形成主流，无公害果品、绿色果品、有机果品的生产遍及全国，红富士苹果、富岗苹果、花牛苹果、富硒苹果等各具特色的品牌果品大量涌现出来。

---

* 亩为非法定计量单位，1 亩≈667m^2。——编者注

四、我国果树的生产现状

当前我国果树的生产水平发展很不平衡，虽然一些果园已开始注重果实的内、外品质，城市郊区的不少果园已把绿色有机果品作为自己的生产方向并开始付诸实施，但是由于地域经济差异、果园经营方式的差异以及果园责任制形式的不同，我国的果树还存在着许多亟待解决的问题：

（1）我国果树生产的技术还比较落后，重产量、轻质量的现象还相当普遍，果品在国际市场缺乏足够的竞争力，在国际市场售价较低。

（2）果树生产区域化程度低，绝大多数果树未能实现在生态条件最适宜的地区生产。

（3）树种品种结构不尽合理，苹果，梨、柑橘，香蕉四大树种产量过大，出现相对生产过剩现象，杏、梅、樱桃等部分小杂果种类及产量在某些程度上又不能满足市场的需求。各树种的品种及食用类型也比较单一，生产往往集中在少数的鲜食品种上，一些优良的传统品种丢失严重，专用的加工品种较少。

（4）果实采后商品化处理水平较低，现有的贮藏加工能力与我国果树生产现状不相适应，鲜果的周年供应能力较差。

（5）无公害有机果品生产方式有待于进一步规范，其发展力度有待于进一步加大。

（6）缺乏高效的技术推广体系，产、供、销服务不够到位，加之技术普及不够，致使果树生产整体水平低下，果园之间的管理水平两极分化极其严重。

（7）分散经营，规模小，市场意识差，忽视了对国内、国际市场的有组织开发。

五、果树生产的发展方向

今后一个时期，针对我国果树产业发展的现状和存在问题，果树产业发展要以科学发展观为指导，在不与粮争地的前提下，优化产品结构和丰富果品品种，调整果树产业的结构和布局，引导生产要素向优势产区集中，转变发展方式，发展集约化经营，全面提升产业素质和市场竞争力，促进水果产业持续健康发展和农民持续增收。

有机果品

1. 进一步优化布局及树种、品种结构 选择最适宜区并栽培相应的果树，实行区域化栽培。生产上，进一步调整树种结构，稳定大宗水果，发展小杂果、特有树种；品种上，适当增加早、晚熟品种的比例，错开成熟期，均衡上市；逐步增加设施型、加工型或兼用型新品种；重点开展果树种质资源的收集、保存、利用工作，除了充分挖掘和培育本地优良水果品种外，还要重视果树新品种选育及引进，进行品种改良和更新，实现品种良种化。

2. 重视果树良种苗木产业化工程建设 苗木感染病毒会影响果树生长和发育，严重制约果树生产效益的提高。栽培无病毒苗木既可有效地防止病毒危害，还可显著提高果品质量、产量和效益，因此，实行无病毒栽培是当今世界果树发展的方向，而建立无病毒果园的首要环节是培育无病毒苗木。建立果树无病毒苗木繁殖体系，实现果树良种苗木规范化、规模化和无病毒化生产，为果业发展提供优良健康种苗。

3. 实施水果质量控制与监测技术 加强病虫害防控，严防有害生物扩散蔓延。推行水果综合生产（integrated fruit production，IFP）技术体系，最大限度地减少化学物质的使用，生产出优质、安全的果品。涵盖水果生产全过程的IFP技术体系，主要栽培技术包括矮化密植、简化树形和简化整形修剪，土肥水管理更趋精确化和机械自动化，围绕提高品质的花果管理等一系列措施，还包括采用物理和生物防治措施的病虫害防治手段等内容。

4. 加强采后各产业链的发展，提高果树生产的效益 加强采后商品化处理，如清洗、打蜡、分级、包装等，提高果品的商品性研究或优化集成果品深加工新工艺，提升果品的贮藏及加工能力，提高果品的附加值；加强我国果品生产和市场信息体系平台建设，使生产者和销售者快速、准确获取相关的技术信息和市场信息，确保果树产业获取较高的收益；实行以果品企业为龙头、基地专门化生产为基础、社会化服务为依托的果树产业化的开发，提高果树生产的产业化和组织化程度。

5. 发展果树设施栽培 果树设施栽培，主要是利用温室、塑料大棚或其他设施，改变或控制果树生长的环境条件。果树通过设施栽培，可以实现果实提前或延后成熟或多次结果，从而延长市场供应期、增加果树经济效益；可以为果树提供理想的生长环境，保证果树在生长发育期间得到最理想的管理效果；可以扩大果树的种植范围，使果树生产不受地域限制；有利于控制病虫害传播，生产绿色果品。

6. 发展现代观光果业 观光果业是将果园作为旅游资源进行开发的一种绿色产业，把果树业和旅游业结合在一起，利用农艺景观吸引游客前来体验、观光、休闲、科学考察、求知采购的一种新型农业生产经营形态。现代观光果业建设的类型有标准化栽培示范型、观光果业设施栽培型、盆景果树栽培艺术型、赏新赏奇观光型、果园开放自乐型、科普示范展示型、配套综合开发型。观光果业是未来有发展前景的农业领域，也是农村经济发展的一个新的增长点。

思政花园

中国农耕文明

中国农耕文明

农耕文明是指由农民在长期农业生产中形成的一种适应农业生产、生活需要的国家制度、礼俗制度、文化教育等的文化集合，是人类史上的第一种文明形态。原始农业和原始畜牧业、古人类的定居生活等的发展，使人类从食物的采集者变为食物的生产者，是第一次生产力的飞跃，使人类进入农耕文明。

中国的农耕文明集合了儒家文化及各类宗教文化为一体，形成了自己独特文化内容和特征，其主体包括国家管理理念、人际交往理念以及语言、戏剧、民歌、风俗及各类祭祀活动等，是世界上存在最为广泛的文化集成。

中国几千年的乡土生产、生活方式，孕育了悠久厚重的古代农耕文明。在农耕文明的内部，包蕴着知识、道德、习俗等文化，它们自成体系，维护着传统农业社会有序运行。毫无疑问，农耕文明是继狩猎、游牧时代之后的又一重要阶段，时间跨度最长、内涵组成最充实，从一个侧面塑造着中国的文化精神和民族性格。

农耕文明决定了中华文化的特征。中国的文化是有别于游牧文化的一种文化类型，农业在其中起着决定作用。聚族而居、精耕细作的农业文明孕育了自给自足的生活方式、文化传统、农政思想、乡村管理制度等，与今天提倡的和谐、环保、低碳的理念不谋而合。

历史上，游牧式的文明经常因为无法适应环境的变化，以致突然消失。而农耕文明的地域多样性、历史传承性和乡土民间性，不仅赋予中华文化重要特征，也是中华文化绵延不断、长盛不衰的重要原因。

以渔樵耕读为代表的农耕文明是千百年来中华民族生产生活的实践总结，是华夏儿女以不同形式延续下来的精华浓缩并传承至今的一种文化形态，应时、取宜、守则、和谐的理念已深入人心，所体现的哲学精髓正是传统文化核心价值观的重要精神资源。从思想观念方面来看，农耕文明所蕴含的精华思想和文化品格都是十分优秀的，例如培养和孕育出爱国主义、团结统一、独立自主、爱好和平、自强不息、集体至上、尊老爱幼、勤劳勇敢、吃苦耐劳、艰苦奋斗、勤俭节约、邻里相帮等文化传统和核心价值理念，值得充分肯定和借鉴。中国传统文化中理想的家庭模式是“耕读传家”，即既要有“耕”来维持家庭生活，又要有“读”来提高家庭的文化水平。这种培养式的农耕文明推崇自然和谐，契合中华文化对于人生最高修养的乐天知命原则，“乐天”是知晓宇宙的法则和规律，“知命”则是懂得生命的价值和真谛。崇尚耕读生涯，提倡合作包容，而不是掠夺式利用自然资源，这符合今天的和谐发展理念。

在工业时代、后工业时代乃至信息时代的今天，要振兴乡村文化，我们就应传承延续数千年的农耕文明。在农耕社会的背景下，我国古代人民集体创造了神农文化，并使这种文化适应不同的社会阶段，转化出各种新的形态，从而推动农耕文明的传承和传播。事实上，神农文化以农业本身为出发点，立足于解决农业生产和农民生活，意在满足农业生产和民众精神的双重需要，对民众的深耕细作和日常生活有较强的指导意义。作为农业经济和社会文化共同作用的产物，神农文化曾在传统社会中起着非常重要的作用。

上 篇

果树生产基础知识

项目一 果树分类

学习目标

- 知识目标

了解果树植物学分类；了解我国果树带的划分。

- 技能目标

学会利用果树栽培学分类法对果树进行分类；能阐述各果树带的环境特征。

- 素养目标

具备认真观察的素养和勤于动手的能力；了解我国果树种质资源的多样性，感受我国的农耕文明。

任务一 果树植物学分类

一、我国果树种类与分布

通常，果树是指能生产供人们食用的果实的多年生木本植物。某些多年生常绿草本植物如香蕉、菠萝、草莓等，因常多年生存在同一地点，在栽培上与一般木本果树有较多共性，果实用途也和一般木本果树相同，也归于果树范围。至于一二年生食用果实的植物如瓜类、茄类、豆类等则常归于蔬菜范围。全世界的果树包括野生果树在内约有 60 科 2 800 种，其中较重要的果树约 300 种，主要栽培的果树约 70 种。现有的栽培果树都是由原始野生种进化而来，经人们长期在不同地区、不同气候条件下对野生果树驯化和选育，才获得今日众多的果树优良品种。

作物种质资源保护重要性

我国是世界上原产果树最多的国家，而且从古代开始就非常注重从国外引进新树种，因此，我国拥有世界上绝大多数的栽培果树。我国原产的果树，不少早已输出到世界各国，成为当地主要栽培果树或在当地作为种质资源加以保存利用。

对于我国丰富的果树种质资源，中外学者均曾进行过考察和研究。据《中国果树志》记载，我国现有的果树（包括原产和引入的）约有 50 科，近 300 种。在我国的果树种质资源中，原产于中国的温带果树有白梨、沙梨、秋子梨、杜梨、豆梨、楸子、西府海棠、花红、山定子、中国苹果、桃、李、杏、梅、樱桃、毛樱桃、山楂、木瓜、山葡萄、刺葡萄、猕猴桃、银杏、榛、板栗、枣、核桃、野核桃、山核桃、香榧等，原产于中国的亚热带和热带果树有甜橙、柑、橘、黄皮、枳、柿、君迁子、枇杷、杨梅、荔枝、龙眼、橄榄等。

当前我国果树资源的利用情况，大致可分4类：

1. 广泛作为经济作物栽培，已经成为大宗商品的树种　落叶果树有苹果、花红、梨、葡萄、枣、柿、桃、杏、李、梅、樱桃、板栗、核桃、山核桃、山楂、榛、石榴、银杏、猕猴桃和草莓等，常绿果树有柑橘类、菠萝、香蕉、荔枝、龙眼、枇杷、杨梅、橄榄、杧果、黄皮、阳桃、香榧、椰子、番木瓜和番石榴等。

2. 局部地区有一定栽培面积，具有较大经济效益的树种　如无花果、果桑、树莓、醋栗、木瓜、榅桲、山葡萄、阿月浑子、越橘、番荔枝、西番莲、海枣、人心果、鳄梨、木菠萝、苹婆等。

3. 已引起人们注意，并已进行开发利用的树种　如沙棘、金樱子、小果蔷薇、刺梨、余甘子等含有大量维生素C的野生、半野生果树。

4. 可供同属或近缘树种作砧木，或具有杂交育种用途的树种　如苹果属、梨属、山楂属、桃属、杏属、柑橘属、胡桃属、栗属和柿属中的野生、半野生种以及其他尚待研究利用的野生果树种类。

二、果树植物学分类

果树植物学分类

总的来说，我国主要果树种类资源中仅有少数作商品性栽培，大部分属于正在开发或目前尚未加以利用，或仅作砧木和育种的原始材料。现将我国具有鲜食或加工价值、可作砧木和育种材料的主要果树种质资源及其分布介绍如下：

（一）裸子植物果树

1. 银杏科　该科主要代表果树为银杏，属我国原产，华东、华中、华北、西南、华南各省份均有分布，以江苏、浙江、山东、广西栽培最多，食用果仁。

2. 紫杉科　该科代表树种为香榧，主要分布在浙江，食用种仁。

（二）被子植物果树

1. 猕猴桃科　该科主要代表树种有中华猕猴桃、软枣猕猴桃、硬齿猕猴桃等，主要产于东北、西北、华北、华东、西南各省份，湖南、江西、福建、广西、广东均有分布和栽培。

2. 漆树科　该科共分有腰果属、南酸枣属、人面子属、杧果属、黄连木属、槟榔青属等，在我国南方均有分布。

（1）腰果属。代表树种为腰果，海南、西双版纳、台湾均有栽培，种仁可食或榨油。

（2）南酸枣属。代表树种为南酸枣，广东、广西、福建、四川、云南均有栽培，果可食用。

（3）人面子属。代表树种为人面子等，产于广东、广西、云南，果实加工或药用，也可作绿化树种。

（4）杧果属。代表树种为杧果，华南、西南及台湾均有栽种，具有多个品系和很多品种。

(5) 黄连木属。代表树种为黄连木（楷木），云南、四川、河北、山东、辽宁、广东、广西均有分布，可作阿月浑子的砧木，种仁可食或榨油，嫩叶有芬芳香味可代茶。

(6) 槟榔青属。代表树种为加椰芒（金酸枣）和槟榔青（红酸枣）。金酸枣在福建、台湾少量栽种，果可食用；红酸枣主要分布于海南，有野生和栽培种。

3. 番荔枝科 该科代表品种为番荔枝（佛头果），主要分布于广东、广西、海南等地，果可食用。

4. 酢浆草科 该科代表树种为多叶酸阳桃和阳桃。多叶酸阳桃在台湾有少量种植，广东引入，果极酸，加工调味用；阳桃（五敛子）产于华南各省份，果或酸或甜。

5. 木棉科 代表树种为榴莲，海南有少量栽培，果肉和种子可食。

6. 橄榄科 代表树种为橄榄（白榄），华南、西南及台湾有栽培，果鲜食或加工。

7. 番木瓜科 代表树种为番木瓜（万寿果），产于华南及台湾。

8. 榛科 代表树种为中国榛（平榛、榛子），分布于东北、华北、西北及西南等地，有川榛及滇榛两个变种，种仁可食。

9. 葫芦科 代表树种为油渣果（猪油果），广东、广西、云南均有栽种，种仁可食或榨油。

10. 柿科 代表树种有毛柿、柿、君迁子、油柿等，主产于华中、西南各省份，其中君迁子和油柿可作砧木用。

11. 胡颓子科 代表树种有密花胡颓子，分布于云南及广西南部，果可食用；角花胡颓子产于湖南南部、广东、广西和云南，果酸，生食或药用；南胡颓子产于江西、广东、广西、云南，果鲜食或酿酒。

12. 山毛榉科 代表树种主要有日本栗、锥栗（珍珠栗）、板栗（风栗）、茅栗等，我国南北各地均有分布，其中锥栗在华南、西南地区及浙江、台湾分布较多，多有优良品种，茅栗在生产上多用于砧木，果可食用。

13. 虎耳草科 代表树种为刺果茶藨子（醋栗），品种繁多，果实大小、颜色各异，东北地区及新疆有栽培。

14. 胡桃科

(1) 山核桃属。代表树种为山核桃及长山核桃（薄壳山核桃、美国山核桃）。山核桃在浙江、安徽、贵州等省栽种，食用种仁；长山核桃（薄壳山核桃、美国山核桃）在华东、华中有零星栽培。

(2) 胡桃属。代表树种为野核桃及麻核桃（河北核桃）。野核桃分布于华中、西南地区，主要作砧木，种仁可食；麻核桃（河北核桃）为河北山区野生，果壳极坚厚，几乎无种仁，常作砧木。

15. 桑科

(1) 榕属。代表树种为无花果，山东、江苏、浙江、福建、广东、新疆均有栽培，品种繁多，果食用或加工。

(2) 桑属。代表树种为果桑，西北及中部以南各省份有栽种，以新疆南部、江苏、浙江最多，果可食用。

16. 杨梅科 代表树种为杨梅，江苏、浙江、福建、广东栽培最多，台湾、广西、云南也有栽培，品种繁多，果可食用或加工。

17. 桃金娘科

（1）番樱桃属。代表树种为红果仔（毕当茄、番樱桃），广东、福建有栽培，果鲜食或加工，可作药用。

（2）野凤榴属。代表树种为菲油果，广东、云南有少量栽种。

（3）树番樱属。代表树种为嘉宝果（树葡萄），台湾、广东有栽培，果可鲜食。

（4）番石榴属。代表树种为草莓番石榴，广东、广西、福建、台湾有栽种，果可鲜食或制果浆。

（5）桃金娘属。代表树种为桃金娘（岗稔），在广东、广西、海南野生生长，果可食用。

（6）蒲桃属。代表树种为海南蒲桃，在海南、广东、广西野生生长，果可食用。

18. 石榴科 代表树种为石榴，华北、西北、华东、华中、西南地区有广泛栽培，果供食用或观赏。

19. 鼠李科

（1）枳椇属。代表树种为枳椇（拐枣），北自河北，南至云南、贵州均有分布，果可食用或酿酒。

（2）枣属。南方地区代表树种有滇枣、山枣、小果枣和酸枣。滇枣分布于云南、贵州、广西、西藏等地，山枣分布于云南、四川高山上，小果枣（麻核枣）分布于云南、广西一带，酸枣于华北、西北、华中、华东及四川、贵州等地野生生长。可食用或加工，多用作砧木，类型很多。

20. 蔷薇科

（1）桃属。代表树种较多，主要有山桃、新疆桃、甘肃桃、桃（普通桃）、西藏桃、扁桃及蒙古扁桃，该属中只有普通桃在南方地区有大量栽培，其余均属北方品种。

（2）杏属。代表树种主要有东北杏、梅、西伯利亚杏、杏等树种，其中梅属于亚热带生态型，主要分布在长江以南各省份；杏主要分布于长江以北至黄河流域，南方也有少量栽培，品种繁多。

（3）樱属。该属作为果树栽培的树种主要有3种，即中国樱桃、欧洲甜樱桃和欧洲酸樱桃。供砧木用的有马哈利樱桃、山樱桃、欧李和各种樱桃的杂交种。中国樱桃主要分布于长江流域，北方有少量栽培。

（4）木瓜属。代表树种为木瓜，产于山东、河南、浙江、湖北、陕西等省份，观赏用或入药及加工。另有皱皮木瓜，产于山东、江苏、江西、陕西、甘肃、贵州、四川、云南等省份，果可制果酱或药用。

（5）山楂属。代表树种有野山楂（小叶山楂）、湖北山楂（猴山楂）、山楂（山里红）、红果山楂、云南山楂等，云南、贵州、广东、广西等地均有栽培。

（6）枇杷属。代表树种主要有光叶枇杷、大花枇杷、台湾枇杷和普通枇杷，主要分布于江苏、浙江及西南、华南地区。

（7）草莓属。代表树种为草莓，品种繁多，全国各地均有栽培，目前在我国江苏、浙江等地栽培面积较大。

（8）苹果属。该属主要树种分布于我国北方地区。台湾林檎在我国南方地区有栽培，多分布在广东、广西和台湾等地，可作砧木，果可食；垂丝海棠在江苏、浙江、安徽、陕西、四川和云南有分布，作观赏用；西蜀海棠（川滇海棠），主要分布于云南、四川等地。

（9）李属。代表品种主要有李，品种繁多，适应性强，全国均有分布，浙江为主要产区。

（10）梨属。代表品种主要有杜梨、白梨、豆梨、西洋梨、川梨、褐梨、滇梨、沙梨及秋子梨，在我国南方分布较多的为豆梨、沙梨及滇梨，尤其是沙梨在长江以南至珠江流域栽培面积较广，品种极多。

21. 无患子科

（1）龙眼属。代表树种为龙眼，华南、西南及台湾地区有栽种，品种较多。

（2）荔枝属。代表树种为荔枝，华南、西南及台湾地区有栽种，品种较多。

22. 葡萄科 该科只有一个属，即葡萄属，代表树种有山葡萄、刺葡萄、葛藟葡萄、美洲葡萄、毛葡萄、变叶葡萄（复叶葡萄）、欧洲葡萄，全国各地均有栽培。

任务二 果树栽培学分类

果树种类繁多，特性各异，为了研究和利用方便，常按生长特性、形态特征或果实构造将果树进行归类，即为果树栽培学分类。这种分类属园艺分类方法，虽然不像植物系统分类法那样严谨，但在果树研究及果树栽培上具有实用价值。

果树栽培学分类

一、按照果树植株形态分类

果树按照植株的形态可分为乔木果树、灌木果树、藤本果树、多年生草本果树（表Ⅰ-1-1）。

表Ⅰ-1-1 按照果树植株形态分类

［郭正兵，2019，果树生产技术（南方本）］

分类	主要特征	常见树种
乔木果树	树体高大，通常在2m以上，具有明显的主干	桃、梨、苹果等
灌木果树	树高一般在2m以下，没有明显主干，自地面开始分枝，呈丛状	石榴、无花果等
藤本果树	茎细长蔓生，不能竖立，依靠缠绕或攀缘在支持物上生长	葡萄、猕猴桃等
多年生草本果树	无木质茎，具草本植物形态	草莓、菠萝、香蕉等

二、按照果实构造分类

按照果实来源、结构和果皮性质的不同对果树进行分类（表Ⅰ-1-2）。

表Ⅰ-1-2 按照果实构造分类

［郭正兵，2019，果树生产技术（南方本）］

分类	主要特征	常见树种
仁果类	果实多由花托和子房膨大形成。花托发育成肉质果肉；子房下位，由2～5个心皮构成，子房内壁革质，外、中壁肉质，不易分辨。可食部分主要为花托	梨、苹果等

（续）

分类	主要特征	常见树种
核果类	果实由子房发育而成。子房上位，由 1 个心皮构成，子房外壁形成外果皮，子房中壁发育成肉质的中果皮，子房内壁形成木质化的内果皮（果核），果核内一般有一粒种子。食用部分是中果皮	桃、李、杏等
坚果类	果实的外皮由总苞、花托外壁形成，子房形成坚硬的核壳，外皮与核壳之间的肉质部分由花托形成。核壳内具半隔膜，有种子一粒，种皮膜质。可食部分为肥厚皱褶的子叶	核桃、板栗等
浆果类	果实由子房发育而成。外果皮膜质，中、内果皮柔软多汁。可食部分为中、内果皮。浆果类果实因树种不同，果实构造差异较大	葡萄、柿、猕猴桃等
柑橘类	果实由子房发育而成，为真果。子房上位，由 8～15 个心皮构成。子房外壁发育成具有油胞的外果皮；子房中壁形成白色海绵状中果皮；子房内壁发育成囊瓣，内生囊汁，是食用部分	柑橘、柚、柠檬等
聚复果类	果实均由一个花序发育而成的，食用部分由肉质的花序轴及苞片、花托、子房构成	草莓、树莓、菠萝等

三、按照果树生态适应性分类

1. 寒带果树 如山葡萄、秋子梨、榛、醋栗等。

2. 温带果树 如蓝莓、梨、桃、李、苹果、枣等。

3. 亚热带果树

（1）落叶性亚热带果树。如扁桃、猕猴桃、无花果等。

（2）常绿性亚热带果树。如柑橘类、荔枝、龙眼、杨梅等。

4. 热带果树

（1）一般热带果树。如番荔枝、人心果、番木瓜、香蕉、菠萝等。

（2）纯热带果树。如榴梿、莽吉柿、面包果、可可、槟榔等。

在运用上述果树分类方法时，可根据据需要采用其中一种或综合使用几种方法。在综合使用时，一般以果树冬季叶幕特性为基础配合使用其他的分类方法，如常绿木本果树、常绿浆果类果树、落叶性亚热带果树等。

任务三　果树带

一、果树带的意义

根据果树自然分布与环境条件的一致性规律可以将我国划分为多个果树自然分布地带，这些地带简称为果树带。

果树带反映了果树分布与自然环境条件的关系。如苹果，在温带较多，表明经过自然选择，它已经适应了温带包括温度、湿度、光照、土壤等的环境条件，柑橘也是如此。同时果树带可以作为制定果树发展规划、建立果树生产基地、制定果树增产措施以及引种和育种的理论依据。比如想要成功引种，就必须研究引种地与原产地环境条件以及品种特性，这些差距越小，成功的可能性就越大。目前果树生产中存在着许多盲目性，造成了一些损失。

当然，自然环境条件和果树本身都在不断变化，因此果树带的划分，只能说明现在的果树种类与环境条件的统一关系，不能理解为不可逾越的永久界限。实践证明，通过人工改变遗传特性培育新的品种、改进栽培技术、利用有利的小气候条件或刻意创造优良的生态条件，均可能使原有果树突破其原分布区域，如利用区域小气候、进行温室栽培等。

二、我国果树带的划分

通常所说的南方果树是指长江流域以南区域栽培的果树。根据各地的自然环境条件及果树的分布，可以将我国果树划分为 8 个果树带：①热带常绿果树带；②亚热带常绿果树带；③云贵高原常绿落叶果树混交带；④温带落叶果树带；⑤旱温落叶果树带；⑥干寒落叶果树带；⑦耐寒落叶果树带；⑧青藏高寒落叶果树带。

我国南方地区果树资源主要分布在热带常绿果树带、亚热带常绿果树带及云贵高原常绿落叶果树混交带。

1. 热带常绿果树带 本带处于我国热量最丰富、降水量最多的温热地带。年平均气温 19.3～25.5℃（一般在 21℃以上），7 月平均气温 23.8～29.0℃（多数约 28℃），1 月平均气温 11.9～20.8℃，绝对最低气温大多在－1℃以上，年降水量 32～1 666mm，无霜期 340～365d（大多数终年无霜）。

本带为我国热带、亚热带果树主产区。主要栽培的热带果树有香蕉、菠萝、椰子、杧果、番木瓜等，主要栽培的亚热带果树有柑橘、荔枝、龙眼、橄榄等，此外还有桃、李、沙梨、板栗、柿、梅、乌榄、木菠萝、黄皮、番石榴、番荔枝、阳桃、杨梅、余甘子等。

本带的野生果树资源极为丰富，主要有猕猴桃、锥栗、桃金娘、山草果等。

主要的名产区及品种有广东荔枝、海南椰子、广东新会甜橙、广东梅州沙田柚、广东高州香蕉、台湾菠萝、云南景洪杧果等。

2. 亚热带常绿果树带 本带位于热带常绿果树带以北、云贵高原常绿落叶果树混交带以西，包括江西全省，福建大部，广东和广西北半部，湖南的溆浦以东，浙江宁波，金华以南以及安徽南缘的屯溪、宿松，湖北南缘的广济、崇阳地区。

本带处于我国暖热润湿地带。年平均气温 16.2～21.0 ℃，7 月平均气温 27.7～29.2℃，1 月平均气温 4.0～12.3℃，绝对最低气温－1.1～8.2℃，年降水量 1 281～1 821mm，无霜期 240～331d。

本带主要为亚热带常绿果树，但也有多种落叶果树。本带果树的特点是种类多、品质好。主要栽培果树有柑橘、枇杷、杨梅、黄皮、阳桃等，次要的有桃（南方品种群）、沙梨、李、梅、枣（南方品种群）、龙眼、中国樱桃、石榴、香榧、长山核桃、花红、锥栗、无花果、草莓等。

主要野生果树有湖北海棠、豆梨、毛桃、榛、锥栗、山楂、枳、宜昌橙、蟹橙等。

本带的著名产区和品种有温州蜜柑及本地早橘，江西南丰蜜橘，福建龙眼及枇杷等。

此外还有柑橘类中的枸橼、酸橙、柚、宽皮柑橘、金柑、荔枝、香蕉、阳桃等。

3. 云贵高原常绿落叶果树混交带 本带位于第一带以北、第二带以西，包括云南大部，贵州全部，四川平武、泸定、西昌以东，湖南黔阳、慈利以西，湖北宜昌、郧阳以西以及陕西南部的城固，甘肃南部的文县、武都和西藏的察隅等。

本带所处的地理位置在北纬24°～33°，海拔99～2 109m，地形复杂多变，具明显的垂直地带性气候特点。年平均气温11.6～19.6℃（一般多在15℃以上），7月平均气温18.6～28.7℃，1月平均气温2.1～12.0℃。绝对最低气温0℃（云南镇源县）至－10.4℃（河南西峡），年降水量467mm（甘肃武威）至1 422mm（湖南慈利），无霜期202d（西藏察隅）至341d（贵州罗甸）。

本区主要果树有柑橘、梨、苹果、桃、李、核桃、板栗、荔枝、龙眼、石榴等，其次为香蕉、枇杷、柿、中国樱桃、枣、葡萄、杏、花红、无花果、海棠果等。

野生果树有猕猴桃、余甘子、湖北海棠、丽江山定子、锡金海棠、滇池海棠、三叶海棠、树莓、草莓、豆梨、山楂、山葡萄、野樱桃、杏、枣、君迁子、毛桃、枳、杨梅、胡颓子、锥栗、茅栗、榛、金樱子、乌饭树、芭蕉等。

本带的著名产区和品种有四川米易的杧果、香蕉、番木瓜等，四川江津的锦橙，四川奉节的脐橙，西藏察隅的木瓜、桃、葡萄、甜橙、芭蕉、海棠果等。

知识拓展

果树种质资源的开发与利用

种质是指决定生物遗传性状，并将其遗传信息从亲代传给后代的遗传物质，在遗传学上称为基因。广义而言，也包括具有植物遗传全能性的器官、组织和细胞以至植物个体。更大范围的种质库则是指以种为单位的群体内的全部遗传物质。此外，也有为了把发掘新作物的原始材料包括在内，而采用“植物遗传资源（plant genetic resources）”一词。世界各国对种质资源工作十分重视，为了充分收集利用世界植物种质资源，1974年成立了国际植物遗传资源委员会（IBPGR）的世界性组织，其中设有果树专业部门。美国早在19世纪末，已逐步进行了植物种质资源的调查、收集、保存和研究利用工作，现已设立了国家植物遗传资源局（PGRB），建立了国家植物种质管理系统，并开展了规范化、系列化工作，有许多经验值得我们借鉴。

一、我国果树种质资源概况

中国是世界栽培植物最大的一个起源中心，提供人类有用植物的总数也居第一位，果树种质资源尤其丰富。中国苹果属、梨属、李属种类之多，都居世界首位，许多柑橘类果树也多原产于中国。中国原产的温带果树资源主要有白梨、沙梨、秋子梨、杜梨、豆梨、楸子、海棠果、花红、山定子、桃、李、杏、梅、樱桃、毛樱桃、山楂、木瓜、山葡萄、刺葡萄、猕猴桃、银杏、榛、栗、枣、山核桃、香榧等，亚热带和热带果树有甜橙、柑、香橙、金柑、黄皮、枳、柿、君迁子、枇杷、杨梅、荔枝、龙眼、橄榄等。

中国的果树种质资源为世界果树生产和品种改良做出了不少贡献。如桃、杏、甜橙等已经在世界各地栽培，温州蜜柑和中华猕猴桃分别在日本和新西兰广泛栽培。板栗为美国和欧洲栗的抗病育种材料，沙梨、秋子梨、杜梨为西洋梨的抗火疫病育种材料，山定子、秋子梨和山葡萄分别为苹果、梨和葡萄的抗寒育种材料，枳作为柑橘类抗寒砧木等，都为品种改良提供了极有价值的种质资源。

中国的果树资源普查中，发掘出许多稀有和珍贵的品种，其中有不少丰产、优质、多次结果、穗状结实、无核或核退化等珍贵的种质资源。还陆续发现了野生果树资源，如新疆伊犁河、巩乃斯河沿岸有大片野生苹果林，四川邛崃山区、丹巴、泸定、会理等地有大片的海棠类、梅、樱桃等，广东、广西、海南山区有野生荔枝林，云南西南部有野生龙眼林，湖南怀化、道县有野生柑橘林，云南还先后发现了柑橘大翼橙亚属的新种红河橙的新类型，西南地区发现猕猴桃的种和变种已有近百个。除了栽培品种外，野生种中的果树砧木资源也很重要，它们在抗病、抗虫和扩大风土适应性方面起着很大作用。

二、果树种质资源的开发和利用

果树种质资源的利用可分为直接利用和间接利用。把鉴定筛选出来的优异材料向生产上推广，直接创造经济效益，称为直接利用，如高产、优质、高抗、极早熟、极晚熟种质等都是生产上急需的；间接应用就是把那些优异性状单一，不能直接在生产上推广的材料用于育种工作中，进行品种改良，把优良性状转移到栽培品种中，创造出价值更高、综合性状更好的新品种。

1. 抗性育种 有一些野生果树，不仅可食用、加工产品，还可作嫁接栽培果树的砧木，如平邑甜茶、楸子、新疆野苹果、豆梨、君迁子、酸枣、山桃 、山杏、石楠等，通过嫁接能够提高果树适应性和改善果树生长结果特性。野生果树具有比较强的抗逆性和适应性，具有丰富的基因资源，现代果树产业中，可通过生物育种等技术或将野生树种与栽培树种进行常规杂交，从而利用野生果树的特异性状或基因对栽培品种进行改良。

2. 果品加工 优异果树种质资源为我国发展果品加工业创造了优越的条件。众所周知，只有获得具有良好加工特性的优异果树品种，才能生产和制造出高质量的果品加工品。尽管通过现代加工技术能改善某些果品加工品的色、香、味、形，但并不会改善其营养成分和最初品质，因此，培育和筛选适于加工用的果树品种，成为发展果品加工业的关键。

我国“七五”和“八五”期间，曾对数以千计果树果实的加工性状进行研究，筛选出71个加工性状优良的品种。利用这些果树种质材料开发和生产出的葡萄干、桃干、杏干、李干、荔枝干、龙眼干、柿饼、蜜饯、果冻、果丹皮、话梅、葡萄汁、荔枝汁以及各种水果罐头和酒类等加工品，已规模化进入国内外市场，取得了可观的经济效益和社会效益。随着进一步的开发与研究，还将源源不断有新的加工用品种涌现出来。

3. 野生果树种质资源的利用 我国野生果树种质资源十分丰富，经科学检测，许多野生水果的营养价值（蛋白质、脂肪、糖类、维生素和各种矿质元素等）高于栽培水果，且不同品种各有特色，所含物质多样，具有很高的药用价值。许多野生果树还是栽培果树的优良砧木和抗性育种材料，有的则是重要的观赏、蜜源、药用、香料、油脂和水土保持树种。

思政花园

我国乡村振兴战略

一、乡村振兴战略实施背景

我国乡村振兴战略

乡村振兴战略是习近平同志于2017年10月18日在党的十九大报告中提出的战略。十九大报告指出，农业农村农民问题是关系国计民生的根本性问题，必须始终把解决好“三农”问题作为全党工作的重中之重，实施乡村振兴战略。

中共中央、国务院发布的中央1号文件对新发展阶段优先发展农业农村、全面推进乡村振兴作出总体部署，为做好当前和今后一个时期“三农”工作指明了方向。2018年3月5日，国务院总理李克强在《政府工作报告》中讲到大力实施乡村振兴战略。2018年5月31日，中共中央政治局召开会议，审议《国家乡村振兴战略规划（2018—2022年）》。2018年9月，中共中央、国务院印发了《乡村振兴战略规划（2018—2022年）》，并发出通知，要求各地区各部门结合实际认真贯彻落实。2021年2月21日，《中共中央　国务院关于全面推进乡村振兴加快农业农村现代化的意见》，即中央1号文件发布，这是21世纪以来第18个指导“三农”工作的中央1号文件。2021年2月25日，国务院直属机构国家乡村振兴局正式挂牌。2021年3月，中共中央、国务院发布了《关于实现巩固拓展脱贫攻坚成果同乡村振兴有效衔接的意见》，提出重点工作。2021年4月29日，十三届全国人大常委会第二十八次会议表决通过《中华人民共和国乡村振兴促进法》。

二、乡村振兴战略实施原则

实施乡村振兴战略，要坚持党管农村工作，坚持农业农村优先发展，坚持农民主体地位，坚持乡村全面振兴，坚持城乡融合发展，坚持人与自然和谐共生，坚持因地制宜、循序渐进。

三、乡村振兴战略实施意义

乡村是具有自然、社会、经济特征的地域综合体，兼具生产、生活、生态、文化等多重功能，与城镇互促互进、共生共存，共同构成人类活动的主要空间。乡村兴则国家兴，乡村衰则国家衰。我国人民日益增长的美好生活需要和不平衡不充分的发展之间的矛盾在乡村最为突出，我国仍处于并将长期处于社会主义初级阶段，它的特征很大程度上表现在乡村。全面建成小康社会和全面建设社会主义现代化强国，最艰巨最繁重的任务在农村，最广泛最深厚的基础在农村，最大的潜力和后劲也在农村。实施乡村振兴战略，是解决新时代我国社会主要矛盾、实现“两个一百年”奋斗目标和中华民族伟大复兴中国梦的必然要求，具有重大现实意义和深远历史意义。

复习提高

（1）试对当地果树进行植物学分类。

（2）对照我国各果树带的温度指标，看看所在地区属于哪个果树带。

（3）试对当地果树进行栽培学分类。

项目二
果树生长发育规律

学习目标

• 知识目标

掌握果树营养器官——根、茎、叶的生长发育规律；掌握果树生殖器官——花、果实的生长发育规律；掌握果树对环境条件要求等相关理论知识；了解果树的生命周期及物候期等相关知识。

• 技能目标

能利用所学果树生长发育规律，调控果树花芽形成和发育；能利用果树对环境条件要求等相关理论知识，制定常见果树的栽培管理技术标准；

• 素养目标

具备积极反思的素养和勇于探究的精神；了解自然环境对果树生长发育的重要性，树立尊重自然、顺应自然、保护自然的理念。

任务一　果树营养器官生长发育规律

一、根系

根是植物的一种营养器官，其整体或体系称为根系。根的功能主要是吸收水分、养分和固定植株，还具有输导、合成和贮藏功能。

果树根系

（一）根系类型

根据果树根系的发生及来源，可分为实生根系、茎源根系、根蘖根系3种类型（图Ⅰ-2-1）。

1. 实生根系　实生繁殖和实生砧嫁接的果树，其根系为实生根系。一般主根发达，分布较深，适应力强，个体间差异大，在嫁接后还受地上部分接穗品种的影响。实生根系由种子的胚根发育而成，胚根向下垂直生长形成主根。主根先端原有的中柱组织分生出侧根，称为一级根，依次再分生出各级侧根，构成全部根系。主根和大侧根构成根系的骨架，称为骨干根。骨干根粗而长，色泽深，寿命长，起固定、输导和贮藏作用。主根和各级侧根上着生的细根，统称为须根。须根细而短，大都在营养生长末期死亡，未死亡的发育成为骨干根。

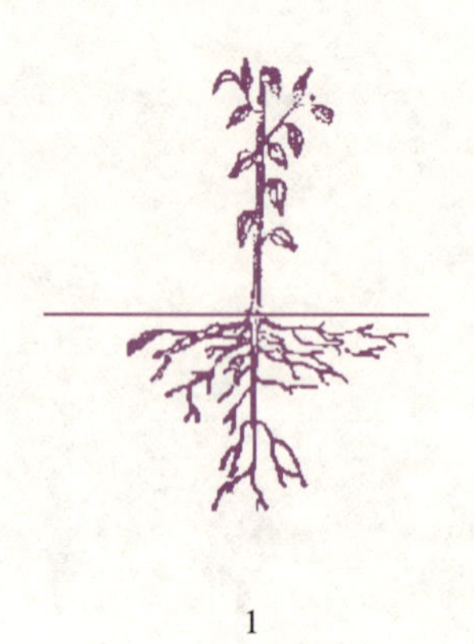
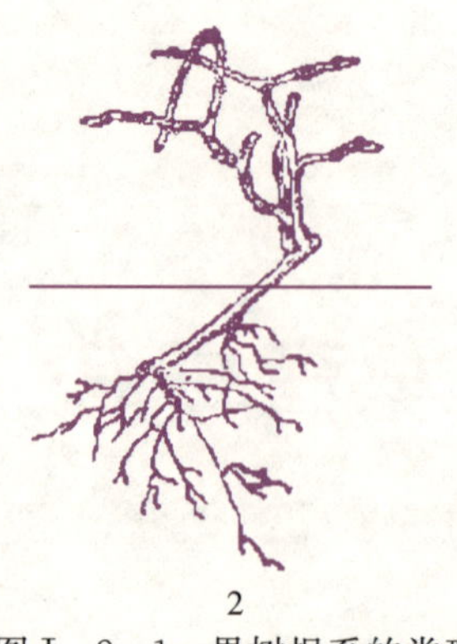
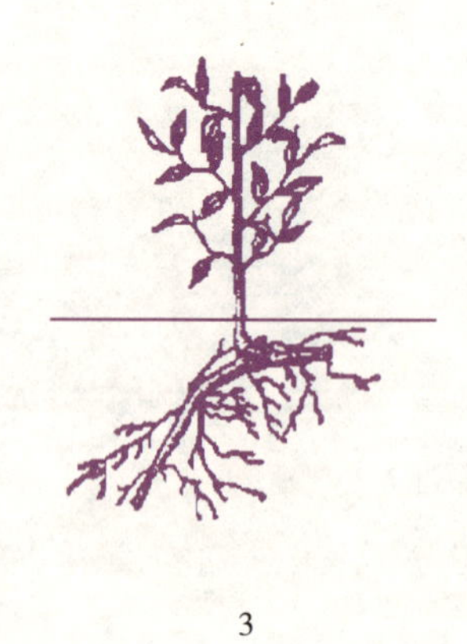

1　　2　　3

图Ⅰ-2-1　果树根系的类型

1. 实生根系　2. 茎源根系　3. 根蘖根系

（李文华，1989，果树学总论）

2. 茎源根系　用扦插、压条繁殖的果树，其根系来源于母体茎部的不定根，称为茎源根系。特点是主根不明显，根系较浅，生活力差，但个体间比较一致。

3. 根蘖根系　在根段上形成不定芽而发育成完整植株，这种根系称为根蘖根系。特点同茎源根系，如樱桃、石榴、枣等的根系。

（二）根系的分布

果树根系在土壤中的分布有明显的层次，一般为2～3层，上层根群角度较大，分枝性强，易受环境条件影响；下层的根群角度较小，分枝性弱，受环境条件影响较小。

与地面近于平行生长的根称为水平根，与地面近于垂直生长的根称为垂直根，水平根与垂直根的综合配置构成根系外貌。水平根的分布范围一般为树冠冠幅的1.5～3.0倍，有的甚至达6倍；垂直根的分布深度一般小于树高，多数果树根系垂直分布范围主要是在20～100cm的土层内。在土壤管理较好的果园，根群的分布主要集中在地表以下10～40cm，所以耕作层和树盘管理至为重要。果树根系的分布因树种、品种、繁殖方法、土壤条件及栽培措施而异。

1. 树种、品种　一般直立性强、生长势旺的树种垂直根深。研究表明，桃、李、杏、樱桃、无花果、香蕉、菠萝等根系分布较浅，属于浅根性果树；苹果、梨、银杏、核桃、柿、板栗等根系分布深，属深根性果树。

2. 繁殖方法　实生果树根系分布深，压条、扦插繁殖的果树根系分布较浅。

3. 土壤条件及栽培措施　土层深厚、地下水位低，根系分布深；土层薄、地下水位高，根系分布浅。根系的生长总是向着疏松、肥沃、含水量适宜、排水通气良好的土壤环境发展，大量的须根多分布在土壤中含氮和矿物盐多、微生物活动最旺盛的土层中，因此，应加深土壤耕作层，提高土壤肥力，改善土壤理化改善，促使根系向深层生长，提高果树对干旱、高温、寒冷等不良条件的抵抗能力。

（三）根系生长

果树根系在年周期中没有自然休眠现象，只要条件适宜，全年都可以生长，吸收根也随时发生。根系在一年中生长具有如下特点：

1. 在年周期中果树根系生长存在着高峰和低谷 在正常情况下，枝梢生长与根系发生是交替进行的，发根的高峰多在枝梢缓慢生长、叶片大量形成之后（图Ⅰ-2-2）。一般成年果树，根系一年有2～3次生长高峰；未结果的幼树，一年有3～4次发根高峰。

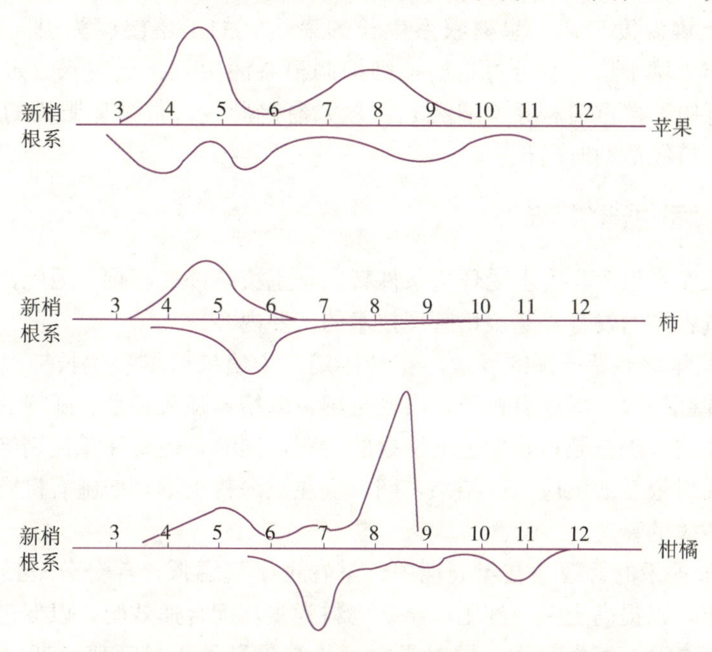

图Ⅰ-2-2 苹果、柿、柑橘新梢和根系生长周期（单位：月）
（李文华，1989，果树学总论）

2. 地上部和根系生长的先后顺序因树的原产地而异 这是由于果树的枝、芽和根系生长对温度要求不同以及不同地区冬春期间土温与气温差异而形成的。一般原产温带寒地的落叶果树如苹果、梨等，根系能在较低温度下进行生命活动，根系往往早于地上部活动；柑橘等亚热带果树，根系活动要求较高温度，则多先萌芽后发根。

3. 根系在不同深度的土层有交替生长的现象 这与土壤温度、湿度和通气状况有关。春季上层土温上升快，上层根系活动早；夏季上层土温过高，根系生长缓慢或停止，中、下层土温上升到最适温度，根系进入旺盛生长期；秋季上层根系的生长活跃，以后随着土温的下降，根系生长也由上层向中层逐渐减弱。

4. 根系的生长与养分的吸收和合成是伴随进行的 根系旺盛生长时，也是根系对营养元素吸收和有机物质合成的旺盛期。在休眠期，根系贮藏大量淀粉和有机物质，春季开始生长后，营养物质逐渐消耗，秋冬季营养物质又逐渐积累而达到高峰。

(四) 影响根系生长发育的因素

影响果树根系生长的因素有树体营养和土壤条件两方面。

1. 树体营养 根系的生长所需要的能量物质都依赖于地上部有机营养的供应。因此，在土壤条件良好时，果树根系生长量主要取决于地上部输送的有机物质的数量。枝叶生长好，树体营养积累充足，则能促进根系生长；相反，若结果太多，或叶片损伤等则会造成有机营养供应不足，抑制根系生长。

2. 土壤条件 土壤条件包括土壤温度、水分、通气状况、土壤微生物及土壤营养等。当土壤环境适宜时，根系生长旺盛，否则出现被迫休眠现象，甚至死亡。对多数果树而言，根系生长适宜的土壤温度为20～25℃，温带果树要求的土壤温度较低，热带、亚热带果树要求的土壤温度较高。果树根系生长的最适宜的土壤湿度为田间最大持水量的60%～80%。当土壤干旱、水分过低时，则抑制根系的生长；土壤水分过多，则通气不良，影响根系呼吸，严重时根系窒息死亡。根系有趋肥性。根系在肥沃的土壤中发育良好，吸收根多，持续活动时间长。

（五）促进根系生长的措施

根系的生长发育很大程度上受环境条件特别是土壤条件的影响。因此，创造良好的土壤环境条件促进根系的发育，是栽培管理技术的重要内容。

1. 果树不同年龄时期根系的管理 在幼年期，为使果树尽快生长扩大树冠，提早结果，必须进行深翻扩穴，增施有机肥，改良土壤，以培养强大根系。随树龄和结果量的增加，要加深耕作层，深施肥料，增进下层根的发育，同时，还要注意控制结果量，以增加地上部营养物质对根系的供应。在结果末期，应注意深耕土壤，增施有机肥促进骨干根的更新，以延缓树体的衰老。

2. 不同季节根系的管理 在年周期中，早春由于气温低，养分分解慢，此时应注意排水、中耕松土，以提高土温；施肥以腐熟肥料为主，配合速效肥，以促进吸收根的大量发生。夏季由于高温，蒸发量大，同时果树生长结果又处于最旺盛时期，应注意中耕松土、灌水和覆盖，以保证根系正常活动。秋季和初冬（南方温暖地区）发生的吸收根常比春季多，能将吸收的物质转化为有机物质贮藏起来，提高越冬抗寒能力，因此，秋冬季应深耕土壤，增施大量有机肥料。

二、芽

芽由枝、叶、花的原始体以及生长点、过渡叶、苞片、鳞片构成。

（一）芽的分类

1. 根据芽的性质分为叶芽、花芽、混合芽

芽

（1）叶芽。萌发后仅能生长新梢、不能开花的芽称为叶芽。苹果、梨上的叶芽一般要比花芽瘦小，鳞片数少而松散，茸毛较多，无光泽。

（2）花芽。萌发后仅开花的芽称为花芽，也称为纯花芽。例如桃、杏的花芽，每个花芽形成1朵花。

（3）混合芽。萌发后先抽生叶片或具有一段明显的新梢，然后再开花结果的芽称为混合芽或混合花芽，在苹果、梨、核桃等果树上也简称为花芽。苹果、梨的花芽萌发后开3～7朵花不等，一般着生1～3个果。

2. 根据芽的着生位置分为顶芽和侧芽 顶芽着生在枝梢顶端。柑橘、板栗、柿、猕猴桃等枝梢的顶芽常自然枯死，称为“自剪”，以侧芽代替顶芽位置，这种顶芽，称为假顶芽。侧芽着生在叶腋内，又称腋芽。

顶芽和腋芽统称为定芽，发生位置不定的芽称为不定芽。在愈伤组织上或根上发生的芽是不定芽。有些果树的根上易发生不定芽，形成根蘖，如梨、枣、李、石榴、银杏、番石榴等。

3. 根据芽的结构分为鳞芽和裸芽 鳞芽外被覆鳞片，芽鳞是叶的变态，木栓化或革质化，内外常具茸毛，起保护生长锥、防寒和防止蒸腾的作用，大部分落叶果树的芽是鳞芽。裸芽的外面没有鳞片，如柑橘、荔枝、杧果、菠萝、山核桃、葡萄的夏芽，核桃的雄花芽等。

4. 根据同一叶腋芽的位置和形态分为主芽和副芽 着生在叶腋中央，芽体较大的为主芽。位于主芽上方或两侧，芽体较主芽小者为副芽。葡萄有明显的副芽，而柑橘的副芽则不明显。

5. 根据同一节所生芽数分为单芽和复芽 同一节上只着生一个明显的芽称为单芽，如仁果类、枇杷、杨梅等。在同一节上着生两个以上明显的芽称为复芽，如柑橘、桃、梅、李、杏等。

6. 根据芽的生理状态分为活动芽和潜伏芽 一般上一生长季形成的芽，第二季适时萌发的为活动芽，落叶果树一般一年一季，常绿果树多数为一年数季。芽在形成的第二季或连续几季不萌发者为潜伏芽，也称隐芽，潜伏芽发育缓慢，但每年仍有微弱生长，条件适宜时可以萌发。果树进入衰老期或受损伤后，常由潜伏芽萌发抽生强旺新梢，以更新树冠。潜伏芽多而寿命长的树种、品种更新容易，如苹果、梨、葡萄、柑橘、杧果等，不易更新的有桃、李、樱桃等。

7. 根据芽的成熟性分为夏芽和冬芽 夏芽指当年形成当年抽生出新梢的芽，如葡萄夏芽抽生出副梢。冬芽指当年形成翌年抽生出新梢的芽。

（二）芽的特性

1. 芽鳞痕与潜伏芽 芽鳞片随枝轴的延长而脱落所留下的痕迹，即芽鳞痕，或称为外年轮和假年轮，可依此判断枝龄。每个芽鳞痕和过渡性叶的腋间都含有一个弱分化的芽原基，从枝的外部看不到它的形态，不能正常萌发，为潜伏芽（隐芽）。此外，在春秋梢交界处即秋梢基部1～3节的叶腋中有隐芽，称为盲节。不同种类、品种的潜伏芽寿命和萌发能力不同，柿、仁果类果树如梨潜伏芽寿命长，桃则较短。

2. 芽的异质性 同一枝条上不同部位的芽在发育过程中由于所处的环境条件不同以及枝条内部营养状况和激素供应水平的差异，造成芽的生长势以及其他特性的差别，称为芽的异质性。顶芽的质量取决于枝条生长状态，如枝条基部的芽发生在早春，此时正处于生长开始阶段，叶面积小，气温又低，质量较差；枝条如能及时停长，顶芽质量最好。腋芽质量主要取决于该节叶片的大小和提供养分的能力，因为芽形成的养分和能量主要来自该节上的叶片，所以一般枝条基部和先端芽的质量较差。果树进行冬剪时，剪口芽的选择主要是依据芽的异质性。

3. 芽的早熟性和晚熟性

（1）早熟性。芽当年形成当年萌发的特性称为芽的早熟性。如桃副梢、葡萄夏芽、苹果二次枝。

（2）晚熟性。当年形成的芽一般情况下当年不萌发，而于翌年春萌发，称为芽的晚熟性，或晚熟性芽或正常芽。

4. 萌芽率与成枝力　一年生枝上所萌发的芽数占总芽数的百分率即为萌芽率。萌发的芽抽出长短不一枝条的能力称为成枝力，通常以抽生长枝的个数表示。

三、枝

（一）枝的种类

1. 根据枝条的性质分为生长枝、结果枝与结果母枝

（1）生长枝。仅着生叶芽的枝称为生长枝，又称营养枝、发育枝。生长枝可分为普通生长枝、徒长枝和纤细枝。普通生长枝生长中等，组织充实；徒长枝生长特别旺盛，长而粗，叶片大，节间长，节部突起不明显，组织很不充实；纤细枝生长极弱，枝细，叶小。

（2）结果枝。直接着生花果的枝称为结果枝。依其年龄可分为两类：当年抽生的枝条当年开花结果，这类枝条称为一年生结果枝，是由结果母枝上混合芽抽生，如柑橘、苹果、梨、葡萄、柿、板栗、荔枝、龙眼等的结果枝；由上年的枝直接开花结果的枝条为二年生结果枝，如核果类果树及杨梅的结果枝。

根据结果枝的长短可分为长果枝、中果枝、短果枝。桃、李、樱桃等还有极短的花束状果枝，此类果枝节间极短，侧芽一般都是花芽，排列很密，只有顶芽是叶芽。果树种类和品种不同，适于结果的结果枝长短不同。如桃树一般以长果枝、中果枝结果为主，李树则以花束状果枝结果为主。

根据结果枝上有无叶片又可分为有叶结果枝、无叶结果枝。

（3）结果母枝。枝条上着生混合芽，混合芽萌发后抽生结果枝，此类结果枝称为结果母枝。柑橘、枇杷、荔枝、龙眼、杧果、葡萄、板栗、柿等果树有明显的结果母枝，苹果、梨等仁果类果树的混合芽抽生的结果新梢很短，习惯上将其结果母枝称为结果枝。

2. 根据枝的年龄分为嫩梢、新梢、一年生枝、二年生枝等　落叶果树枝条上的叶芽，萌发后抽生的枝梢，未木质化的称为嫩梢，已木质化的在落叶以前称为新梢；落叶以后至第二年萌芽前称为一年生枝；第二年，当一年生枝上的叶芽又抽生新梢，该一年生枝就成为二年生枝。常绿果树也有相应的一年生枝、二年生枝。

3. 根据枝条抽生的季节分为春梢、夏梢、秋梢和冬梢　常绿果树如柑橘、荔枝、杧果等抽梢有明显的季节性，根据其抽生的季节不同，分为春梢、夏梢、秋梢和冬梢。

4. 根据枝条抽生的先后次序分为一次梢、二次梢等　有些果树一年内能多次抽梢，由越冬芽萌发抽生的枝条称为一次梢，自一次梢再抽生的枝条称为二次梢，依此类推。生长旺盛的桃树，一年内可抽梢3～4次。葡萄的一次梢称为主梢，由冬芽萌发抽生而来；而二次梢一般由新梢的夏芽萌发抽生，常称为副梢，但也可促使冬芽萌发抽生二次梢。

（二）枝的生长

1. 加长生长　通过顶端分生组织分裂和节间细胞的伸长实现加长生长。随伸长分化出侧生叶和芽，枝条形成表皮、皮层、木质部、韧皮部、形成层、髓和中柱鞘等各种组织。从芽的萌发到长成新梢经过3个时期。

（1）开始生长期。从萌芽至第一片真叶分离。此期时间长短主要与贮藏养分及气温高低有关，苹果、梨持续9～14d。

(2) 旺盛生长期。此期所需养分主要为当年叶片所制造，持续时间取决于新梢节数，时间长短是决定枝条生长势强弱的关键，一般短枝没有明显的旺盛生长期。

(3) 缓慢生长期和停止生长期。伴随外界条件如温度、湿度、光周期的变化和果实、花芽、根系发育的影响及芽内部抑制物质的积累，顶端分生组织内细胞分裂变慢或停止，细胞增大也逐渐停止，枝生长速度减缓进而顶芽形成，生长停止。

新梢生长强度和次数树种间差异很大，如有的能多次发生副梢、二次生长等，也与气候条件、栽培管理条件和树负载有关。

2. 加粗生长 加粗生长为形成层细胞分裂、分化和增大的结果。开始略晚于加长生长，结束也晚。在同一树上，下部枝条开始和停止加粗生长比上部稍晚。萌动的芽和加长生长时所发生的幼叶，能产生生长素一类物质，激发形成层的细胞分裂，新梢生长越旺盛，则形成层活动也越强烈且时间长，当加长生长停止、叶片老化时，形成层活动也随之逐渐减弱直至停止。枝条加粗生长主要利用当年营养，也与上一年营养状况有关，所以枝条上叶片的健壮程度和叶片的大小对加粗生长影响很大。

多年生枝只有加粗生长，程度与该枝上的长梢数量和健壮程度有关。

果树枝条生长还表现在日变化上，一般呈波浪式增长，日高峰发生于下午 6—7 时，下午 2 时是低谷。

（三）枝的生长发育特点

1. 顶端优势 活跃的顶部分生组织、生长点或枝条对下部的腋芽或侧枝生长有抑制作用。表现为枝条上部芽萌发，生长势强，角度小，沿母枝枝轴方向延伸。形成因素为生长点产生的生长素向下运输，导致生长素浓度较高，抑制侧芽萌发。

2. 垂直优势 枝条与芽的着生方位不同，生长势表现差异很大。直立生长的枝条生长势旺，枝条长；接近水平或下垂的枝条，则生长短而弱。而枝条弯曲部位的芽其生长势超过顶端。这种因枝条着生方位不同而出现强弱变化的现象在果树生产上称垂直优势。形成垂直优势的原因除与外界环境条件有关外，激素含量的差别也有很大的影响。根据这个特点可以通过改变枝芽生长方向来调节枝条的生长势。

3. 树冠层性 树冠中大枝呈层状结构分布的特性，是顶端优势和芽的异质性共同作用的结果。中心干上的芽萌发为强壮的枝条，中部的芽抽生较短小的枝，基部的芽多数不抽发而为隐芽。这样自苗木开始逐年生长，强的枝则成为主枝（或其他骨干枝），弱的枝则成为临时性侧枝。随年龄增大，长枝增粗，弱枝死亡，主枝在树干上呈层状分布，这就是层性。具有层性的树冠，由于层与层之间有一定的间隔，有利于树冠的通风透光。不同的树种层性强弱的程度不一，如枇杷、核桃、长山核桃层性最明显，其次是苹果、梨等，柑橘、桃等顶端优势强而层性不明显。在果树栽培上常利用层性现象，将树冠调整成分层的树形，以利于通风透光。

（四）影响枝梢生长的因子

1. 品种和砧木 不同品种源于基因型的差别，新梢生长强度有很大变化。有的生长势强，枝梢生长强度大；有的生长缓慢，枝短而粗，即所谓短枝型；还有介于上述两者之间，称为半短枝型。如苹果品种元帅的短枝型（又称矮型）芽变，新梢长度不超过 70cm，每米新梢上的芽数在40个以上；梨品种中二十世纪等日本品种，枝梢生长慢，短枝多；柑橘中温州蜜柑、中龟井、宫川系的枝梢生长要比尾张等品种弱得多，这些都是由基因型决定的。

砧木对地上部枝梢生长量影响也很明显。通常砧木可分为3类，即乔化砧、半矮化砧、矮化砧。同一品种嫁接在不同类型的砧木上，生长即表现出明显的差别。如苹果的M9砧、樱桃叶海棠、黄果三叶海棠，梨的榅桲砧，柑橘的枳砧，对地上部都有明显的矮化作用。

2. 有机养分 果树体内贮藏养分对枝梢萌发、伸长有显著的影响，贮藏养分不足时，新梢短小而纤细。树体挂果多少对当年枝梢生长也有明显影响，结果过多，当年大部分同化物质为果实所消耗，枝条伸长便受到抑制，反之则可能出现旺长。柑橘等常绿果树除果实影响枝梢生长外，秋冬保叶情况与翌年春季春梢数量及生长势也密切有关，落叶多则春梢细而短，这主要是由于柑橘有40%左右的营养物质是贮藏在叶片中的。

3. 内源激素 植物体内五大类激素都影响枝条的生长，生长素（IAA）、赤霉素（GA）、细胞分裂素（CTK）等多表现为刺激生长，脱落酸（ABA）及乙烯多表现为抑制生长。

4. 环境条件 环境条件中的水、肥条件和温度起主要作用。在保证土壤通气的前提下，水分供应充足能促进新梢迅速伸长，但水多肥少则新梢生长纤弱，过分干旱则会显著削弱新梢的生长。温度是新梢生长的制约因素，新梢生长对温度的要求因树种而异，过高、过低对新梢生长都不利。光照也影响新梢生长，一般认为，光照度大、短光波比例高，有利于抑制徒长，新梢生长健壮；光照度小，则枝梢易徒长，但不充实，难以成花。矿质元素中氮对枝梢的发芽和伸长具有显著的影响，磷、钾过多对枝梢生长有抑制作用，但可促使枝梢充实。

四、叶

叶是进行光合作用、制造有机养分的主要器官，植物体内90%左右的干物质是由叶片合成的。叶是果树生长发育形成产量的物质基础。常绿果树的叶片还是养分贮藏器官。

（一）叶的类型

果树的叶片大体分为3种：

1. 单叶 一个叶柄上只生一个叶片的叶，如仁果类、核果类、板栗、柿、枣、枇杷、杨梅、香蕉、葡萄、菠萝等的叶。

2. 复叶 一个叶柄上生有两个或两个以上叶片的叶，如核桃、荔枝、龙眼、香橙、草莓、枳壳等的叶。

3. 单身复叶 复叶的一种，形似单叶，但其叶柄与叶片之间有明显的关节，以此区别于真正的单叶，如柑橘、橙、柚等的叶。

（二）叶幕与叶面积系数

叶幕是树冠内全部叶片构成的具有一定形状和体积的集合体，适当的叶幕厚度和叶幕间距是合理利用光能的基础。研究表明，主干疏层形的树冠第一、第二层叶幕厚度为

50～60cm、间距为80cm，叶幕外缘呈波浪形是较好的丰产树形。

叶幕的厚薄是衡量果树叶面积多少的一种方法，但不够精确，叶面积系数（果树总叶面积与土地面积的比值）能比较准确地说明单位面积的叶面积数。叶面积系数高则表明叶片多，反之则少。一般果树叶面积系数以4～6较合适，耐阴树种可以稍高。叶面积系数太高，叶片过多而互相遮挡，导致光合速率降低，果实品质下降，果树产量也会降低；叶面积系数太低，则光合产物合成量减少，产量降低。

（三）落叶与休眠

落叶是落叶性果树进入休眠的标志。落叶前叶片内发生一系列变化，如叶绿素分解、光合及呼吸作用减弱、一部分氮、钾成分转入枝条中，最后叶柄产生离层而脱落。

落叶果树的正常落叶，是在日平均气温降到15℃以下、日照短于12h开始。昼夜温差增大，也能促进落叶，干旱、水涝和病虫危害都能引起果树落叶。早期落叶使树体营养亏缺，有时引起二次萌芽、开花，损伤树势，降低产量。而生长后期的高温和潮湿又会延迟落叶，过晚落叶枝梢组织成熟不充分。因此，过早和延迟落叶对果树越冬和来年生长、结果都是不利的。

常绿果树无固定的集中落叶期，其叶片在秋冬季能贮藏大量养分。在春季新叶产生后，老叶逐渐脱落，这种落叶不是为了适应改变了的外界条件，而是叶片老化失去正常生理机能后，新老交替的生理现象。夏季高温、干旱可使常绿果树不正常落叶，对新梢生长、果实发育、营养物质的产生积累都将产生不利影响。

落叶果树落叶之后即进入休眠，果树休眠是为了适应不良环境，如低温、高温、干旱所表现的一种特征。果树在休眠期生命活动并没有停止，树体内部仍进行着各种生理活动，如呼吸、蒸腾、根的吸收与合成、芽的进一步分化和树体内养分的转化等，但这些活动比生长期的要微弱得多。

任务二 果树生殖器官生长发育规律

一、花芽分化

花芽分化是果树年周期中的一个重要的物候期。花芽的数量和质量对果树产量和果实品质有直接影响，因此，研究和掌握花芽分化的规律非常重要。

果树花芽分化

1. 花芽分化的概念 由叶芽状态开始转化为花芽状态的过程称为花芽分化。果树的花芽分化过程包括生理分化期和形态分化期。花芽出现形态分化之前，生长点内部由叶芽的生理状态（代谢方式）转为形成花芽的生理状态（代谢方式）的过程称生理分化。生理分化期即花芽分化临界期，此期生长点原生质处于不稳定状态，对内外因素有高度的敏感性，是易于改变代谢方向的时期，因此，此时期是控制花芽分化的关键时期。由叶芽生长点的细胞组织形态转化为花芽生长点的细胞组织形态的过程称为形态分化。

2. 花芽分化的时期 不同种类的果树，花芽分化的时期不同，可以归纳为以下4种类型：

（1）夏秋分化型。包括仁果类、核果类的大部分温带落叶果树，它们多在夏秋新梢生长减缓后开始分化，通过冬季休眠雌雄蕊才正常发育成熟，于春季开花。如苹果、梨、桃、银杏等的花芽分化是6—7月开始，翌年开花。

（2）冬春分化型。大多数常绿果树在冬春进行花芽分化，并连续进行花器官各部分的分化与发育，不需经过休眠就能开花。如柑橘、荔枝、龙眼、杧果、黄皮等，一般是在秋季枝梢生长停止后至翌年萌芽前进行花芽分化。

（3）多次分化型。如柠檬、金柑、四季橘、阳桃、番石榴、番荔枝等，一年内能多次分化花芽，多次开花结果。

（4）不定期分化型。如香蕉、菠萝等果树，一年仅分化花芽一次，可以在一年中的任何时候进行，其主要决定因素是植株大小和叶片多少。如菠萝品种澳大利亚卡因在具有30～40片叶时分化花芽，香蕉一般抽生20～24片大叶时分化花芽。

3. 影响花芽分化的因素

（1）营养物质的积累。综合国内外研究报告，影响花芽分化的直接因素是营养物质的累积水平，只有树体的营养积累达到一定水平花芽才能形成。

（2）碳氮营养及碳氮比（C/N）。Kraus和Kraybill（1918）首先提出碳氮比影响花芽分化的学说，以后Gourley和Howlett（1941）通过对苹果花芽分化研究，把碳氮比总结为4种情况：①当光照不足或叶片受损脱落、糖类积累不足时，不能形成花芽；②施氮肥过量，修剪过重，枝叶生长旺盛，糖类积累少，也不能形成花芽；③氮素供应和糖类积累都适量，树体生长健而不旺，花芽大量形成；④氮素不足，枝叶生长过弱，糖类积累相对较多，能够形成花芽，但结果不良。碳氮比学说对果树生产有一定的指导意义，但也有一些不能用碳氮比学说解释的结果，后来的一些研究结果表明，碳和氮对花芽形成都是必需的，但并不完全决定于一定的比例，而在于有足够的糖类积累的基础上，保证一定的氮素营养，并有利于趋向蛋白质合成时，才有利于花芽形成。

（3）内源激素平衡。很多试验表明，赤毒素、生长素、细胞分裂素，脱落酸和乙烯对花芽的形成都有影响。赤霉素抑制花芽的形成；花原基发生与分化必需细胞分裂素；脱落酸由于与赤霉素拮抗，引起枝条停长，有利于糖的积累，对成花有利；乙烯和生长素都能促进花芽形成。其实，在果树组织和器官中常常是几种激素并存，所以激素对花芽分化的调节不是取决于单一激素水平，而是有赖于各种激素的动态平衡。

（4）外部条件。

①光照。光是花芽形成的必需条件，在各种果树上都已证明遮光会导致花芽分化率降低。强光下，新梢内生长素的生物合成受抑制，特别是紫外光钝化和分解生长素，诱发乙烯产生，从而抑制新梢生长，促进花芽的形成。

②温度。不同果树的花芽分化对温度的要求不同。落叶果树一般都在夏秋高温下进行花芽分化，如苹果花芽分化的适温为20℃左右，20℃以下分化缓慢；大多数常绿果树则在较低的温度下分化，如柑橘花芽分化适温为13℃以下，龙眼在相对低温（8～14℃）下花芽分化良好。

③水分。水分与花芽分化有非常密切的关系。在花芽分化临界期前，适当控制给水，使树体营养生长受制，糖类易于积累，精氨酸增多，生长素、赤霉素含量下降，脱落酸和细胞分裂素相对增多，有利于花芽分化。如柑橘在13℃以下的低温下，适当干旱能诱导成花。

4. 花芽分化的调控措施

（1）选择适宜的繁殖方法。选择适宜的无性繁殖方法，如嫁接繁殖、扦插繁殖等。嫁接繁殖时，因地制宜地选择矮化、半矮化砧，可使果树提早进行花芽分化。

（2）平衡果树各器官间的生长发育关系。对大年树疏花疏果，可减少养分消耗，有利于花芽形成；幼树轻剪、长放、开张枝条角度等可缓和生长势，促进成花：对旺长树采用拉枝、摘心、扭梢、环剥、环割和倒贴皮、断根等措施可促进花芽分化。

（3）控制环境条件。合理密植、合理修剪以改善果园内及树冠内光照条件；花芽分化前适当控水，促进新梢及时停止生长；花芽分化临界期合理增施铵态氮肥和磷、钾肥均能有效地增加花芽的数量。

（4）应用植物生长调节剂。在果树花芽生理分化前期喷布丁酰肼（B_9）、多效唑（PP333）、矮壮素（CCC）等植物生长调节剂，使枝条生长势缓慢，促进成花。

二、花与开花

（一）花与花序类型

通常一朵花由花梗、花托、花萼、花瓣、雄蕊和雌蕊组成。一朵花中有雄蕊和雌蕊的，称为两性花或完全花，如柑橘、仁果类、核果类等果树的花都是两性花。花中仅有雄蕊或雌蕊，称为单性花，如核桃、银杏、板栗、猕猴桃等果树的花为单性花。雌花与雄花着生在同一树体上的称为雌雄同株，如荔枝、龙眼、核桃、板栗等的花；雌花和雄花着生于不同树体上的称为雌雄异株，如杨梅、银杏、猕猴桃、罗汉果等的花。

果树花的生长发育

果树的花序类型有总状花序（如甜橙、柚、柠檬等）、复总状花序或圆锥花序（如葡萄枝、龙眼、枇杷等）、伞房花序（如梨等）、聚伞花序（如枣等）、隐头花序（如无花果等）、柔荑花序（如板栗、银杏、核桃等）、穗状花序（如香蕉、椰子等）。同一个花序上单花开花有先后，一般花序上先开的花坐果率高。

（二）开花期

开花期是指一棵树从有极少量的花开放至所有花全部凋谢时为止，一般可分为 4 个时期：

1. 初花期 全树有 5%的花开放。

2. 盛花期 全树有 25%以上的花开放为盛花始期，50%的花开放为盛花期，75%的花开放为盛花末期。

3. 终花期 全部花已开放，并有部分花瓣开始脱落。

4. 谢花期 全树有 5%的花瓣脱落为谢花始期，95%以上的花瓣脱落为谢花终期。

（三）影响开花的因素

果树开花的迟早与延续时间的长短因树种、品种和气候条件不同而异。梅最早，樱桃、杏、李、桃开花较早，梨、苹果、杨梅次之，柑橘、荔枝、葡萄、龙眼、枣、板栗等再次之，枇杷最迟。同一树上通常短果枝先开，长果枝和腋花芽后开。枣、板栗、柿、枇杷花期长，桃、梨花期较短。

各种果树开花要求的温度不同。落叶果树一般为10～20℃，而热带、亚热带果树要求更高，一般为18～25℃。果树开花期与当地自然条件有关。在平原，一般纬度向北推进1°（约111km），果树开花期平均延迟4～6d；在山地，海拔高度每升高100m，开花期延迟3～4d。春季气温变化，能使果树开花期提前或延后15～25d。地形特点和土壤条件不同，能使其变动3～5d。砧木和农业技术，能使其变动7～10d。

三、授粉受精

（一）授粉受精类型

果树传粉与受精

在开花过程中，当雌蕊成熟时，柱头便分泌出黏液，以便花粉附着和花粉管萌发。雄蕊成熟时，花药破裂，花粉散出，并由风或昆虫传于柱头上，这一过程称为授粉。精核与卵核的融合称为受精。核桃、板栗和银杏等，其花粉粒多而小，呈羽状，主要靠风传播，称为风媒花；梨、桃、荔枝、龙眼、杧果等许多果树，花粉粒较大，花冠鲜艳，有蜜腺，分泌蜜汁和芳香脂类物质，容易引诱昆虫传粉，称为虫媒花。

果树中凡用同品种的花粉授粉受精结实的称为自花授粉，用异品种的花粉授粉受精结实的称为异花授粉。自花授粉后能得到满足经济栽培要求产量的称为自花结实。如葡萄、柑橘、枇杷、龙眼、荔枝等绝大部分果树品种都是自花结实。自花授粉后不能达到经济栽培上认为丰产的结实率的称为自花不实。如沙田柚及大部分苹果、梨的品种，李、桃、梅、杏的某些品种，自花结实率很低，需要实行异花授粉才能提高结实率，这类果树栽植时必须配置适宜的授粉树。

有些果树不经授粉或虽经授粉而未完成受精过程，不产生种子，其子房也能膨大而形成无核果实，这种现象称为单性结实。前者子房发育不受外来刺激，完全是自身生理活动造成的，称为自发性单性结实，如柿、香蕉、温州蜜柑、脐橙、菠萝、无花果等。经过授粉但未完成受精过程而形成果实，或受精后胚珠在发育过程中败育，称为刺激性单性结实，如一些西洋梨品种可经花粉刺激产生单性结实。在此基础上，人们用植物生长调节剂处理花朵以诱发单性结实，已在葡萄、苹果、桃、李、梨等果树上获得成功。

（二）影响授粉受精因素

1. 营养条件 花粉粒所含的物质（蛋白质、糖类以及生长素和矿物质等）供萌发和花粉管伸长用，胚囊发育也需要蛋白质。当这些营养物质不足时，二者就会发育不良，表现为花粉萌发率低，花粉管伸长慢，在胚囊失去功能前未达珠心或胚囊寿命短致使柱头接受花粉的时间变短。而上述营养物质的多少又取决于亲本树体的营养状况，如衰老树或衰弱枝上的花，花粉少、萌发力弱，干旱、土壤瘠薄或前一年结实过多，也会使胚囊发育不良。

2. 矿质元素 氮充足可加速花粉管生长，延长柱头接受花粉的时间和胚囊受精的时间，加快受精后的胚囊和胚珠的生长；氮不足花粉管生长缓慢，胚囊寿命短，当花粉管到达珠心时，胚囊已失去功能，不能受精。所以花期喷氮能提高坐果率。

硼对花粉萌发和受精有良好作用。花粉含硼不多，而是由含硼多的柱头和花柱补充。硼可以促进糖的吸收、运输、代谢，增加氧的吸收，有利于花粉管的生长。生产上于发芽前喷1%或花期喷0.1%硼砂，可促进授粉受精。

钙有利于花粉管的生长，有人认为花粉管向胚珠方向的向性生长是其对从柱头到胚珠钙浓度梯度的反应。

3. 环境条件 温度为重要因素，低温时花粉管生长慢，温度过低可能会对花粉或胚囊造成伤害。低温阴雨影响授粉昆虫活动，一般蜜蜂活动要在15℃以上。大风（17m/s以上）不利于昆虫活动，大风也易使柱头干燥，不利于花粉发芽。空气污染会影响花粉发芽和花粉管生长，例如空气中氟含量增加使甜樱桃花粉管生长下降，草莓由开花到结实期如有氟 5～14μg/m^2，则会降低坐果率。

四、果实发育

（一）果实的生长动态

不同种类的果树果实生长期长短、果实体积增长幅度差别很大。如果从开花以后，把果实的体积、直径或鲜重在不同时期的累积增长量画成曲线，可以得到两类图形，一类是单S形，另一类是双S形（图Ⅰ-2-3）。曲线的图形与果实的形态构造没有关系。

植物果实分类

1. 单S形 苹果、梨、草莓、菠萝、香蕉、扁桃、核桃、栗等的果实生长曲线。

2. 双S形 大部分核果类果树，如桃、杏、李、樱桃、葡萄、无花果、树莓、猕猴桃、山楂、枣、柿等的果实生长曲线。

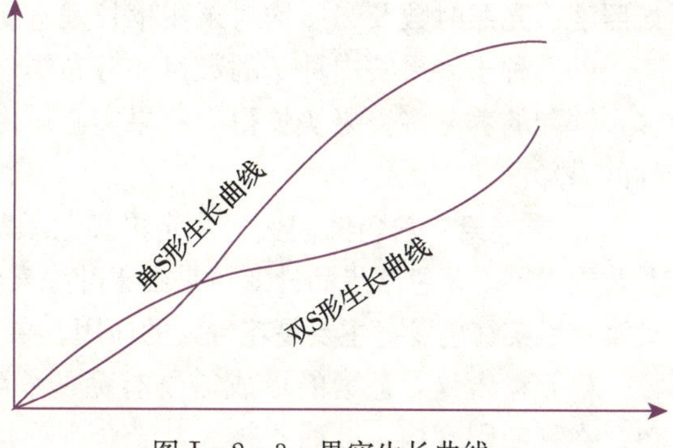

图Ⅰ-2-3 果实生长曲线

［傅秀红，2007，果树生产技术（南方本）］

双S形果实生长的特点是有两个速长期，在两个速长期之间，有一个缓慢生长期。在第一个速长期中，除胚乳和胚外，子房的各个部分都迅速生长；第二期子房壁生长很少，内果皮进行木质化，胚和胚乳迅速生长（硬核期）；第三期中果皮迅速生长。双S形果实生长特点产生的原因还不十分清楚，可能是由于胚的发育和果肉竞争养分。同一树种成熟期不同的品种间，主要表现在第二期长短不同。

（二）影响果实生长的因素

1. 影响果实增长的因素

（1）细胞数目和细胞体积。果实体积的增大，取决于细胞数目、细胞体积和细胞间隙的增大，以前两个因素为主。果实细胞分裂始于花原始体形成后，到开花时暂时停止，以后视果树种类而异。有的树种花后不再分裂，只有细胞增大，如黑醋栗的食用部分；有的树种一直分裂到果实成熟，如草莓的髓；大多数果实介于二者之间，花前有细胞分裂，开花时停止，经授粉受精后继续分裂。

（2）有机营养。果实细胞分裂主要是原生质增长的过程，称为蛋白质营养时期，需要有氮、磷和糖类的供应。树体贮藏糖类的多少及其早春分配情况为果实蛋白质营养期的限制因子。在果实发育中后期，即果肉细胞体积增大期，最初原生质稍有增长，随后主要是液泡增大，除水分绝对量大大增加外，糖类的绝对量也呈直线上升，称为糖类营养期，果实增重主要在此期，此时树体需要有适宜的叶果比保证叶片光合作用。

（3）无机营养。矿质元素在果实中的含量很少，不到1%，除一部分构成果实躯体外，主要是影响有机物质的运转和代谢。钾对果实的增大和果肉干重的增加有明显促进作用，其能提高原生质活性，促进糖的运转流入，增加干重。钙与果实细胞膜结构的稳定性和降低呼吸强度有关。缺钙会引起果实生理病害，如苹果的苦痘病、果实内部坏死、红玉斑点病和水心病。钙主要在前期（花后4～5周）进入果实，后期随果实增大，钙浓度被稀释，因此大果易出现缺钙的生理病害。

（4）水分。果实内80%～90%为水分，果实含水绝对量随果实增大而呈直线上升，其含量的百分比变化不大，直到成熟前略有下降。保证水分供应是果实增大的必要条件，特别是细胞增大阶段，此时如经常缺水，易使果实生长量减少，即使随后的供水也难以弥补。

（5）温度和光照。幼果期温度为果实生长的限制因子，因为温度影响光合作用和呼吸作用，进而影响糖类的积累，所以昼夜温差对果实生长影响较大。后期光照为限制因子，光照度、光照时数及光质均对果实生长发育有着重要影响。

（6）种子。果实内种子的数目和分布影响果实大小和形状。种子数多产生的生长素就多，调配的养分多，果实长得大；果实心皮内没有种子的一面，果实不发达，会形成不对称的果形。

2. 影响果实着色的因素 决定果实色泽发育的色素主要有叶绿素、胡萝卜素、花青素及黄酮素等。黄色苹果品种变黄是由于叶绿素分解，胡萝卜素增加，胡萝卜素的合成超过叶黄素。果实红色发育主要是花青素的作用。果实着色主要与糖含量、温度和光照等有关。

（1）糖含量。色素的形成需要有糖的积累，糖的积累达到一定浓度，果实才开始上色。在一定限度内，叶面积越大，光合产物越多，糖的积累量越大，着色越好。对于虚旺果树，虽然叶面积较大，但消耗于枝叶生长的糖太多，积累差，不利于着色。

（2）光照。光照能直接刺激诱导花青素的形成，另外紫外线有利于上色，所以充足的光照、较强的紫外线（高海拔地区）有利于果实着色。

（3）矿质元素。氮肥量大，则果实发绿迟迟不上色，是因为氮素过多，影响糖的积累，从而影响果实的着色。在果树缺钾时增施钾肥，则有利于着色；不缺钾时施钾肥，反而不利于着色。

（4）水分。适度干旱利于着色。在很干的地方，灌水后上色鲜艳，因水分适宜，有利于光合作用，而使果实发育良好，利于着色。

（5）温度。夜温高不利于上色，是因为夜温高，呼吸消耗大，糖积累量少，上色就差。所以，夜间温度低，昼夜温差大，果实上色好。

（6）植物生长调节剂。萘乙酸、乙烯等有利于果实着色，但在施用植物生长调节剂时，对浓度、时间要求较为严格，生产上应在技术人员指导下使用。

3. 影响果实风味的因素 果实中所含的糖主要有葡萄糖、果糖和蔗糖。果糖最甜，蔗糖次之，葡萄糖甜度最小，但葡萄糖风味好。苹果、梨、柿含有3种糖，但葡萄糖和果糖含量大大高于蔗糖；而桃、杏以及部分李品种，蔗糖占优势；葡萄以葡萄糖最多，次为果糖，无蔗糖。果实内二羧酸和三羧酸很多，仁果类和核果类含苹果酸多，柑橘类和菠萝含柠檬酸多，葡萄含酒石酸和苹果酸多，柿几乎不含酸。影响果实风味的因素主要有：

（1）温度。气温高，糖酸比高，含酸少。酸分解要求一定的温度，酒石酸的分解要求的温度比苹果酸高。

（2）光照。光照通过影响光合作用，进而影响糖及有机酸的合成。

（3）叶果比。适宜的叶果比有利于提高果实的风味。

另外，矿质营养氮、磷、钾对果实的风味均有不同程度的影响。

（三）坐果和落花落果

1. 坐果 花经过授粉受精后，子房或子房及其附属部分膨大发育成为果实，在生产上称为坐果（或着果）。坐果数与开花数的百分比，称为坐果率。

2. 落花落果 从花蕾出现到果实成熟采收，会出现花、果脱落的现象，称为落花落果。落花是指未经授粉受精的子房发生脱落的现象，所以也称为子房脱落。落果是指授粉受精后，一部分幼果因授粉受精不完全、营养不良或其他原因而脱落。果实在成熟之前，有些品种也有落果现象，称为采前落果。落花落果是果树在系统发育过程中为适应不良环境而形成的一种自疏现象，也是一种自身的调节。果树的落花落果现象大多是由于生理上的原因引起的，故又称生理落果。

果树落花落果时期依果树种类、品种而异。仁果类和核果类一般有3次落果高峰。第一次在开花后，未见子房膨大，花即脱落；第二次在第一次落花后2周左右，这时子房已开始膨大，但仍有大批幼果带果柄脱落；第三次在第二次落果后1个月，即盛花后6周左右，这次落果多在6月发生，亦称“6月落果”。

引起落花落果的原因有多种，第一、第二次主要是由于花器发育不完全、授粉受精不充分引起的，树体贮藏养分不足也是第二次落果的主要原因之一，第三次主要是由于同化养分和水分供应不足引起。此外，外界条件如低温阴雨、高温且伴随干旱与大风、水涝、病虫危害等也能引起落花落果。

任务三 果树生命周期与年生长周期

一、果树生命周期

果树一生经历萌芽、生长、结实、衰老、死亡的过程，称为果树生命周期。

（一）果树生命周期的划分

根据果树的不同来源，果树生命周期可分为两类：

1. 实生繁殖果树的生命周期 实生繁殖即播种繁殖，这类果树的一生经历从胚胎形成到种子成熟、幼年阶段、成年阶段、衰老和死亡。从幼年阶段转向成年阶段的转化，称为阶段转化，有些学者认为成年阶段后期树势明显衰退到最终死亡，这个时期应为衰老阶段，所以实生繁殖果树的生命周期又可划分为胚胎阶段、幼年阶段、成年阶段、衰老阶段。

2. 营养繁殖果树的生命周期 营养繁殖即指通过嫁接、扦插、压条、组织培养等方法获得的树体，如苹果（或海棠）、梨（或杜梨）、葡萄扦插，石榴压条等，都是果树种苗的主要来源。其繁殖时所用接穗一般取自树体开花结果的树上，是成熟母体的延续，因此严格讲它们的生命周期中没有真正的幼年阶段，只有以营养生长为主的幼年阶段。

（二）果树生命周期的意义

了解和研究果树生命周期，具有以下重要意义：

1. 缩短幼树期 研究实生繁殖果树和营养繁殖果树幼树期的特性，尽量缩短幼树期，使之提早结果，有利于加快品种选育进程及较早获得经济效益。

2. 尽量延长成年阶段 成年阶段是果树产量和质量最好的时期，也是效益最高的时期，延长成年阶段，对栽培者极为有利。

3. 有利于制订栽培技术方案 了解果树在各个时期的变化特点，有针对性地制订栽培技术方案。如营养繁殖果树幼树期枝量少，应尽快增加枝量；盛果树枝量太大，应使其维持在一定范围。

二、果树年生长周期与物候期

（一）果树的年生长周期

果树生长周期

1. 概念 一年中有春夏秋冬，果树有春华秋实；一年中有夏热冬寒，果树有夏长冬眠。果树随一年中气候变化而出现的生命活动的变化过程称为年生长周期。落叶果树随着春季气温升高，开始萌芽展叶，开花坐果，夏去秋来，叶片逐渐老化，进入冬季低温期逐渐落叶休眠，从而完成一个年生长周期；常绿果树冬季不落叶，没有明显的休眠期，但冬季的干旱及低温会使营养生长减弱或停止，一般认为这属于相对休眠。因此，年生长周期明显可分为生长期和休眠期。

2. 意义 研究果树的年生长周期，可以为调控果树的生长发育提供依据。如苹果枝条生长最快时期在7—8月，此时外界环境易导致树体徒长，对树体生长结果产生不良影响，因此应采取措施控制其生长，如施用多效唑等植物生长调节剂或采用拉枝、环剥等修剪措施等。不同地区的立地条件不同，果树的生长发育也有差异，指导生产时必须明确。

（二）果树物候期

1. 概念 与季节性气候变化相适应的果树器官的动态变化，称为生物气候学时期，简称物候期。

2. 物候期的类型 果树器官动态变化范围可以较大，如开花坐果；也可以范围较小，如萌芽。因此，果树物候期有大物候期和小物候期之分。一个大物候期可以分为几个小物候期，如开花期可以分为初花期、盛花期、落花期等。从大物候期来看，果树生长可以分为萌芽展叶期、新梢生长期、花芽分化期、开花期、果实生长期、根系生长期、落叶休眠期等。

3. 物候期的特点

（1）顺序性。在年生长周期中，每一物候期都是在前一物候期通过的基础上才能进行，同时又为下一物候期奠定基础。如萌芽是在芽分化基础上进行的，又为抽枝、展叶做准备；坐果是在开花基础上进行的，又为果实发育做准备。

（2）重演性。在一定条件下，物候期可以重演。如苹果一般在4月开花，由于病虫害造成6—7月大量落叶，落叶后又可开2次花；葡萄一年开2～3次花等也是重演性的体现。

（3）重叠性。表现为同一时间、同一树上可同时表现多个物候期。如春季，地下部根系生长，地上部萌芽、展叶；夏季要进行果实生长，又要进行花芽分化、枝条生长等。

4. 影响物候期进程的因子

（1）树种、品种特性。树种不同，物候期进程不同。如开花物候期，苹果、梨、桃在春季，而枇杷则在冬季开花，金柑在夏秋季多次开花；果实成熟，苹果在秋季，而樱桃则在初夏。同一树种，品种不同，物候期进程也不相同。如苹果品种红富士在10月下旬至11月初成熟，而藤牧1号则在7月初成熟；桃品种春蕾在6月初成熟，绿化9号在8月底至9月初成熟。

（2）气候条件。气候条件的改变能影响物候期进程。如早春低温，延迟开花；花期干燥高温，开花物候期进程快；干旱影响枝条生长和果实生长等。

（3）立地条件。立地条件通过影响气候而影响物候期。纬度每向北推进1°，温度降低1℃左右，物候期推迟几日；海拔每升高100m，温度降低1℃左右，物候期推迟几日。

（4）生物影响。生物影响包括技术措施等，如喷施植物生长调节剂、设施栽培、病虫危害等。

果树物候期特性是在原产地长期生长发育过程中所产生的适应性，因此，在引种时必须掌握各品种原产地的土壤气候条件、物候特性以及引种地的土壤气候状况等。

任务四　果树各器官生长发育的相关性

植物各器官之间存在着相互联系、相互抑制或相互促进的相关性，即某一部分或某一器官的生长发育常会影响另一部分或另一器官的生长发育，这主要是树体内营养的供求关系和激素等调节物质的作用所致。这种相互依赖又相互制约的关系，也是植物有机体整体性的表现，是对立统一的辩证关系。

一、果树地下部与地上部的相关性

果树各器官相互关系中，地下部与地上部的相关性十分突出，因为根系生命活动所需要的营养物质，主要由地上部叶片光合作用制造，这些物质沿着枝干的韧皮部向下运输以供应地下部根系。同样，地上部生长所需的水分和矿物质元素主要是由地下部根系吸收供应的。果树体内经常进行着根系和枝叶间养分的交换和联系，它们之间相互影响，并经常保持着一定的动态平衡关系，地上部枝叶繁茂，则根系也必然深广。

枝叶和根系在生长量上常保持一定比例，称为根冠比（T/R）。根冠比值大的说明根的机能强，反之则弱。但根冠比的大小常依环境条件和树体状态等而变化。

地上部树冠的冠径与根系水平分布范围也有密切关系，这种关系因树种和环境条件等而不同，但一般果树根系的扩张大于树冠，而其垂直生长则小于树高。

根据果树地上部与地下部相互关系的特点，可运用各种农业技术措施，达到栽培的目的。例如，利用矮化砧根系，可以调节果树生长，促进提早结果；深翻改土，培养健壮根系，能达到增强树势、连年高产的效果；同样，合理修剪、疏花疏果等地上部的管理措施，也能减轻根系负担，促进养分积累，使树体健壮，达到优质、稳产的目的。

二、果树营养器官与生殖器官的相关性

果树由根、茎、叶、花、果实和种子等器官构成。根、茎、叶的主要生理功能是吸收、合成和输导，称为营养器官；花、果实和种子从进化观点看，主要是繁衍后代，所以称为生殖器官。两者在生理功能上有区别，但是它们的形成都需要光合产物，所以二者在营养物质的供求关系上是十分复杂的。生殖器官所需要的营养物质是营养器官供应的，所以，果树营养器官的发达和健壮是高产、稳产、优质的前提。营养器官的生长和扩大，也要消耗大量养分，因此常与生殖器官的生长发育竞争，引起自身调节，如果调节不当，则会影响果树的正常生长发育。果树在不良的条件下和在管理水平低的情况下，造成营养生长过弱或过强，制造养分少，而消耗养分过多，使花芽分化不良，落花落果严重，果实发育不良，从而影响产量和品质。

在果树栽培中，了解了果树营养生长和生殖生长的这种相关性，就可以通过合理的技术措施进行调控。如选择优良的苗木，按规格要求和适宜密度进行定植，合理施肥灌水，根据树势采用不同的修剪技术以及加强病虫害和自然灾害的防治等，有利于达到早果、丰产、稳产、优质的目的。

任务五　果树对环境条件的要求

温度对果树生长发育的影响

果树在其长期生长发育过程中，形成了与环境相互联系、相互制约的统一体。环境影响着果树的生长、发育和分布，反之果树也能影响环境。

一、温度

温度是果树重要的生存因子，它影响着果树的地理分布，制约着果树生长发育速度，果树体内的一切生理、生化活动和变化都必须在一定温度条件下进行。

（一）温度与果树分布

温度是影响果树分布的主要因素之一，各种果树的地理分布受温度条件的限制，其中主要是年平均温度、有效积温和冬季最低温度。

1. 年平均温度　各种果树适宜栽培的年平均温度都有各自的适应范围，这与其生态类型和品种特性有关（表Ⅰ-2-1）。

表Ⅰ-2-1 主要果树适宜栽培的年平均温度

（李文华，1989，果树栽培学总论）

树种	年平均温度/℃	树种	年平均温度/℃
柑橘类	16～23	苹果	7～14
菠萝	21～27	梨（沙梨）	15～20
香蕉	24	梨（白梨）	7～15
荔枝、龙眼	20～23	梨（秋子梨）	5～7
枇杷	16～17	葡萄	5～18
桃（南方）	12～17	中国樱桃	15～16
桃（北方）	8～14	西洋樱桃	7～12
杏	6～14	李	13～22
柿（北方）	9～16	梅	16～20
柿（南方）	16～20	枣（北方）	10～15
核桃	8～15	枣（南方）	15～20

2. 有效积温 在外界条件下能使果树萌芽的日平均温度称为生物学零度，即生物学有效温度的起点。一般落叶果树的生物学零度为6～10℃，常绿果树为10～15℃。在一年中能保证果树生物学有效温度的持续时期为生长期（或生长季），生长期中生物学有效温度的累积值为生物学有效积温，简称有效积温或积温。

积温是影响果树生长的重要因素，积温不足果树枝条生长发育成熟不好，同时影响果实的产量和品质。不同种的果树，对积温要求不同，如柑橘需要2 500℃以上，葡萄3 000℃以上。积温是果树经济栽培区的重要指标，在某些地区，由于生长期的有效积温不足，果实不能正常成熟，即使年平均温度适宜，冬季能安全越冬，该地区也失去该种果树的栽培价值。

3. 冬季最低温度 一种果树能否抵抗某地区冬季最低温度的寒冷或冻害，是决定该果树能否在该地生存或进行商品栽培的重要条件，因此，冬季最低温度是决定某种果树分布北限的重要条件。不同树种和品种，具有不同的抗寒力。

落叶果树有自然休眠的特性。冬季进入自然休眠期后，需要一定低温才能正常通过休眠，如果冬季温暖，平均温度过高，不能满足通过休眠期所需的低温，常导致芽发育不良，春季萌芽、开花延迟且不整齐，花期延长，落花落蕾严重，甚至花芽大量枯落。因此，冬季的暖温是影响落叶果树南限分布的重要因素，在落叶果树南移时尤需注意。各种果树要求低温量不同，一般在0～7.2℃条件下，200～1 500h可以通过休眠。

（二）温度与果树生长发育的关系

果树维持生命与生长发育都要求有一定的温度范围，不同温度的生物学效应有所不同，有其最低点、最适点与最高点，即称为三基点温度。果树在最适点的温度表现为生长发育正常，若温度过高或过低，生长发育过程将受到抑制或完全停止，并出现异常现象。

光合作用和呼吸作用对温度的要求不同，二者要求的温度因树种、品种、发育阶段和地理条件的不同而有差异。一般植物光合作用最适温度为20～30℃，最低为5～10℃，最高为45～50℃；呼吸作用的最适温度为30～40℃，最低为0℃左右，最高为45～50℃。由此看来，光合作用的最适温度低于呼吸作用的最适温度。当温度超过光合作用最适温度时，则光合作用减弱，而呼吸作用增强，不利于有机营养积累；当温度在10℃以下、40℃以上时，光合作用的积累和呼吸作用的消耗均少，不能大量积累有机营养；而当温度在20～30℃时，光合作用强，呼吸作用弱，同化物积累量大，有利于有机营养积累。

早春气温对萌芽、开花有很大影响。温度上升快，开花提早，花期缩短；如早春气温回升慢，花期延迟，有些果树畸形花增多。花粉发芽适温为20～25℃，过低则发芽受到抑制，高于27℃时花粉发芽率显著下降。

花芽分化与温度也有关系。落叶果树花芽分化要求高温、干燥和日照充足，如平均温度20～27℃时，有利于苹果花芽分化；而柑橘、荔枝、龙眼的花芽分化则要求低温和干旱，多在冬春季节进行。

温度对果实品质、色泽和成熟期有较大的影响。一般温度较高，果实含糖量高，成熟较早，但色泽稍差；温度低则含糖量少，含酸量高，色泽艳丽，成熟期推迟。昼夜温差对品质的影响非常明显，温差大，糖分积累多，风味浓。

（三）高温与低温对果树的影响

温度在果树年生长周期中呈现着正常的季节变化和日变化，是有利于果树生长发育的。如春季温度变化，可促进解除休眠和萌芽；秋季温度变化，可促进组织成熟和落叶，为越冬做好准备。但温度的突然变化对果树十分有害，常造成大量减产，甚至导致整株死亡。

生长期温度高达30～35℃时，一般落叶果树的生理过程受到抑制；升高到50～55℃时，受到严重伤害。常绿果树较耐高温，但高达50℃也会引起严重伤害。夏季温度过高，果实成熟推迟，果个小、着色差、耐贮性差，果实易发生日灼；秋冬季温度过高，落叶果树不能及时进入休眠。

低温和突然的低温对果树的危害比高温危害更大。不同树种、品种对低温的抵抗能力不同（表Ⅰ-2-2）。果树一般以枝梢、花芽、根颈易受冻害。同一种果树在不同生育期对低温的忍受力不同，如柑橘在不同生育期能忍耐的低温分别为花蕾期－1.1℃、开花期－0.55℃、绿果期－3.3℃、休眠期－4℃。

表Ⅰ-2-2 不同树种果树受冻的温度

（李文华，1989，果树栽培学总论）

树种	枝梢受冻温度/℃	整株冻死温度/℃
香蕉、菠萝	0	－5～－3
荔枝、龙眼	－3～－2	－7～－5
甜橙、柚	－6～－5	－9～－8
枇杷	－10～－9	－15～－14
葡萄、石榴、核桃、枳	－16～－15	－25～－18
桃、中国李、沙梨	－20～－18	－35～－23
杏、苹果、秋子梨	－30～－25	－45～－30

二、光照

光照对果树生长发育的影响

光照是果树的生存因素之一，是果树光合作用的能量来源。果树生长发育与产量形成都需要来自光合作用形成的有机物质，提高果园的光能利用率是实现丰产优质的主要途径。

（一）光照与果树生长发育的关系

1. 果树的受光量 果树对光的利用率取决于树冠大小和叶面积多少。稀植树空间大，受光量小，光能利用率低。在一定范围内，果树密植比稀植的叶面积指数大，光能利用率高，故能提高单位面积的产量。但并不是越密越好，当超过一定限度时，会引起严重荫蔽，有效叶面积反而减少，光能利用率也随之降低。

光照度影响同化量，光照度减小时，同化量下降。如阴雨天，葡萄叶的同化量为晴天的1/9～1/2。

合理的树体结构可使树冠受光量分布合理，能显著提高光能利用率。合理的树体结构标准是树冠中有效光区大。据国外研究，直立面树形比水平面树形有效光区大，前者为98.2%，后者仅72%。一般圆形树冠，由外向内分为4层，光量由外向内递减，分别为71%～100%、51%～70%、31%～50%和30%以下，最内层为非生产区，失去结果能力。对果实品质来说，最好的受光量为60%以上，40%是最低限。因此进行合理整形修剪和树体管理，使树冠受光量提高，对提高产量和品质甚为重要。

2. 光照与果树营养生长的关系 光照对果树地上部和根系的生长都有明显影响。光照强时，易形成密集短枝，削弱顶芽枝向上生长，而增强侧生生长点的生长，树姿开张；光照不足时，枝梢细长，直立生长势强，果树徒长，同时间接地抑制果树根系的生长，根的生长量减少，新根发生数量少，甚至停止生长。光照良好，在一定程度上能抑制病菌活动，日照充足的山地果园，果树病害明显减少。但是光照过强，常引起枝干和果实日灼。

3. 光照与果树生殖生长的关系 光照与果树花芽分化、花器官发育、生理落果、果实产量、色泽和品质等都有密切关系。果树花芽分化需要一定的物质基础，光照充足，同化产物多，营养积累快，有利于花芽分化，且花器官发育完全；光照不足会引起结果不良，坐果率低。

果实生长期间，光照时间长，则果实的糖分和维生素含量增加，果实品质提高。果实成熟期受光良好，则着色美观。光照对果实糖分的增高有直接的作用，通常果实阳面的含糖量较阴面高，套袋果实的糖分含量均较不套袋的低。直射光充足，果皮较紧密，有利于提高果实的耐贮运能力。

（二）果树的需光度和对光照的反应

果树的需光度与各树种、品种原产地的地理位置和长期适应的自然条件有关。生长在我国南部低纬度、多雨地区的热带、亚热带树种，对光的要求低于原产于我国北部高纬度、干旱地区的落叶树种。

果树的需光度是相对而言的，成年树比幼树喜光，同一植株，生殖器官的生长比营养器官的生长需光较多，如花芽分化、果实发育比萌芽、枝叶生长需光多，休眠期需光最少。

不同树种的喜光程度不同。落叶果树中，以桃、杏、枣最喜光，苹果、梨、李、葡萄、柿、板栗次之，核桃、山楂、石榴、猕猴桃等较能耐阴；常绿果树中以椰子较喜光，荔枝、龙眼次之，杨梅、柑橘、枇杷、阳桃较耐阴。

三、水分

水分对果树生长发育的影响

水是果树生存的重要生态因素，是组成树体的重要成分，果树枝叶含水量为50%～70%，果实的含水量高达80%～90%。水是果树生命活动中不可缺少的重要介质，营养物质的吸收、转化、运输与分配，光合作用、呼吸作用等重要生理过程，都必须在有水的条件下才能正常进行。因此，果园合理的水分管理是实现优质高产的重要保证。

（一）果树对水分的生态反应

1. 果树耐旱性　果树在长期干旱条件下能忍受水分不足，并能维持正常生长发育的特性称为耐旱性。起源于夏季多雨地区的果树需水量大，也较耐湿，如柑橘、枇杷、沙梨等；起源于夏季干旱地区的树种则耐旱怕湿，如欧洲葡萄、西洋梨等。果树依耐旱力的强弱可分为3类：

（1）耐旱力强的树种。桃、枣、石榴、板栗、菠萝、荔枝、龙眼、橄榄等。

（2）耐旱力中等的树种。苹果、梨、柿、梅、李、柑橘、枇杷等。

（3）耐旱力弱的树种。香蕉、草莓等。

2. 果树耐涝性　果树能适应土壤水分过多的能力称为耐涝性。各种果树对水涝的反应不同，按果树耐涝性强弱分为3类：

（1）耐涝性强的树种。葡萄、柿、枣、椰子、山核桃、荔枝、龙眼等。

（2）耐涝性中等的树种。柑橘、香蕉、李、梅、杏、苹果等。

（3）耐涝性弱的树种。无花果、桃、菠萝、油梨等。

（二）果树的需水量

需水量是指生产1g干物质所需的水量，果树一般需水量为125～500g。不同树种、品种、砧木的果树需水量不同，如甜橙的需水量比温州蜜柑高，酸橙砧比枳砧高。植株根冠比高的较低的需水量高。

土壤对果树生长发育的影响

果树在年周期中，不同生长发育时期需水量不同。通常落叶果树在春季萌芽前，树体需要一定的水分才能发芽，如此期水分不足，常延迟萌芽或萌芽不整齐，影响新梢生长。花期干旱或水分过多，常引起落花落果，坐果率低。新梢生长期气温逐渐上升，枝叶生长迅速旺盛，需水量最多，为需水临界期，如此期供水不足，则削弱新梢生长，甚至提早停止生长。果实生长期需一定水分，如水分不足，影响果实发育，严重时会引起落果。果实发育后期，多雨或久旱遇骤雨，容易引起裂果。花芽分化期需水相对较少，如果水分过多则削弱分化。

四、土壤

土壤是果树生存的场所，是果树生长发育的基础，良好的土壤条件能满足果树对水、肥、气、热的要求。

（一）土层厚度与土壤质地对果树的影响

土层厚度直接影响果树根系的分布和根系吸收养分与水分的范围。土层深厚，果树根系分布深，吸收养分与水分的有效容积大，水分与养分的吸收量多，树体健壮，结果良好，寿命长，对不良环境的抵抗力强；相反，土层浅则根系分布浅，土壤温度、水分变化剧烈，影响果树生长发育，树冠矮小，树势弱，寿命短，抵抗不良环境的能力弱。

果树根系分布深度还受土壤类型的影响。沙质土栽培果树，根系分布深而广，植株生长快而高大，容易实现早期丰产优质；壤土是栽培果树较为理想的土壤，适宜栽培多种果树；黏质土栽培果树根系分布较浅，易受环境胁迫的影响。

（二）土壤的理化性质对果树的影响

土壤温度直接影响根系的生长、吸收及运输能力，影响矿质营养的溶解、流动与转化，影响有机质的分解和微生物的活动。

土壤水分是土壤肥力的重要组成因素。土壤中养分的转化、溶解都必须在有水的条件下才能被树体吸收利用，土壤水分还可调节土壤温度和土壤通气状况。果树正常生长结果最适土壤含水量一般为田间持水量的60%～80%。当土壤含水量减少，则根系吸收水分减少，根系生长受抑制，枝叶变黄，甚至萎蔫；土壤水分过多时，则土壤中空气减少，根系呼吸减弱，微生物活动受抑制，养分不易分解吸收，甚至根系发生无氧呼吸，产生有毒物质，导致根系生长不良或死亡。

土壤质地疏松，透气良好，利于果树根系生长。一般土壤空气的含氧量不低于15%时，根系正常生长，不低于12%时才发生新根。土壤通气不足，根系生长受阻，吸收能力减弱，同时，微生物活动减弱，有机质分解缓慢，根系周围二氧化碳浓度增高。当土壤严重缺氧时，根系进行无氧呼吸，积累乙醇，造成中毒，引起烂根。

土壤酸碱度通过影响土壤中各种矿质营养成分的有效性，进而影响果树的吸收和利用。土壤酸碱度还影响根际微生物的活动，如硝化细菌在pH 6.5时发育良好，而固氮菌在pH 7.5时发育最好。土壤中大多数有益微生物适于接近中性的酸碱度，即pH 6.5～7.5，土壤过酸过碱都会抑制微生物活动。主要果树对酸碱度的适应范围见表Ⅰ-2-3。

表Ⅰ-2-3　主要果树对酸碱度的适应范围

（李文华，1989，果树栽培学总论）

树种	pH适应范围	pH最适范围
苹果	5.3～8.2	5.4～6.8
梨	5.4～8.5	5.6～7.2
桃	5.0～8.2	5.2～6.8
葡萄	5.8～8.3	6.0～7.5
板栗	5.8～8.3	6.0～8.0
枣	5.0～8.5	5.2～8.0
柑橘	5.5～8.5	5.5～6.5

盐碱土的主要盐类为碳酸钠、氯化钠和硫酸钠，其中以硫酸钠危害最大。果树受盐碱危害轻者，生长发育受阻，枝叶焦枯，严重时全株死亡。不同果树的耐盐能力不同(表Ⅰ-2-4)。

表Ⅰ-2-4　主要果树的耐盐能力

（李文华，1989，果树栽培学总论）

树种	土壤中总盐含量/%	
	正常生长	受害极限
苹果	0.13～0.16	0.28
梨	0.14～0.20	0.30
桃	0.08～0.10	0.40
葡萄	0.10～0.20	0.24
板栗	0.14～0.29	0.32～0.40
枣	0.14～0.23	0.35
柑橘	0.12～0.14	0.20

五、地势

地势通过海拔高度、坡度、坡向等影响光、温、水、热在地面上的分配，进而影响果树的生长发育，其中以海拔高度对果树的影响最为明显。海拔高度对气温呈现有规律的影响，相同纬度时，海拔高度每升高 100m，平均气温降低 0.4～0.6℃。海拔越高，光照越强，雨量增多，果树物候期延迟，生长结束期提早。在四川，海拔每上升 20m，物候期可延迟 5～10d。

坡度对果树的生长结果有明显影响。德拉加夫采夫（1958）将斜坡地分为四级，即<5°为缓坡，5°～20°为斜坡，20°～45°为陡坡，>45°为峻坡，并提出 5°～20°的斜坡是栽培果树的良好坡向，尤以 3°～5°的缓坡地最好。

不同坡向接受的太阳辐射量不同，光、热、水条件有明显的差异。南坡日照充足，气温较高，土壤增温也快，而北坡则相反。西坡与东坡获得的太阳辐射相等，但实际上上午太阳照射东坡时，大量的辐射热消耗于蒸发，下午太阳照到西坡时，太阳辐射用于蒸发的大大减少，因而西坡的日照较强，温度较高，果树遭受日灼也较多。生长在南坡的果树树势健壮，产量较高，果实成熟较早，着色好，含糖量较高，含酸较少。生长在北坡的果树，由于温度低、日照少，枝梢成熟度低，越冬力降低。

六、污染

随着科学的发展，环境污染问题日趋严重。农业生产的发展伴随着化肥和农药的大量投入，工矿、交通事业的发展使“三废”排放量增加，加上人为活动的破坏，使生态平衡失调，加剧了环境污染。环境污染包括空气污染、水体污染和土壤污染 3 个方面，污染源主要有工业“三废”、农药、化肥、塑料等。

（一）空气污染

空气中污染物含量过高会影响果树的正常生长，诱发急性或慢性伤害。影响果树生长的空气污染物主要包括总悬浮颗粒物、二氧化硫、氟化物、氮氧化物、氯气等，其中二氧化硫和氟化物是最主要的大气污染物。

（二）水体污染

工业“三废”，尤其是工业废水，含有铬、汞、砷、铅、镉、锌、镍等重金属，是造成果园灌溉水污染的主要原因。随着我国工业尤其是乡镇企业的迅速发展，工业废水大量排放，对果园灌溉水源的污染日益加重，污水灌溉果园，引起土壤盐渍化，使果树生长受抑制，叶片和植株矮小，以致枯死，并且大部分重金属累积在耕作层，极难去除。因此，污水灌溉不仅污染果园土壤，影响果树生长，还会影响果实品质，造成有害物质和重金属残留、超标。

（三）土壤污染

土壤污染物大致可分为无机污染物和有机污染物两大类。无机污染物主要包括酸，碱，重金属，盐类，放射性元素铯、锶的化合物，含砷、硒、氟的化合物等；有机污染物主要包括有机农药，酚类，氰化物，石油，合成洗涤剂，3，4-苯并芘以及由城市污水、污泥及厩肥带来的有害微生物等。土壤污染物主要来自3个方面，一是工业“三废”的排放，二是农药、化肥、农膜、垃圾杂肥的施用，三是污水灌溉。过量的化肥、农药、农膜残留污染，未经处理的有机肥污染以及有害病原物污染，时常会进入耕地土壤，造成耕地土壤的重金属、有机化合物和致病生物污染。土壤被污染后，土质变坏，土壤板结，结构不良，发生盐渍化，使植物不能生长。

知识拓展

果树的共生作用与菌根

一、共生与菌根类型

果树根系长期在土壤中生长发育，必然同土壤及各种土壤微生物发生直接或间接的联系，特别是在根际及其周围，这种联系更为密切。但长期以来，人们仅将注意力集中于植物和土壤的双重关系上，即植物借助于自身根系的根毛，从土壤微粒中不断摄取所需要的各种矿质元素和水分，而忽视了土壤微生物在植物与土壤之间的联系。

然而，近百年来的大量研究结果表明，绝大多数植物，包括果树植物在内，其根系与土壤中的若干种真菌（有时还有放线菌）之间存在着共生关系，二者形成一种特殊的共生体结构，植物、土壤和微生物存在着密切的联系。随着能源问题的出现，植物的菌根营养已日益引起各国科学家和农学家的普遍重视。

共生有广义和狭义之分，广义共生指生物“共同生活”的所有现象，两者可能是互惠的，也可能相互抑制，乃至造成危害，如线虫和病菌对果树的危害。狭义共生是指两种生物互相依赖，各自获得一定利益的现象。

果树根系与土壤中的若干种真菌（有时还有放线菌）形成的共生体称为菌根，形成菌根的微生物则称为菌根菌。果树菌根经常部分有时甚至全部地代替了根毛的作用。关于菌根的分类诸说不同，有人将菌根分为外生菌根、内生菌根和兼生菌根（即内外生菌根）。

1. 外生菌根 外生菌根是Frank于1885年在调查研究欧洲山毛榉、欧洲栗和欧洲榛等木本树种的根系时首次发现并命名的。当时他曾断言，外生菌根是所有山毛榉科植物特有的一种特征。通过调查研究，他纠正了历来把外生菌根当作一种根部病害的错误认识，正确地阐明了外生菌根在树木营养方面的重要作用。目前，在果树植物中真正发现具有外生菌根的树种不多，据报道仅有壳斗科的栗和桦木科的榛等。

2. 内生菌根 内生菌根于1891年被发现，是自然界分布最广泛、作用最重要的一类菌根。一位科学家称，在农业范围内，栽培植物不是具有根，而是具有内生菌根。

果树植物中普遍存在着根系与内生菌根菌共生的现象。如苹果、梨、葡萄、桃、杏、李、樱桃、梅、山楂、中华猕猴桃、核桃、草莓、石榴、香蕉、荔枝、龙眼、杧果、椰子、柑橘、凤梨等，都存在内生菌根。内生菌根依菌丝隔膜的有无分为两类，一种是由有隔膜真菌形成的菌根，另一种是无隔膜真菌形成的菌根。二者共同特点是：真菌侵入果树吸收根的组织后，菌丝体主要存在于根的皮层而不进入中柱，在根外也较少，菌丝体除在皮层细胞之间蔓延穿梭交织外，还进入皮层细胞内发育，这时植物的细胞仍保特活力；进入皮层细胞的菌丝能形成丛枝状和泡囊状的菌体结构（有时泡囊也在皮层细胞的间隙中产生）。

3. 内外生菌根 内外生菌根介于外生菌根和内生菌根之间，较类似于外生菌根，是指土壤中不仅包在幼根表面并且深入到根细胞中菌根，有薄的菌丝套，有根毛。菌丝伸入皮层细胞间和细胞内生长，具有泡囊丛枝状，认为可能是两种菌根类型发生在同一植株上的结果，如苹果。

众所周知，豆科植物与根瘤细菌之间的共生体具有固氮作用。某些非豆科木本植物也能形成根瘤而具有固氮能力，果树中的"肥料木"——杨梅即为一例。这是一类属于放线菌的内生菌与杨梅属植物的根所形成的根瘤共生体，它能使杨梅在贫瘠的酸性土壤中良好生长。

二、菌根的作用

1. 增加根对矿质元素的吸收 磷在土壤中容易被固定成难溶性或不溶性的盐类，菌根菌使根际土壤中磷酸酶活性增强，有利于无机磷吸收；同时，菌根菌表面有磷酸酯酶，能水解有机磷化物，利于有机磷的吸收。此外，内生菌根对锌等的吸收能力也有所提高。

2. 提高栽植成活率 果树常在本身根系附近造成生理干旱区，而菌根根外菌丝的渗透压比根毛高且菌丝能在较低的土壤湿度下发育，当根系已经不能从无效贮藏水中吸水时，根外菌丝却仍能利用这种水分。因此在土壤含水量低于萎蔫系数时，菌根果树的根系能继续吸收水分，保证了植株光合作用过程及其他生理过程进行，提高了果树的栽植成活率。

3. 提高树体的激素水平 在柑橘生产上，菌根菌能合成细胞分裂素、生长素和赤霉素，提高柑橘叶片中的激素水平，带有菌根的甜橙叶片细胞分裂素含量明显高于无菌根苗木。

4. 促进果树的糖代谢 虽然果树将约10%光合产物供应给菌根，但菌根能促进果树植株生长和增加干物质积累，原因主要是菌根加强了果树对土壤中矿质养分的吸收，促进叶片的光合作用。国外有人认为，柑橘植株的干物质含量与其所吸收的磷含量呈正相关，随着磷吸收量的增加，植株的光合作用加强，植株内的糖类随之增多，干物重也就随之增加。在含磷低的土壤中接种菌根可以使柑橘叶片含更多的可溶性糖和淀粉，菌根还能将吸收的糖转化为海藻糖和甘露醇并贮存起来，在另一物候期再转化为被寄主利用的糖类物质。

5. 提高果树的抗病力 菌根能减少根际环境的糖含量，使病原菌的产生缺乏基质供给；分泌抗生素抑制有害病菌发育；外生菌根的菌丝鞘可以阻挡病菌侵染；菌根可以有选择地与某些微生物共栖，而抑制另一些微生物的生存，从而净化根际环境，提高果树的抗病力。

三、菌根在果树生产中的应用展望

多数学者认为菌根的应用尚处在初始阶段，菌根在果树生产中的前景主要表现在如下几个方面：①减少化肥施用量，提高肥料利用率；②提高果树适应力、抗病性、抗旱性、抗盐碱性；③解决引起果树重茬障碍的土壤菌根真菌数量少而假单胞杆菌孢子量较大的问题，栽植前结合土壤杀菌处理可以提高重茬果树的成活率。

在果树育苗过程中，如长期连续培育苗木，势必引起土壤中养分亏缺，植物病原菌和线虫不断累积，后两种情况即使通过加大施肥量也不能克服。国外在解决这一问题时，经常对苗圃地使用土壤熏蒸剂或其他杀虫杀菌剂进行土壤处理。这样虽杀死了植物病原菌和线虫，同时也大幅度减少了土壤中菌根菌的数量，有时菌根菌对土壤熏蒸剂的敏感程度大大超过了病原菌。经济有效的解决方法是在苗圃中撒施适宜的菌根菌，这种接种体多利用其他作物作为菌根菌的共生寄主进行繁殖而制备，其中含有菌根菌的大量孢子。

思政花园

农业在我国的地位和作用

农业伴随着人类起源而产生，与人类共存，中国农业也随着历史的脚步辉煌了千年。农业文明就像一颗璀璨的明星照耀在中国大地的上空，而随着人类的发展与社会的进步，这颗明星也将永不陨落，越闪越烁。

农业在我国的地位和作用

中国是农业大国，重农固本是安民之基、治国之要。党的十八大以来，习近平同志反复强调，农业强不强、农村美不美、农民富不富，决定着亿万农民的获得感和幸福感，决定着我国全面小康社会的成色和社会主义现代化的质量。可以说，农业是我国的立国之本，是关乎国计民生的战略产业。

第一，从经济角度看，农业是国民经济的基础，是经济发展的基础。

农业是人类的衣食之源、生存之本，农业的发展状况直接影响着国民经济全局的发展。农业是国民经济中最基本的物质生产部门，是工业等其他物质生产部门与一切非物质生产部门存在与发展的必要条件。农业是工业特别是轻工业原料的主要来源，为工业的发展提供广阔的市场，农村既是重工业商品的广阔市场，也是轻工业商品的广阔市场，农业能为国民经济其他部门提供劳动力。农业也是出口物资的重要来源，在出口商品构成上，工业品出口的比重逐年上升，但农、副产品及其加工品仍占重要地位，农业在商品出口创汇方面仍起着十分重要的作用。因此，农业是支撑整个国民经济不断发展与进步的保障。

第二，从社会角度看，农业是社会安定的基础，是安定天下的产业。

民以食为天，粮食是人类最基本的生存资料，农业在国民经济中的基础地位，突出地表现在粮食的生产上。如果农业不能提供粮食和必需的食品，那么，人民的生活就不会安定，生产就不能发展，国家将失去自立的基础，从这个意义上讲，农业是安定天下的产业。

第三，从政治角度看，农业是国家自立的基础。

我国的自立能力相当程度上取决于农业的发展。如果农、副产品不能保持自给，过多地依赖进口，必将受制于人。一旦国际政局变化，势必陷入被动，甚至危及国家安全。因此，农业的基础地位是否牢固，关系到人民的切身利益、社会的安定和整个国民经济的发展，也是关系到我国在国际竞争中能否坚持独立自主地位的大问题。

第四，从我国社会发展来看，没有农业的现代化，就不可能有整个国民经济的现代化。

中国作为一个农业大国，农业不兴，无从谈百业之兴，农民不富，难保国泰民安。我国农业生产技术装备水平与劳动生产率水平均较低，农业基础设施薄弱，抗灾害能力差，我国农产品供给尤其是粮食供给始终处于基本平衡但偏紧的状态。我国农业生产面临着可耕地少、人口多的具体国情，农业资源人均占有量在世界上属低水平，这是我国农业发展的最大制约因素。2020 年 12 月召开的中央农村工作会议又进一步指出：全面建设小康社会，加快推进社会主义现代化，必须统筹城乡经济社会发展，更多地关注农村、关心农民、支持农业，把农业、农村、农民问题作为全党工作的重中之重，放在更加突出的位置，努力开创农业和农村工作的新局面。农业发展顺利，增长速度加快，整个国民经济发展速度也快；农业生产倒退，发展速度减慢，就会给整个国民经济发展带来损害。农业发展制约着国民经济其他部门的发展，我国必须将农业放在整个经济工作首位，高度重视农业生产，在经济发展的任何阶段，农业基础地位都不能削弱，只能加强。

复习提高

(1) 总结果树营养器官发育规律。

(2) 总结果树花芽分化规律。

(3) 通过观察，总结比较 1～2 种果树品种开花期和果实成熟期的特点。

项目三
果树种苗繁育

学习目标

- **知识目标**

掌握实生苗、自根苗、嫁接苗繁育过程；掌握果树种苗繁育基本原理知识；熟悉实生苗、嫁接苗、自根苗的特点；了解无病毒苗木繁育特点及培育过程。

- **技能目标**

掌握实生苗、自根苗、嫁接苗等繁育方法及技术要点；能够熟练开展扦插、压条、嫁接等田间种苗繁育工作；

- **素养目标**

具备坚持不懈的素养和积极有效解决问题的职业精神；通过嫁接等技能训练，培养精益求精、一丝不苟的工匠精神。

果树苗木是果树生产的基础，关系到果树一生的生长和结果，苗木优劣不仅直接影响定植的成活率、果园果树生长的整齐度、投产的年限，还影响到随后果园管理、生产成本、果品产量和品质。因此，世界许多国家都非常重视果树苗木的质量，制定法律法规强制实行果树苗木管理，出台果树苗木质量的标准，苗木生产单位只有培育符合标准的苗木才能销售，用于果树生产。苗圃的任务是根据国家规定的良种繁育制度，培育一定数量的适应当地自然条件、无检疫对象、丰产、优质的果树苗木，以供果树生产对苗木的需要。

果树繁殖方法大体可分为实生繁殖（实生苗）和无性繁殖（嫁接繁殖、自根繁殖），其中自根繁殖又分为扦插繁殖、压条繁殖、分株繁殖、匍匐茎繁殖等。

任务一　实生苗繁育

一、实生苗特点

实生苗是指用种子播种培育的苗木。实生苗具有如下特点：主根明显，根系发达，生长强健，抗逆性强；种子来源广，繁殖系数高，繁育方法简单；具有明显的童期，进入结果期迟；存在较强的变异性和明显的分离现象。因此，多数果树的实生苗不宜直接用于生产，主要用于果树苗木嫁接的砧木和杂交育种材料。

二、实生苗繁育方法

（一）采种

种子采集应选择丰产、稳产、质优、品种纯正、无病虫害的成年母株。采集的种子要充分成熟，种子饱满。有些品种的果实虽未成熟，但胚已具备发育能力，称为生理成熟，可利用其特性采集嫩种进行播种。

（二）种子贮藏

种子取出后需妥善贮藏，否则会失去生活力。大多数亚热带常绿果树种子应保持一定的安全含水量，不宜暴晒，种子采后洗净即直接播种或催芽播种，如荔枝、龙眼、杧果、柑橘、黄皮、枇杷等。大多数落叶果树种子采后需用湿沙层积贮藏或低温冷藏一段时间后，播种才能发芽，有些种子也可晾干后密闭贮藏；少数落叶果树种子，如银杏、板栗等，应于冷凉湿润处贮藏，不宜晒干。少量种子密封后，可置于4～7℃的冰箱中贮藏。

（三）种子休眠与种子层积

有生活力的种子在适宜的水分、温度、通气条件下也不发芽的现象称为种子休眠。大多数落叶果树的种子具有休眠特性，如桃、李等；南方常绿果树的种子一般没有休眠期或休眠期很短，采后可立即播种。

生产上通常利用层积处理完成种子的后熟。处于休眠状态的种子要经过一段时间的低温、湿润处理才能发芽，这种处理称为层积。层积处理需要一定时间的低温（3～8℃），并保证适宜的湿度和良好的通气环境。不同果树层积所需的时间不同，一般为90～100d，而杜梨、沙梨等种子需60～80d，毛桃常温需6～7个月，2～7℃条件下只需2个月。

层积时用洁净、湿润（以手握成团不滴水、松手即散为宜）的河沙与种子分层堆放（河沙用量为种子的3～5倍），少量种子可用瓦罐或木箱层积，种子量大时，可直接在室外地面挖沟层积，先在地面洒水铺10cm厚的湿沙，然后铺种子，反复分层堆放至距边沿10cm为止，最后在其上盖一层约10cm厚的沙子，用土培成屋脊状，坑侧挖排水沟再盖稻草或薄膜，坑中央直通种子底层放一小捆秸秆或下部带通气孔的竹制或木制通气管，以使空气流通（图Ⅰ-3-1）。

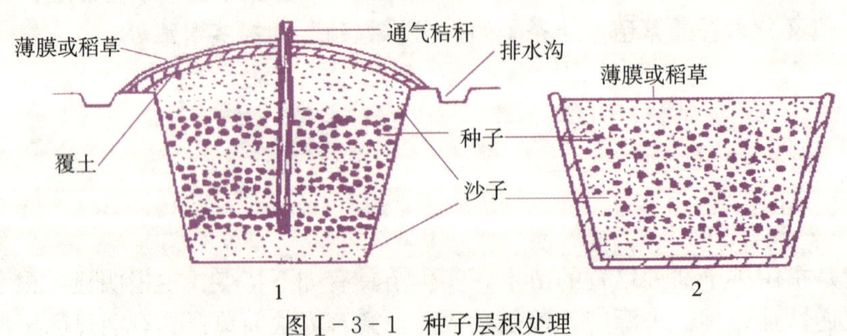

图Ⅰ-3-1　种子层积处理

1. 室外挖沟层积　2. 室内容器层积

（蔡冬元，2001，果树栽培）

(四) 播种前种子处理

厚壳或难于发芽的种子可用浸水或加以外力的办法使皮壳裂开或破碎（以不损伤种仁为度）。未层积的种子可用清水浸种1～2d后放入1～5℃环境中处理15～20d，打破休眠，然后催芽。催芽的方法有低温层积催芽、变温层积催芽和高温催芽。变温催芽时可采用15～20℃与0～5℃的温度，连续或交替处理种子，处理温度和时间因树种而异；高温催芽是将种子置于15～25℃湿润环境中催芽。一般已膨胀的种子有30%左右咧嘴发芽时即可播种。

(五) 播种

1. 苗圃地准备 播种前苗圃地要施入足量腐熟的有机肥，每亩施3 500～5 000kg。为了减少苗木病害，要对苗床进行土壤消毒，消毒方法有高温消毒和药剂消毒。高温消毒即在苗圃地表焚烧谷壳、稻草等，或薄膜覆盖。药剂消毒常用的药剂有甲醛、硫酸亚铁、氧化钙、多菌灵等；每平方米苗床喷施3%硫酸亚铁溶液4kg或40%甲醛水溶液120～150倍液1kg，施药后用塑料膜覆盖密封，7d后可揭膜。

2. 播种时期 种子播种分春播、秋播和随采随播等。厚壳种子与需后熟的种子，如毛桃、柿、板栗等可以秋季（10月下旬至12月上旬）播种，也可经过层积处理到翌年春季（2—3月）播种；对于不需层积贮藏的种子，可随采随播，如柑橘、枇杷、龙眼等南方常绿果树。

3. 播种方法 常见的播种方法有撒播、条播和点播。大粒种子常用点播，小粒种子常用撒播和条播。一般条播行距为20～30cm，点播行距20～30cm、株距10～15cm。播种后要及时盖土淋水，使用疏松肥沃土壤或河沙覆盖，厚度为2～3cm。冬春季畦面覆盖增温，夏秋季要遮阳，播种后立柱支撑遮阳网。

任务二 自根苗繁育

一、自根苗特点

自根繁殖主要是利用果树营养器官的再生能力（细胞全能性）发生新根或新芽而长成一个独立的植株，如扦插、压条、分株、组织培养等。自根繁殖的苗木具有变异小、能保持母株优良性状、遗传稳定及无童期等生长优势，但该类苗木根系浅、抗性差、适应性差、寿命短、繁殖系数较小。生产上，葡萄、无花果、猕猴桃等枝条易生根的果树多采用自根苗进行繁育，同时自根苗可用于砧木繁育，如葡萄嫁接等。

二、自根苗繁育方法

(一) 扦插

扦插是指将枝条、叶片和根等营养器官从母株上切取后，插于插床内使其发生不定根或不定芽而获得独立的新个体的繁殖方法。根据所用材料的不同，扦插分为枝插、叶插和根插，一般以枝插为主，枝插又分为硬枝扦插和嫩枝扦插。实行扦插繁殖的果

硬枝扦插

树常见的有无花果、石榴、菠萝、香蕉、柑橘、葡萄、猕猴桃等，苹果的矮化砧通常也采用扦插繁殖。此外对一些难生根的果树，采用嫩枝扦插可能获得成功。

1. 影响扦插生根的因素

（1）树种、品种。树种不同，生发不定根的难易程度也不同，如山定子、秋子梨、李、核桃、柿发生不定根的能力弱，葡萄、石榴扦插易生根。同一树种不同品种的果树，发根难易也不同，如欧洲葡萄、美洲葡萄比山葡萄、圆叶葡萄发根容易。

（2）树龄、枝龄、枝条部位。从幼树中剪取枝条进行扦插，容易生根，随着树龄的增大，发根变难。一般枝龄小，扦插成活容易，因其皮层细嫩分生组织成活能力强。对一年生枝，往往枝梢发根容易，这与枝条存在极性及所处的环境有关。

（3）营养物质。枝条内所贮存的营养物质与扦插成活率有很大关系。在形成根的过程中，营养物质中糖类起着重要的作用，氮素化合物也是发根不可缺少的营养物质。

（4）植物生长调节剂。生根主要与生长素有关，细胞分裂素对其也有促进作用。

（5）环境因素。温度为主要因素，白天气温达到21～25℃，夜温约15℃，地温15～20℃就能满足植物生根的需求。土壤湿度和空气湿度对生根的影响也是很大，生根前饱和湿度、基质含水量为50%～60%，植物最易生根。在光照方面，发根前遮阳以减少水分蒸发，利于生根。土壤通气影响生根，如葡萄在土壤含氧量在15%以上时最易发根，低于2%不发根，因此，扦插时应选择沙壤土、蛭石、锯末等通气条件好的基质，有利于生根。

2. 促进扦插生根的方法

（1）机械处理。

①剥皮。木栓层较发达的果树，如葡萄，在扦插前剥去木栓层减少障碍，加强插条吸水，利于生根。

②纵刻伤。在枝条基部3～5cm处，纵刻5～6道，深达木质部（以见绿色皮为度），如葡萄枝条纵刻伤后扦插，不仅在节部和茎部断口生根，而且能在通常不发根的节间纵伤沟中成排而整齐地发出不定根。

③环状剥皮。在剪取插穗前15～20d，将枝条剥去3～5mm宽的一圈皮层，待伤口长出愈伤组织并尚未完全愈合时进行扦插。

（2）黄化处理。新梢生长初期用黑布条或纸条等包裹基部，使叶绿素消失、组织黄化、皮层增厚、薄壁细胞增多、生长素有所积累，有利于根原体的分化和生根。

（3）加温催根。早春进行扦插时，由于土温不够而造成生根比较困难，可通过加温进行催根，如葡萄在扦插前利用酿热温床来增加土温促进插条生根。

（4）药剂处理。对难发根的树种，利用一些药剂可以促进其生根。药剂的主要作用是增强插条的呼吸作用，提高酶的活性，促进细胞分裂。主要药剂为植物生长调节剂，其中以吲哚丁酸（IBA）、吲哚乙酸（IAA）、萘乙酸（NAA）、生根粉1～3号等的效果最好。如葡萄生产上，常采用100～200mg/L NAA或IBA将枝条下端1/3处浸泡12～24h或在1 000～4 000mg/L浓度中速蘸3～5s。

（二）压条

压条繁殖

压条是将枝条在不与母株分离的状态下包埋于生根介质中，待不定根产生后与母株分离而成为独立新植株的营养繁殖方法，通常用于扦插不易生根的树种和品种。压条主要有以下几种方法：

1. 普通压条法　普通压条法适于枝、蔓柔软的植物或近地面处有较多易弯曲枝条的树种（紫玉兰、蜡梅等）。将母株近地1～2年生枝条去除表层，于下方刻伤后将枝条压入坑中，并用钩固定，培土压实，待压住的枝干部分长出新根系后与母株割离，将形成的新植株另行栽植即可（图Ⅰ-3-2）。

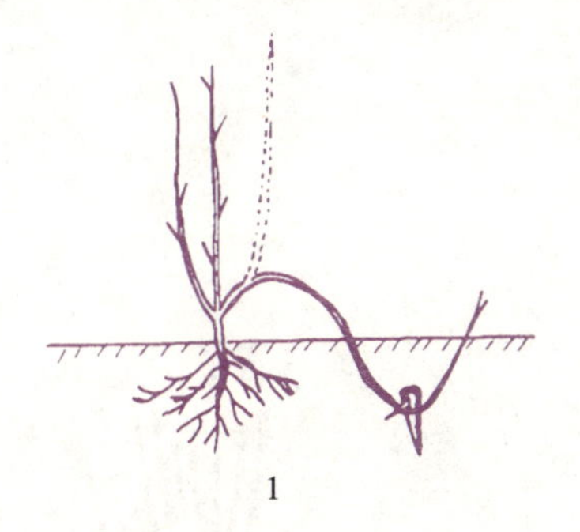
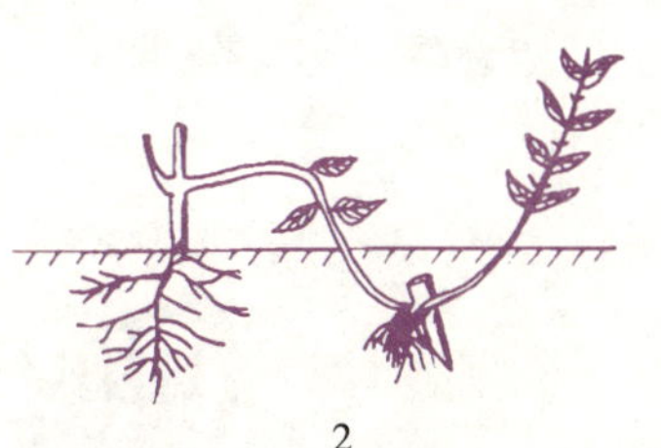

图Ⅰ-3-2　普通压条法
1. 刻伤曲枝　2. 压条　3. 分株
（于泽源，2001，果树栽培）

2. 水平压条法　水平压条法适于枝条较长且易生根的树种（如苹果矮化砧、藤本月季等），又称连续压、掘沟压。操作时沿枝条生长的方向挖浅沟，按适当间隔刻伤枝条并水平固定于沟中，除去枝条上向下生长的芽，然后填土，待生根萌芽后在节间处逐一切断，每株苗附有一段母体（图Ⅰ-3-3）。

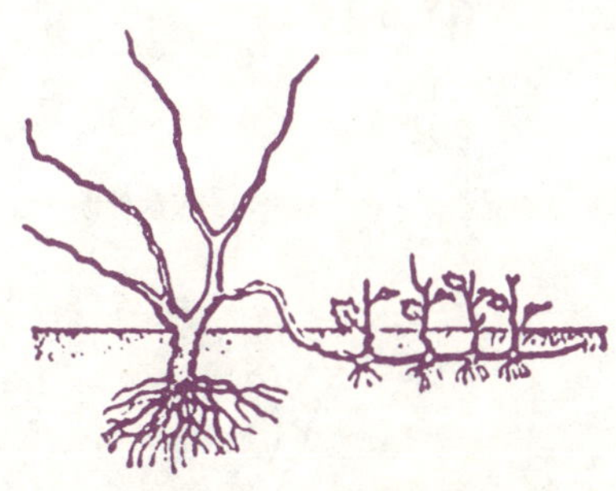

图Ⅰ-3-3　水平压条法
（于泽源，2001，果树栽培）

3. 波状压条法　波状压条法适于枝蔓特长的藤本植物（如葡萄等）。将枝蔓上下弯成波状，着地的部分埋压土中，待其生根和突出地面部分萌芽并生长一定时期后，逐段切成新植株（图Ⅰ-3-4）。

4. 堆土压条法　堆土压条法适于根颈部分蘖性强或呈丛状的树种（如苹果和梨的矮化砧、樱桃、李、石榴、无花果等）。在早春萌芽前从母株基部距离地面15～20cm处剪断，促使发生多数新梢。待新梢长到20cm以上时将新梢基部环剥或刻伤，并培土使其生根，培土高度约为新梢高度的1/2。当新梢长到40cm左右时，进行第二次培土，一般2次培土即可。秋季入冬前扒开培土，待生根后，分切成新植株（图Ⅰ-3-5）。

5. 空中压条法　空中压条法由中国创造，又称中国压条或高空压条法，适用于高大或不易弯曲的植株，多用于名贵树种（龙眼、荔枝、人心果等）。选1～3年生枝条，环剥2～4cm，刮去形成层或纵刻成伤口，用塑料薄膜、对开的竹筒、瓦罐等包合于割伤处，紧绑固定，内填苔藓或肥土等基质，常浇水保湿，待生根后切离成新植株（图Ⅰ-3-6）。

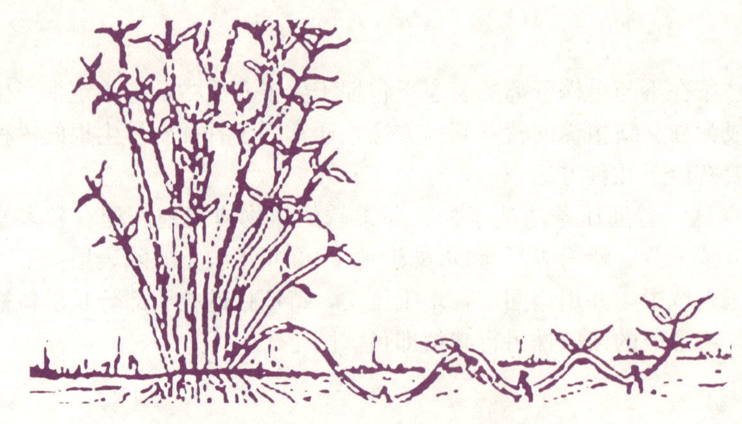

图Ⅰ-3-4　波状压条法

（于泽源，2001，果树栽培）

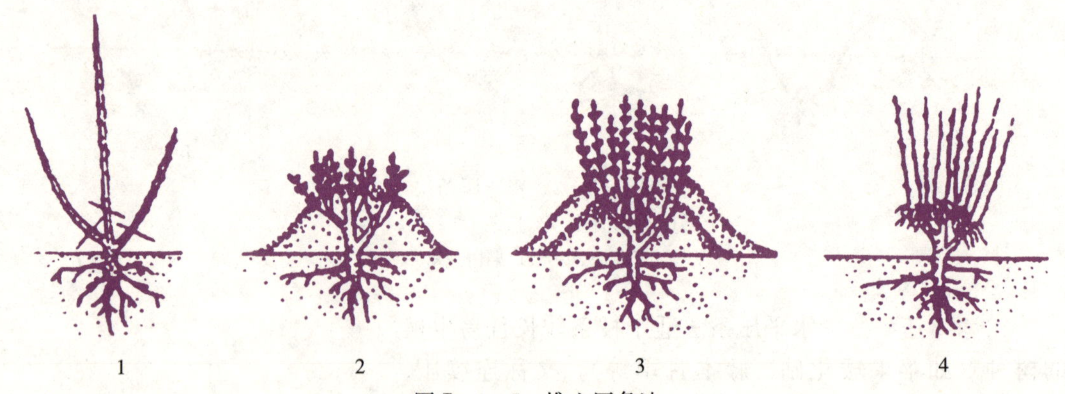

图Ⅰ-3-5　堆土压条法

1. 短截促萌　2. 第一次培土　3. 第二次培土　4. 去土可见到根系

（于泽源，2001，果树栽培）

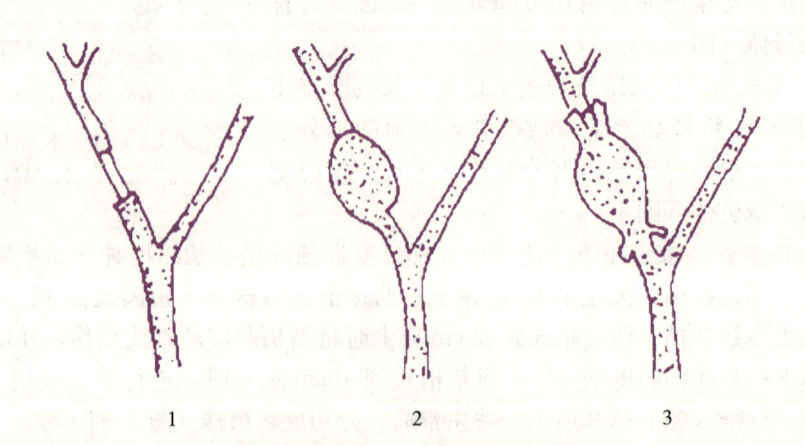

图Ⅰ-3-6　空中压条法

1. 枝条环剥　2. 基质包扎　3. 塑料薄膜包裹

（蔡冬元，2001，果树栽培）

（三）分株

分株是指利用母株的根蘖、吸芽、匍匐茎等出芽或生根后，与母株分离而繁殖成独立新植株的营养繁殖方法。

分株繁殖

1. 根蘖繁殖法 枣、石榴、银杏等果树易生根蘖，采用断根方式促发根蘖苗，脱离母体即可成为新个体（图Ⅰ-3-7）。

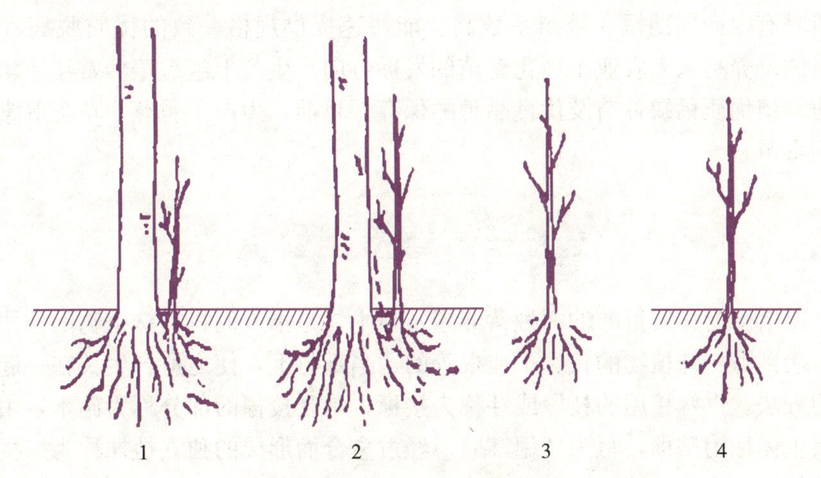

图Ⅰ-3-7 根蘖繁殖法

1. 长出的根蘖 2. 切割 3. 分离 4. 栽植

（于泽源，2005，果树栽培）

2. 吸芽繁殖法 香蕉地下茎的吸芽长成幼苗后，将其带根切离母体即可成为新的植株；菠萝地上茎叶腋间抽生的吸芽，带根切离母体也可成为新的植株。

3. 匍匐茎繁殖法 草莓的长匍匐茎自然着地后，可在基部生根，上部发芽，切离母体可成为新的植株（图Ⅰ-3-8）。

图Ⅰ-3-8 匍匐茎繁殖法

（于泽源，2001，果树栽培）

（四）组培苗的培育

在无菌条件下将植物离体的器官、组织、细胞等接种于培养基上，使其在适宜条件下长成植株的方法称为组织培养，又称为离体培养或试管培养，其所用材料称为外植体。根据外植体的不同可分为胚胎培养（包括胚、胚乳、胚珠、珠心及子房培养）、器官培养（根、茎、叶、花器官及其原基培养）、组织培养（包括分生组织、形成层组织及愈伤组织培养）、细胞培养（包括单细胞、多细胞和细胞悬浮培养）、原生质培养（无细胞壁的单细胞培养）等。外植体的最初培养为初代培养，将初代培养物放在新的培养基上继续培养称为继代培养。

组培苗具有生产周期短、繁殖系数高、能快速提供规格一致的优质脱病毒种苗的特点，组培苗的培养是未来农业工厂化育苗的发展方向。生产上组织培养常用于培养无病毒种苗，迅速繁殖优质稀缺种苗及优良品种的保存。目前，生产上香蕉、草莓等常用组织培养繁殖无病毒苗。

任务三　嫁接苗繁育

嫁接是以增殖为主要目的的一种营养繁殖技术，是指人们将一株植物的枝段或芽等器官或组织，接到另一株植物的枝、干或根等的适当部位上，使之愈合生长在一起形成一个新的植株的方法。供嫁接用的枝段或芽称为接穗，承受接穗的部分称为砧木，由砧木和接穗构成的共生体称为砧穗，写为“穗/砧”，经过愈合而形成的独立植株称为嫁接苗。一般的嫁接植株仅由砧木和接穗组成，有时也由3部分构成共生体的情况，此时在砧、穗间的部分称为中间砧。在嫁接共生体中，砧木构成地下部分，接穗构成地上部分。嫁接繁殖是生产中应用最广泛的方法。

一、嫁接苗特点

嫁接苗基本上能保持母本树的优良特性；繁殖系数高；能提早结果（如银杏实生苗需18～20年才开始开花结果，而嫁接苗3～5年就能开始结果）；能利用砧木的抗性，扩大栽植区域；嫁接还可以利用矮化砧的特点，调节树势，使树冠矮化、紧凑，便于树冠管理；此外，可利用嫁接进行高接换种，加速品种更新和快速改造劣种果园。

二、嫁接苗繁育方法

（一）砧木类型及选择

1. 砧木类型

（1）根据砧木繁殖方法分为实生砧和自根砧。利用砧木种子繁殖的苗木称为实生砧，利用植株某一营养器官培育而成的砧木称为自根砧。

（2）根据利用方式分为共砧（本砧）和自根砧。共砧是指与接穗同属一个品种的砧木；自根砧是采用砧木植物某一器官或自身体细胞，经过人工培养生根并能繁殖，具有自身根系的砧木。

（3）根据嫁接后生成的植株高矮、大小分为矮化砧和乔化砧。矮化砧可使树冠矮化，利于果树早结果，如枳能使柑橘矮化，石楠是枇杷的矮化砧；乔化砧则可使树体高大。

（4）根据砧木位置分为基砧和中间砧。果树进行二次或多次嫁接，称二重或多重嫁接，位于基部的砧木称基砧，位于接穗和基砧之间的砧木称中间砧。

2. 砧木选择 生产上一般选择与嫁接品种有良好亲和力的实生苗作嫁接砧木，砧木苗木要生长健壮，无病虫害，大多数树种砧木粗度在 0.6～1.0cm 时嫁接较好。

（二）接穗选择和贮藏

1. 接穗选择 选择品种纯正、品质优良、生长健壮、无病虫害的植株作采穗植株，选用当年生或一年生的、位于树冠外围中上部生长充实且芽体饱满的营养枝作接穗，细弱枝、徒长枝、落花落果枝不宜作接穗。

2. 接穗贮藏 作接穗的枝条采后去除叶片仅留叶柄，以 50～100 条作为一捆绑扎好，附上品种标签。一般随采随接成活率高，如不能及时嫁接须用湿布、苔藓或湿润的吸水纸包裹置于阴凉处保湿。大量的接穗可用湿沙掩埋贮藏，沙的湿度以手握能成团、手松能散开为宜，上层覆盖湿麻袋保湿。

（三）嫁接时间

华南地区在 2—11 月均可嫁接，但以春季 3—4 月和秋季 9—10 月嫁接成活率高。如果采用芽接法则最好选在夏秋季，因此时植株生长活跃，形成层细胞分裂旺盛，皮层和木质部容易分离，嫁接时取芽片方便，成活率也高。

（四）嫁接方法

根据嫁接接穗不同，果树嫁接方法分为芽接、枝接、芽苗接和嫩枝接等。

1. 芽接 芽接是以芽片作接穗的嫁接方法。芽接操作简单，速度快，节省繁殖材料，接口伤面小，易包扎，成活率高，不断砧，未成活时可补接，不浪费砧木，是一较常用的嫁接方法。生产上应用最广泛的芽接方法有 T 形芽接、嵌芽接。

T 形嫁接法

（1）T 形芽接。T 形芽接也称“丁”字形芽接或盾形芽接。通常采用一年生小砧木，在皮层易剥离时进行（图Ⅰ-3-9）。具体方法如下：

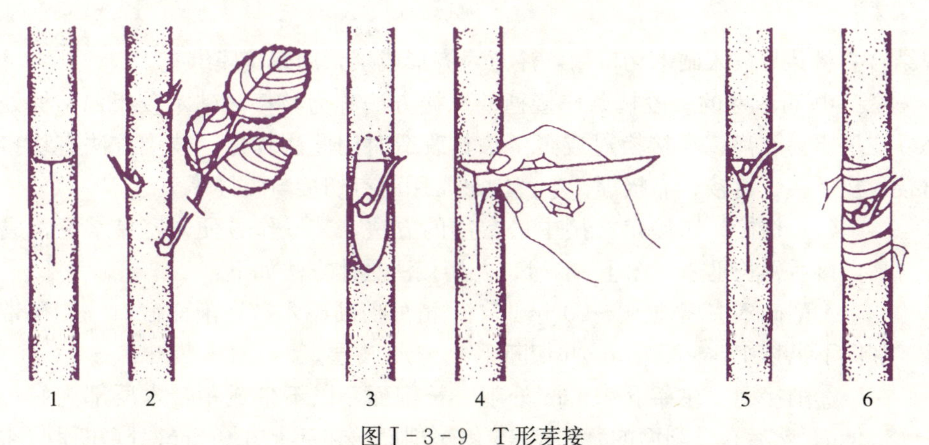

图Ⅰ-3-9 T 形芽接

1. 削砧木 2. 选接芽，去叶片 3. 削接穗 4. 砧木剥皮 5. 放入芽片 6. 绑扎

［傅秀红，2007，果树生产技术（南方本）］

①削砧木。在砧木离地面5～8cm处，选一光滑无分枝处横切一刀，深度以切断砧木皮层为宜。再在横切口中间向下纵切一刀，长约1cm，伤口呈T形。然后用刀尖向左右拨开呈三角形伤口，注意伤口不宜挑得太宽。

②削接穗。接穗在芽的下方1cm处向上斜切一刀，在芽上方约0.5cm处横切一刀，使芽片呈盾形。

③结合。将削好的芽片立即放入三角形伤口，使砧木和接芽的横刀口对齐，用嫁接膜绑扎。

（2）嵌芽接。对于枝梢具有棱角或沟纹的树种，或皮层难于剥离的砧木，可采用此方法进行嫁接（图Ⅰ-3-10）。具体方法如下：

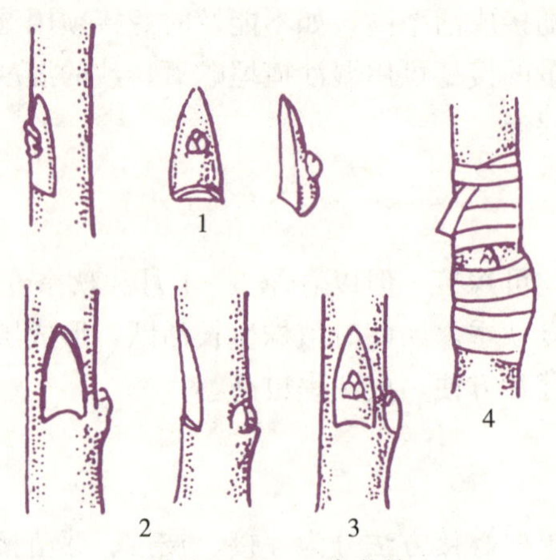

图Ⅰ-3-10　嵌芽接

1. 削好的芽片　2. 削砧木　3. 砧穗结合　4. 绑扎

（马俊，2006，果树生产技术）

①削接穗。在芽上方0.5～0.8cm处向下斜削一刀，削面长1.5～2.0cm，稍带木质部，然后在芽下0.8～1.0cm处以45°角斜切一刀，取下芽片。

②削砧木。在砧木选定的部位斜削一刀，深达木质部而不带木质部，伤口稍长于芽片。

③结合。将芽片放入砧木切口内，注意对齐形成层，用嫁接膜绑扎。

2. 枝接　用带有芽的一段枝条作接穗的嫁接方法称为枝接。砧木较粗、砧穗处于休眠状态、皮层不易剥离、高接换冠或野生果林改造时用此法较好。枝接方法有切接、腹接、劈接、皮下接、舌接、靠接等，生产中最常用的有切接与腹接等。

切接法

（1）切接。切接是枝接中最常用的方法，其操作方便，容易掌握，成活率高，接后生长迅速（图Ⅰ-3-11）。切接法具体方法如下：

①削砧木。离地10～20cm选一平滑处剪断砧木，在削面截口一侧稍带木质部向下纵切1.5～2.0cm，并切断1/3～1/2皮层。

②削接穗。在芽下0.5cm处削一长削面，以不带或稍带木质部为好，削面长1.5～2.0cm，然后在长削面的背面削45°斜短削面，在芽上方0.5cm处剪断取下接穗。

③砧穗结合。将接穗长削面的形成层对齐砧木切口的形成层，然后用嫁接膜绑紧嫁接口，并密封包扎接穗。

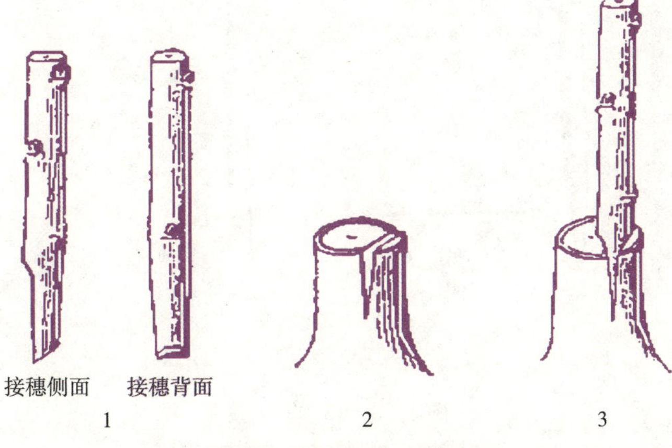

图Ⅰ-3-11 切 接

1. 削接穗 2. 削砧木 3. 砧穗结合

（吴仁山，2000，荔枝栽培工作历）

（2）腹接。此法接穗削取与切接相似，但切伤面贯穿整个芽体。砧木削取与嵌合芽接相似，在砧木离地约 10cm 处选平滑处稍带木质部从上至下纵切一刀，切伤面与接穗芽长度相等或稍长，并切断切开层的 1/2。把接穗插入到砧木的切口中，两者形成层一边或两边对齐并用嫁接膜绑紧密封包扎（图Ⅰ-3-12）。

腹接法

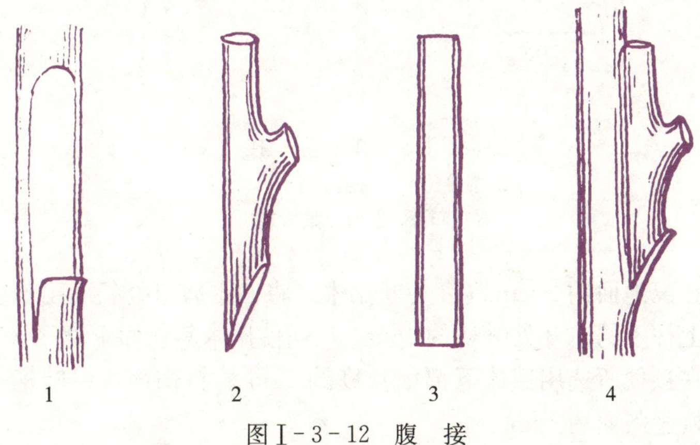

图Ⅰ-3-12 腹 接

1. 削砧木 2. 削接穗 3. 接穗切伤面 4. 砧穗结合

（傅秀红，2005，果树栽培）

劈接法

（3）劈接。砧木较粗时常用此法。将嫁接部位剪平或锯断砧木并修平，在砧木的中心或 1/3 处纵劈一刀，切口长约 3cm。将选好的接穗于芽下两侧削成一个对称的楔形，削面长约 3cm。撬开砧木切口，将接穗插入，两者形成层至少一侧对齐，砧木较粗时，可两边各插 1 根接穗。接穗插好后，立即包扎（图Ⅰ-3-13）。

插皮舌接法

（4）舌接。舌接常用于葡萄休眠期嫁接，此法形成层接触面大，并接合牢固，但对切削技术要求严格（图Ⅰ-3-14）。具体方法如下：

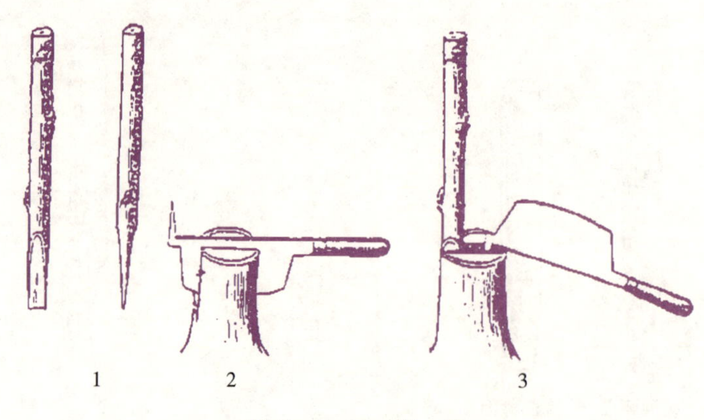

图Ⅰ-3-13　劈　接

1. 削接穗　2. 削砧木　3. 砧穗结合

（蔡冬元，2001，果树栽培）

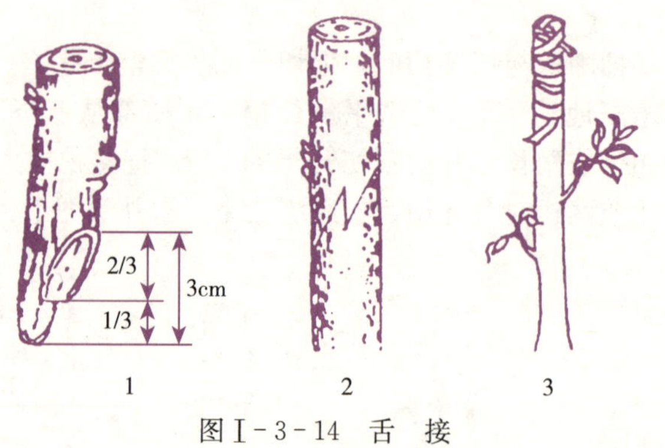

图Ⅰ-3-14　舌　接

1. 削接穗　2. 砧穗结合　3. 绑扎

（于泽源，2001，果树栽培）

①削砧木。在离地面约 20cm 高度剪断砧木，将砧木剪口处斜削出长度约 2cm 的斜伤面，在斜伤面从上往下的 1/3 处纵切约 1cm，从而使砧木斜伤面下部 2/3 部分成为舌形。

②削接穗。在接穗所选用芽体下部削长度约 2cm 的斜伤面，以叶柄一端为起点在切面约 2/3 处切入接穗斜面约 1cm。

③砧穗结合。将接穗斜伤面切口对准砧木舌形部分插入，再用嫁接膜绑紧密封。

3. 芽苗接　芽苗接可分芽苗作砧木和芽苗作接穗嫁接两种，多用于板栗、银杏等大粒种子树种。

（1）芽苗作砧木嫁接。大粒种子萌发至幼苗第一片叶子即将展开之际，切去子叶上的嫩梢并纵切，深 1.0～1.5cm，以嫩枝为接穗（也可用休眠枝），其直径应与砧木相当。将其先端削成楔形，插入砧木中，用棉线绑缚，然后移入盛有湿土或苔藓的箱中，箱上再盖膜，置于荫棚下保湿，待芽萌发后揭去薄膜，完全愈合后移入苗床。

（2）芽苗作接穗的嫁接。通常取已发胚根但胚芽未长出的发芽种子作接穗苗，按劈接或腹接削取芽苗接穗，然后与砧木（已木质化）相接。注意芽苗接穗幼嫩，不要绑得太紧，以免压破。

无论用芽苗作接穗还是砧木，其操作过程都要十分细心，并注意周围洁净度与环境的湿度。

4. 嫩枝接 嫩枝接也称绿枝嫁接，是利用当年生半木质化新梢作接穗，一般在5月下旬至6月进行。用嫁接刀把砧木劈开，深2～3cm，再把接芽两侧下方削成楔形，削面长2～3cm（芽在楔形的侧面），在芽上方1.5cm左右处平切，接穗插入切口，形成层对准并包扎，注意将接穗除芽眼以外的部分全部包严。

（五）嫁接后的管理

1. 检查成活、补接 一般嫁接后15～20d就可以判断嫁接是否成活。如果接穗（芽）颜色不变，芽体新鲜，叶柄一触即落，就表明嫁接成活；反之，如果接穗变色干缩，就说明嫁接不活，应尽快补接，保证苗木生长整齐，统一出圃。

2. 解除绑缚 苗木嫁接后50～60d用嫁接刀刀尖划破绑扎的嫁接膜，给嫁接口解绑，如果不解开则会抑制新梢的生长。但要注意解绑时间不宜过早，过早则接芽尚未完全愈合，在高温干旱或遇到春寒情况下，接芽易受伤。

3. 适时剪砧 芽接与腹接可结合检查成活在接后7～10d剪砧，促使接芽充实饱满。在新梢长到约10cm时剪砧，剪口在接穗上方约0.5cm处，切忌剪口过高或过低，更不能压伤或挤伤剪口附近的皮层，否则不利于新梢生长。

4. 除萌摘心 剪砧后，要及时抹除砧木萌蘖，以免与接芽争夺水分、养分，削弱接芽生长。当枝梢生长到30～40cm时摘心打顶，促进分枝，加速苗木提早成形。

5. 设立支柱 为保证苗木直立生长，当嫁接苗高达15cm左右时，应设立支柱。

6. 施肥 嫁接苗成活后10d开始施肥，一般每月施肥1～2次，薄肥勤施。前期用腐熟人畜粪尿（10：1）或速效氮肥，后期控施氮肥，增施磷、钾肥，促使苗木充实健壮，同时注意灌水与排水，保持土壤湿润通气。

7. 中耕除草与病虫防治 嫁接后要注意病虫害防治，芽未萌动时常有蚁害，咬破密封的嫁接膜，导致接穗失水干枯死亡，因此，嫁接后要防蚁害。芽体萌发后要及时喷杀虫剂和杀菌剂，使接穗长出的新梢能正常地生长。

三、影响嫁接成活的因素

（一）砧穗亲和力

砧穗亲和力强，嫁接成活率高，苗木生长快；砧穗亲和力弱，嫁接成活率低。砧穗亲和力强弱与砧穗的亲缘关系有关，同种、同品种亲和力强，如龙眼/龙眼、淮枝/淮枝；同属异种，亲和力较强，如橙/酸橘；同科异属，亲和力较弱；不同科亲和力差，嫁接不成活，如荔枝/柑橘。砧穗嫁接不亲和的表现见图Ⅰ-3-15。

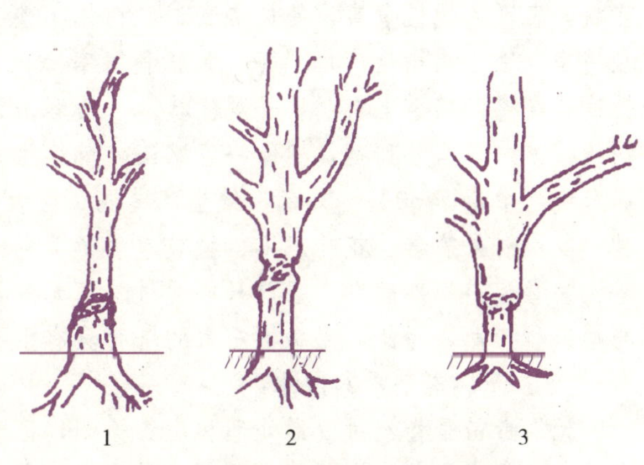

图Ⅰ-3-15 嫁接亲和不良的表现
1.“大脚” 2.“环缢” 3.“小脚”
（马宝焜，2010，图解果树嫁接技术）

（二）树种与品种

树种、品种不同，嫁接愈合的难易不同。髓部较大，导管、管胞细小的树种，愈合较困难；含有单宁物质的树种也难愈合，如柿、板栗、荔枝、龙眼等；嫁接时易出现伤流的树种，除易损失糖类、氨基酸等物质外，还含有易氧化的酚类物质，影响愈伤组织的形成。

（三）砧木和接穗的质量

砧木和接穗生长健壮，营养物质积累充足，有利于形成层正常愈合，嫁接成活率高；接穗新鲜，或接穗贮藏方法适宜，嫁接成活率高。

（四）嫁接技术

嫁接技术包括不同树种的最适宜嫁接时期和嫁接方法的选择、操作者的操作水平等。嫁接全年可进行，但芽接最适宜的嫁接时期为6—10月，枝接较适宜的嫁接时期为春、秋两季，操作者水平直接影响削面的深浅、平滑程度、嫁接速度和包扎质量。

（五）环境条件

外界温度为20～25℃，空气相对湿度在60%以上时有利于嫁接苗成活，低温、高温、干旱、阴雨天气都不利于嫁接成活。在夏、秋季嫁接，苗圃遮阳降温会提高嫁接成活率。接穗含水量过大也影响嫁接成活，一般接穗含水量在50%左右最有利于嫁接成活。

知识拓展

果树种苗组织培养技术

一、果树种苗组织培养育苗的意义

侵染果树的病毒和类支原体种类很多，根据感染后的表现和特点，一般将病毒分为潜隐性病毒和非潜隐性病毒两类。潜隐性病毒在砧木和接穗都抗病时，感病植株无明显外观症状，表现为慢性危害，使树势衰退，树体不整齐，果实产量、质量、耐贮性降低，肥水利用率（用于果树生产）下降，氮肥利用率降低40%～60%，减产20%～60%；非潜隐性病毒在感病植株上有明显外观症状，一般容易识别。由于迄今为止对病毒病还没有理想的治疗方法和有效药剂，树体一经感染，就终生带毒。我国苹果产区多数品种普遍有病毒病危害，带毒率30%～95%，给生产造成了巨大损失。目前危害我国苹果的病毒主要有6种，其中锈果病毒、花叶病毒、绿皱果病毒为非潜隐性病毒，褪绿叶斑病毒、茎痘病毒、茎沟病毒为潜隐性病毒。当前只能通过培育无病毒苗和控制病毒传播两条途径来减少病毒的危害和扩散，因此，无病毒苗木的培育具有重要意义。

二、无病毒苗木繁育体系

无病毒苗是指经过脱毒处理和病毒检测，证明确已不带指定病毒的苗木，严格讲为脱毒苗。无病毒原种的来源一方面可以从国内外引进无病毒原种进行保存，另一方面可以在丰产园中选取。首先选择一株健壮生长的结果树，了解其历史，选中后，从其上采取枝条进行病毒病源鉴定，如果鉴定结果没有发生病毒症状，表明这株树可用作初步繁殖的种源母株；如果是感染病毒的，则需要对其枝条的茎尖或单独的生长点进行处理，培养成无病母株的原始材料。常用的脱毒方法有：

1. 热处理 感染病毒的幼树或枝芽及种子进行热处理，是消除病毒和病菌广泛应用的方法之一。处理温度和时间长短因植物和病毒种类不同而异，一般情况下，38℃左右的高温不仅能延缓病毒的扩散，而且使器官和组织的生长速度超过病毒的繁殖速度，对病毒有钝化作用。如用热处理治疗苹果枝条的病毒，在经 37～38℃高温（较高的温度更好），空气相对湿度 60%～80%，处理 4 周以上，取顶端长出的 10～20cm 作接穗（旺盛的生长点不带毒）进行嫁接。

2. 微茎尖培养 病毒感染后，在植株内的分布并不均匀，生长点附近的分生组织（0.1～0.2mm）多不含病毒，进行微茎尖培养可获得无毒原种。

3. 珠心胚实生苗利用 柑橘、杧果等有多胚现象，其中合子胚（有性胚）一般中途退化，而由珠心细胞发育成的珠心胚（无性胚）没有病毒且与体细胞有相同的遗传性状，可以通过分离培育珠心胚获得无病毒的实生苗。

思政花园

我国农业生态文明建设

众所周知，我国是传统的农业大国，耕地面积在世界都排在前列，党和国家历来重视农业的发展。进入新时期以来，现代农业发展不仅关系到社会的稳定，更关系到国家的安全，与此同时，我们也逐渐认清了传统的耕种模式已经逐渐被时代所淘汰，并且化肥农药的使用还极大地影响到当前的生态环境保护工作。因此，我们应该加快农业生态文明建设，只有这样才能够从整体上提升我国的环境保护工作。

我国农业生态文明建设

党的十九大报告明确指出："我国经济已由高速增长阶段转向高质量发展阶段。"这是对我国经济发展阶段做出的重大判断，意味着以"质量变革、效率变革、动力变革"驱动经济向高质量发展成为今后经济工作的主线。农业是立国之本，担负着粮食安全、劳动就业、环境保护、社会稳定的重任，农业高质量不仅是经济高质量的基础，也是经济高质量的关键。

农业生态文明建设应该体现在多方面，无论是农业的播种还是农业的收割或者是农业的施肥，这一系列的环节都应该与生态文明建设息息相关。我们知道，在以前广大农村地区，灌溉农业的方式都是大水漫灌，而这种方式将会极大地浪费水资源。进入新时期以来，随着灌溉技术的不断发展，滴灌技术开始应用，这种浇灌方式能够极大地节省农业用水量，进而更好地节约水资源。

事实上，农业生态文明建设伴随的是农业高科技成果的应用，在以前，无论你家耕地面积有多少，最终只是靠人力进行收割，但是到了今天，随着大型农业机具的应用，无论是播种还是秋收，完全靠机械进行，而这也在一定程度上减少了人力的使用。不仅如此，大型农业机具的使用还提升了作业的效率，而这也就在一定程度上减少了对能源资源的消耗。

目前来看，农业生态文明建设最应该体现在化肥、农药的使用上。众所周知，大多数农药都会残留在果蔬上，不仅能够对人体造成伤害，同时还能够随着雨水流入地下，对地表土壤乃至地下水资源造成污染。政府应不断加大对农业的扶持力度，将新型的农业播种技术进行科学普及，只有这样才能够在提升我国粮食产量的同时，对生态环境进行保护。

当前，随着我国生态文明建设工作不断深入发展，农业生态文明建设也已经取得了阶段性的成就，但是我们应该明白，农业发展对于我国国民经济发展来说至关重要，无论到了什么时候，都应该不断加大对农业的投入力度。

复习提高

（1）怎样通过形态鉴定来判断种子是否有生活力？

（2）部分果树砧木种子为什么要进行层积处理？

（3）种子层积处理应掌握哪些关键技术？

（4）总结提高枝接成活率的技术要点。

（5）调查总结当地果树适宜的芽接时期及芽接方法。

项目四 果园建立与改造

学习目标

- 知识目标

掌握果园规划主要内容；了解园地主要类型及其特点；了解果园低产原因。

- 技能目标

能够对某一果园进行规划与设计；能够分析果园低产原因并进行改造。

- 素养目标

具备独立思考和勤学苦练的职业素质；通过果园规划与设计，培养农业生态保护意识。

任务一 高标准果园的建立

一、园地类型与特点

（一）平地

平地是指地势较为平坦，或向一方轻微倾斜或高差不大的波状地带。在同一平地范围内，气候、土壤等因子基本一致。因地势平坦，便于机械化操作、产品和生产资料运输、道路系统的修建和排灌系统的设计与施工，果园建造成本低。平地土层较深厚，有机质含量较多，水分充足，水土流失少，果树根系入土深，结果良好，产量高。但往往平地的地下水位比山地高，通风、日照、排水均不如山地，平地果园果实的色泽、风味、含糖量、耐贮性比山地果园差，因而平地建园时应选择地下水位在 1m 以下、排水良好的区域。

果园的建立

（二）山地

山地一般是指海拔在 500m 以上、坡度在 10°以上的地形。山地土壤水分较少，水土易流失，但光照充足，空气流通，排水良好，昼夜温差较大，有利于糖类的积累，一般比平地结果早，果实着色好、品质优、耐贮藏，但应注意改良土壤。

（三）丘陵

通常将相对高差在500m以下、坡度在10°以下的地形称为丘陵。丘陵土层较厚，土壤水分和养分较山地丰富，因而果树生长发育较山地好。在同一坡度上，北坡较南坡日照时数少，昼夜温差小；南坡日照时间长，昼夜温差大，物候期开始早、结束晚，易遭受晚霜和日灼危害。

（四）红黄壤

红黄壤广泛存在于长江以南的丘陵地区。这些地区高温潮湿，雨量充沛，土壤风化完全，土粒细且黏重，酸化严重，土壤有机质含量低，养分易于淋失，但铁、铝等元素易于积累，有效磷活性低。因此，建园前首先进行土壤改良，增施有机肥，调节土壤pH，挖沟起垄，加强排水，垄上栽植果树。

（五）滩涂

滩涂是指河流或者溪流两旁在丰水季节可以被淹没的土地。其特点是地势平坦，利于机械化作业，又因昼夜温差大，所种果树的果实含糖量较高、品质好。但由于滩涂地小气候变化大，大风易使沙丘和表层沙土移动，造成果树露根、埋干和偏冠，直接影响果树正常开花、坐果。同时，土壤比较瘠薄，保水保肥力差，沙土中往往夹杂着大量大小不一的卵石，漏肥、漏水严重，阻止根系扩展。因此建园前需进行土壤改良，营造防风林，防风固沙。

二、果园规划

（一）小区的规划

果园小区又称“作业区”，是果园的基本生产单位，为方便生产管理而设置。划分小区时要遵循如下原则：一是小区内土壤、地势、气候、光照条件应大体一致，便于进行统一管理；二是有利于防止果园水土流失，山地果园小区的长边与等高线方向保持一致，长∶宽为（2～5）∶1；三是为便于防止风害，平地果园小区的长边应与主要风害风向垂直，果树的行向应与小区长边一致；四是有利于果园运输和机械化管理。

一般平地果园小区面积为8～12hm^2，丘陵地为2～4hm^2，山地为1～2hm^2。

大型果园进行土地规划时，各类用地比例为果树栽培面积占80%～85%，防护林占5%～10%，道路占5%，办公场地、包装场、库房、用具房、水池、粪池等约占5%。

（二）道路系统的规划

大、中型果园的道路系统由主路、干路、支路组成。

1. 主路 主路宽度以并行两辆卡车为准，为6～8m。位置适中，贯穿全园，与园外交通公路相通。平地主路要直，山地可环山而上或呈“之”字形修筑。主路的主要功能是便于生产物资和果实采收后的进出运输。

2. 干路 干路常设置在大区之内、小区之间并与主路垂直，宽4～6m，能并行两台作业机械通行即可。山地果园的干路可沿坡修筑，设计在主路和支路两侧，应依排灌系统

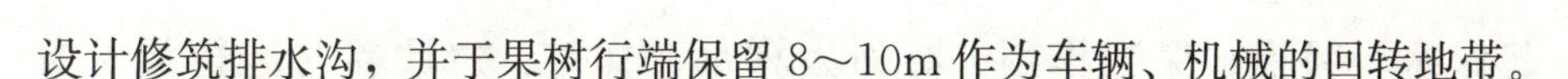
设计修筑排水沟，并于果树行端保留 8～10m 作为车辆、机械的回转地带。

3. 支路 根据需要在小区内或环绕果园设置的路称为支路，路面宽 1～3m，以人行为主或能通过大型喷雾机械。山地果园的支路可根据需要顺坡修筑在分水线上，小型果园可不设主路和支路，只设干路，以增加生产用地的面积。

（三）排灌系统的规划

1. 果园灌溉系统的规划 果园灌溉系统包括蓄水和输水系统。所用水源因地而异，平地果园以河水、井水、库水为主，山地果园以库水、蓄水池水、溪水、引水上山为主。灌溉方法有喷灌、滴灌、漫灌三大类。

（1）喷灌。喷灌可节约用水，基本不产生深层渗漏和地表径流；保持原有土壤的疏松状态，减少对土壤的破坏；调节果园小气候，避免高低温、干风对果树造成的危害，可减少裂果现象；节省劳力，工作效率高；便于田间机械作业，施肥、喷药等都可利用它进行，各种类型的果园均适用。喷灌的主要缺点是造成园内相对湿度大，加重某些真菌病害的发生。喷灌系统一般包括水源、动力、水泵、输配水管道及喷头等。

（2）滴灌。滴灌可节约用水，比喷灌节水一半左右；滴灌系统全部自动化，可将劳动力减少至最低限度；能为果树创造最适宜的土壤水分、养分和通气条件，促进果树生长发育。滴灌的缺点是需要管材较多，投资较大，管道和滴头容易堵塞，对过滤设备要求严格且不能调节小气候。滴灌系统主要组成部分有水泵、化肥罐、过滤器、输水管（干管和支管）、灌水管（毛管）和滴头等。

（3）漫灌。漫灌是在田间不做任何沟埂，灌水时任其在地面漫流，借重力作用浸润土壤的一种比较粗放的灌水方法，其灌水的均匀性差，水量浪费较大。漫灌系统由水源和各级灌溉渠道组成，水源选择主要有两种形式，一是修建小型水库蓄水，其位置应高于果园，对果园进行自流灌溉；二是从江河等地引水，可通过扬水式取水或自流式取水两种方法满足果园对水的需要。

2. 果园排水系统的规划 排水系统主要是通过明沟或暗沟进行排水。山地与丘陵果园多用明沟排水，平地果园的明沟排水系统由集水沟、排水支沟与排水干沟等组成。暗沟排水是在地下设置管道等，形成地下排水系统，将地下水降低到要求的深度。

山地果园排水系统按自然水路网走势建立，一般分为以下几种：

（1）环山防洪沟。环山防洪沟位于果园上方，用以缓冲流水速度及蓄水，环山沟要与山塘及大蓄水池及纵向排水沟相连接，沟深、宽各 0.6～1.0m，并筑成竹节状，每隔 8～10m 留一土墩。

（2）纵向排水沟。纵向排水沟一般建于小区道路两侧，与横向排水沟相连接，沟深 0.2～0.3m、宽 0.3～0.5m，为减少冲刷，纵向排水沟要逐级跌落，且一定要把纵向排水沟修成竹节状。

（3）横向排水沟。建在梯田内侧，呈竹节状，作排灌用，沟深、宽各 0.3m，每 10m 左右设低于沟面约 0.1m 的土墩。

（四）山地果园的水土保持

1. 梯田 梯田是将坡地改成台阶式平地，使种植面的坡度消失，有效地降低了地表径流和流速，起保水、保土、保肥作用。梯田由梯面、梯壁、边坡和背沟构成，如图Ⅰ-4-1所示。修筑梯田应注意：①梯面坡度不宜超过5°；②梯壁的倾斜度取决于土壤质地，通常黏性土倾斜度可小些，沙性土倾斜度宜大些，一般梯壁以65°～75°为宜；③梯壁高度不超过2.5～3.5m；④梯面宽度要根据坡度和栽植株行距设计，坡度小，梯面应宽些，一般坡度为5°～20°，篱式栽培葡萄梯面宽1.5～2.0m，核果类和柑橘类为3～5m，仁果类和枇杷为4～5m；⑤通常梯田沿等高线开垦，如图Ⅰ-4-2所示。

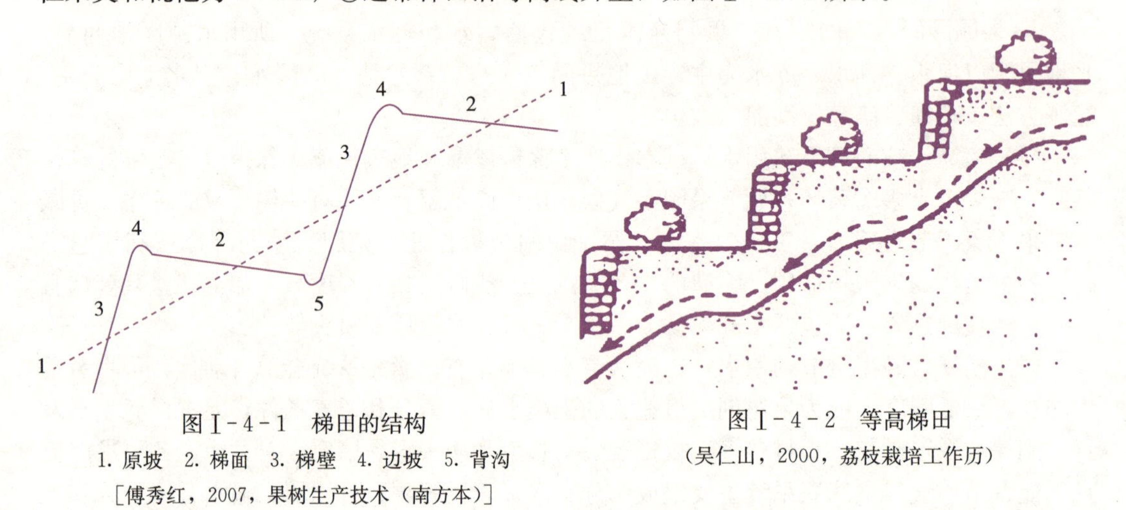

图Ⅰ-4-1　梯田的结构

1. 原坡　2. 梯面　3. 梯壁　4. 边坡　5. 背沟

［傅秀红，2007，果树生产技术（南方本）］

图Ⅰ-4-2　等高梯田

（吴仁山，2000，荔枝栽培工作历）

2. 鱼鳞坑　坡度较陡、地形复杂、不易修筑梯田的山地，或一时来不及修筑梯田的山坡，可先挖鱼鳞坑，然后再修梯田。鱼鳞坑是一圆形小台面，一般坑长1.6m、宽1m、深0.7m。为了将鱼鳞坑逐步改造成等高梯田，应按等高线进行设置（图Ⅰ-4-3）。

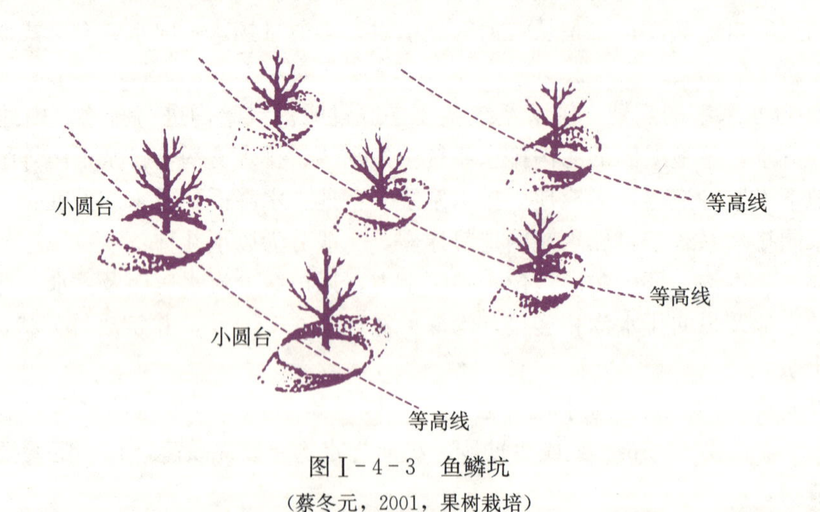

图Ⅰ-4-3　鱼鳞坑

（蔡冬元，2001，果树栽培）

3. 植被覆盖　植被覆盖是水土保持的生物措施，果园的植被应全面规划，合理布局。山地或深丘果园顶部配置森林，可防风，涵养水源，保证顶部土壤不受冲刷；梯面上间种豆科作物或自然生草，在雨季忌清耕；梯壁配置植被，最好让其自然长草，草长高后只割不铲。

三、树种、品种规划

（一）树种、品种的选择

选择适合当地气候、土壤等环境条件的树种和品种，尽量做到适地、适树、适栽。结合当地果树生产技术水平、交通条件和发展趋势，选择适销对路、市场前景看好的内、外销品种或能满足加工需求的树种和品种。结合当地无公害或绿色果品生产和观光果业的发展，选择适合温室栽培和观光自由采摘的树种品种。距离城市较近的可进行集约化栽培和反季节栽培，可选择当地水果供应淡季成熟上市的树种和品种；距离城市较远、交通不便的地区，可选择耐贮运和适宜加工的树种和品种。同时建园时考虑早、中、晚熟品种按一定比例搭配，延长市场鲜果供应期。

（二）授粉品种的选择与配置

保证异花授粉果树正常授粉受精，是提高产量和果品质量的重要条件之一。大部分果树虽是两性花，但自花授粉不实或结实率低。如杨梅、猕猴桃、银杏、香榧等果树为雌雄异株，雌雄株合理搭配栽植才能开花结果；梨、李、柚等果树有自花不实或自花结实率低的特性，栽培单一品种时，往往只开花不结果，产量低；荔枝、龙眼、桃等果树，虽能自花结实，但异花授粉能显著提高产量。无核和少核品种不宜配置授粉树。

优良授粉树应具备如下条件：①与主栽品种花期一致，且花粉量大，花粉发芽率高；②与主栽品种能互相授粉，同时进入结果期，且具有较高的经济价值。

授粉树在果园的配置数量与方法因树种特性而异。当主栽品种和授粉品种经济价值相同时可等量配置，如果授粉品种综合性状较低可差量配置，如隔1～4行（核果类）、4～8行（仁果类）相间配置，也可隔一定行数和株数点状配置，如中心式，1株授粉品种在中心，周围栽8株主栽品种。杨梅、银杏等雌雄异株以风为媒的果树，雄株花粉量大且不结果实，多将雄株作为果园边界树进行少量配置，也可作防风林树种配置。虫媒花的果树其主栽品种与授粉树的最佳距离不超过30m。

四、果树栽植

（一）栽植前的准备

1. 土壤改良 荒坡滩涂地建园，由于土层浅薄、土质较差、土壤肥力较低，造成栽植成活率低、幼树生长缓慢，难以达到早果、丰产，必须进行土壤改良。

（1）山坡地改良。山坡地主要问题是地势不平、土层浅薄、砾石较多、水土流失严重，因此必须修筑梯田或采取鱼鳞坑栽植。结合水土保持工程搞好土壤深翻熟化，将表层熟土翻入下层，添加有机肥料或压入秸秆、绿肥等，对改善土壤结构、提高土壤肥力、促进幼树生长具有显著效果。

（2）滩涂地改良。滩涂地有机质缺乏，土壤结构不良，保肥保水力差，地面常有风蚀，改良的有效办法是淘沙换土、增施有机肥料。可先将栽植坑用客土掺入有机肥填充，以促进幼树成活，使其生长旺盛，以后逐年扩穴、掺土、施基肥，逐步改良沙性，效果非常明显。

（3）盐碱地改良。采取多种措施排除土壤中过多的盐碱，有条件的地区可以通过种植水稻改良盐土。一般果园可进行深沟起垄栽植，降低地下水位和便于排水，有条件的地方引用淡水灌溉，降低土壤含盐量。此外，增施有机肥、种植耐盐碱绿肥植物如苜蓿、草木樨等，可提高土壤有机质含量，改良土壤结构。也可以向盐碱地中掺入河沙，增加土壤通透性。

2. 栽植方式

（1）长方形永久栽植。该方式是最常见的一种栽植方式，其特点是行距宽而株距窄，有利于通风透光、机械化管理和提高果实品质。南方主要果树永久性栽植密度如表Ⅰ-4-1所示。

表Ⅰ-4-1　南方主要果树的永久性栽植密度

（于泽源，2005，果树栽培）

种类	密度/（株/hm^2）	种类	密度/（株/hm^2）
甜橙	750～825	枣	300～375
柚	600～675	板栗	300～840
杂柑	900～975	杧果	240～330
柠檬	825～900	荔枝、龙眼	225～330
桃、李	450～600	杨梅	375
梨	300～375	葡萄	2 250～3 300

（2）等高永久栽植。适用于坡地和修筑有梯田的果园，是长方形栽植在坡地果园中的应用。这种栽植方式的特点是行距不等、株距一致，且行向沿等高线，有利于果园水土保持。

（3）计划密植。该方式是指在正常栽植的基础上，在固定植株间增种临时植株，并对两者采取不同的管理措施，尽快促使临时植株早结果、早丰产，提高果园早期的产量。待树冠扩大后，缩剪、间移或间伐临时植株，保证永久植株的生长和结果正常。临时植株数量一般为永久性植株的1～3倍（图Ⅰ-4-4）。计划密植具有早期丰产、经济利用土地、早收益等优点。

图Ⅰ-4-4　果树计划密植的设计模式

●永久植株　◎第一次间伐　☆第二次间伐

［傅秀红，2007，果树生产技术（南方本）］

3. 定植密度

（1）树种、品种和砧木特性。不同树种、品种的生长发育特性不同，树高和冠幅的差异较大，一般树冠大的株行距也相应加大，反之亦然。砧木对接穗的生长势和树冠大小有显著影响，一般乔化砧树体高大，矮化砧树体矮小，所以根据不同的砧木决定栽植密度。

(2) 立地条件。在土层深厚肥沃、雨量充沛、气候温暖、生长期长的地区，果树树冠较大，栽植密度可适当小些；而在土壤瘠薄、干旱少雨、生长期短的地区，果树树冠偏小，栽植密度也相应增大。此外，平原和山麓地带，立地条件较好，容易形成大树冠，而随着相对高度的增加，坡度变陡，立地条件逐渐变差，树冠也相对变小，栽植密度也要做出相应调整。

(3) 栽植技术。栽植方式、整形方式、修剪方法、肥水管理水平等对树冠体积有很大的影响，应根据不同的情况确定合适的栽植密度。

4. 苗木准备 选择适合当地生态条件和市场前景看好的树种品种，最好采用当地育成的苗木，如需外地购苗，一定要对采购地点和苗木质量进行调查，要求苗木品种纯正、生长健壮、无检疫性病虫害，同时做好起苗、运输、装卸中的保湿、保鲜工作，尽量缩短起苗到栽植的时间。栽前要对苗木进行分级，对受伤的根、枝进行修剪，不能及时栽植的苗木要妥善假植。对失水严重的苗木在栽植前要用清水浸泡根系12～24h，栽时最好蘸泥浆，保证成活率。

5. 肥料准备 为促进定植后幼树前期生长，改善土壤质地，有条件的可提前准备一些肥料，每株树施用优质有机肥15～20kg、尿素50～100g，土杂肥可按每株100～200kg标准施用。

(二) 栽植时期

果树栽植时期，应根据果树生长特性及当地气候条件来决定。主要栽植时期有春植与秋植，落叶果树在秋季落叶后至春季萌芽前定植为宜。在无风的阴天栽植成活率高，大风大雨天、高温干旱季节不宜栽植，营养钵苗可四季栽植。

(三) 栽植技术

1. 栽植前苗木处理 栽植前应将苗木再次分级，优先选用根系完整、枝干粗壮、叶芽饱满的苗木，然后按粗细、高矮进行分类，栽时将同类苗木种植在一起，便于管理。剪掉伤根、病虫根，以利新根发生。如果苗木水分不足，应在栽植前将根系放入水中浸泡一昼夜，使苗木充分吸水，然后用100mg/L生根粉溶液浸泡1h，更利于苗木生根和成活。

2. 栽植深度 苗木栽植的深度要适宜，栽植过深，下层温度低，通透性差，幼树萌芽晚，生长缓慢，容易出现活而不发的现象；栽植过浅，根系容易外露，固地性差，不耐旱，成活率低。栽植深度一般以苗木在苗圃时的土印与地面齐平为准。

3. 栽植方法 栽树时，对栽植穴（沟）适当修整，低处填高，高处铲平，深度保持25cm左右，并将穴中间培成小丘状、栽植沟培成龟背形小长垄。栽植时将苗木放入栽植穴内，展开根系，根系不能与肥料直接接触，同时校正栽植位置，然后用细土回填，将苗木轻轻上提并压实，使根系与土壤密切接触，最后将心土填入栽植穴上层，并修整成直径约1m、高出地面20～30cm的树盘，树盘四周略高。注意苗木不要栽植太深，根颈要高出土面。柑橘等常绿果树最好能带土球栽植，栽后剪去部分枝叶，以提高栽植成活率。

4. 栽后管理 俗话说“三分栽七分管”，栽后管理对提高栽植成活率、缩短缓苗期、促进幼树健壮生长具有重要的意义。具体管理措施：①栽后及时浇足定根水，在栽后1个月内保持苗木根际土壤湿润，泥土变干发白时要及时淋水；②为了保持树盘土壤湿润应用地膜（地布）进行覆盖；③若是秋季栽植，要做好冬季和初春防寒工作；④注意防风、防晒；⑤适时定干、施肥和病虫害防治等。

任务二　低产果园的改造

一、幼龄果园低产原因和改造措施

根据幼龄果园低产表现，大致可将其分为粗放栽培园、品种混杂园、虚旺无产园、树势衰弱园、早期郁闭园5种类型。在某一低产园内，可能仅存在其中一种类型，也可能几种类型兼而有之。

（一）低产原因

1. 土地条件差　果树要想达到早产、丰产、稳产的目的，就必须种植在肥力高、土壤质地好、保水保肥力强的土壤上。土壤瘠薄、黏重、含沙量过大或灌溉较难的园区均不适宜果树的生长，但不是这些园区不能栽植果树，而是需要对土壤进行改良。由于果树根系分布较深，故土层厚度不足1m的沙地、地下水位较高的低洼地或盐碱地均不适宜果树生长。重茬是造成树体衰弱发育不良、缺素症严重的原因之一，因此前茬最好是亲缘关系较远的树种。

2. 建园质量差　建园质量低包括苗木质量差、栽植质量差、品种选择不当、不同树种密植不合理、授粉树配置不当等。

（1）苗木质量差。苗木质量直接影响结果的早晚和产量。定植苗太小，根系发育不良，带有严重的病害，或苗木运输过程中出现冻苗、霉烂、失水等，会致使果园缺株断行。即使连年补栽，缓苗期较长，也会使果树迟迟进入不了结果期。

（2）栽植质量差。采用正确的栽植方法可以最大限度地缩短缓苗期，栽植过深或过浅，不注意春天保墒，不利于提高地温，均将造成定植的幼树生长缓慢、衰弱，甚至死亡。

（3）品种选择不当。不重视树种、品种的选择，果树不仅结果晚，而且抗病性差，造成低产或销售难。如生产上栽植的实生核桃、板栗等果树结果晚、品质差、不整齐，应尽快改接（高接）优良品种。

（4）不同树种密植不合理。不同的树种和砧木，栽植密度是有一定限度的，只有在砧木和品种特性允许的范围内科学合理密植，才能收到良好效果。

（5）授粉树配置不当。授粉树配置不当也是造成幼树低产的重要原因之一。授粉品种能提高产量，但同一树种、不同品种的早果性有差异，配置不当会造成花粉亲和力低或花期不遇，使结果年限推迟或不结实。

3. 重栽轻管　果树生产属高效农业，只有高投入，才能高产出，对管理要求较细。一些果农只知道栽果树收入高，奢望一朝栽树，年年受益，其后果当然是不投入则不结果，少投入则产量低，从而经济效益年年降低。

粗放栽培园、树势衰弱园多是间作物不合理所致。例如，间作物过分贴近果树种植，与果树竞争营养；锄、犁、耕时不注意保护树体；果树株行间多年种植玉米、高粱等高秆作物，使果树枝条生长细弱、短小；间作白菜、萝卜等秋菜，不仅造成果树秋季旺长，影响越冬，而且害虫严重危害新梢，造成抽条。总之，果园是果树生长发育的园地，要主次分明，避免一切危害果树生长的间作物和种植方式。

4. 肥水管理不合理 粗放管理园的果树多呈野生、半野生状态，常年不施肥或很少施肥，靠降水维持其自然生长状态，土壤中的营养极度短缺，果树处于饥饿状态。肥水使用不合理，不考虑果树物候期，不讲究肥料种类和施用方法（如有肥就施、有水就灌、需肥期不施肥、不需水时灌大水），往往是造成虚旺无产园的重要原因。

5. 整形修剪不当 整形修剪是果树管理的重要措施之一。许多果园中多品种混搭，不同品种生长特性不同，有些品种生长较旺，树冠较大，有些品种生长偏弱，树冠较小，不同品种若采用同一修剪方法，则必然造成一些品种长势旺，另一些品种长势弱。不同修剪方法对不同品种的促花效应有较大的差别，所以，采用同一种修剪法也会造成结果不良的现象。

6. 控冠促花措施不力 苹果、梨等果树生产上一般采用乔砧密植法，此方法是把本应发育成大冠的树体限制在株行距较小的空间内，利用人工强行致矮的方法使树冠矮小，达到早果、丰产的目的，因而控制树冠大小、促进花芽形成就成了乔砧密植栽培管理的核心。乔砧密植栽培，技术要求高，管理精细，操作严格，且栽植密度越大难度越高。利用矮化砧、短枝型品种密植，虽然长势没有乔化砧树势强，但也容易郁闭，为了追求前期产量，控冠促花的措施不容忽视。

7. 树体保护较差 树体保护包括对病虫害的有效防治和对自然灾害的预防。造成各种果树低产的原因中就有病虫害防治不力这一因素，也有自然灾害频发的因素，如冻害、旱害、霜冻、日灼、风害、涝害、雹害、鸟兽危害等，生产上应采取行之有效的管理措施，减轻损失，确保果品质量和产量。

（二）改造措施

1. 选择优良品种 根据实际生态环境选择适合栽植的优良品种是果树生产获得优质高效的前提，所谓优良品种应是品质优、产量高、耐贮运、抗逆性强的品种。

2. 栽植优质苗木 果树苗木质量的优劣，不仅直接影响栽植成活率和栽植后植株的缓苗期、生长量、整齐度，而且对结果的早晚、产量、品质、寿命都有影响，因此保证栽植苗木的质量非常重要。尽量选择正规大型苗圃和科研院所培育的苗木，这些苗木检疫工作做得好，品种纯度有保证，苗木出圃分级工作仔细。

3. 高接换种 高接换种就是在原有老品种的骨干枝上，换接优良品种。高接换种充分利用了原有植株的强大根系和枝干，营养充足，能很快形成树冠（对于3～6年生幼树，一般高接的当年可恢复原来树冠），提早结果，是果树品种更新的捷径。高接换种常用于：①更换不良品种及对实生树的改良；②更换良种园内混杂的劣株，保持全园的品种纯正，提高果实的商品品质；③对新选育的优良品种，因缺乏母本树，可以通过高接换种，扩大来源；④新选育品种及引进品种的提前鉴定；⑤配置授粉树。

4. 加强土肥水管理 果树根系强大，随着树冠的扩大，根系会超过定植穴范围，因此，果树栽植后进行深翻扩穴（结合施肥）是行之有效且普遍采用的土壤改良方法。

幼龄树追肥以速效性化肥为主，应根据不同器官生长发育的需要，确定追肥的时期和肥料的种类，根据不同树龄确定施肥量，即追肥量随树龄增大而增加。叶面喷肥是一种经济有效的施肥方法，为补充土壤供肥不足，根据幼龄树各器官生长发育的需要，可进行叶面施肥。

适时灌水是促进幼龄树新梢生长、增加枝叶量、扩大树冠的重要措施。

幼树果园间作，要在经济利用土地并保证树体健壮生长、提早结果的前提下进行。合理的间作能解决间作物与果树争水、争肥、争光的矛盾。

5. 合理整形修剪 合理的整形修剪主要从树体结构、修剪方法两个方面进行，不同的树种具有不同的特性，应当采用不同的树形。只有在幼树阶段培养出来好的树形骨架，后续采用正确的修剪方法维持其基本形状，才能保证长期稳产高产。

6. 促进花芽形成和保花保果 果树栽培的目的是早果、丰产、优质。早结果的关键是要从基础做起，提前准备。如选择品种纯正的壮苗进行科学管理；加强肥水和技术的投入，促使树体健壮生长；应用促进花芽分化和保花保果的措施，促进适龄果树挂果，盛果期果树高产。

7. 病虫害防治 为了保证幼龄树正常的营养生长，达到合适的叶面积和叶幕厚度，为早果、丰产奠定营养基础，必须加强对幼树食叶害虫、蛀干害虫和枝干叶片病害的防治。

二、成龄果园低产原因和改造措施

成龄果园的低产有不同的表现形式，根据造成低产的主要因子不同，大致可归纳为大小年结果园、低产劣质品种园、树体结构不当园、树势衰弱低产园、低产旺长大树园和放任管理园等6种类型。

（一）低产原因

1. 土壤管理基础差 从目前我国果树生产现状来看，立地条件差、水资源匮乏、果园肥料投入少、缺乏科学的地下管理是造成低产园的主要原因。

（1）立地条件差。土壤肥力是制约根系生长的最重要的因素，我国绝大多数果园都是建在土质结构不良、土壤贫瘠的地方，导致肥力水平更低。山地果园由于土层薄、水土流失严重，致使有效根系分布浅；沙地果园一般疏松多沙，有机质贫乏，保水保肥力差，根系发育不良；低洼地果园由于地下水位较高，土壤通透性不良，根系分布少而浅，这些均已成为果树高产和稳产的最大障碍。

（2）水资源匮乏。水是制约果树产量提高的一个重要因素。在我国南方地区，自然降水虽较北方稍多，但年内分布极不均衡，难以满足果树高产的需要。我国一半以上果园主要分布在山区、丘陵地区，没有灌溉条件，果树生长和结果完全依赖自然降水；其余多数果园由于种种原因灌水不足，每年仅能利用有限的水源灌溉1～2次；还有一些位于滨海盐碱地的果园，由于浅层水难以利用，深层淡水开发投资过大，果园灌水则成为产量提高的限制因素。

（3）果园肥料投入少。在一定范围内，果园肥料投入量与产量呈正相关，然而，多数果园有机肥施用严重不足，仅靠有限的化肥维持低水平结果，由于果树长期处于“吃不饱”状态，因而低产的出现也就在所难免。

（4）缺乏科学的地下管理。果树对地下管理的要求比较高，只有在适时、适度、适量的前提下，才能达到预期的目的。如果在土壤改良、果园间作、施肥时期、施肥种类、施

肥技术、灌水时期、灌水方法等的确定和实施过程中，不能结合果园的树种、品种、树龄、树势及立地条件灵活应用，常使栽培措施起不到应有的作用，有时甚至适得其反。

2. 树体结构不合理

（1）群体结构不合理。群体结构不合理主要有两种极端表现：一种是果园覆盖率太低，这种情况大多是由于建园时株行距过大或控冠过早引起的；另一种是果园覆盖率过高，果园整体郁闭严重，这种情况多是由于栽植过密、整形修剪不当造成的。

（2）个体结构不合理。表现为骨干枝过多，大枝拥挤，树冠内膛通风透光不良，结果部位严重外移，树体过高，主从不明，骨干枝开张角度过小等。

3. 花果管理措施不力

（1）树势调控不当。一种是控冠过早，果园覆盖率较低，长期低产；另一种控冠过迟，造成树冠郁闭，丧失了控冠促花的良机。

（2）疏花疏果不到位。生产上目前主要有两种倾向。一种认为花果多多益善，不进行疏花疏果。形成这种局面的原因较为复杂，有的是由于土地承包期限短，致使果农有追求短期效益的行为，有的是由于果农对大小年危害认识不足，还有的是有些果树树体高大、作业不便，如板栗、核桃等，无法实施这项技术。另一种是虽已认识到疏花疏果的重要性，但由于措施不到位，留果量仍然偏大，大小年结果现象没有得到改观。

（3）保花保果不当。保花保果措施不当可使落花落果严重，产量低。其原因往往是多方面的，有的与树种、品种的坐果率低有关，有的与授粉条件不良有关，有的与树势过旺或过弱有关，有的与花期及生长期气候条件不良有关等，但最根本的还是保花保果技术跟不上，未能因地制宜、因树制宜地采取有效的技术措施。

（二）改造措施

1. 加强地下管理

（1）大小年结果树。一是要根据产量施足肥料；二是追肥要根据秋施基肥的数量和树体贮藏的营养水平进行；三是要抓紧花芽分化前的有利时机，适量追施速效性氮肥，以促进花芽分化，增加花芽数量。

（2）衰弱树。深翻改土是复壮树势首要的基本措施；重视增加秋后及早春的肥水，促进春梢的抽生，促进光合产物的积累；大力栽植绿肥作物增加土壤有机质；采取有针对性的节水、保水、抗旱措施。

（3）低产旺长树。一是合理施肥与灌水，促进根系和新梢有节律地生长，特别要注意施好春梢停长和秋梢停长的“两停肥”，适时灌水与控水；二是减少氮肥施用量，尤其是生长后期要控制氮肥的施用，增加磷、钾肥施用量；三是提倡合理间作。

2. 合理调节负载量

（1）修剪调节。对于大年树来说，花芽量超过树体的正常负载量，修剪的中心任务是疏花疏果，适当剪掉一部分结果枝。对枝组要细致更新，去掉过多的花芽，以提高坐果率，使大年丰产而不过量；对生长枝的修剪量要轻，以促进花芽分化，使下一年不成为小年。

（2）疏花疏果。疏花疏果的时间宜早不宜迟。疏果不如疏花，疏花不如疏蕾，疏蕾不如疏芽。疏花疏果应根据不同品种的开花期早晚、坐果数量和坐果特性分期分批地完成。通常开花早、易坐果、坐果多的树种和品种，可早疏果、早定果；开花晚、易落果的树种或品种，要晚疏果、分次定果。

（3）保花保果。在生产上常用的保花保果技术有轻剪多留花，预防霜冻，果园放蜂，人工辅助授粉，喷布植物生长调节剂及微量元素，合理进行生长季修剪，加强地下管理，及时防治病虫害及防止药害，等等。

3. 树体结构的调整 合理的树体结构能够充分利用空间和光能，使骨干枝牢固，负载能力强，分布合理，达到立体结果。应根据不同果园的具体情况，对树体结构进行合理的调整与改造。

（1）群体结构的调整。对于覆盖率过小（低于75%）的果园，应分别视不同情况进行调整。如果是株行距过大所致，则应适当加密种植；如果是树势过弱或修剪过轻所致，则应加强地下管理，适当加重修剪量，促使扩冠增枝的进程加快；如果是缺株或偏冠所致，则应及时补栽和加强树体保护。

（2）个体结构的调整。树势平衡的调整主要通过3个途径来实现：一是改变大枝的角度（开张或缩小），二是改变大枝的枝量（减少或增加），三是改变大枝的结果量（多结或少结）。

（3）结果枝组的调整。结果枝组是树冠内生长和结果的基本单位，良好的结果枝组应健壮牢固，营养枝与结果枝比例适当，多而不密，枝枝见光，里外通风，内外结果。

4. 环剥和环割 环剥和环割可明显削弱环剥点和环割点上的树体生长势。幼果期进行，可明显提高果重；成熟期进行，可提高桃树含糖量2%～3%。苹果元帅系品种可在秋梢停长后环割，以提高果实含糖量、着色度和翌年花量；难成花的富士也可二次环割。

5. 应用植物生长调节剂 外源赤霉素（GA）、脱落酸（ABA）可在一定程度上或在不同发育阶段促进果实的糖分积累。GA主要参与调控果实前期的发育，增加果糖的积累；ABA从缓慢生长期到果实成熟期对蔗糖的吸收有明显的促进作用，ABA处理后的果实蔗糖含量增加。

知识拓展

休闲观光生态园规划

休闲农业是传统农业与现代旅游业相结合的产物，是具有休闲、娱乐和求知功能的生态、文化旅游产业。进入21世纪，休闲农业将是重要的娱乐产业，农业休闲观光园作为休闲农业的主体必将得到更进一步的发展。休闲观光生态园就是采用生态园模式进行观光园内农业的布局和生产，将农事活动、自然风光、科技示范、休闲娱乐、环境保护等融为一体，实现生态效益、经济效益与社会效益的统一。

一、生态园功能分区规划

依据资源属性、景观特征及其现存环境，在考虑保持原有的自然地形和原生态园的完整性的基础上，结合未来发展和客观需要，规划中应采取适当的设计实现园内的功能分区，以广东省惠州市惠东县的永记生态园为例，设计中就可以因地制宜地设置生态农业示范区、观光农业旅游区和科普教育功能区。

（一）生态农业示范区

生态农业示范区是生态园设计的核心部分，它是生态园最主要的效益来源和示范区

域，是生态园生存和发展的基础。生态农业示范区的规划设计应以生态学原理为指导，遵循生态系统中物质循环和能量流动规律，园区设计所采用的生态农业类型中既包含生产者、消费者，也要有分解者。

为了提高生态园的经济效益，生态园中蔬菜栽培区采用大规模产业化的生产模式，不仅有生产效益高、产业带动性强和集中性统一的优点，还能对其他农业产业化企业起到示范和参考的作用。花卉栽培区主要生产各种食用和观赏性花卉，供游人品尝、欣赏和消费。食用菌中心在生态园规划中既是生产者，又是分解者，体现了废物充分利用的功能。经过科学规划后的生态园，将会以生态农业作为生态园"生态旅游"的核心内容，体现绿色、生态、示范多种功能，可以成为观光农业生态园的旅游精品和主导产品。

（二）观光农业旅游区

伴随着人类生产、生活方式的变化及乡村城市化和城乡一体化的深入，农业已从传统的生产形式逐步转向景观、生态、健康、医疗、教育、观光、休闲、度假等方向，所以生态热、回归热、休闲热已成为市民的追求与渴望。生态园新设计着重把农业、生态和旅游业结合起来，利用田园景观、农业生产活动、农村生态环境和生态农业经营模式，吸引游客前来观赏、品尝、习作、农事体验、健身、科学考察、环保教育、度假、购物等，突破固定的客源渠道，以贴近自然的特色旅游任务吸引周边城市游客在周末及节假日作短期停留，以最大限度地利用资源，增加旅游收益。

生态园规划以充分开发具有观光、旅游价值的农业资源和农业产品为前提，以绿色、健康、休闲为主题，在园内建设花艺馆、野火乐园、绿色餐厅、绿色礼品店、农家乐活动园、渔乐区、农业作坊、露天茶座、生态公园、天然鸟林等休闲娱乐场所，让游客在完美的生态环境中尽情享受田园风光。

（三）科普教育功能区

观光农业和农业科普的发展是相统一的，旅游科普是观光农业和农业科普的统一产物。旅游科普是以现代企业经营机制，开发农业资源，利用农业资源的新兴科普类型。它的引入将解决目前困扰我国现代观光农业和科普事业发展的诸多瓶颈问题，缓解我国农业科普客体过多的沉重压力，为我国农业和科普事业的发展营造良好的环境。

旅游科普规划时应遵循知识性原则、科技性原则和趣味性原则。例如，可以通过在生态园中设立农业科普馆和现代农业科技博览区等科普教育中心，向游人介绍农业历史、农业发展现状，普及农业知识和加强环保教育。还可在现代农业科技博览区设立现代农业科技研究中心，采用生物工程方法培植各种农作物，形成特色农业。这样生态园一方面可以为当地及周边地区的科普教育提供基地，同时也为各种展览和大型农业技术交流、学术会议和农业技术培训提供场所。

二、生态园的其他规划

（一）园路规划

依照园林规划设计思路，从园林的使用功能出发，根据生态园地形、地貌、功能区域和风景点的分布，并结合园务管理活动需要，进行综合考虑，统一规划。园路布局以既不会影响园内农业生态系统的运作环境，也不会影响园内景区风景的和谐和美观为原则，主要采用自然式的园林布局，使生态园内景观美化，自然而不显庄重，突出生态园农业与自然相结合的特点。园林主干道宽约5m，用于电车通道和游人集散；次干道连接到各建筑区域和景点；专用道为园务管理使用；游步道和山地单车道主要围绕生态园而建，宽1.2～2.0m。

（二）给水排水工程规划

生态园以生产有机农产品为主，园内农业生产需要有完善的灌溉系统，同时考虑到环保及游人、员工的饮用需水，进行给水排水系统的规划。规划中主要利用地势起伏的自然坡度和暗沟，将雨水排入附近的水体；一切人工给水排水系统，均以埋设暗管为宜，避免破坏生态环境和园林景观；农产品加工厂和生活污水排放管道接入城市活水系统，不得排入园内地表或池塘中，避免污染环境。

（三）园区绿化规划

生态园内的绿化规划，均以不影响园内生态农业运作和园内区域功能需求出发来考虑，结合植物造景、游人活动、全园景观布局等要求进行合理规划。全园内建筑周围平地及山坡（农业种植区域除外）绿化均采用多年生花卉和草坪；主要干道和生态公园等辅助性场所（餐厅、科普馆等等）周围绿化则以观花、观叶树为主。全园内常绿树占总绿化树木的70%～80%，落叶树占20%～30%，保证园内四季常青。总之，全园内植物布局既要达到各景区农业作物与绿化植物的协调统一，又要避免产生消极影响（如绿化植物与农作物争夺外界自然条件等）。

随着农业技术进步、农村产业结构调整和社会经济发展的需要，这种兼顾生态、经济和社会效益协调发展的休闲农业生态园模式将具有广阔的市场。它坚持多产业一体化的发展方向，尤其是将第一、三产业有机结合，使现有农业发挥多种功能；同时，园区有机农业的生产模式也为生态农业走上产业化，即实现生产、加工、销售的一体化、规模化、专业化和集约化进行了模式上的探讨；最后，这一生态园的构建模式也会对周边地区生态农业的建设提供示范作用，为我国农村产业结构调整提供一定的参考。

思政花园

全国脱贫攻坚楷模赵亚夫：科技兴农干到老

赵亚夫，男，汉族，中共党员，1941年4月生，江苏省句容市天王镇戴庄有机农业专业合作社研究员。他55年如一日，扎根茅山老区、传统农区，“把论文写在大地上、把成果留在农民家”，推广农业“三新”面积250多万亩，惠及16万农户，助农增收300多亿元，带领群众走出了一条丘陵山区“以农富农”的小康之路，践行了一名农业科技工作者的历史责任、一名共产党员的使命担当、一名领导干部的赤子情怀。

一、不忘初心，牢记使命，坚守一生信仰

1958年赵亚夫考入宜兴农学院时，立志要让农民吃得饱、过上好日子。1982年他远赴日本学习水稻、草莓等种植，为了“把技术带回祖国，让农民增加收入”，他每天工作16个小时。1984年，赵亚夫果断调整研究方向，从稻麦栽培向高效农业转变，创造性提出了“水田保粮、岗坡致富”的工作思路，带头到乡村一线推广草莓种植，为

茅山老区的农业、农村、农民开辟出了一片新天地。55年间，赵亚夫先后完成了稻麦栽培新技术、草莓良种引进及优质高产栽培技术等15项科研项目，编写了《草莓品种及栽培技术》《无花果栽培新技术》等技术含量高，农民看得懂、听得明、学得会的科普手册。

二、一心为民，助农为乐，圆梦一方百姓

55年来，赵亚夫把农民的梦当作自己的梦，把茅山老区实现全面小康作为自己的人生目标。1984年，赵亚夫在句容白兔镇解塘村推广试种0.9亩露天草莓，当年收益就超出常规农作物的2倍。1987年，白兔镇露天草莓种植达7 000多亩，收入达到了8 000多万元，第一批“草莓楼”拔地而起。为了更好地帮助农民，赵亚夫自己印制了200余张名片发到农民手中，自己也存了200多个农民种植大户的电话号码，提供全天候“热线服务”。2008—2010年，年近七旬的赵亚夫先后18次飞往绵竹江苏援川农业示范园，规划选址，优选品种，亲自指导服务，培训农民200多人，增加效益3亿元，成为东部支援西部的成功案例。赵亚夫每年200天以上泡在田里，其余的100多天也是为农民的事情奔劳，“要致富，找亚夫，找到亚夫准能富”在茅山老区广为流传。

三、勇攀高峰，创新实践，实现乡村振兴

赵亚夫总是把“三农”问题时刻挂在心头，按照乡村振兴重大战略部署，他不断思考、实践、总结，先后进行了3次重大探索，走出了一条适合老区发展的科技兴农、以农富农的共同富裕之路。一是发展高效农业，利用20株草莓苗作为火种，建立起上千亩农业示范园，培养了一批种植大户，让一部分农民先富了起来。二是指导成立专业协会和专业合作社，抱团取暖，集中经营，市场化运作，带动了一大批农民共同富裕。三是组建综合型有机农业合作社，创建有机农业产业园区，试点生态农业，创造农业经营与农村管理“合二为一”新模式，并以戴庄为中心，向周边辐射。2006年，在赵亚夫的指导下，江苏省第一个综合型社区农业合作社——戴庄有机农业合作社成立，2010年被评为全国农民合作示范社。2011年，赵亚夫制定了《2011—2015年戴庄村有机农业发展规划》，戴庄村成为一个基本实现农业现代化的范例，“戴庄经验”在全省广泛推广。2018年5月，亚夫团队工作室成立，赵亚夫亲自担任总顾问，33名专家参与，为句容市100多个合作社、45万农民提供技术支持。2018年戴庄村农民人均纯收入达2.7万元，村集体收入200万元。

四、淡泊名利，勤廉奉献，永葆党员本色

赵亚夫始终铭记一名党员清正廉明、服务百姓的宗旨，爱岗敬业，不计名利，默默奉献，把全部精力倾注于农业发展事业之中。1993年，赵亚夫当选镇江市人大常委会副主任时，主动提出不驻会，要到农村去指导农民。1999年组织上推荐赵亚夫任江苏省农业科学院院长，赵亚夫推辞了，因为他舍不得离开农民、离开农村。2001年，当他从市人大副主任岗位上退下来时，提出的唯一要求就是到茅山老区搞“两个率先”试点。他帮助上百万农民脱贫致富，从没收过农民一分钱，不仅坚持不收指导费用、不搞技术入股、不当技术顾问的“三不”原则，每年还要拿出不少钱补贴给农民。2008年1月，赵亚夫把获评“江苏省科技兴农模范”荣誉称号奖励的30万元奖金，以购买合作社有机大米等方式，分发给了为戴庄有机生态园建设作出贡献的人。

五、做给农民看，带着农民干，帮助农民销，实现农民富

赵亚夫的事迹先后被新华社、人民日报、光明日报、中央电视台等主流媒体重点报道。赵亚夫先后被授予全国优秀领导干部、全国农村科普工作先进个人、全国十大“三农”人物、全国扶贫先进人物、全国老区开发先进工作者、全国先进工作者、汶川地震灾后恢复重建先进工作者、时代楷模、全国道德模范、全国优秀共产党员、全国脱贫攻坚楷模等荣誉称号，2009 年入选 50 位为新中国成立作出突出贡献的江苏英雄模范人物和 50 位新中国成立以来感动江苏人物。

复习提高

（1）果园规划的主要内容有哪些？

（2）果园园地选择的依据是什么？

（3）果园田间授粉树配置的原则有哪些？

（4）如何进行葡萄园的规划与设计？

（5）果园评价调查的内容有哪些？

项目五
果园田间管理

学习目标

• 知识目标

掌握果园保花保果的主要技术措施；掌握果园田间疏花疏果原则及主要技术措施；掌握果园田间提高果实品质的主要技术措施；掌握果园土壤改良方法和果园施肥的主要方法；了解影响果树花果发育的主要因素；了解果树常见树形及树体结构；掌握果树整形修剪的常规技术手段；了解果园需水规律，掌握果园常见灌溉技术。

• 技能目标

能够熟练开展常见果树的田间花果管理工作；能够熟练开展果实品质调控工作；能科学规范地开展葡萄、桃、梨等果园疏花疏果工作；能开展葡萄“飞鸟架”、桃“三主枝自然开心形”、梨“疏散分层形”等树形整形修剪工作；能根据果树对土壤条件的要求，制订常见果树土壤管理制度，进行科学管理；能根据常见果树营养需求特点，制订施肥方案，进行合理施肥；能够根据常见果树需水规律，制订灌溉方案，进行科学水分管理。

• 素养目标

具备认真观察的素养，善于总结并勇于探究；通过果园安全施肥，提升农业安全意识。

任务一　花果管理

一、果树花果数量调控

（一）保花保果技术

1. 加强土肥水管理　加强土肥水管理，提高果树营养水平，增强树势，是提高花芽质量、促进花器官正常发育、减少落花落果的重要措施。实践证明，深翻改土、增施基肥、合理追肥与灌溉、适时中耕除草等措施，对提高坐果率、增加产量有显著效果。如春旱地区花前、花后进行追肥灌水，可减轻落花落果。湖南省园艺研究所防止温州蜜柑落花落果的经验是：秋季追施氮肥，初果树每株 1kg 左右；萌芽开花后，第一次生理落果及 6

月上旬喷0.4%的尿素；花蕾期及第一次落果喷施1%过磷酸钙、0.1%硼酸，防止落花落果效果明显。

2. 合理整形修剪　合理整形修剪可改善通风透光条件，调整果树营养生长和生殖生长关系，提高树体营养水平，促进花芽分化，提高坐果率。如利用冬剪和花前复剪，调整花量，保持适当的叶芽和花芽比例，减少养分的消耗，从而提高坐果率。通过修剪手段，控制营养生长，如葡萄的夏季摘心、柑橘抹夏芽、壮旺树在花期进行环割或环剥等，均能起到抑制生长、促花保果的作用。

3. 保证授粉质量

（1）花期果园放蜂。果园放蜂一般有蜜蜂授粉和壁蜂授粉两种。

①蜜蜂授粉。在果园中放蜜蜂授粉是常用的方法。通常每亩果园放一箱蜂，蜂箱距离以不超过500m为宜。蜜蜂授粉比自然授粉坐果提高产量40%～60%。

②壁蜂授粉。壁蜂是日本果农在授粉时常用的一种人工饲养的野生蜂，同蜜蜂相比，具有访花次数多、授粉效果好等优点。壁蜂一年中只在4—5月外出活动，其他时间均在蜂巢中，而这时刚好是大多数果树的花期，可以很好地完成授粉，这样即可避免农药对壁蜂的伤害，又可免去周年饲养的费用，因此受到人们的欢迎。

花期一般不用药，以避免蜂群中毒。如遇大风、低温或降雨，蜂群无法活动，则需进行人工辅助授粉。

（2）果树人工辅助授粉。进行人工辅助授粉，一般可提高坐果率70%～80%。常见的方法有：

①人工点授。人工点授是生产中应用最普遍的人工辅助授粉方式，整个花期中至少应进行2～3次。

②机械授粉。机械授粉劳动效率高，但花粉用量大，为节省花粉，一般将花粉混合一定比例的填充剂（如滑石粉）。

③液体授粉。液体授粉是将花粉制成花粉混合液进行喷雾授粉的方式。一般是将花粉配成5%～10%的蔗糖溶液，用喷雾器于盛花期喷洒花的柱头，每树用花粉溶液0.10～0.15kg。

④挂花授粉。在开花初期，剪取授粉品种的花枝插入广口瓶或塑料瓶中，挂在需要授粉的果树上，借助外力进行授粉。

（3）花期喷水。果树开花时，如气温较高、空气干燥，可在盛花期喷水，增加空气湿度，以利于花粉萌发。

4. 应用植物生长调节剂和微量元素　落花落果的直接原因是离层的形成，而离层的形成与内源激素不足有关。在生理落果前和采收前是生长素最缺乏期，此期喷施生长素及微量元素可减少落果。植物生长调节剂的种类、用量及使用时期因果树种类、品种及气候条件而不同，生长上常用的保果激素有赤霉素、细胞分裂素等。如盛花期喷施赤霉素可提高山楂、枣、扁桃、樱桃、桃、李、杏等多种果树的坐果率。

此外，开花期、幼果期喷施微量元素可提高坐果率，常用微量元素有硼酸、硫酸镁、硫酸锌、硫酸亚铁等，使用浓度一般为0.1%～0.2%。

5. 防治病虫害　病虫害常直接或间接危害花芽、花或幼果，造成落花落果，因此，及时防治病虫害也是一项重要的保花保果措施。

（二）疏花疏果技术

疏花疏果与保花保果是相辅相成的措施。疏花疏果是疏去过多的花果，减少生理落果，维持生长与结果的平衡，保证树体健壮，防止大小年，以达到优质、高产、稳产的目的。

1. 时期 理论上讲，疏花疏果进行得越早，节约养分就越多，对树体及果实生长也越有利。但在实际生产中，应根据花量、气候、树种、品种及疏除方法等具体情况来确定疏除时期。通常生产上疏花疏果可分3～4次进行，冬季修剪时，可剪除过多的花芽，使留下的花芽发育更加良好；疏花宜在盛花期进行；疏果一般在谢花后一周开始，在生理落果结束后分批完成。

在应用疏花疏果技术时，有关时期的确定，应掌握以下几项原则：

（1）花量大的年份宜早进行，即使是树体花量大的年份，也可分几次进行疏花疏果，切忌一次到位。

（2）自然坐果率高的树种、品种宜早进行，自然坐果率低的晚进行。对于自然坐果率低的树种和品种，一般只疏果，不疏花，如苹果中的红星品种自然坐果率低，应在6月落果结束后再定果。

2. 留果量的确定 留果量应根据树势、枝叶量、枝的强弱与果实的分布状况来决定。确定留果量方法有多种，可根据枝果比、叶果比，也可根据树冠体积留花留果，近年来，许多地区又依干周或干截面积确定留果。

（1）枝果比法。果树上各类一年生枝条的数量与果实总个数的比值称为枝果比。如苹果、梨的枝果比一般为（3～4）∶1，弱树为（4～5）∶1。

（2）叶果比法。果树上的叶片总数（或总叶面积）与果实总个数的比值称为叶果比。如苹果乔化砧的叶果比一般为（30～40）∶1或每600～800cm^2叶面积留一个果，矮化砧一般为（20～30）∶1或每500～600cm^2留一个果；沙梨、柿的叶果比为（10～15）∶1；桃的叶果比为（30～40）∶1；温州蜜柑的叶果比为（20～25）∶1；脐橙的叶果比为（50～60）∶1。

（3）树冠体积确定法。果树树冠大小与光合作用产物的合成量呈正比，果实生长所需养分很大部分是由叶片光合作用合成的产物提供的，因此，也可根据树冠体积确定果树负载量。一般可根据如下的公式确定留果量：

$$\text{适宜留果量(kg)} = 2hd^2$$

其中，h为树冠高度，d为树冠投影直径，单位均为m，如苹果一般以每立方米的树冠体积留果5～8kg（或20～30个）为宜。

（4）干周法及干截面积法。果树树干的粗细直接关系到果树枝叶与根系吸收与输送营养物质流量的多少，也决定着果树的负载量。干周法确定果实负载量的方法是由中国农业科学院果树研究所提出的，具体计算公式如下：

$$Y = 0.25C^2 \pm 0.125C$$

其中，Y为单株留果量，单位为kg；C代表距地面30cm处主干周长，单位为cm；$0.125C$是调整系数，具体由树势决定，一般用15%～20%的数值代替。

3. 方法

（1）人工疏花疏果。人工疏花疏果具有高度的灵活性和准确性，可以实现“看树定产”“按枝定量”的疏果原则。“看树定产”就是看树龄、树势、品种特性及当年的花果量，确定单株的适当负荷量。“按枝定量”就是根据枝条的生长情况、着生部位和方向、枝组大小、副梢发生的强弱等来确定留果量。一般经验是强树、强枝多留，弱树、弱枝少留；树冠中下部多留，上部及外围枝少留。

疏花时对花序较多的果枝可隔一去一或隔几去一，疏去花序上迟开的花，留下优质早开的花。疏果时先疏去弱枝上的果、病虫果、畸形果，然后按负荷量疏去过密过多的果。

（2）化学疏花疏果。人工疏花疏果效果较好，但需要劳动力较多，成本高，工效低，因此，目前国内外均在试用或应用化学药剂疏花疏果。常用的化学药剂主要有甲萘威、石硫合剂、萘乙酸、6-苄基嘌呤等。如甲萘威在苹果上应用较多，可用 1g/L 浓度在盛花期喷施疏花，也可用 1.5g/L 浓度在花后两周喷施疏果，疏果率可达 30%左右。

二、果实品质调控

（一）提高果实外观品质技术

1. 促进果实着色技术 果实着色状况受多种因素的影响，如品种、光照、温度、施肥状况、树体营养状况等。在生产实际中，要根据具体情况，对果实色素发育加以调控。

（1）改善树体结构。大量研究证明，光是影响果实色素发育的重要因素。要改善果实的着色状况，首先要有一个合理的树体结构，保证树冠内部的充足光照。以苹果为例，我国传统的树形主要是疏散分层形，此树形树冠过大，且留枝量过多，会造成树冠郁蔽，冠内光照不良，目前大量应用的纺锤形或细长纺锤形的树形，改善了树冠内的光照，提高了优质果的比例。

（2）果实套袋。果实套袋对提高果实外观品质效果显著，除了可促进果实着色、减轻果实病虫害外，还具有提高果面光洁度、减轻果实中农药残留等作用，此外，在雹灾频繁发生的地区，也具有避免或减轻冰雹危害的效果。但果实套袋后会降低果实中可溶性固形物的含量，果实口味变淡，贮藏性能降低。近年来发现，在夏季雨量大的年份，由于袋内高温高湿，在果实萼部周围发生黑褐色斑点，严重时遍布整个果实，因此，一般在定果后，喷施长效杀虫、杀菌剂，然后套袋。套袋宜选用专业的果袋或自制的报纸袋，套袋时，先用手撑开袋口，将袋口对准幼果扣好纸袋，并让果在袋内悬空，不可让果实接触纸袋，然后在果柄或母枝上呈折扇状收紧袋口，反转袋边用预埋扎丝扎紧袋口，再拉伸袋角，确保幼果在袋内悬空。

（3）摘叶和转果。摘叶和转果的目的是使果实着色均匀。摘叶一般分几次进行，套袋果在摘袋前一周，摘除贴在果实上或果实附近的叶片，非套袋果可在采收前 30～40d 进行；数天后再进行第二次摘叶，这次主要是摘除遮挡果实着光的叶片，枝条下部的衰老叶多摘，枝条中、上部的功能叶少摘。摘叶时期不可过早，否则会影响果树光合作用，降低果实含糖量，同时还应注意，不可一次摘叶过量，以免造成果实日烧。

转果在果实成熟过程中进行，以实现果实全面均匀着色。方法是轻轻转动果实，使原来的阴面转向阳面，转动时作要轻，以免果实脱落。如果自由悬垂果不好转向，可用细透明胶带将转的果的方向固定下来，效果很好，待采收时，再取下胶带。

(4) 树下铺反光膜。为了使树冠中、下部果实萼洼部分及其周围能充分着色，在果实进入着色期时开始树下铺反光膜，可显著改善树冠内部和果实下部的光照条件。

铺反光膜的方法：在果实着色期，将树盘修成中心高、外围低的凸面，清除树盘内树枝和杂草，平整土面。按要求铺反光膜，膜面拉紧、拉平，各边固定。覆盖反光膜要因园而定，株间密植园可于树行两侧各铺一长幅银膜，稀植正方形栽植园可在树盘内和树冠投影下的外缘铺大块银膜。

(5) 应用植物生长调节剂。目前在生产上用于促进果实着色的植物生长调剂主要有乙烯利、多效唑、丁酰肼、脱落酸等。在苹果、葡萄成熟前喷施 200～1 000mg/L 乙烯利可显著促进着色，大久保桃在硬核期喷施 1 500mg/L 丁酰肼可提前 3～5d 着色。

2. 提高果面光洁度技术 除果实着色状况外，果面的光洁度也是影响果实外观品质的重要指标。在生产中，因农药、气候、降水、病虫危害、机械损伤等原因常造成果面出现裂口、锈斑、煤烟黑或果皮粗糙等现象，使经济效益下降。目前在生产上提高果实光洁度的措施主要有果实套袋、合理使用农药、加强植物保护及使用植物生长调节剂等。

(二) 提高果实内在品质技术

果实内在品质的高低很大程度上取决于内含物的多少，包括糖分、有机酸、维生素、芳香类物质等，其中最主要的影响因素是糖分。含糖量的多少不仅影响果实的甜度、风味和商品性，还对果汁、果酒等加工产品的品质有重要影响。促进果实糖分积累的措施主要有：

1. 创造适宜的生长环境条件 影响果实糖分积累的主要环境因子有温度、光照、水分等。

(1) 温度。温度主要通过影响光合作用的效率而影响果实糖分的积累。热量较高的地区果实含糖量高，如大多数柑橘品种在炎热潮湿的热带低地表现为果个大、风味淡、含糖量高、含酸量低、色泽不良、果皮粗糙等，风味不如亚热带地区的果实。昼夜温差对果实的品质影响明显，越接近成熟，昼夜温差越大，果实可溶性固形物的积累越多。

(2) 光照。一般来说，光照越充足，果实含糖量越高。果实套袋会影响果实受光的条件，从而影响果实含糖量。苹果套袋后果实可溶性总糖变化趋势与无套袋果完全一致，但含量均低于后者；而巨峰葡萄果实成熟后套袋果的可溶性总糖含量明显高于没有套袋果实。

(3) 水分。生产上，适度水分胁迫会提高果实含糖量。在一定的水分胁迫范围内，土壤水分亏缺越严重，糖分的积累越多。在果实着色至成熟期，适当缺水会提高果实含糖量。

2. 增施有机肥和磷、钾肥 增施有机肥可提高果实含糖量，改善果实品质。秋施基肥时，施入足够的有机肥，有利于促进花芽分化，提高果实品质。在果实迅速膨大期之后，合理增施磷、钾肥，控制氮肥施用，会促进果实着色和糖分的积累，一般每亩施硫酸钾 10kg。

3. 正确掌握果实的采收期 采收是否适宜，对果实产量、品质、耐贮藏性和经济收入都有很大影响，采收过早则产量低、品质差，一般根据果实成熟度来确定采收的时期。

依据果品用途、市场需要及贮运等情况，果实成熟度一般分为3种：

（1）可采成熟度。果实已达到应有大小与质量，但香气、风味、色泽尚未充分表现品种特性，肉质还不够松脆。用于贮藏、加工蜜饯或因市场急需、长途运输等，可于此时采收。

（2）食用成熟度。果实的风味品质都已表现出品种应有特点，在营养价值上也达到最高点，为食用最好时期。适于供应当地销售，不适于长途运输和长期贮藏，加工果酒、果酱、果汁的也可在此期采收。

（3）生理成熟度。果实在生理上已达到充分成熟，果肉松软，种子充分成熟，水解作用增强，品质变差，果味转淡，营养价值下降，已失去鲜食价值。果实供采种用或使用种子的，应在此时采收。

4. 环剥和环割 环剥和环割可明显削弱环剥点和环割点上的树体生长势。幼果期进行，可明显提高果重；成熟期进行，可提高桃树含糖量2%～3%。苹果元帅系品种可在秋梢停长后环割，以提高果实含糖量、着色度和翌年花量；难成花的富士也可二次环割。

5. 应用植物生长调节剂 外源赤霉素、脱落酸可在一定程度上或在不同发育阶段促进果实的糖分积累。赤霉素主要参与调控果实前期的发育，增加果糖的积累；脱落酸从缓慢生长期到果实成熟期对蔗糖的吸收有明显的促进作用，脱落酸处理后的果实蔗糖含量增加。

任务二　整形修剪

一、果树整形

应用修剪和其他辅助措施将果树的骨干枝和树冠整理成一定结构和形状的技术即整形。整形的目的在于使植株骨架牢固，枝叶分布适当，能充分利用光能，有利于树势健壮，结果早而高产、优质，且便于管理。

（一）果树常见树形

果树常见树形

有中心干形

根据树体形状及树体结构，果树的树形可分为有中心干形、无中心干形、篱架形和棚架形。

1. 有中心干形

（1）主干形。具有中心主枝，在中心主枝上一般留主枝5～7个，各主枝分层向四周生长，形成半圆形或锥形树冠（图Ⅰ-5-1）。在枣、核桃、苹果、银杏、柿、桃等果树上常采用此树形。

（2）疏散分层形。具有明显的中心干，干高60cm，主枝分2～3层着生在中心干上（图Ⅰ-5-2）。第一层由相近的三主枝构成，相距20～40cm，并在1～2年内选定，开张角度为60°～70°，每主枝上着生2～3个侧枝；第二层为1～2个主枝，第二层距第一层100～120cm，开张角度50°～60°，插在第一层主枝的空当处，每主枝上着生1～2个侧枝；第三层1个主枝。苹果、梨等乔木果树普遍应用此

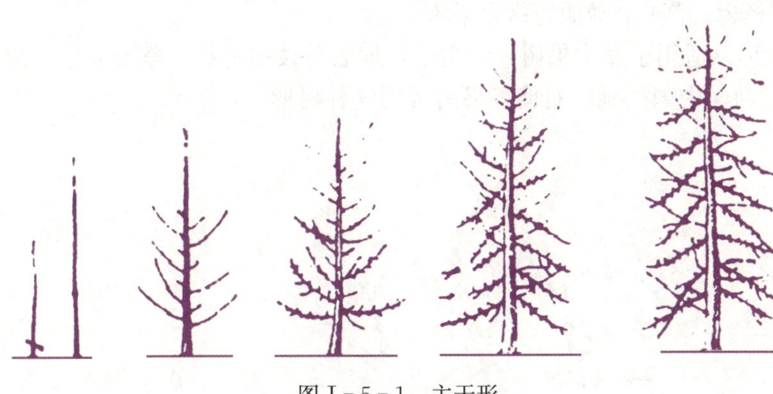

图Ⅰ-5-1　主干形
（蒋锦标，2011，果树生产技术）

树形。

（3）纺锤形。具有直立中心干，配置10～12个主枝，主枝上不安排侧枝，结果枝组直接着生在主枝上；主枝角度开张，一般不分层，作均匀分布，树冠呈纺锤形，树高达到要求以后，需及时露头（图Ⅰ-5-3）。这种树形结构简单，整形容易，修剪量小，结果早，树冠狭长，适宜密植果园应用。

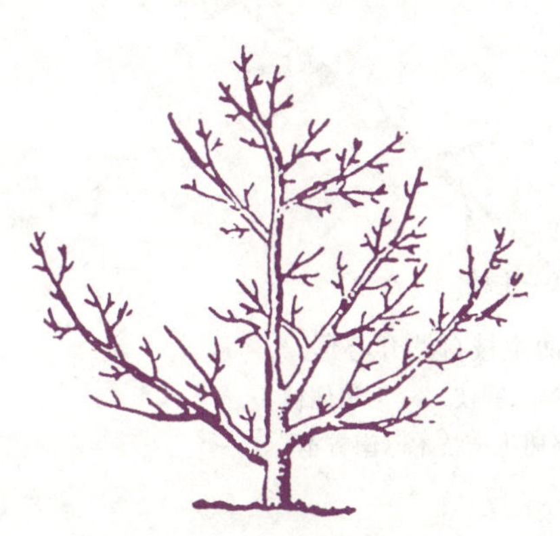

图Ⅰ-5-2　疏散分层形
（小林干夫，2019，图解果树栽培与修剪关键技术）

图Ⅰ-5-3　纺锤形
（蒋锦标，2011，果树生产技术）

2. 无中心干形

无中心干形

（1）自然开心形。没有中心干，在主干上错落着生主枝，主枝上着生侧枝，结果枝组和结果枝分布在主侧枝上。常见的有三主枝开心形（图Ⅰ-5-4）、两主枝开心形（图Ⅰ-5-5）。这种树形生长健壮，结构牢固，通风透光良好，结果面积大，适于喜光的核果类果树，在梨和苹果上也有应用。

（2）自然圆头形。苗木在45～60cm高度定干，在距地25～40cm处选留生长势强、分布均匀、相距10cm左右的新梢3～4个作主枝，使其与主干呈40°～45°夹角斜直生长，其上在距干30～35cm向外选留第一副主枝，以后相距30～50cm再错落选留2～3个，并与主干呈60°～70°角，在主枝和副主枝上配置侧枝结果，即成自然圆头形树形（图Ⅰ-5-6）。

常用于柑橘、杨梅、荔枝、龙眼等常绿果树。

（3）丛状形。适用于灌木果树，无主干，地表分枝呈丛状，整形简单，成形快，结果早（图Ⅰ-5-7）。中国樱桃、石榴等果树常用这种树形。

图Ⅰ-5-4　三主枝自然开心形

（蒋锦标，2011，果树生产技术）

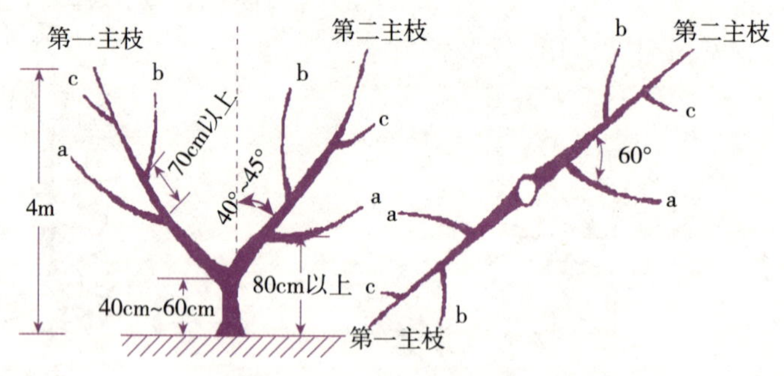

图Ⅰ-5-5　两主枝自然开心形

a. 第一侧枝　b. 第二侧枝　c. 第三侧枝

［傅秀红，2005，果树生产技术（南方本）］

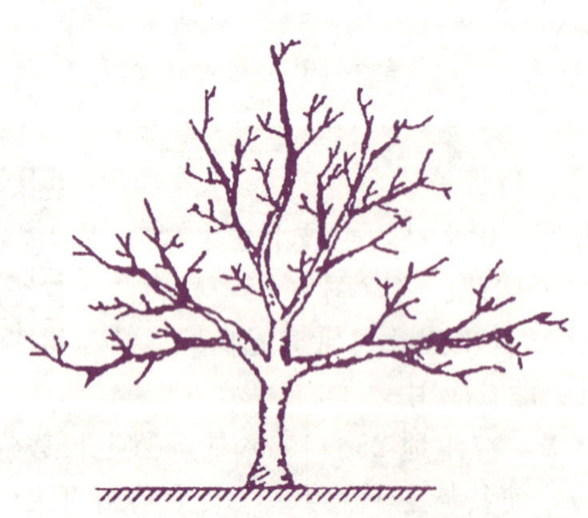

图Ⅰ-5-6　自然圆头形

（于泽源，2001，果树栽培）

图Ⅰ-5-7　丛状形

［傅秀红，2005，果树生产技术（南方本）］

3. 篱架形 常用于蔓性果树以及桃、苹果、梨等的矮化栽培。主要树形有棕榈叶形、双层栅篱形等（图Ⅰ-5-8、图Ⅰ-5-9）。

图Ⅰ-5-8 棕榈叶形

（三轮正幸，2020，图说果树整形修剪与栽培管理）

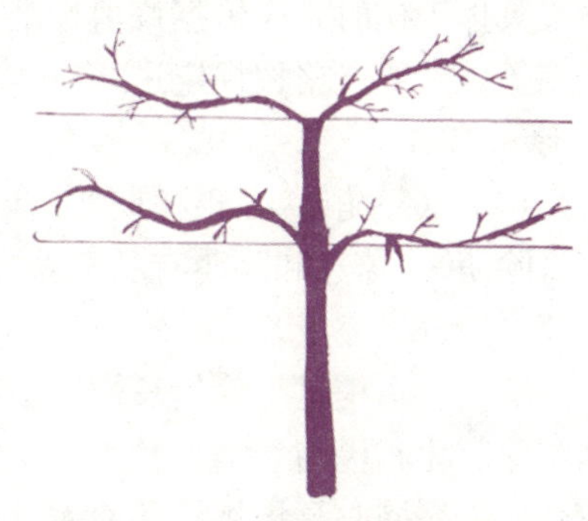

图Ⅰ-5-9 双层栅篱形

（三轮正幸，2020，图说果树整形修剪与栽培管理）

4. 棚架形 一般用于蔓性果树，如葡萄、猕猴桃等果树。常见的有水平棚架、倾斜棚架等（图Ⅰ-5-10）。

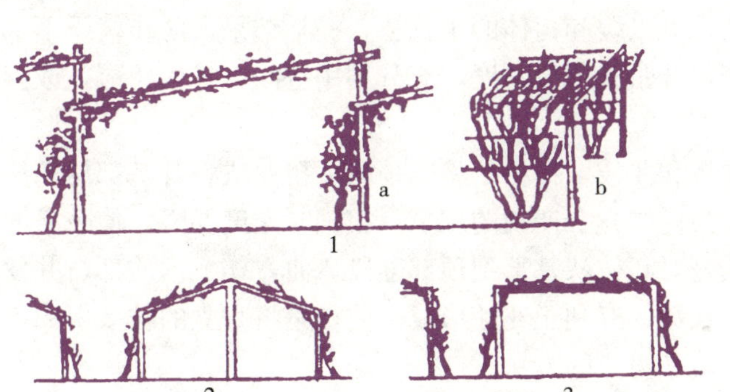

图Ⅰ-5-10 果树（葡萄、猕猴桃）及藤本观赏树木的集中棚架树形

1. 连叠式（a. 断面；b. 侧面） 2. 屋脊式 3. 平顶式

（高新一，2015，果树整形修剪技术）

（二）整形原则

整形的基本原则是“因树修剪，随枝作形，有形不死，无形不乱”，整形中应做到“长远规划，全面安排，平衡树势，主次分明”。既要重视树形基本骨架的建造，又要根据具体情况随枝就势，诱导成形，切忌死抠尺寸，机械整形；既要重视早结果、早丰产，又要重视树体骨架的牢固性和后期丰产，做到整形、结果两不误。

二、果树修剪

（一）果树夏季修剪

夏季修剪是指从春季萌芽至落叶果树秋冬落叶前或常绿果树秋梢停止生长前进行的修剪，又称生长期修剪。夏季修剪可缓和树势，改善光照条件，促进开花结果。

1. 修剪原则 夏季修剪要按时进行，提前或错过效果都不理想；修剪量要小，因夏季修剪要去掉枝叶，多起削弱作用，若修剪量过大势必损伤树体，削弱树势，影响开花结果。开展具体工作时，应依据修剪标准进行修剪，如拉枝的角度、扭梢的部位和方法、环割的宽度等，都要严格按规定进行。

2. 修剪方法

（1）抹芽（除萌）。在果树萌芽以后抹除过密的芽、无用的芽（抹芽）或已经萌发成的嫩梢（除萌）。抹芽和除萌有利于养分集中到留下来的芽内，使其更好地生长发育。生产上抹芽一般分批完成。

（2）疏梢。疏梢是疏除生长位置不当、过密的枝梢。疏梢可节约养分，改善光照，而且有利花芽分化和提高果实品质。

（3）摘心。摘心是指将枝条的嫩梢摘除。摘心可暂时提高植株各器官的生理活性，增加营养积累，改变营养物质的运转方向，使有早熟性芽的果树（如桃树）发生二次枝，加速整形和培养枝组，限制新梢延伸生长，减少养分消耗。秋季摘心可使枝条早停长，枝芽生长充实，有利于树体安全越冬。

（4）拉枝。拉枝即用绳或铁丝将直立的多年生枝或新梢拉平、拉斜，或平斜拉向有生长空间的位置。拉枝可以缓和树体的生长势，提早结果，防止树干下部光秃，还可减弱枝条生长的顶端优势，开张骨干枝角度，充分利用空间，扩大树冠，改善光照，增加糖类的积累。

（5）扭梢、拿枝和曲枝。扭梢是将旺梢向下扭曲或将其基部旋转扭伤，目的是为了控制新梢的徒长，加强树体光合产物的积累。扭梢时速度要慢，使枝条的木质部和韧皮部受伤而不折断。拿枝是对旺枝从基部到顶部逐段弯曲，伤及木质部，并发出较脆的响声。拿枝可减弱枝梢的生长势，有利于花芽形成。曲枝是将直立的枝条引向水平和其他空间，改变枝条生长方向，缓和树势的方法。

（6）断根。断根的目的是切除已老化的侧根及毛细根。断根多在8—9月进行，以主干为中心，在树冠半径1/3处开深50cm、宽20cm的半包围沟，切断侧根，连体根横切面要光滑平整，不可伤及果树主根。

（7）环割与环剥。在枝干上用刀环切一圈或数圈，深达木质部，但不要损伤木质部，称为环割。用刀环切两圈后，去掉两圈之间的树皮，称为环剥。环剥不宜过多，为了不影响根系获得叶片制造的营养，可用环割、绞缢、环状倒贴皮的方法代替环剥，易流胶的果树如李树，以早春环剥为宜。环割的作用是切断韧皮部，阻止营养物质向上或向下运输。春季树发芽前环割（剥）可阻止根系贮存的养分向上运输，削弱环割（剥）切口以上枝条的长势，使旺树旺枝向生殖生长方面转化；花芽分化前环割（剥）可阻止叶片制造的养分向下运输，提高环割（剥）口以上碳素营养水平，促进花芽分化；盛花期环割（剥）可提高坐果率；果实迅速膨大期环割（剥）可促进果实肥大和果实提早成熟。

（二）果树冬季修剪

落叶果树从果树落叶后到翌年发芽前的一段时期内进行修剪，或常绿果树从晚秋梢停止生长至翌年春季发芽之前进行的修剪，称为冬季修剪。落叶果树的修剪大多在休眠期进行，此时修剪带走的养分较少，常绿果树宜在春梢抽生前进行。冬季修剪的目的，主要是

疏剪和短截一些不需要的枝条，如病虫枝、枯枝、密生枝以及无法利用的徒长枝等，形成一定形状的树冠，使各级骨干枝的生长保持平衡，培养枝组，促进形成结果枝，以调整生长和结果的关系。

1. 修剪原则

（1）因树修剪，随枝作形。因树修剪即在果树的修剪过程中根据不同果树种类的生长结果习性以及果园立地条件等实际情况，采取相应的修剪方法及适宜的修剪程度。随枝作形是指应根据枝条的长势强弱、枝量多少、长中短枝的比例、分枝角度的大小、枝条的延伸方向以及开花结果等情况，随枝就势，因势利导，以便形成合理的丰产树体结构。

（2）统筹兼顾，长短结合。要兼顾树体的营养生长与生殖生长，既要有长期计划，又要有短期安排。在幼树修剪中，如果只强调整形却忽视早结果，就不利于经济效益的提高，也不利于树势的缓和。如果片面强调早丰产、多结果，则会使树体结构不良、骨架不牢，影响后期产量的提高。盛果期果树的修剪也要兼顾生长和结果，要在高产稳产的基础上，加强树体营养生长，延长盛果期，并注意改善果实品质。

（3）以轻为主，轻重结合。修剪中，应尽可能减轻修剪量，尤其是在幼树的修剪整形中，适当轻剪、多留枝有利于扩大树冠、缓和树势，达到早结果、早丰产的目的。树势过弱、长枝数量很少时，应重剪，多采用短截的方法，促发长枝，为轻剪缓放创造条件。由于构成树冠整体的各个不同部分的着生位置和生长势不可能完全一致，所以，修剪的轻重程度也就不能完全一样。因此，在修剪过程中，必须注意轻重结合才能既建造牢固的树体骨架，又能有效地促进幼龄果树向初果期、盛果期的正常转化。

2. 修剪方法

果树主要修剪方法

（1）短截。短截也称剪截，就是把较长的一年生枝条剪去一部分。其主要作用是刺激侧芽的萌发，使其抽生新梢，增加分枝数目，以保证树势健旺和正常结果。

短截程度不同，对于果树生长和结果的影响也不一样。根据短截的程度，可分为轻短截、中短截、重短截和极重短截。轻短截是剪去枝条全长的1/4～1/3，中短截是剪去枝条全长的1/3～1/2，重短截是剪去枝条全长的2/3～3/4，极重短截仅留基部1～2个芽。

通常短截越重，对侧芽萌发和生长势的刺激就越强，但不利于形成结果枝；短截越轻，侧芽萌发虽然较多，但生长势弱，枝条中、下部易萌发短枝，较易形成花芽。因此采用哪种短截方法要根据树种、品种、树龄、枝条类别以及其目的要求而定。

（2）疏枝。疏枝也称疏剪，就是从基部剪除树冠上的干枯枝、不宜利用的徒长枝、竞争枝、病虫枝、衰弱的下垂枝、过密的交叉枝、重叠枝等。疏剪可减少树冠内的枝条数量，调节枝条的均匀分布，为树冠创造良好的通风、透光条件，减少病虫害，减少养分消耗，利于花芽分化。

（3）回缩。回缩也称缩剪，一般是指在多年生枝的地方，留下一个健壮侧枝，而将顶枝截除。这样可以缩短大枝的长度，减少大枝上的小枝数目，使养分和水分集中供应留下的枝条，对复壮树势十分有利。在缩剪的同时，应该加强肥水供应，以促使枝条正常生长和利于形成结果枝。此外，对一些过分衰老的主枝，可行重回缩，甚至只留基部的一小段，使锯口下的枝条旺长，或刺激潜伏芽萌生徒长枝，重新形成树冠，这种重回缩的修剪方法也称为树冠更新修剪。

（4）刻伤。一般在春季发芽前，用刀横切枝条的皮层，深到木质部止，称为刻伤。在芽的上部刻伤，可以阻碍养分向上运输，而使刻伤下部的芽得到充足的养分，同时又因芽受到刻伤的刺激，有利于芽的萌发和抽枝。如果夏季在芽的下部刻伤，就会阻碍糖类的向下运输，积累在枝条上部，而起到抑制树势、促进花芽形成和枝条成熟的作用。

（5）缓放。缓放又称长放，对一年生枝不修剪任其生长即为缓放。缓放后，枝条停止生长早，下部易抽生中、短枝，利于花芽形成。缓放应用于中庸枝、平生枝、斜生枝效果更好。生产上采用缓放措施的主要目的是促进成花结果，但是不同树种、不同品种、不同条件下从缓放到开花结果的年限是不同的，应灵活掌握。另外，缓放结果后应根据不同情况，及时采取回缩更新措施，只放不缩不利于成花坐果，也不利于通风透光。

3. 修剪方法运用

（1）调节枝条角度。

①拉、支、顶、吊枝。用这些方法开张角度，不会削弱树势，容易掌握，效果最好。

②“里芽外蹬”和“双芽外剪”。“里芽外蹬”是指冬剪时，选定1个向外侧生长的饱满芽作为将来的延长枝，在其上留1个里芽作为剪口芽，第二、第三芽为外芽；翌年进行修剪时，剪除由里芽萌发形成的直立枝，以第二或第三芽萌发形成的枝作为延长枝。“双芽外剪”指第一年冬剪时，剪口下第一、第二芽的选留都不严格，但要求第三个芽必须选留外侧芽，翌年冬剪时将第一、第二芽所发的2个枝条剪掉，而留第三个芽所发出的枝条作为长头培养。

③转主换头。换头时先逐年削弱原头，当新头基部粗度大于原头时要去掉原头。

（2）调节花芽量。采用长放、拉枝、环剥、扭梢、轻短截、摘心等修剪方法可以增加花芽量，采用重短截、中短截、疏剪花芽等可减少花芽量。

（3）调节树体生长势。对于树势强的修剪时应冬轻夏重，延迟修剪，采用长放、拉枝、环剥、扭梢、摘心等缓和树势的修剪方法，多疏少截，去强留弱、去直留斜、多留果枝，抑制生长；反之，对于树势弱的可增强树势。

（4）竞争枝处理。在各级骨干枝头上长出的与骨干枝生长势相似的枝条，称为竞争枝。

①一年生竞争枝处理。当竞争枝与骨干枝生长势相近时，如骨干枝位置合适，则在骨干枝的饱满芽处截枝，而竞争枝留瘪芽重短截，削弱竞争枝的生长势；如骨干枝位置不当，则选用竞争枝，在饱满芽适当位置中短截。骨干枝生长强于竞争枝时，要当年疏除竞争枝。

②多年生竞争枝处理。可采用换头、重压等方式逐年从基部疏除多年生竞争枝，要逐年分期去掉，以免影响树体生长。竞争枝如有利用价值的，可改造成为结果枝组。

任务三　果园土肥水管理

一、果园土壤管理

果树的根系从土壤中吸取养分和水分，以供其正常生长和开花结果的需要。土壤管理的目的就是为根系生长创造良好的环境，使根系更好地行使吸收功能，这对果树健壮生长、连年丰产稳产具有极其重要的意义。

（一）果园土壤理化性质

1. 土壤的物理性质 果树多为多年生木本植物，树体高大，根系分布深且范围广。土壤是根系生存的环境和空间，其物理性质对果树生长发育有重要的影响。

（1）有效土层。果树根系容易到达而且集中分布的土层深度为土壤的有效深度。有效土层越深，根系分布和养分、水分吸收的范围越广，固地性也越强，这可提高果树抵御逆境的能力。一般果树的吸收根多集中分布多在地下10～40cm。

（2）土壤的三相组成。在有效土层中，使根系生长良好、充分行使其吸收功能的条件，就要求土壤的固相、液相和气相的构成合理。保证果树生长健壮并丰产、稳产的根系分布区的三相组成比例为固相40％～55％，液相20％～40％，气相15％～37％。另外，在固相组成比例相同时，构成固相的土壤颗粒粗细的不同，也会导致土壤通透性的差异。

2. 土壤的化学特性 土壤中应含有果树所需并且能够利用的各种元素。土壤所含的营养元素是否能被果树吸收利用，与土壤中所含元素的数量、其相互关系是否平衡以及土壤结构、pH等状况有关。也就是，只有在土壤中的营养元素处于可供状态时，才能被果树吸收和利用。

3. 土壤微生物 土壤有机质含量对于土壤物理、化学性质的改善具有极其重要的作用。土壤有机质只有被土壤微生物分解后，才能成为根系可吸收利用的营养物质。此外，几乎所有的果树，其根系均有菌根的存在，菌根的菌丝与根系共生，一方面从根系上获取了有机养分，另一方面也扩大了果树根系的吸收范围。

（二）土壤管理

1. 果园土壤的改良 土壤改良是果园土壤管理最基本措施之一。我国果园在土壤状况上存在着很大的差异，因此，应根据果园土壤状况采取相应的土壤改良措施。

（1）深翻熟化。

果园土壤管理

①作用。在有效土层浅的果园，对土壤进行深翻改良非常重要。深翻可改善根系分布层土壤的通透性和保水性，且对于改善根系生长和吸收环境、促进地上部生长、提高果树的产量和品质都有明显的作用。在深翻的同时增施有机肥，使土壤改良的效果更明显。有机肥的分解不仅能增加土壤养分的含量，更重要的是能促进土壤团粒结构的形成，使土壤的物理性质得到改善。

②时期。土壤深翻在一年四季都可以进行，但通常以秋季深翻的效果最好。春、夏季深翻可以促发新根，但可能会影响到地上部的生长发育。秋季深翻时由于地上部生长已趋于缓慢，果实已采收，养分开始回流，因此对树体生长影响不大，而且由于秋季正值根系生长的第三次高峰，伤根易于愈合，促发新根的效果也比较明显。生产上，秋季深翻一般结合秋施基肥进行。

③深度。深翻的深度应略深于果树根系分布区，一般深度要达到60～100cm。山地、黏性土壤、土层浅的果园宜深，沙质土壤、土层厚的果园宜浅。

④方式。根据树龄、栽培方式等具体情况应采取不同的方式。通常采用的土壤深翻方式有 3 种：

A. 深翻扩穴。多用于幼树、稀植树和庭院果树。幼树定植后每年沿树冠外围逐年向外深翻扩穴，穴宽 50～80cm、深 60～100cm，直至树冠下方和株间全部深翻完为止。

B. 隔行深翻。用于成行栽植、密植和等高梯田果园。每年沿树冠外围隔行成条逐年向外深翻，直至行间全部翻完为止。这种深翻方式的优点是当年只伤及果树一侧的根系，以后逐年轮换进行，对树体生长发育的影响较小。等高梯田果园一般先浅翻外侧，然后再深翻内侧，并将土压在外侧，可结合梯田的修整进行。

C. 全园深翻。多用于幼龄果园。除树盘范围以外，全园深翻。这种方法一次翻完，便于机械化施工和平整土地，但伤根太多。

(2) 开沟排水。海涂、沙滩和盐碱地果园，一般地下水位高，每年雨季土壤湿度常超过田间最大持水量，使下部根系的土层处于水浸状态，根系处于缺氧状态，产生许多有毒物质，致使树体梢枯叶黄，树势衰退，严重则死亡。开沟排水，降低地下水位，是这类果园土壤改良的关键。

(3) 培土。果园培土具有增厚土层、保护根系、增加肥力、压碱改酸和改良土壤结构的作用。培土的方法是把土块均匀分布在全园，经晾晒打碎，通过耕作把所培的土与原来的土壤混合。土质黏重的应培含沙质较多的疏松肥土，含沙质多的可培塘泥、河泥等较黏重的肥土。培土厚度要适当，一般为 5～10cm。南方多在干旱季节来临前或采果后冬季进行培土。

(4) 不同类型果园的土壤改良。

①黏性土果园。此类型土壤的物理性状差，土壤孔隙度小，通透性差。改良时可施用作物秸秆、糠壳等有机肥或培土掺沙，还应注意排水沟渠的建设。

②沙性土果园。此类型土壤保水保肥性能差，有机质和无机养分含量低，表层土壤温度和湿度变化剧烈。改良重点是增加土壤有机质，改善保水和保肥能力。通常采用填淤结合增施秸秆等有机肥以及掺入塘泥、河泥、牲畜粪便等方式。近年来，土壤改良剂也有应用，即在土壤中施入一些人工合成的高分子化合物，如保水剂，以促进团粒结构的形成。

③水田转化果园。这类果园的土壤排水性能差、空气含量少，而且土壤板结、耕作层浅，通常只有 30cm 左右，但土壤的有机质和矿质营养含量通常较高。在进行土壤改良时，采取深翻、深沟排水、培土以及抬高栽植区域等措施，通常可以取得预期的效果。

④盐碱地果园。在盐碱地上种植果树，除了要对果树树种和砧木加以选择以外，更重要的是要对土壤进行改良。采用引淡洗盐后再加强地面维护覆盖的方法，可防止土壤水分过分蒸发而引起返碱。

2. 幼龄果园的土壤管理

(1) 树盘管理。树盘指树冠垂直投影的范围，是根系分布较为集中的区域。

①树盘耕作。耕作可保持树盘土壤经常疏松无杂草，利于根系生长。耕作次数依当地气候、土壤和生草情况而定，春、夏季浅耕（5～10cm），秋季深耕，深度以不伤根为原则，一般近树干处要浅，向外逐渐加深到 20～25cm。

②树盘覆盖。覆盖可保墒、防冻及稳定表土温度，起到防止杂草生长和改良土壤结构的作用。覆盖物多用秸秆等，厚度为 10cm 左右，也可用地膜覆盖。

③树盘培土。在有土壤流失的园地进行树盘培土，可保持水土，避免积水。培土一般在秋末冬初进行，缓坡地可隔 2～3 年培土一次，冲刷严重的则 1 年一次。培土不可过厚，一般为 5～10cm，根外露时可厚些，但不要超过根颈。

（2）行间间作。幼树树体小，行间空地较多，进行合理间作不仅可以增加收入，以短养长，还可以抑制杂草，改善果树群体环境，增强果树对不良环境的抵抗能力和改善土壤理化性状，有利于果树生长。丘陵坡地间作作物，还能起到覆盖作用，并减轻水土流失。

果园间作应以“以果为主，主次分明，不影响果树生长，而且尽可能有利于果树生长”为原则。要求间作物植株矮小，不影响果树的光照，避免与果树争夺养分、水分，能改良土壤结构，增加土壤养分，与果树没有共同的病虫害。适宜间作的作物种类很多，如豆科作物、蔬菜、花卉和牧草等，应根据具体情况选择。

3. 成龄果园的土壤管理

（1）清耕法。清耕法又称清耕休闲法，即在果园内除果树外不种植其他作物，利用人工除草的方法清除地表面的杂草，保持土地表面疏松和裸露状态的一种果园土壤管理制度。清耕法一般在秋季深耕，春季多次中耕，并对果园土壤进行精耕细作。

清耕法可以改善土壤的通气性和透水性，促进土壤有机物的分解，增加土壤速效养分的含量，而且，经常切断土壤表面的毛细管可以防止土壤水分蒸发，去除杂草也可以减少其与果树竞争养分和水分。但长期清耕会破坏土壤结构，使有机质迅速分解从而降低土壤有机质含量，导致土壤理化性状迅速恶化，地表温度变化剧烈，加重水土和养分的流失。

（2）生草法。生草法是在果园行间种植禾本科、豆科等草种或自然生草的土壤管理方法。生草法可保持和改良土壤理化性状，增加土壤有机质和有效养分的含量，防止水分和养分流失，促进果实成熟和枝条充实，改善果园地表小气候，减少冬夏地表温度变化幅度，还可降低生产成本，有利于果园机械化作业。因此，生草法是欧洲、美国、日本等发达国家和地区广泛使用的果园土壤管理方法。生草栽培法会造成间作植物与果树在养分和水分上产生竞争，影响果树生长发育，增加对病虫防治的难度，同时长期生草会造成果树根系上浮。

（3）覆盖法。覆盖法是指在树冠下覆以杂草、秸秆等的土壤管理方法。一般覆草厚度为 10cm 左右，覆盖物会逐年腐烂减少，要不断补充鲜草。覆盖可防止水土流失，抑制杂草生长，减少蒸发，土温变化小，增加有效态养分和土壤有机质，促进土壤团粒结构的形成。但长期覆盖，会导致根系上浮，病虫害难以防治。

（4）清耕覆盖法。为克服清耕法与生草法的缺点，可在果树最需要肥水的前期保持清耕，而在雨水多的季节间作或生草覆盖地面，以吸收过剩的水分和养分、防止水土流失，并在梅雨期过后、旱季到来之前刈割覆盖或沤制肥料，这一土壤管理制度称为清耕覆盖法。它综合了清耕、生草、覆盖三者的优点，在一定程度上弥补了三者各自的缺陷。

（5）免耕法。对果园土壤不进行任何耕作，完全使用除草剂来除去果园杂草的土壤管理方法称为免耕法。免耕法保持了果园土壤的自然结构，节省了劳动力成本，在土层深厚、土质好的果园采用。

二、果园施肥管理

（一）果树的营养特点

果树在一年中对肥料的吸收是不间断的，但会出现几次需肥高峰。需肥高峰一般与果树的物候期相平行，所以，在生产上常以物候期为参照进行施肥。一般果树在新梢生长期需氮量最高，需磷高峰在开花期、花芽形成期及根系生长第一、第二次高峰期，需钾高峰则出现在果实成熟期。

（二）施肥的依据

果园施肥

果树何时施肥、施何种肥以及施肥量的大小，直接影响施肥效果，果树一旦表现出明显缺素症状再施肥，则效果差。科学地适期、适量施肥，不仅可以减少施肥次数，还可以提高肥效。指导施肥的依据有：

1. 形态诊断　依据果树的外观形态，判断某些元素的丰缺。主要依据叶片大小、厚薄、颜色、光亮程度，枝条长度、粗度，芽眼饱满程度，果实大小、品质、风味、产量等指标。此法简便易行，但补充矿质元素是在缺素器官有明显表现后进行的，有一定的滞后性。

2. 叶分析　果树的叶片能及时准确地反映树体营养状况，各种营养元素在叶片中的含量直接反映树体的营养水平，因此，应用叶分析技术来确定和调整果树施肥量和时间，可指导施肥。如在叶分析的同时，与土壤分析、组织分析以及叶颜色相结合，更能有效地提高判断的准确性。

3. 土壤分析　土壤中元素的有效浓度在一定范围内与树体中养分含量有一定的相关性。通过分析土壤中各种营养元素的有效含量及总含量，对指导施肥有重要意义。

（三）施肥量

果树的施肥量因树种、品种、树龄、树势、结果量、肥料性质和土壤肥力等而异。一般柑橘、苹果、香蕉、葡萄等需肥较多，而菠萝、李、枣等需肥较少；幼树、旺树、结果少的树施肥量少，成年树、衰弱树、结果多的树施肥量多；山地、沙地果园需多施肥。确定果树施肥量的方法有经验施肥法、叶片分析法和田间肥料试验法。

（四）施肥时期

1. 基肥　基肥以有机肥为主，是能较长时期供给果树多种养分的基础肥料，如农家肥、堆肥、厩肥、秸秆、绿肥等。基肥一般肥效较长，但肥效慢，常配合施用部分速效性肥料。基肥施用量应占当年施肥总量的70%以上。

基肥的施用时期，以秋施为好。此时正值根系生长的第三次高峰，有利于伤根愈合和发生新根；果树的上部新生器官趋于停长，有利于提高贮藏营养；有利于花芽发育、充实及满足春季发芽、开花、新梢生长的需要。

2. 追肥　追肥又称补肥，是在施基肥的基础上，根据果树各物候期的需肥特点，在生长季分期施肥的方法。施肥的目的是保证当年树壮、丰产、优质的需要，又给翌年的生长结果打下基础。

成龄树追肥主要考虑以下几个时期：

①催芽肥。催芽肥又称花前肥，在早春萌芽前1～2周追施速效性氮肥，能促进树体萌芽、开花和新梢生长。对弱树、结果过多的树体，较大量地追施氮肥可使萌芽、开花整齐，提高坐果率，促进营养生长；若树势强旺，基肥数量又较充足，特别在南方多雨地区，可不施催芽肥。

②稳果肥。稳果肥又称花后肥，在谢花后追施。这时正值幼果、新梢迅速生长期，是果树需肥较多的时期。追肥除氮肥外，还应补充速效磷、钾肥，可提高坐果率，促进幼果发育，并使新梢充实健壮，促进花芽分化，减少生理落果。但这次追肥必须根据树种、品种特性，看树施肥，若施用氮肥过多，会导致新梢生长过旺，加剧幼果因营养不良而脱落。

③壮果肥。壮果肥又称果实膨大期肥，在生理落果后至果实开始迅速膨大期追施。以速效氮、钾肥为主，配合适量磷肥，以提高光合效能，促进养分积累，加速幼果膨大，提高产量和品质。仁果类、核果类果树部分新梢停长，花芽开始分化，应及时追肥，为花芽分化供应充足的营养。这次追肥既保证当年产量，又为翌年结果打下基础，对克服大小年结果现象也有一定作用。

④采后肥。采后肥又称还阳肥，为果实采收后的追肥。肥料种类以氮肥为主，并配以磷、钾肥。果树在生长期消耗大量营养以满足新梢、叶片、根系、果实等的生长需要，故采收后应及早弥补其营养亏缺，以恢复树势。采后肥常在果实采收后立即施用，但对果实在秋季成熟的果树，采后肥一般可结合基肥共同施用。

（五）施肥方法

果园施肥是获得果树丰产优质的主要技术措施之一，常见的施肥方法主要有土壤施肥和根外追肥两种。

1. 土壤施肥 将肥料施在根系集中分布区，以利于根系向深广扩展。土壤施肥常见的施肥方法有：

（1）环状沟施肥。环状沟施肥即沿树冠外围挖一环状沟进行施肥，一般多用于幼树。

（2）放射状沟施肥。放射状沟施肥即沿树干向外，隔开骨干根并挖数条放射状沟进行施肥，多用于成年大树和庭院果树。

（3）条沟施肥。条沟施肥即对成行树和矮密果园，沿行间的树冠外围挖沟施肥，此法具有整体性，且适于机械操作。

（4）全园施肥。全园撒施后浅翻。成年果树或密植果园，根系已布满全园时多采用此法。

（5）液态施肥。液态施肥又称灌溉式施肥，是指在灌溉水中加入合适浓度的肥料一起注入土壤，此法适合在具有喷灌、滴灌设施的果园采用。灌溉施肥具有肥料利用率高、肥效快、分布均匀、不伤根、节省劳力等优点，尤其对于追肥来说，灌溉施肥代表了果树施肥的发展方向。

2. 根外追肥

（1）叶面追肥。叶面追肥又称叶面施肥，是将一定浓度的液态肥喷施到叶片上或枝条上的方法。叶片作为光合作用的器官，其叶面气孔和角质层也有一定的吸收养分的功能。叶面施肥简单易行、用肥量小、肥效发挥快、肥料利用率高、节约劳动力、降低成本。为提高叶面施肥的效果，选择合适的喷施时间和部位非常重要，一般选择在上午9—11时和下午3—5时喷施，喷施部位应选择幼嫩叶片和叶片背面。生产上常用的叶面肥料见表Ⅰ-5-1。

表Ⅰ-5-1 果树叶面追肥的肥料浓度

（于泽源，2001，果树栽培）

肥料名称	浓度/%	肥料名称	浓度/%
尿素	0.3～0.5	硝酸钾	0.5
硝酸铵	0.1～0.3	硼砂	0.1～0.2
硫酸铵	0.1～0.3	硼酸	0.1～0.5
磷酸铵	0.3～0.5	硫酸亚铁	0.1～0.4
腐熟人粪尿	5～10	硫酸锌	0.1～0.5
过磷酸钙	1～3	柠檬酸铁	0.1～0.2
硫酸钾	0.3～0.5	钼酸铵	0.3
草木灰	1～5	硫酸铜	0.01～0.02
磷酸二氢钾	0.2～0.3	硫酸镁	0.1～0.2

（2）注射施肥。利用机械持续高压地将果树所需的肥料强行注入体内的方法。注射施肥具有肥料利用率高、用肥量少、见效快、持效长、不污染环境等特点，如生产上注射铁肥防治失绿症。此方法以春季萌芽前和秋季采收后注射效果好。

（六）配方施肥

配方施肥是根据果树的需肥规律、土壤的供肥特性与肥料的效应，在施用有机肥为基础的条件下，通过分析测定树体和土壤的营养状况，提出氮、磷、钾以及微肥等元素适宜的比例、用量以及相应的施肥技术。配方施肥包括营养状况诊断、配方的提出、肥料配制或生产、施肥等过程。

1. 配方施肥的作用 实施配方施肥较传统施肥作用效果好，主要体现在以下几个方面：

（1）增产效果明显。调肥增产，即不增加化肥投资，把各种化肥的施用比例调整合理而增产；减肥增产，即适当减少肥料施用量或取消土壤中含量丰富的某种养分的施用，以取得增产或平产；当土壤中某种养分含量（或为提高产量的最大限制因子）相对缺乏，加大此种养分化肥施用比例，可大幅度增加产量。

（2）有利于保护生态。配方施肥养分全面且比例合理，可避免某种土壤养分不足的状况并培肥地力，化肥在土壤中的残留既不会太多，又能与有机肥结合成有机态，避免了土壤板结和污染。

（3）提高果实品质。以往有些地方偏施氮肥，既影响产量，还降低了果实的品质，使甜度降低，此外，单一使用某种肥料，还会导致果树发生缺素症或病虫害严重。配方施肥养分协调供给，既增加了产量，又提高了果实的品质。

（4）减轻病虫害。果树的许多生理病害是偏施肥料引起的。配方施肥养分齐全，比例适中，果树生长健壮，既可防止出现生理病害，又能减轻病虫危害。

2. 配方施肥的方法

（1）地力差减法。即用目标产量减去空白产量，其差值就是通过施肥来获得的产量。计算公式如下：

$$肥料需要量=\frac{作物单位产量养分吸收量\times（目标产量-空白产量）}{肥料中养分含量}\times 肥料当季利用率$$

此方法的优点是不用测试土壤，不考虑土壤养分状况，计算方便，误差小。缺点是空白产量不能现时得到，需通过试验确定。

（2）氮、磷、钾比例法。即通过田间试验得出氮、磷、钾的最适用量，并计算出三者的比例关系，然后通过测定一种肥料的用量，就可以按比例关系，确定其他肥料的用量。此法的优点是肥料的用量容易掌握，方法简捷。缺点是受地区和时间、季节的局限。

此外，还有养分平衡法、肥料效用函数法、养分丰缺指标法等。因这些方法用起来都需要一定的设备，而计算方案繁杂，在此不再详述。

3. 配方施肥需注意的问题

（1）要有利于改善肥料的理化性状。如硝酸铵有吸湿结块的特性，把硝酸铵与氯化钾混合可生成硝酸铵和氯化铵，使其吸湿性减小，但把硝酸铵与过磷酸钙混合会使其吸湿性增强。

（2）要有利于发挥养分之间的促进作用。氮、磷混合后可相互促进，以磷增氮；根瘤菌肥和钼肥混合后，菌肥促使豆科作物根部结瘤，钼能提高根瘤菌的固氮能力，增产显著。

（3）要提高各种养分的有效性。如过磷酸钙和有机肥混合，有机肥分解使产生的有机酸可分解难溶性磷，提高磷的有效性，并减少磷与土壤的接触面，减少磷被土壤固定；石灰不能与过磷酸钙混合，因钙能使有效磷加速固定，使树体容易吸收的速效磷变为不可溶性磷。

（4）肥料混合后不发生养分损失。过磷酸钙与硫酸铵混合，反应后生成磷酸二氢铵，不会使氮挥发和磷固定；草木灰、石灰和铵态氮肥、碳氨与镁磷肥就不能混合，因为混合后会使氮素挥发。

三、果园水分管理

果园水分管理包括对果树进行合理灌水和及时排水两方面。科学的水分管理能满足果树正常生长发育的需要，是实现我国果树丰产、优质、高效栽培的基本保证。

果园水分管理

（一）果树需水特点

1. 果树种类及品种不同对水分的要求不同 不同种类的果树，其形态构造和生长特点均不相同。一般来说，生长期长、叶面积大、生长速度快、根系发达、产量高的果树，需水量均较大，反之需水量则较小。苹果、柑橘、梨、桃、葡萄等需水量较大，而枣、栗、无花果、银杏等需水量较小。通常晚熟品种的需水量要大于早熟品种。同一果树不同品种间需水量也有差别，苹果中的红富士比国光需水量大，葡萄中的藤稔比巨峰需水量大。

2. 果树不同生育阶段和不同物候期对水分的要求不同 同一果树在不同生育阶段和

不同物候期对水分的要求是“前促后控”，即保证果树生长前期水分供应充足，以利生长与结果，而生长后期要控制水分，保证及时停止生长，使果树适时进入休眠期，做好越冬准备。根据各地的气候状况，在下述物候期中，如土壤含水量低时，必须进行灌溉。

（1）发芽前后和开花期。此时土壤中如有充足的水分，可以加强新梢的生长，加大叶面积，增加光合作用，并使开花和坐果正常，为当年丰产打下基础。春旱地区，此期充分灌水更为重要。

（2）新梢生长和幼果膨大期。此期是果树的需水临界期，此时果树的生理机能最旺盛，充足的水分供应，有利于幼果膨大，又有利于新梢生长，减少生理落果。

（3）果实迅速膨大期。就多数落叶果树而言，此期也是花芽大量分化期，此时及时灌水，不但可以满足果实发育对水分的要求，同时可以促进花芽健壮分化，从而在提高产量的同时，又形成大量有效花芽，为连年丰产创造条件。

（4）采果前后及休眠期。在秋冬干旱地区，此时灌水可使土壤中贮备足够的水分，有助于肥料的分解，从而促进果树翌春的生长发育。在南方对柑橘而言，此时灌水结合施肥有利于恢复树势，并促进花芽分化。

需要强调的是，在果树生产中对水分胁迫反应敏感的某些时期，栽培中必须维持较高的土壤供水能力，否则果树的产量或品质甚至二者均受影响，但是也不可过量供应水分。如桃和苹果，早期过多的灌溉会导致树体营养生长过旺，从而加剧树体营养生长和生殖生长对养分的竞争；柑橘在壮果后期至成熟前受到严重水分胁迫会减少采收时果实的体积、风味和外观品质，但这一时期过多的水分供应又会导致裂果，延迟果实的成熟以及推迟果树进入休眠。

（二）果园灌溉技术

1. 灌溉方法

（1）地面灌溉。地面灌溉是目前我国果园里所采用的主要灌溉方式之一。所谓地面灌溉，就是指将水引入果园地表，借助于重力的作用湿润土壤的一种方式，故又称为重力灌溉。地面灌溉通常在果树行间做埂，形成小区，水随地表漫流。根据其灌溉方式，地面灌溉又可分为全园漫灌、细流沟灌、畦灌、盘灌（树盘灌水）和穴灌等。地面灌溉容易受果园地形地貌的限制，且水分浪费严重。

（2）喷灌。喷灌指利用机械和动力设备将水射到空中，形成细小水滴来灌溉果园的技术。喷灌对土壤结构破坏性较小，和地面灌溉相比较，能避免地面径流和水分的深层渗漏，节约用水。采用喷灌技术，能适应地形复杂的地面，水在果园内分布均匀，并防止因灌溉造成的病害传播，容易实行自动化管理。喷灌属于全园灌溉，加之喷洒雾化过程中水分损失严重，尤其是在空气湿度低且有微风的情况下更为突出。

（3）滴灌。滴灌是通过管道系统把水输送到每一棵果树的树冠下，由一个或几个滴头（取决于果树栽植密度及树体的大小）将水一滴一滴均匀又缓慢地滴入土中，从而被根系吸收利用。滴灌对水分的利用率高，有利于根系对水分的吸收，并具有水压低和能进行加肥灌溉等优点。

（4）微喷。微喷是利用折射式、旋转式或辐射式微型喷头将水喷洒到作物枝叶等区域的灌水形式，是近几年来国内外在总结喷灌与滴灌的基础上，新研制和发展起来的一种先进灌溉技术。微喷利用低压水泵和管道系统输水，在低压水的作用下，通过特别设计的微型雾化喷头，把水喷射到空中，并散成细小雾滴，洒在作物枝叶上或树冠下地面。微喷技术比喷灌更省水，由于雾滴细小，其适用范围比喷灌更大，农作物从苗期到成长收获期全过程都可以使用。

（5）地下灌溉。地下灌溉是利用埋设在地下的透水管道，将灌溉水输送到地下的果树根系分布层，并借助于毛细管作用湿润土壤的一种灌溉方式。地下灌溉系统由水源、输水管道和渗水管道 3 部分组成。水源和输水管道与地面灌溉系统相同，现代地下灌溉的渗水管道常使用钻有小孔的塑料管，也可以使用黏土烧管、瓦管、瓦片、卵砾石等。由于地下灌溉将灌溉水直接送到土壤里，不存在或很少有地表径流和地表蒸发等造成的水分损失，是节水能力很强的一种灌溉方式。

2. 灌溉时期 依据果树生长的特点，结合土壤含水量确定灌溉的时期。土壤能保持的最大水量称为土壤最大持水量，一般认为，当土壤含水量达到最大持水量的 60%～80%时，土壤中的水分与空气状况，最符合果树生长结果的需要，因此当土壤含水量低于最大持水量的 60%时，应根据具体情况，决定是否需要灌水。

地面灌溉、喷灌、微喷和地下灌溉的条件下，应遵循次数少、每次灌溉量大的原则；而滴灌则要求灌溉次数多而每次灌溉量少。

3. 灌溉量 果树每次灌溉量的确定取决于所采用的灌溉技术。对于采用地面灌溉、喷灌、微喷和地下灌溉等技术进行灌溉的果园，每次灌溉时，应将果树主要根系分布层的土壤灌透，将果树在过去的一段时间里使用的土壤水分重新补足。采用喷灌和地面灌溉时由于对整个果园地表均进行了灌溉，地表湿润面积大，所以每次的灌溉量也大，而采用滴灌或微喷的果园，由于只对果园的一部分土壤进行灌溉，所以每次所需的灌溉量小。根系分布深的果树，如梨，每次的灌溉量大；根系分布浅的果树，如桃，每次的灌溉量小。常用计算灌溉量的公式如下：

$$\text{灌溉量(g)} = \text{灌溉面积}(cm^2) \times \text{土壤浸湿深度(cm)} \times \text{土壤容重}(g/cm^3) \times [\text{田间持水量(\%)} - \text{灌溉前土壤湿度(\%)}]$$

灌水前需测定灌溉前的土壤湿度，田间持水量、土壤容重、土壤浸湿深度等可数年测定一次。

（三）果园排水

果园积水会使果树根的呼吸作用受到抑制，土壤通气不良，也会妨碍微生物特别是好气细菌的活动，从而降低土壤肥力。在黏土中，大量施用硫酸铵等化肥或未腐熟的有机肥后，如遇土壤排水不良，由于这些肥料进行无氧分解，使土中产生一氧化碳或甲烷、硫化氢等还原性物质，影响果树的生长发育。

1. 果园需排水情况 在果园中发生下列情况时，应进行排水。

（1）多雨季节或一次降水过大造成果园积水成涝，应挖明沟排水。

（2）在河滩地或低洼地建果园，雨季时地下水位高于果树根系分布层时，则必须设法排水。

（3）土壤黏重、渗水性差或在根系分布区下有不透水层时，由于黏土土壤孔隙小，透水性差，易积涝成害，必须设计排水设施。

（4）盐碱地果园下层土壤含盐高，会随水的上升而到达表层，造成土壤次生盐渍化。因此，必须利用灌水淋洗，使含盐水向下层渗漏，汇集排出园外。

2. 排水方法 排水方法有明沟排水与暗管排水两种。

（1）明沟排水。明沟排水是利用地面挖成的沟渠进行排水的方法，广泛地应用于地面和地下排水，地面浅排水沟通常用来排除地面的灌溉贮水和雨水。

（2）暗管排水。暗管排水多用于汇集地排出地下水，在特殊情况下，也可用暗管排泄雨水或过多的地面灌溉贮水。

近些年来，南方地区夏季常遭遇强降水，部分果园积水严重。对于受涝害影响的果园，首先要及时排水，对水淹较重、短时间内无法清理淤泥的果园，要在行间深挖排水沟，降低地下水位，尽可能地恢复树体正常呼吸，必要时可以借助抽水泵进行排水，然后配合中耕松土、适度修剪、适时追肥、病虫防治等措施进行管理。

知识拓展

植物生长调节剂在果树花果管理上的应用

果树的正常生长与发育是由植物内源激素所控制。化学合成的植物生长调节剂在农业与园艺上是重要的物质，可以调节植物生长发育，在果实花果调控方面也有重要的用途。目前在生产上应用较广泛的植物生长调节剂有生长素类、赤霉素类、细胞分裂素类、生长抑制剂类和乙烯类。

一、生长素类

生产上常用的生长素类有萘乙酸（NAA）、2，4-滴。

萘乙酸是一种广谱型植物生长调节剂，能促进细胞分裂与扩大，提高坐果率，防止落果，改变雌、雄花比例等。2，4-滴在低浓度时具有促进插条生根，防止落花、落果，形成无籽果实，促进果实早熟等效应。如用8～10mg/kg的2，4-滴喷果，提高了温州蜜柑的坐果率；采用8mg/kg的2，4-滴喷果还可防止柑橘落果。高浓度（1 000 mg/kg以上）的2，4-滴会引起畸形生长，甚至杀死植物（双子叶植物尤为敏感），故可用作选择性除草剂，去除田间双子叶杂草。

二、赤霉素类

赤霉素，俗称“九二〇”，是一种广谱的植物生长调节剂，可抑制果柄产生离层，有保果的作用。如柑橘喷施30～50mg/L的赤霉素有保果效果，但随浓度增大容易诱发粗皮大果，降低品质，浓度大于100 mg/L时还会使坐果率降低，并产生轻微落叶的副作用。赤霉素对多种果树的花芽分化有抑制作用，如在花诱导期喷施50～100mg/L赤霉素，桃花芽形成数量可以减少约50%；树冠喷施10～200mg/L赤霉素可抑制柑橘成花。板栗在雌花分化期叶面喷施50mg/L赤霉素能显著提高雌花分化率，降低雄花与雌花的比例。

生产上赤霉素也被用来诱导果实无核和促进果实增大。如玫瑰香葡萄于花前和花后10d以50mg/L赤霉素分2次处理花序和果穗，无核率达100%，并增重50%；阳光玫瑰葡萄分别在花开后1～2d和14～16d用25mg/L赤霉素浸花序和果穗，无核、膨大效果明显。

三、细胞分裂素类

细胞分裂素是从玉米或其他植物中分离或人工合成的植物激素，具有显著促进细胞分

裂、加快生长、促进花芽分化和延缓衰老的功能。主要的细胞分裂素有氯吡苯脲（CP-PU）、6-苄基腺嘌呤（6-BA）、激动素（KT）和玉米素等。

CPPU可提高柿的坐果率。用不同浓度CPPU处理的软枣猕猴桃、中华猕猴桃和美味猕猴桃，果实均有增大。巨峰葡萄和无核早红盛花后用CPPU处理，纵横径增加明显，果穗紧凑，果实硬度增加。CPPU还可促进葡萄着色，提高可溶性固形物含量。CPPU除单独使用以外，还常与赤霉素搭配使用，保果、膨大效果更佳，如阳光玫瑰葡萄在花后15d用25 mg/L赤霉素＋2.5 mg/L CPPU浸果，有保果和膨大的效果。

6-BA常用于提高柑橘、葡萄等果树坐果率，但在苹果上，花后20d喷布25～150mg/L的6-BA具有疏果作用。在葡萄果实着色后期，采用200mg/L 6-BA处理促进了果皮花青素的积累，改善果实着色情况。同时，外源喷施6-BA可延缓叶片衰老，提高叶片光合效能，从而提高果实内含物的积累。在花后10d用20mg/kg KT-30浸果，可使猕猴桃增产50%。

四、生长抑制剂

生长抑制剂也称生长延缓剂，是指人工合成或天然的能阻碍整个植物或植物的某个特定器官生长的物质。常用的生长抑制剂有青鲜素（MH）、丁酰肼（B_9）、矮壮素（CCC）和多效唑（PP333）。

青鲜素能够抑制柑橘夏梢生长，减少养分消耗，提高坐果率。使用青鲜素可使杧果花芽萌发延迟，减少早春低温对花芽分化的影响。青鲜素还广泛应用于柑橘等水果的保鲜贮藏。

丁酰肼、矮壮素等能阻碍内源赤霉素的生物合成，可以促进苹果、梨的花芽分化。在花芽分化盛期前喷施乙烯利1 000mg/L和丁酰肼2 000mg/L混合液或交替使用，有抑制新梢旺长和促进花芽分化的效果。在葡萄副梢迅速生长期喷施1 000～2 000mg/L的矮壮素，既能抑制副梢生长，又能增加副梢花芽数。

五、乙烯类

目前生产上主要的乙烯类植物生长调节剂为乙烯利，有促进果树花芽分化和催熟的功效。如山楂在采收前7～10d喷施500～600mg/L乙烯利，可使其提前成熟；对沙梨系统的梨品种，在成熟前20～30d喷施100mg/L乙烯利，可提早15d成熟。

植物生长调节剂虽然广泛应用于农业生产，且具有十分重要的作用，但其不是肥料，也不能替代肥料，在生产上也不能单独使用，需配合肥水管理、整形修剪、病虫防控等措施，否则无法达到合适的效果。植物生长调节剂的使用要遵循科学、合理、适度的原则，不能滥用、乱用。

果园水肥一体化管理技术

果园水肥一体化技术是通过将施肥与节水灌溉有效结合，按照科学配方，将水溶性肥料溶解在灌溉水中，根据果树对水分、养分的需求和土壤水分、养分状况，把水和养分适时、适量地输送到果树根系的一种新的灌水施肥技术。

一、水肥一体化的优势

该技术综合运用了平衡施肥和膜下滴灌等技术，能够准确控制灌水量、施肥量和灌水施肥时间，实现了节水、节肥、省工、提高产量和改善品质等目标。该技术在果树上应用具有以下优势：

1. 节水效果好，肥料利用率高 通过水肥一体化系统设备把果树所需的养分直接滴在果树根部附近，可以大大节省水资源，提高肥料的有效利用率。

2. 根系吸肥效率高，树体结果提前 研究表明，水肥一体化处理的葡萄幼苗长势快，生殖生长比常规施肥灌溉提前2个月，且显著提高翌年葡萄的挂果率。

3. 调控树体生长，提高果实品质 水肥一体化技术能很好地调节果树营养生长与生殖生长之间的平衡，稳定树体负载量及单果重，提高单位面积产量，改善果实内在品质。

4. 节约成本 水肥一体化技术可以将水肥直接输送到果树的根域土壤，在很大程度上减少了水肥在土壤中的输送距离，提高了水肥的利用率，减少成本的投入。2003—2004年，栖霞市土壤肥料站研究表明，与传统灌溉施肥方式相比，使用水肥一体化技术每亩节省水费80元，节省肥料投资100元，节省工费200元，提质增收800元。

二、水肥一体化技术的应用与配套管理技术

水肥一体化系统一般由首部枢纽、管路和滴头组成。首部枢纽主要包括水泵、施肥罐、过滤器、控制与测量仪表等，其作用是抽水、施肥、过滤，以一定的压力将一定数量的水送入干管；管路包括干管、支管、毛管以及必要的调节设备，其作用是将加压水均匀地输送到滴头；滴头的作用是使水流经过微小的孔道，形成能量损失，减小其压力，以点滴的方式滴入土壤中。

果园水肥一体化栽培技术中，一般采用滴灌施肥技术，通过在全园铺设滴灌管道，将水肥一起输送到果树根系附近。一般沿果树行向将滴管铺设于地表上，滴管在植株两侧开微滴孔。滴灌系统的操作：①首先调节注肥泵的压力，保证能顺利将肥水注入灌溉水中；②加肥前，灌溉系统先运行10～20min，保证土壤有一定的湿度，待灌溉区所有滴灌头正常滴水后，将专用微灌肥按要求配比溶于配肥容器中，启动注肥泵向输水管中注入肥水；③控制加肥速度，以免根系局部肥料溶度过高，对其造成伤害，一般保证肥料在半小时左右全部吸完；④滴肥结束后，灌溉系统要继续运行30min左右，清洗管道，以免肥料残留在滴灌管中，造成灌孔堵塞，以保证肥料全部施于土壤，并渗到要求深度，提高肥效。

滴管孔隙较小，如果肥料溶解不充分，很容易造成管道堵塞，加上碰到下雨天气，溅起泥水易堵塞微滴孔，影响水肥一体化效率。

针对上述存在的问题，生产上一般采用相关配套管理措施：

1. 采用避雨栽培模式 南方地区雨水较多，空气湿度大，病虫害易滋生，采用避雨栽培的模式可以显著减少雨水对果树的危害，减少病虫害的发生。

2. 进行地膜覆盖 将地膜覆盖栽培技术与滴灌技术结合起来，通过可控管道系统供水，使水肥相融后的灌溉水形成滴状，均匀、定时、定量浸润果树根系发育区域，使主要根系区土壤始终保持疏松和适宜含水状态，配合地膜覆盖的增温保湿作用，从而达到节水、节肥、节药、高产、优质的目的。又将滴灌管道铺设在地膜下面，可以减少雨水对管道的堵塞，同时避免了阳光直射，有助于延长管道的使用时间。

3. 使用水溶性肥料 滴灌系统对肥料的溶解性要求很高，一般使用水溶性的肥料或者液体肥，能迅速溶解于水中，更容易被果树根系吸收，也不会造成管道堵塞。

4. 在常规微管技术的基础上，通过不断改进、发展，形成了分区交替灌、垂直线源灌、深层坑渗灌等新的灌水技术 分区交替灌改变根系生长空间的土壤湿润方式，人为控

制根区土壤某个区域的干燥或湿润，在促进枝条相对生长量的同时减少了水分的无效消耗。垂直线源灌是一种新型的节水灌溉技术，是将一定长度的、周围壁上开孔的、底部密封的灌水器垂直埋入土中，通过线源长度及线源直径调节土壤湿润范围，直接向植物根系所在深层土壤供水，从而减少土壤表面水分的蒸发，提高水分利用效率。深层坑渗灌是一种将地面灌溉与地下渗灌相结合的新型灌水技术，其原理是在地表采用小管出流给埋在坑里或陇上的灌水器输水，水通过灌水器直接渗入至根系生长发达的深层土壤，从而使根系分布较少的表层土壤保持干燥，减少了土壤表面无效水分的蒸发。

思政花园

全国劳动模范纪荣喜：为共同富裕不懈努力

纪荣喜，江苏省镇江市白兔镇云兔草莓合作社社长、支部书记，从事草莓种植20多年，被乡亲们亲切地称作“草莓大王”，2021年获全国劳动模范称号。在20多年的草莓种植中，纪荣喜不断改良草莓新品种，用繁星点点的“中国红”来点缀梦想，铺就创业路，也为群众带来丰收和喜悦。

一、把志向写在大地上

1983年纪荣喜高中毕业后，一边省吃俭用，从书店买来农业书籍认真钻研，一边卷起裤腿同父辈一起干农活，并将书本里的知识与农活结合起来，让农民种植有了新收获，并在村民委员会换届时，被推选为农业技术员。年纪轻轻有了头衔，让纪荣喜备感光荣，建设家乡的使命感鞭策着他更加努力，在黄土地上寻找农村人的“金娃娃”。

二、把挫折踩在脚底下

担任农业技术员后，纪荣喜非常注意搜集市场信息，经常带村民尝试种植“新鲜玩意”。1987年，在纪荣喜带动下，露天草莓已成为兔西村的“主力军”，由于当时效益十分可观，全镇跟风种植，到1988年草莓供过于求，大量草莓卖不掉，鲜果烂在地里，无奈的农民只能拿草莓喂猪或者倒掉。看着农民辛苦种出来的草莓落到这种结局，纪荣喜鼓足勇气，决心从头再来，带领农民走上致富路。

三、把成功寄在科技上

走出挫折，纪荣喜把精力放在科技致富上，经过钻研终于找到了“救活”草莓的新招——发展大棚草莓，让人们在冬天吃上新鲜草莓，实现反季节生产销售。1991年，纪荣喜拿出全部家当投资栽下2亩大棚草莓，由于技术到位，翌年就获得了1.2万元的收益。喜人的经济效益很快在全镇轰动了，前来“取经”的农民络绎不绝，为了带领更多群众致富，纪荣喜一边向专家求教，一边举办培训班、到地里指导，将技术传授给农民。1998年全镇大棚草莓面积近500亩，亩效益最高达1.2万元。同时他还以科技推广种植大棚草莓。1998年，和中国药科大学合作开发“草莓脱病毒苗工厂化育苗”科技项目，获省科技厅项目立项。1999年，牵头成立镇江市草莓协会，逐步解决了草莓产、销过程中的一系列难题。2002年和镇江万山红遍农业园承担了“草莓温室保鲜剂的研制及示范应用”项目，获省科技厅立项并通过专家组评审，被句容市人民政府评为2003年科技进步三等奖，2003年新品种枥木少女高产栽培示范获句容科技项目。2016年又成功引进新品种白雪公主，试种成功。

四、把“中国红”铺满更美好的明天

草莓协会成立后，他充分发挥桥梁纽带作用，会员由开始的52名发展到163名，面积由20亩发展到6 000多亩。每年草莓协会直接为种植户销售草莓160多吨，并和镇江的北京华联、万方超市有常年的经销协作关系，每年产生直接经济效益1 000多万元，种植户平均每人每年增加纯收入3 500元，仅草莓一项收入就使全镇人均收入增加900元。现在白兔镇草莓种植已十分成熟，趁着草莓发展的势头，他还利用全镇大棚草莓面积多、牌子响、品种丰的优势，在生态旅游越来越热的现在，大胆发展农业观光旅游，给群众开辟新的致富通道。

20多年来，纪荣喜的草莓路子越走越宽，他本人也带领白兔镇人民在种植草莓的路上越走越远、越走越美好。

复习提高

（1）果园土壤改良方法有哪些？
（2）果园土壤管理方法有哪些？
（3）果园施肥方法有哪些？
（4）果园田间灌溉方法有哪些？

下篇

南方常见果树生产技术

导 论

果品是我国居民主要消费的农产品之一。农产品安全生产直接关系人类的健康和安全，农产品安全生产是食品安全的前提和保障。在农业生产中，农药、兽药、化肥、饲料、添加剂、生长调节剂和抗生素等农业化学投入品的使用是保证农业丰收和农产品优质的重要手段。但是，片面地追求产量，不科学地使用农药等农业化学投入品，就会严重污染食物，在威胁人类健康的同时还会造成严重的环境污染。

农产品安全生产是提升我国农产品在国际市场竞争力的根本措施。农产品的进出口直接关系到农民的切身利益，美国、日本、欧盟等发达国家和地区是我国农产品出口的主要市场，这些国家和地区对农产品安全要求也很高，特别是与农产品安全密切相关的农药和保鲜剂残留标准十分严格。我国出口的农产品因残留超标遭到退货、索赔的事件已发生多起。如 2001 年日本以我国大葱、香菇等农产品中有害物残留超标为由，对从我国进口的大葱进行严格限制，使山东菜农遭受惨重损失。

农产品安全生产符合我国农业可持续发展的要求。过去，由于盲目垦耕、滥施化肥农药，造成生态环境的恶化和自然生态的失衡。如施用农药，在杀死害虫的同时也杀死了害虫的天敌，加剧了农业病虫灾害。因此，必须从长远利益出发，实施农产品安全生产，合理使用化肥、农药等农业投入品，以保障我国农业的可持续发展。

农产品安全生产有益于新技术在农业生产中的应用。传统的农业生产方式是以化学肥料等农业生产资料为基础的生产技术系统，缺乏相对完整、配套、可操作的农业生产过程控制技术体系、标准和具体措施，因此农产品安全生产的实施将促进农业新技术的应用。

项目一 葡萄优质生产技术

学习目标

- 知识目标

熟悉并掌握葡萄生物学特性；掌握南方主要葡萄品种的特性；掌握葡萄扦插育苗、嫁接育苗技术；掌握葡萄避雨棚搭建技术；掌握葡萄夏季修剪、冬季修剪技术。

- 技能目标

能进行葡萄夏季枝蔓调控和花果管理；能独立进行葡萄土肥水和主要病虫害管理；能制订葡萄周年生产管理方案；能够独立进行葡萄避雨设施栽培。

- 素养目标

具备团队协作精神和组织协调能力，能够与人和睦相处；具备吃苦耐劳的职业素养，养成良好的工作习惯和学习态度。

生产知识

葡萄生产概况

葡萄原产于欧洲、西亚和北非一带。世界葡萄栽培历史有 5 000 年以上，是世界上栽培最广的果树之一。据考证，葡萄分为亚洲原生群和美洲原生群两大类，又细分为欧亚、东亚和北美 3 个种群，其中东亚种群中起源于我国的约 20 种。据联合国粮食及农业组织（FAO）统计，截至 2020 年底，世界葡萄园收获面积为 733.1 万 hm^2，世界葡萄总产量为 7 638.1 万 t，仅次于柑橘，居第二位。葡萄的主产国家为意大利、法国、西班牙、美国、土耳其、阿根廷等，80%以上为酿酒用，鲜食仅为 10%左右。

葡萄富含营养元素和多种维生素、氨基酸，具有利筋骨、益气补血、除烦解渴、健胃利尿等功效，果实、根、藤、叶均可入药。葡萄干为滋养品，能健胃、益气，虚弱患者最宜食用。葡萄酒性醇厚，含有聚合苯酚、烟酸、肌醇和维生素 B_{12}，能降血脂、软化血管、保护心血管和治疗恶性贫血。葡萄的根、叶水煎服用，可治疗妊娠恶心，并有安胎、消肿、利尿的作用。野葡萄藤还常用以治疗黄疸型肝炎、食道癌、肺癌、乳腺癌及淋巴肉瘤等。据报道，葡萄皮中含有丰富的抗氧化物质，可降胆固醇，预防心血管系统疾病；葡萄类黄酮素与维生素 E、维生素 C、维生素 A 及硒、锌等协同，且有调节血管渗透及抗自由基氧化作用，对癌症、心血管疾病、心血管老化、免疫功能低落等有一定疗效。

葡萄是我国的主要水果之一，截至2019年底，我国葡萄园收获面积（未包括港澳台地区）74.3万hm^2，葡萄产量达1 428.3万t，自2010年后已连续多年居世界葡萄产量的第一位。葡萄栽培面积仅次于柑橘、苹果、梨和桃，居全国第五位；产量仅次于苹果、柑橘、梨，居全国第四位。我国葡萄的主产区集中在新疆、山东、河北、云南、辽宁、四川、陕西、江苏、浙江等省份。

葡萄适应性强，耐旱、耐瘠、耐盐碱，平地、山地、沙滩、河滩均可栽培。葡萄还适宜房前屋后种植和盆栽，是发展庭院经济和美化环境的重要果树。

任务一 主要种类和品种

一、主要种类

葡萄属于葡萄科（Vitaceae）葡萄属（*Vitis*），为多年生藤本果树。目前，全世界葡萄品种有8 000个以上，我国栽培的约有500个，而且每年都有若干新品种推出，生产上品种更新周期也相应缩短。按其用途可分鲜食、酿酒、制干、制汁等品种；按其种子有无可分为有核种和无核种；按其生长期长短和浆果成熟早晚可分特早、早、中、晚熟品种，其生长期分别为少于110d、110～130d、130～150d和150d以上。

目前，南方地区葡萄栽培以欧美杂交种为主，近些年来随着避雨栽培、设施栽培技术的发展，欧亚种葡萄也开始在南方地区广泛种植。

二、主要品种

鲜食葡萄品种介绍

1. 京亚 特早熟品种，属欧美杂交种，巨峰系第二代品种，四倍体，由中国科学院植物研究所北京植物园从黑奥林实生苗中选育。树势中强，枝较细，老熟早，每个结果枝上着生2～3个果穗，栽培特点似巨峰。叶中大，心形或近圆形，叶背密生茸毛，叶片3～5裂。花芽分化好，丰产性中等，果穗圆柱形，平均穗重400～600g。果大、特早熟、着色性好，呈短椭圆形，单粒重11g左右。果皮紫黑色，果肉较软，汁多味酸甜，微有草莓香，含可溶性固形物13%～17%，品质上等。在南方地区8月上旬成熟，比巨峰早约20d，从萌芽到果实成熟约需90d。较抗黑痘病、白腐病，果实着色较一致。栽培上宜加强肥水管理，及时疏果，以增大果粒，预防灰霉病、炭疽病。

2. 无核早红 特早熟品种，属欧美杂交种，巨峰系第一代品种，玫瑰香系第二代品种，三倍体。叶大而厚，叶柄紫红，果穗中大，平均穗重350g，呈圆锥形，正常单粒重6g左右，果粒短椭圆形、紫红色、无核，果肉硬、脆、风味好，含可溶性固形物14%左右。在长江流域及南方地区引种栽培表现出早熟、着色好、抗病性强的栽培优势，比巨峰早熟28d左右，果粒附着力强、不落粒、不裂果，栽培管理与巨峰、京亚相似。

3. 京秀 特早熟品种，又称早熟提子、特早红提，属欧亚种，由中国科学院植物研究所北京植物园杂交选育，亲本为潘诺尼亚×（玫瑰香×红无籽露），是玫瑰香系第二代品种，于1994年选育而成。花芽分化中等，果穗圆锥形，穗重400～500g，果粒着生紧密，果粒椭圆形，单粒重6g左右，成熟果呈玫瑰红或鲜紫红色，肉厚硬脆，味甜，含可溶性固形物18.2%，品质上等。生长势强，抗病力中等，不裂果。坐果率高，极耐运输，适于大棚栽培，较有发展前途。在南方地区需采用避雨栽培，6月中、下旬成熟，丰产性较差，发展相对缓慢。

4. 黄金香 早熟品种，系日本植原葡萄研究所育成的四倍体葡萄，属欧美杂交种。叶片茸毛多，果穗圆锥形，穗重500g，果粒椭圆形，黄绿色，单粒重12～14g，具浓烈玫瑰香味，含可溶性固形物18%，品质佳。花芽易形成，抗病，丰产。为早熟品种，山东枣庄7月上旬至中旬成熟，在福建龙岩6月中旬成熟，比巨峰早熟25d左右。

5. 夏黑无核 早熟品种，系日本山梨县果树试验场用巨峰和无核白杂交选育而成，巨峰系第一代品种，三倍体，属欧美杂交种。生长势强，花芽分化好。果穗圆锥形，经植物生长调节剂处理穗重500g左右，单粒重6～7g，果粒近圆形、着生紧密。果皮紫黑色或蓝黑色，超量挂果着色不佳，颜色不黑。果粉厚，果肉硬脆，汁中多，含可溶性固形物16%～19%，具浓草莓香味，口感极佳。抗病性中等，耐贮运性较差，运销过程易落粒。在江浙地区，7月下旬成熟，萌芽至成熟需115d。

6. 藤稔 中熟品种，巨峰系第三代品种，四倍体，又名乒乓葡萄，属欧美杂交种，由上海市农业科学院园艺研究所和中国科学院植物研究所北京植物园共同于1986年从日本引入。树势强，新梢和叶片似巨峰，区别在于其新梢密生灰色茸毛。果穗圆锥形，穗重500～600g，单粒重18g左右，完全成熟时呈紫黑色，皮中厚，有果粉，具光泽，肉软肥厚、中脆，汁多，含可溶性固形物18%左右，不易脱粒，但易裂果。黑痘病、白腐病发病较轻，炭疽病中等，灰霉病、穗轴褐枯病较易发生。较丰产，耐贮运，栽培上必须控制留果量，提早疏花疏果。对植物生长调节剂敏感，结合疏花疏果，谨慎采用葡萄膨大剂处理。7月中、下旬成熟，适于鲜食，可兼制去皮糖水葡萄罐头。

7. 巨峰 中熟品种，属欧美杂交种，原产于日本，用石原早生和森田尼杂交育成的四倍体品种，20世纪60年代引入我国，是目前我国葡萄栽培的第一大品种。果穗中等大，穗重350g左右，圆锥形，单粒重9～10g，近圆形，果皮紫黑色，果粉较多。果肉较软，味甜而清香，含可溶性固形物15%～16%，品质中上。树势强健，芽眼特大，抗病力、适应性强，耐旱性较差，对肥水要求高，幼树长势旺，坐果率低，易落花落果，8月上、中旬成熟，适于棚架栽培。

8. 阳光玫瑰 中熟品种，由日本果树试验场安芸津葡萄、柿研究部选育而成，其亲本为安芸津21和白南，属欧美杂交种，是目前市场上较受欢迎的品种。在自然栽培的条件下，树势中等，花芽分化好，坐果率较高。果穗圆锥形，果粒椭圆形，平均穗重300～500g，单粒重6～8g，果粉厚，果肉较软，可溶性固形物含量高达20%以上，有浓郁的玫瑰香味，品质极佳，耐贮运。南方地区8月中旬成熟，成熟后果实挂树时间可长达2个月，较适合观光果园应用。抗逆性强，较抗霜霉病、灰霉病、白粉病，对炭疽病抗性稍差，因此需采用避雨、大棚等设施栽培。在生产上易发生果锈和日灼，应注意遮光和套袋处理。

9. 美人指 晚熟品种，日本植原葡萄研究所杂交育成，属欧亚种，1994年从日本引入。该品种树势旺，新梢生长快，副梢多，树冠易形成。果穗圆锥形，穗重480g，果粒长椭圆形，似小手指，单粒重10g左右，果皮鲜红色，挂果过多果穗不易上色，果皮薄，有韧性，肉脆爽甜，含可溶性固形物16%，酸味较低，品质优。生长势极强，抗病性较弱，易感染白腐病。8月上、中旬果实成熟。栽培上花芽分化不稳定，极易发生日灼，宜实行避雨栽培方式，增施有机肥，适当选留副梢和进行果实套袋处理。

10. 红地球 晚熟品种，由美国加利福尼亚大学杂交选育而成，又称晚红、大红球、晚熟红提，属欧亚种，1992年引入我国。果穗长圆锥形，穗重500～650g，果粒大而圆，单粒重12～14g，果皮中厚，淡红色至紫红色，美观秀丽。果肉硬脆，汁多，易剥皮，甜味可口，含可溶性固形物14%～16%，品质佳。果柄粗长，不掉粒，极耐拉、耐压、耐贮运。花芽分化不稳定，抗病性较弱，易感白腐病，果实易日灼。在江苏、浙江地区9月初至9月中旬成熟，宜避雨设施栽培。

任务二　生物学和生态学特性

一、生物学特性

（一）生长特性

葡萄植株由地下和地上两部分构成。地下部具有发达的根系，地上部由茎、叶、花、果实组成（图Ⅱ-1-1）。

葡萄生物学特性

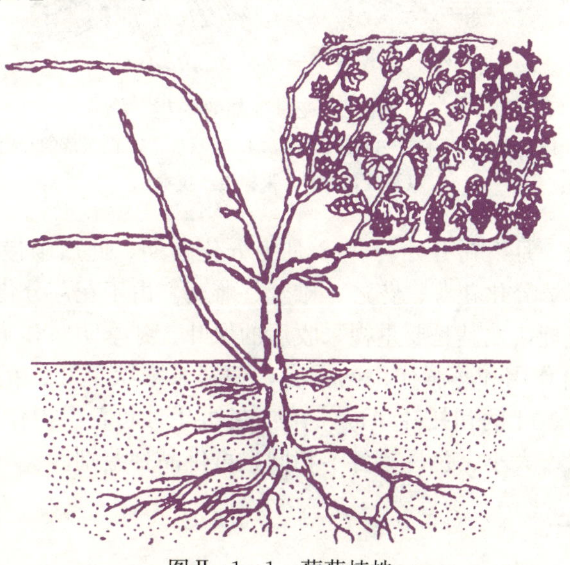

图Ⅱ-1-1　葡萄植株

1. 根 葡萄为肉质根，实生苗根系发达，有明显的主根，分布较深，但主要根系分布在20～60cm土层范围之内；扦插或压条苗根系分布较浅。葡萄根系于春季土温7℃以上时开始吸收水分，10℃以上时骨干根开始生长，10～15℃时须根大量生长。一般情况下，每年春夏季和秋季有2个生长高峰，以春季发根较多。葡萄根系忌积水，雨季要注意排水。

2. 茎与芽

（1）茎。葡萄属藤本植物，茎具攀缘性，由主干、主蔓、侧蔓、结果母蔓、结果蔓和营养蔓组成，构成树冠骨架（骨干）。葡萄的枝蔓生长迅速，新梢的年生长量最长可达10m，且有多次抽梢的能力。主干上抽生出来的是主蔓，主蔓上的分枝称为侧蔓。当年发育良好的新梢，已有混合芽，翌年可抽出结果蔓的，称为结果母蔓。卷须是变态茎，缠绕能力强，于结果无益，应早抹除。

（2）芽。葡萄蔓上的芽均为腋芽，无顶芽。在新梢上每一个叶腋内具有夏芽和冬芽两种芽。夏芽当年抽生，当年萌芽，无鳞片包裹，具有早熟性；冬芽一般当年不萌发，翌年萌发形成主梢，外有鳞片包裹。实际上冬芽内部包含着1个主芽（翌春萌发为新梢）和若干（3～8个）副芽（隐芽），一般主芽萌发（图Ⅱ-1-2）。若受刺激或主芽损坏，副芽也可萌发。夏芽当年能萌发形成二次梢，二次梢上又能形成三次梢等。在营养条件合适的情况下，副梢上能形成花序，多次结果，以增加产量。

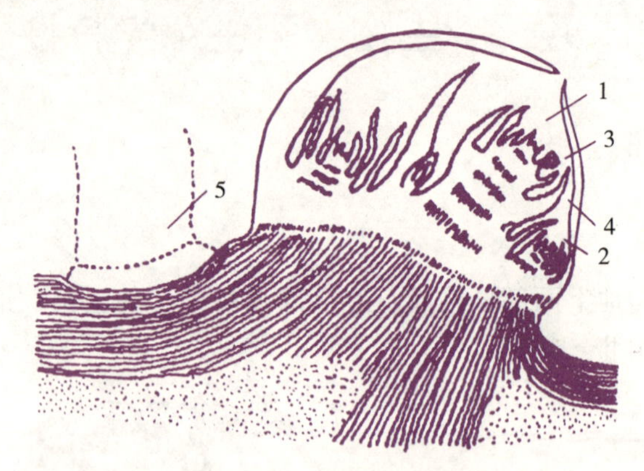

图Ⅱ-1-2　葡萄的冬芽

1. 主芽　2. 副芽　3. 花序原基　4. 叶原基　5. 已脱落的叶柄

（马俊，2009，果树生产技术）

花芽分化一般从5月下旬开始，6—8月为分化盛期，此后渐慢，至10月暂停分化。翌年春季回温后再继续分化花萼、花冠、雄蕊、雌蕊。由于花芽分化跨年度进行，栽培上须搞好全年的果园管理，尤其是要重视采收后的保叶、冬季防寒和萌芽前的肥水管理。

3. 叶　叶是光合作用和蒸腾作用的器官，葡萄系掌状单叶、互生，常五裂，也有三裂或全缘的，由叶片、叶柄和托叶组成。托叶在幼叶时起着保护作用，一旦展叶即行脱落。品种间叶的形状、大小、色泽等各不相同，可供品种鉴别。

（二）开花结果特性

葡萄花穗整形

1. 花序和花　葡萄的花序为复总状花序，花序与卷须均为茎的变态，根据营养条件可互为转化。当营养条件适宜时，卷须可转化为花序；当营养不足时，花序停止生产，转化为卷须。花序一般着生在结果蔓的第三节或第四节上。花属完全花类型，花很小，由花梗、花托、花萼、花冠、雄蕊和雌蕊组成。花粉小而多，通过昆虫或风传播。

2. 果实　葡萄果实为浆果，由子房发育而来，包括果梗（果柄）、果蒂、果刷、果皮、果肉和种子等（图Ⅱ-1-3），其形状、色泽和大小依品种而异。果穗有圆锥形、筒形、球形等，果粒有扁圆形、椭圆形、长圆形、卵形、鸡心形等，果色与花青素的含量多少有关。

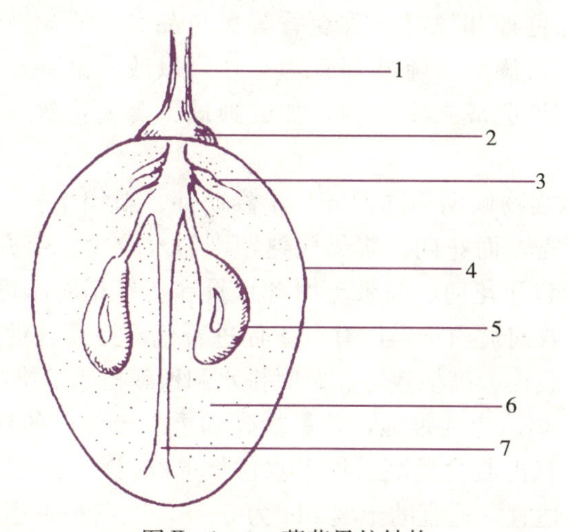

图Ⅱ-1-3 葡萄果粒结构

1. 果柄 2. 果蒂 3. 果刷 4. 果皮 5. 种子 6. 果肉 7. 维管束

［覃文显，2012，果树生产技术（南方本）］

二、生态学特性

1. 温度 葡萄喜温，根系开始活动的土温，美洲葡萄为5.0～5.5℃，欧洲葡萄为6.0～6.5℃；而根系开始生长、发生新根则需在12～14℃，旺盛生长需20～24℃，超过28℃或低于10℃即停止生长。

生长发育的适温，萌芽期为10～12℃，开花、生长和花芽分化期为25～30℃（如低于15℃，则不能正常开花和授粉受精），浆果成熟期为28～32℃（低于16℃或超过38℃，对浆果发育和成熟不利，品质下降）。浆果接近成熟期的昼夜温差大于10℃时，果实含糖量显著提高，果实着色好。

葡萄的有效积温因品种而异，极早熟、早熟、中熟、晚熟和极晚熟分别为2 100℃、2 500℃、2 900℃、3 300℃、3 700℃以上。冬季需低于7.2℃，0.6～4.4℃最佳，经1 000～2 000h才能结束自然休眠，若低温不足则往往不能通过自然休眠，因而发芽不整齐，生长不良。

葡萄各种群和各器官对低温的忍受能力不同。如欧亚种和欧美杂交种，萌发时芽通常可忍受－4～－3℃的低温，嫩梢和幼叶在－1℃、花序在0℃时发生冻害；在休眠期，欧亚种的冬芽能忍受－17℃，多年生的老蔓在－20℃时发生冻害。根系抗寒力较弱，欧亚种的玫瑰香、龙眼等品种根系，在－5～－4℃时发生轻度冻害，－6℃经2d左右冻死。

2. 光照 葡萄是喜光果树，光照时数长短对葡萄生长发育、产量、品质有很大影响。因此，在建园时要选择光照好的地方，并注意改善架面的风、光条件。

据原浙江农业大学园艺系测定，巨峰葡萄叶片光合作用最适宜的光照度为

2.25万～4万lx；光饱和点因品种和时期而异，一般为3万～5万lx，巨峰葡萄光饱和点5月为4万lx，而7月和9月为4.5万lx。华东地区5月上中旬葡萄开花期，往往雨水偏多，温度低，光照差，对葡萄授粉受精不利，尤其对需要直射光着色品种，如红富士、红瑞宝、龙宝等红色种和黑汉、玫瑰香等黑色品种，直射光不足，着色不良，品质就差，故应加强抹芽、摘心、疏枝等管理工作，以改善通风、透光条件。但有些品种经高温强光直射，容易造成果实日灼，如红地球、美人指等，应根据实际情况采取合适的管理措施。

3. 水分 葡萄需水因物候期不同而异。早春萌芽、新梢生长、幼果膨大期要求水分充足，满足生长发育所需，而花期、浆果成熟期则需水较少。南方地区春夏时节雨水较多，正值葡萄抽梢发叶和开花期，如果土壤含水量和空气相对湿度较高，则利于病菌传播，病害较重。果实采收前适当干旱，有利于促进着色，提高含糖量和风味，预防裂果，故在栽培上应采取避雨栽培、高架栽培、及时排水和地膜覆盖等措施。

4. 土壤 葡萄对土壤适应性很强，除重盐碱和重黏土外，各种土壤都可种植，但以土层深厚、土质疏松、有机质含量高、地下水位低（2m以下）、富含有机质和石砾的黏质壤土及沙质壤土最为适宜。适宜的土壤pH为5～8，欧洲种不适应酸性土壤而耐盐碱，美洲种及欧美杂交种适应酸性土壤而不抗盐碱。南方地区多为酸性土壤，故宜发展美洲种及欧美杂交种。

山地栽培，土层浅，肥力低，长势较弱，产量低，但光照条件较好，结果早，含糖量较高，如能加强改土和水分管理，更有望获得较佳效果。平原地带栽培，土质较肥沃，易丰产，但果实品质比山地的逊色，故宜选择地势高燥、排水良好的地方建园。盐碱地栽培，需要采取洗盐排盐、高墩客土、增施有机肥等措施，以利于葡萄生长。

任务三　育　　苗

一、扦插育苗

葡萄常采用硬枝扦插的方法进行繁殖。

葡萄硬枝扦插

葡萄绿枝扦插

（一）插条采集

在冬季修剪时剪下生长健壮（茎粗在0.5cm以上）、芽眼饱满、节间较短、无病虫害、木质化程度高的一年生枝条，经过沙藏，当翌年春季气温达8～10℃，葡萄萌芽前进行扦插。

（二）扦插时间与方法

南方地区于2月下旬至3月上旬扦插。从贮藏插条中选择皮色新鲜、芽眼饱满的枝条剪成2～3个芽一段，上端剪口距芽0.5～1.0cm平剪，下端应紧靠节下0.5cm斜剪。扦插前应将插条置于清水中浸泡12～24h，直至剪口呈鲜绿色并吸饱水分为止。常用斜插法，插条芽眼向上，扦插深度以露出地面1个芽眼为宜，扦插株行距一般为（10～15)cm×(20～25)cm。

（三）提高成活率的措施

1. 药剂催根 扦插前需把插条基部2～3cm浸蘸于药液中（顶芽不着药），常用500～1 000mg/kg α-萘乙酸、1 000mg/kg 吲哚丁酸浸泡3～5s，5～10mg/kg 2，4-滴浸泡12～24h或50mg/kg ABT生根粉2号浸泡4h。

2. 加温催根 南方常用电热温床，于扦插前7～10d进行催根，温度控制在25～27℃，相对湿度以80%～90%为宜，并用黑色地膜覆盖或小拱棚育苗。

3. 营养袋育苗 用直径5～7cm、长16cm的营养袋（塑料薄膜或报纸）装满营养土（园土3份、草木灰或沙2份、腐熟厩肥1份）进行育苗，如与电热温床结合效果更佳。

4. 插后管理 扦插后到生根前约1个月时间，最主要的工作是保持土壤湿润。扦插后浇透水，或在行间覆盖稻草、麦秆等有机物。当有4～5片新叶、苗高20cm左右时，应立支柱引缚新梢，薄肥勤施和注意防治病虫害。

二、嫁接育苗

葡萄嫁接

绿枝嫁接是葡萄独有的一种繁殖方法，是以嫩枝作为接穗与砧木新梢进行嫁接繁育苗木的一种新方法。绿枝嫁接延长了葡萄嫁接的时期，并扩大了接穗和砧木的来源，加之操作容易、成活率高，是值得推广的一种高接换种和加速良种苗木繁育的好方法。南方地区一般在5月上旬至6月上旬，当砧木和接穗均达到半木质化时进行。葡萄常用的砧木有5BB、SO4、贝达、华佳8号等。砧木用一年生苗或需要更换品种的新梢，接穗用一年生发育良好、生长健壮、无病虫害的枝条。嫁接育苗常采用劈接法。接穗在嫁接前7～10d摘心，促梢充实，随接随采，采后立即去掉叶片，但务必保留叶柄，用湿布包住，以防失水。绿枝嫁接的苗木，主要是做好浇水抗旱、及时除萌、摘心（接穗新梢长30cm左右）、肥水管理和病虫防治等工作。嫁接后2个月，可拆除接口塑料膜带。

任务四 建 园

一、园地选择

葡萄园建立

应选择交通方便、水源充足、土层深厚而肥沃、有机质含量较高、排灌良好、地势较高、光照条件较好的平地或缓坡丘陵地建园，山地坡度应小于15°，水田的地下水位应低于60cm，园区要求集中、连片进行规划。

二、园地规划设计

（一）种植小区

种植小区是果园的基本单位，同一小区应具有相似的生态环境。葡萄园规划时，需因地制宜，平地按每3～5hm^2、山地1～2hm^2、丘陵2～4hm^2划一小区。平地葡萄园以南北行向为宜，行长为60～80m，最长不超过100m。

（二）道路系统

道路系统由主路、支路和作业道组成。主路宽6～8m，贯穿全园，与园外主干道相通；分区设立支路，与主路垂直分布，宽4～6m；作业道宽2m。全园道路所占的面积不应超过总面积的5%。

（三）排灌系统

一般通过明沟和暗渠进行排水。平地葡萄园排水沟一般位于道路两侧，主排水沟连通园外河流，沟面宽2.5～3.0m、沟底宽0.6～1.0m、深1.2～2.0m；支排水沟与主排水沟垂直分布，沟面宽0.8～1.2m、沟底宽0.3～0.5m、深0.8～1.2m。山地葡萄园一般设置环山防洪沟，沟深、宽各0.6～1.0m，比降为0.2%～0.3%，每隔8～10 m留一土墩。

灌溉系统包括灌水和蓄水。灌溉方式有滴灌、渗灌和地面灌。无自动化灌溉设施的葡萄园可在较高地势处设置蓄水池，一般0.3～0.6hm^2的葡萄园需修建一个半径为1.5m、高2m、容水量达13t的圆柱形蓄水池。

三、定植

葡萄定植

（一）定植时间

定植时间因品种和地区而不同。如在江南地区特早熟京亚品种在11月至12月上旬秋植，有利于发根，促使翌年萌芽早、生长快。而特早熟京亚品种一般在12月落叶后至翌年3月上旬均可定植，但以2月上、中旬为好。

（二）挖定植沟

平地或水田地栽植应于种植前1个月，开深沟，筑高畦，沟宽80cm、深30～50cm；而海涂须筑高墩，实行客土种植；山地或旱地常在秋冬挖定植沟，沟宽0.8～1.0m、深50～60cm。每亩施有机肥6t、钙镁磷肥100kg、复合肥50kg，与表土混匀后填入，于春季定植。

（三）定植密度

通常篱架行株距为（2.5～3.0)m×（1.0～1.5)m，每亩栽148～266株；棚架行株距为（3～4)m×(1.5～2.0)m，每亩栽84～148株。平地葡萄园栽植行向以南北向为主，山地葡萄园沿等高线栽植。为充分利用土地、光能和架面，可实行计划密植，即先密后稀，在株间增栽1株，几年后再去除或移植他处，以增加早期产量和经济效益。

（四）定植方法

定植前苗木根部浸水12～24h，并蘸泥浆，以提高成活率。栽植时可斜栽，也可直栽，注意苗木的根系要尽量展开，且不能直接接触有机肥，更不能直接种在有机肥上，否则将产生肥害。嫁接苗在定植时要将嫁接口露出地面5cm，在苗干四周0.5m范围内覆盖黑地膜。

任务五 田间管理

一、土肥水管理

（一）土壤管理

1. 深翻改土 栽植初期，应在挖沟（穴）定植的基础上，于9—10月结合施有机肥，逐年向外深翻扩穴，穴深平地为30～50cm、丘陵山地为40～60cm，直至全园翻完为止。此时深翻伤根易愈合，伤口处易形成吸收根，也便于冬季间作。

2. 合理间套 幼龄葡萄园进行合理间作，能充分利用土地和光能，增加早期经济收入。上半年套种西瓜、甜瓜和豆类，下半年畦边种榨菜、青菜、洋葱等蔬菜，畦面种绿肥，也有套种草莓、食用菌等。成龄葡萄园宜种绿肥，以增加土壤有机质，提高土壤肥力。

3. 生草覆盖 葡萄树盘可以覆盖杂草、稻草、木屑、谷壳或地膜。地膜应于梅雨季结束前撤除，雨季杂草长到15cm时，即进行割草覆盖。转晴后土壤板结，宜中耕除草，深度10cm。也可人工种草，常用的草种有车轴草、紫花苜蓿、百喜草、黑麦草等。

（二）施肥

葡萄园田间施肥管理

1. 幼树施肥 通常在新梢长出6～8片叶时进行第一次施肥，以后每隔10～15d施1次，采取薄肥勤施方法，以1%尿素或10%人粪尿等速效氮肥为主；8月以后以磷、钾肥为主，采用1%复合肥或硫酸钾浇施；9月以后停止追肥；10月下旬施基肥，每株可施有机肥500g。施肥方法为环状沟施，即沿树干30～40cm处挖环状沟，基肥沟深30～40cm、宽30～40cm，追肥沟深10～15cm、宽20～30cm。

2. 结果树施肥 需根据土壤肥力和树势，每年施肥4～6次，树势健壮，肥力充足，特别是巨峰等易落花落果品种，萌芽肥可以不施。幼旺树生长前期应少施氮肥，后期多施磷、钾肥，成年丰产树前期以氮、磷肥为主，后期以磷、钾肥为主，做到前促后控，实现高产优质的目的。

（1）基肥。以秋施为宜，在丘陵地区一般于9月底至10月上旬结合土壤深翻施入。这时地温较高，有利于有机肥的分解和根系吸收利用，增强树势，提高花芽质量，伤根也能较快愈合，对翌年增产有利。基肥以猪、羊、鸡粪及饼肥、生物有机肥等有机肥料为主，掺入过磷酸钙、草木灰等速效性肥料，可提高基肥肥效，酸性土还可施适量石灰。基肥用量占全年施肥量的60%左右，如江苏地区每亩施3 000kg腐熟鸡粪等有机肥，加100kg过磷酸钙和复合肥、10kg硫酸镁和硫酸锌、4kg硼砂、10kg生石灰。

（2）追肥。全年追施催芽肥、花后肥（壮果肥）、催熟肥、采后肥等3～4次。

第一次在萌芽前，一般在3月上旬芽膨大期或3月中、下旬萌芽时进行，以速效氮肥为主，每亩施10kg左右尿素，促使芽眼萌发整齐，枝、梢、叶和花穗发育，但对幼旺树（如1～3年生巨峰、先锋葡萄）不可施用，以避免新梢旺长而影响坐果，施用量占全年肥料用量的10%～15%。

第二次在幼果膨大期，一般在5月底至6月初施入。此次追肥仍以氮肥为主，配施磷、钾肥，施用量占全年的20%～30%。藤稔、京秀等坐果率高的品种，可以在盛花后期追施，而巨峰、先锋葡萄等易落花落果品种可以不施或于谢花3～5d时施入，以避免新梢旺长而影响坐果。每亩浇施20～30kg复合肥，分2～3次施入，每隔10天施1次，或土面覆盖2 000kg腐熟猪栏粪，促使幼果膨大，并禁用尿素等纯氮肥料。

第三次在果实着色期，一般在7月上旬，硬核结束期至浆果着色初期进行，通常以磷、钾肥为主，并配施少量氮肥，施用量占全年肥料用量的5%～10%。通常每亩浇施20kg硫酸钾，对促使果实最后膨大、提早着色、增加糖度、改善品质和促进新梢成熟有很大作用。

第四次在果实采收以后，一般于8月底施入，以人粪尿加少量复合肥为宜，或者每亩穴施10kg尿素，旨在恢复树势，延长叶片同化功能，促进根系生长，增加养分积累，为翌年丰产优质打下基础。

根外追肥，也称叶面喷肥，一般在喷后0.25～2h即可吸收。常用0.25%～0.30%尿素、0.2%～0.3%磷酸二氢钾、5%～10%腐熟人粪尿、3%～5%草木灰浸出液、0.2%硼酸、0.2%硫酸锌等。一年喷4～5次，掌握花前以尿素和硼酸为主，花后至采收前喷磷、钾肥为主，于晴天早晨或傍晚喷布。

（三）水分管理

1. 萌芽期 此期需要充足的水分，以保证正常发芽。20cm以下土层的田间持水量应保持在60%以上。此时南方地区多雨，要注意田间排水。

2. 发芽后至开花前 一般在开花前一周左右进行，可满足新梢生产与开花对水分的需求。适宜的土壤湿度为田间持水量的65%～75%。注意及时排水，防止沤根。

3. 新梢生长和幼果膨大期 此期为葡萄的需水临界期，新梢生长和果实发育需要大量的水分。适宜的土壤湿度为田间持水量的75%～85%。

4. 果实迅速膨大期 此期既是果实迅速膨大期，也是花芽大量分化期。适宜的土壤湿度为田间持水量的70%～80%。

5. 转色期至成熟期 此期应维持适量的土壤含水量（田间持水量的50%），并保持土壤水分的稳定性。此时期适度干旱有利于着色与内含物的积累。

6. 采果以后 采果后9—10月，有一次根系生长的高峰，需要大量的水分，长期无雨应适量灌水。

二、整形修剪

（一）架式选用

南方地区高温多雨、光照弱，葡萄生产上应选择通风透光性强、架面与土壤保持较高距离的栽培架式。

1. 高宽垂T形架 这种架式是由南方传统的篱架模式发展而来，主干定高1.2～1.5m，新梢长过上面第二道钢丝能很快自然下垂，定植株行距为（1～2）m×（2.5～3.0）m，每亩栽

110～260 株。在 1.2～1.5m 高处拉第一道铁丝，每根柱子上绑 2 根横担，下边一道横担离第一道铁丝 20～25cm，上边一道横担离第一道铁丝 30～35cm，横担两边拉铁丝绑紧固定。上横担长 1.0～1.2m，下横担长 0.6～0.8m，横担可用直径 4cm 以上铁管，最好用镀锌制品，也可用杂木或毛竹代替。葡萄发芽后，选一个最好的芽留下，其余全部抹除。

这种呈开张式 U 形叶幕层结构，其叶幕受光指数为最高，对光能的截留作用最强，显著超过传统的棚架、单壁篱架，从而能发挥更大的增产潜力，尤其是促进品质的提高。

2. 单“十”字形飞鸟架　该架式由立柱、一根横梁和 6 条拉丝组成。立柱柱距 4m，大棚或露地栽培的，柱长 2.4～2.5m，埋入土中 50～60cm（若搭避雨棚，柱高再增加 0.4m），柱顶部要呈一平面，两头边柱须向外倾斜 30°左右，并牵引锚石。横梁长度为 1.5～1.7m（行距 2.5～3.0m），架于离第一道钢丝高 20～30cm 处。第一道拉丝位于立柱 1.2～1.4m 处，在横梁上离柱 35cm 和 70～80cm 处各拉一条拉丝，架面共 4 道拉丝（图Ⅱ-1-4）。

飞鸟形
栽培架式

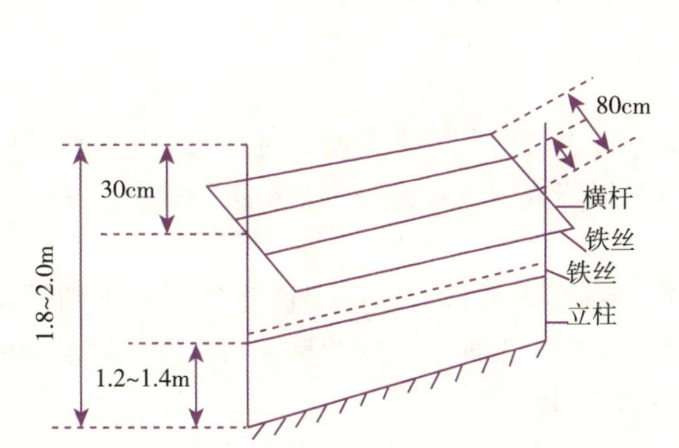

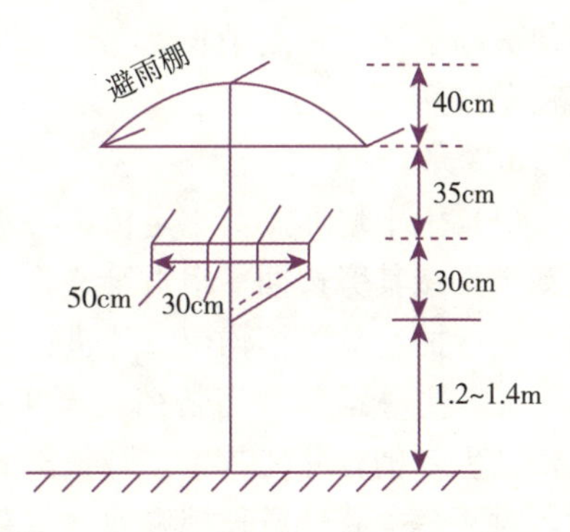

图Ⅱ-1-4　单“十”字形飞鸟架

［覃文显，2012，果树生产技术（南方本）］

飞鸟架是葡萄省力化栽培的新架式单“十”字形飞鸟架的简称，适合生长势强健的品种，不仅能提高劳动效率，还能缓和树势、提高坐果率、改善着色、提高品质，又适合机械化绑蔓和剪梢、环剥或环割等。

3. 棚架　棚架有大棚架（6m 以上）和小棚架（6m 以内）之分，其下又分水平棚架和倾斜棚架；按架式形状则分单棚架、屋脊式棚架、连迭式棚架、漏斗式棚架和复式（混合式）棚架等。成片栽植的多数采用水平小棚架，一般架高 2m 左右，支柱间距 4m，架宽 4～5m，架面用铁丝或小竹竿搭成（30～40）cm×（30～40）cm 的网格，在棚顶纵横拉铅丝。棚架栽植，通风透光较好，产量较高，并能充分利用各种地形。

水平栽培棚架

（二）常用树形与整形

葡萄幼树
整形技术

1. T 形

（1）主干培养。幼苗发芽后新梢生长至 1.4m 时摘心培养成主干。

（2）主蔓培养。留主干顶部两个副梢生长沿铁丝方向培养成水平双臂主蔓，主干上的其余副梢留 1～2 叶摘心。

（3）侧蔓培养。当双臂长至80～100cm时摘心（双臂所留长度一般为柱距的1/2），水平双臂上各留3～4个二次副梢，其间距在22cm左右，二次副梢留50cm左右（5～7叶）摘心，培养成来年的结果母枝，其余副梢均留2～3叶后摘心。

2. V形

（1）主干培养。幼苗定梢发芽后，留1根生长最健壮的新梢向上生长，其余芽抹除或摘心。新梢生长至20cm时，靠近定植小苗处垂直插一根竹竿，将新梢垂直绑缚固定在竹竿上。

（2）主蔓培养。新梢生长到1.2～1.3m时摘心，顶部发芽后保留2个壮芽，使2个芽沿着立柱下铁丝向相反方向生长成主蔓。

（3）侧蔓培养。主蔓两侧配备侧蔓，与水平呈45°～60°倾角，引向架面上第一道铁丝生长，并压平在第二道铁丝上，侧蔓同侧间距保持在20～25cm。侧蔓生长达到7～8片叶时进行第一次摘心，摘心后新生长出的副梢，保留先端1个副梢继续向前延伸，其余副梢一律去除。当先端副梢长到3～4片叶时进行第二次摘心，摘心后再发生的副梢反复摘心，使枝条成熟。

3. X形

（1）主干培养。苗木定植第一年，留2个芽进行剪截，春季萌芽时，选留生长势较旺的新梢，在其旁边插一根竹竿，将其绑于竹竿培养成主干，另一个新梢进行抹除。主干上的新梢，抽生的副梢均留2片进行摘心。

（2）主蔓培养。当新梢长至1.6m左右，对其进行摘心，以促进剪口下两个副梢萌发，抽生新梢，并任其生长，长出的新梢绑缚于水平架面上，新梢呈左右对称。冬季修剪时，对两个主蔓进行长梢修剪，留芽量在12个以上。

（3）主枝培养。翌年两个主蔓上萌发出新梢，剪口下的两个新梢抽生的花序均去除，任其加长生长。两新梢夹角呈150°左右，绑缚于水平铅丝上，培养成主枝。

（4）侧枝的培养。两主蔓上抽的侧枝，各选留2个生长较旺的新梢，去除花序，培养成侧枝。第一侧枝距离主干30～40cm，第二侧枝距离第一侧枝20～30cm，位于第一侧枝对侧，其余新梢依据生长均培养成结果枝组。

葡萄水平棚架整形技术

夏黑葡萄水平棚架H形整形过程

4. H形

（1）主干培养。苗木定植第一年，留2个芽进行剪截，春季萌芽时，选留生长势较旺的新梢，在其旁边插一根竹竿，将其绑于竹竿培养成主干。

（2）主蔓培养。主干生长到达水平棚架架面上时，留靠近架面的2个一次夏芽副梢并将主干摘心，以促进所留一次夏芽副梢生长，并以“一”字形方式将2个一次夏芽副梢绑扎于架面上。在此过程中除保留一次夏芽副梢上前端的3～4个二次夏芽副梢外，及时除去其他二次夏芽副梢，以增进一次夏芽副梢生长。

（3）侧蔓培养。当2个一次夏芽副梢生长到达1.2～1.5m时（依品种长势而异），各留靠近一次夏芽副梢前端的2个夏芽抽生的二次副梢，并按与一次夏芽副梢生长方向垂直的方向以“一”字形方式将2个二次夏芽副梢绑扎于架面上。至此，H形已基本形成，至冬季修剪时，根据品种的成花习性，确定二次夏芽副梢的剪留长度与粗度，作为结果母蔓保留，为来年丰产提供保障。

（三）葡萄夏季修剪

葡萄夏季修剪

旨在调节当年生长和结果的关系，节约养分，控制新梢，使之通风透光，提高当年产量和质量，并使枝梢充实，为明年丰产打好基础。

1. 抹芽定梢 萌芽后（3月底至4月初）抹去副芽、弱芽和位置不正芽，双芽或三芽一般只留1个主芽，以节省养分，分2～3次进行。定梢是在花序完全显示后（4月中、下旬）、新梢长到15～20cm时进行，如红富士品种每平方米架面留梢10个、红香蕉12～13个，其他品种留梢10～15个。

2. 主梢摘心 在花前5～7d，结果蔓于花序上留5～8叶摘心，以提高坐果率，营养蔓留8～10叶摘心，旺树主蔓延长梢留20叶左右摘心，以促使枝蔓充实，芽眼饱满。

3. 副梢处理 一般结果蔓花序以下的副梢全部抹掉，花序以上副梢保留，留2～3叶反复摘心，副梢上长出的二次副梢，顶端留3～4叶摘心，其余全部抹除；营养蔓抽生的副梢，顶端1～2个副梢留3～4叶摘心，其余全部抹除。

4. 去卷须和疏枝绑蔓 葡萄卷须在野生状态下起攀缘作用，在人工栽培条件下则是无用器官，不仅消耗养分，还会缠绕果穗和枝蔓，为减少养分消耗，宜适当提早去除。新梢长到20～30cm时，应将其均匀地绑蔓在架面上，疏掉细弱、过密的枝蔓，以改善通风透光条件，全年引缚3～4次。

（四）葡萄冬季修剪

葡萄冬季修剪

1. 修剪作用与时间 幼龄阶段（1～3年）冬剪旨在扩大树冠，使之提早成形，早期丰产；进入结果期后旨在调节生长和结果、地上部和地下部的关系，保持稳定的生长势和结果能力，并及时更新复壮，使枝蔓经常保持年轻健壮。

冬季修剪的时间一般在自然落叶后至伤流前1～2周进行，以12月底至翌年1月下旬完成为宜。修剪过早，则枝梢没有完全成熟；修剪过晚，容易引起伤流。

2. 修剪方法 结果母枝新梢修剪有超短梢修剪（剪留1～2个芽）、短梢修剪（3～4个芽以下）、中梢修剪（5～7个芽）、长梢修剪（8～12个芽以上）、超长梢修剪（12个芽以上）之分，而短、中、长梢兼施的修剪法称为混合修剪。实际修剪时一般强者长留，反之短剪。

3. 结果母枝数 合理确定结果母枝数量是丰产优质的重要环节。结果母枝数量根据枝蔓成熟度、粗细及肥培管理水平等因素综合确定。如巨峰系大粒品种以每平方米棚架面积留3～4个结果母枝或20～23个芽眼为宜。参考以下公式估算留枝量：

$$\text{每亩（或株）剪留结果母蔓量}=\frac{\text{计划每亩（或株）产量（kg）}}{\text{每母枝平均果枝数}\times\text{每果枝平均果穗数}\times\text{每果穗平均质量（kg）}}\times(1+15\%)$$

公式中除计划每亩产量外，其余数字取2年的平均值，如气候正常，基本可用。据此公式的计算值，再增加15%结果母枝的留量，更为安全。

4. 更新修剪

（1）双枝更新。在每个结果部位留2个向两侧的一年生枝，上枝行中、长梢修剪，翌年春季抽梢结果，下枝行短梢修剪，作为预备枝，即一长一短剪法。翌年冬剪时，将上部枝蔓剪去，下部短梢抽生的新梢仍按一长一短法修剪。此方法适宜于发枝力弱的品种。

（2）单枝更新。只留1个当年生枝，不留预备枝，翌年春季萌芽后选留基部生长良好的1个新梢，培养为预备枝，冬剪时把预备枝以上的枝蔓剪去，并按长、中、短梢修剪作为翌年的结果母枝。为不影响产量，对同一株上多年生蔓的更新，通常采用预先选留更新枝，分年轮换进行局部更新。此方法适宜于发枝力强的品种（图Ⅱ-1-5）。

葡萄单枝更新

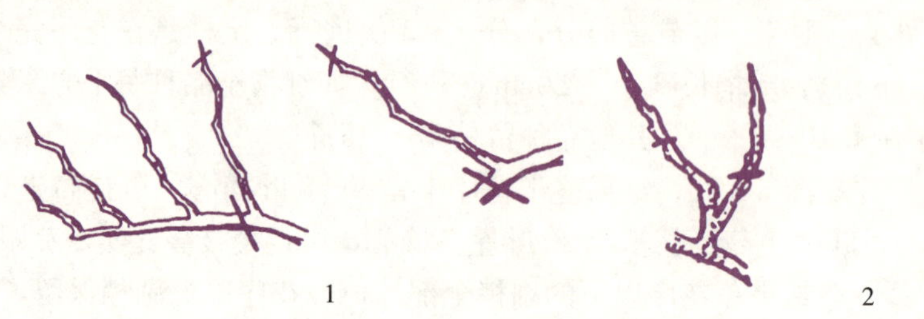

图Ⅱ-1-5　结果母枝更新修剪

1. 单枝更新　2. 双枝更新

［覃文显，2012，果树生产技术（南方本）］

三、花果管理

（一）保花保果

葡萄花果管理

1. 落花落果原因　导致葡萄落花落果有遗传、树体营养、气候、管理水平和病虫危害等诸多因素。如头年超产，采后放松管理，树势弱，落叶早，树体养分积累少，新梢徒长，花芽质量差；幼树旺长，体内碳氮比例失调；花期遇低温阴雨天气，影响授粉受精；萌芽和新梢生长期受干旱或病虫危害，致使花芽发育不完全等。

南方葡萄落花落果防控

2. 保花保果技术

（1）改善树体营养。采后及时补肥，通过喷施营养液，防止早期落叶；施足基肥，保证葡萄在越冬前有足够的养分积累；萌芽后至开花前合理喷施氮、磷、钾、硼等叶面肥料，满足花果枝叶生长所需；旺长树应控制氮肥施用。

（2）重视夏季管理。幼龄树开花前不施氮肥，并在开花前1周于花序上留3～5叶摘心，花期喷0.2%硼酸和0.3%磷酸二氢钾2～3次。如巨峰系葡萄，从开花前1周至花后4d要求不出现幼叶旺长与嫩梢生长，促使营养向花果转移，并疏除多余的花序、副穗，以缓和梢果间的营养矛盾，提高坐果率。

（3）控制结果量。葡萄结果过多，当年葡萄果粒小，着色不良，品质变差，成熟延迟，枝条不充实，使翌年花器发育不良，发芽不齐，坐果不稳等，影响翌年产量与果粒大小，因此，应控制亩结果量在1 500kg左右。

（4）喷植物生长调节剂和微肥。花前15～20d使用500～3 000mg/kg丁酰肼、1 500mg/kg多效唑或500～1 000mg/kg矮壮素等，喷顶端幼嫩叶，每隔1周喷1次，连喷2次，能显著抑梢保果，提高坐果率。开花前后结合喷药与0.2%硼砂，可防止花冠“带帽”，促进葡萄结实。分别在开花后3d和18d，采用膨大剂浸果可明显提高坐果率。

（5）适时套袋。花期如遇阴雨连绵的天气，可进行套袋保花保果，也可采用避雨栽培。

（6）病虫害防治。展叶后应及时做好黑痘病和绿盲蝽等病虫防治；开花前和花后注意防治霜霉病和灰霉病。

（二）疏花疏果

1. 疏花穗 当新梢出现花穗后进行，健壮结果枝留 2 穗，中庸结果枝留 1 穗，弱枝不留穗，基部新梢作营养枝培养，应及时疏去。

2. 疏果 采用宝塔式疏果法，分层疏去果粒，再把果穗内部向外突出、果顶朝里、圆形柄细、畸形、有病、有伤、过密及小果粒疏去，留下分布均匀、椭圆形、大小一致的大果粒，一般大粒品种每果穗留 30～50 粒，小粒品种每穗留 50～70 粒果，这对增大果粒和提高品质效果显著。

（三）果实套袋

一般于 6 月上旬幼果绿豆大小时进行套袋。套袋前，全园喷 1 次杀菌剂，待药剂干后套袋。套袋可以防止果穗日灼、炭疽病、吸果夜蛾和蜂、鸟等的危害，是一种保护果穗和提高浆果质量的有效措施。

一般选在上午 10 时之前或下午 4 时以后进行套袋，雨天一般不套袋。果袋常选用白色纸浆袋。套袋后的果实具果粉，着色均匀，果品外观美，品质提高，防鸟效果好。无色品种（白色）可带袋采收，有色品种在采收前 7～10d 摘袋，以促进果实着色。

（四）果实采收

葡萄果实的果皮由绿色转为该品种固有的色泽，果实变软，手触有弹性，果穗梗与果蔓相连部分逐渐木质化且变为黄褐色，浆果出现品种固有的风味为成熟标志，即可采收。需长途运输销售的，可在八成熟左右时采收。

葡萄果实糖度测定

（五）化学调控技术

1. 葡萄膨大剂

（1）作用。葡萄膨大剂具有显著促进细胞分裂，增加细胞数量，加快光合产物向施用部位转移，增大果粒和提高坐果率的作用。

（2）使用方法。一般于谢花后 3～5d 和 15～20d 用 5～10mg/L 的膨大剂浸果，可增大果实。

（3）配套措施。使用前须进行疏果；浸果后如天晴，应立即灌水，促使幼果膨大；在藤稔葡萄上使用，可加 20mg/kg 的赤霉素，增大效果更好；利用其黏着性好的优点，在浸果时可加入 70%甲基硫菌灵可湿性粉剂 1 000 倍液，对防治黑痘病、灰霉病、炭疽病效果好；使用膨大剂后，应增施肥料，促使树体旺盛生长；为防止药害产生，通常晴天下午 4 时后浸果，浸后须抖一抖果穗，以抖落多余的药液。

2. 赤霉素

（1）作用。赤霉素可以加速细胞的伸长，对细胞的分裂也有促进作用，除此之外赤霉素还可以增加粒重和产量以及增加无核率。

（2）使用方法。在开花前 10～15d 喷 5～10mg/kg 的赤霉素，可拉长花序。黑奥林、红瑞宝用10mg/kg，高墨、先锋、希姆劳特、玫瑰露和白香蕉用25mg/kg；藤稔于盛花后10～15d用25mg/kg的赤霉素喷洒果穗，一般能增大果粒15%以上。花前5d用100mg/kg赤霉素和400mg/kg硫酸链霉素混合液浸蘸巨峰花序，无核率达95%；先锋于盛花末期25mg/kg赤霉素浸果穗，隔10d重复1次，无核率达90.3%～94.2%，并提早10～15d成熟。

3. 矮壮素和多效唑

（1）矮壮素。新梢旺长初期、葡萄开花之前，用500～1 000mg/L药液喷施，对葡萄新梢生长有明显的抑制作用。

（2）多效唑。在巨峰花期（30%花开放时）用2 000mg/kg喷施，坐果率比对照提高59%，株产增加57.6%，而对果粒大小及成熟期均无不良的影响，喷后果粒着生紧密，而穗形美观。

对于植物生长调节剂的使用，必须在良好的栽培条件下进行，才能收到较好的效果。同一种植物生长调节剂，因浓度不同，所起的作用也不同，甚至适得其反，不同葡萄品种对其浓度要求也不同。因此，必须因时、因地、因品种以及因树势制宜，区别对待，并做到先试验后推广，切忌盲目大面积使用，以避免重大损失。

技能实训

技能实训1-1　葡萄硬枝扦插

一、目的与要求

通过本次操作实训，学会葡萄硬枝扦插育苗技术。

二、材料与用具

1. 材料　葡萄插条、吲哚丁酸或萘乙酸、营养袋、蛭石、珍珠岩、木糠等。

2. 用具　修枝剪、塑料盆、量筒、烧杯、铁锹、锄头等。

三、内容与方法

1. 扦插时期　在春季发芽前当土壤温度达10℃以上时进行露地扦插。

2. 插条准备　将贮藏好的插条取出，剪成具有2～3芽、长10～15cm的插条。上端在距芽2cm处平剪，下端在芽节下1cm处斜剪成马耳形剪口。将剪好的插条按50～100根为一捆，摆放整齐，系上标签，放于盛有清水的缸中浸泡12～24h。

3. 催根处理　为了提高扦插成活率，也可在扦插前进行催根处理。先将插条基部浸于5 000mg/L吲哚丁酸或萘乙酸的溶液中2～3s，或50～100mg/L吲哚乙酸或萘乙酸中12～24h，然后取出扦插。

4. 插床准备及基质配制　露地插床，先施足基肥，将基肥翻入土中后再平整畦面。保护地内的插床，其基质以用膨胀的蛭石（粗3～10mm）效果最好，也可用珍珠岩和沙作基质，或沙质壤土与沙按1∶2的比例混合，泥炭土与沙按1∶2或1∶3的比例混合。营养袋的基质可采用肥泥、椰糠与河沙混合。

5. 扦插　扦插的株行距为5cm×10cm。插条以斜插为宜（斜度约45°），扦插深度为插条的1/3～1/2，插条用基质压紧，然后灌水。待基质下沉后，插条上端只有一芽留于床面。也可直插营养袋。

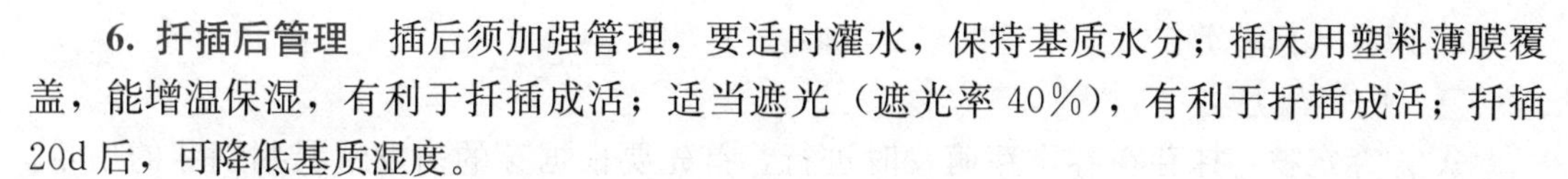

6. 扦插后管理 插后须加强管理，要适时灌水，保持基质水分；插床用塑料薄膜覆盖，能增温保湿，有利于扦插成活；适当遮光（遮光率40%），有利于扦插成活；扦插20d后，可降低基质湿度。

四、实训提示

（1）有条件的情况下，建议采用不同基质配比以及苗床与营养袋进行对比试验。

（2）要及时督促和指导学生进行扦插后管理的各项工作。

五、实训作业

检查扦插繁殖的成活和苗木生长情况，并根据结果撰写实训报告。

技能实训1-2 葡萄叶面追肥

一、目的与要求

学会按一定浓度配制叶面肥，掌握果树叶面施肥（根外追肥）的方法。

二、材料与用具

1. 材料 葡萄结果树、各种叶面肥（如尿素、磷酸二氢钾、硼砂等）、洁净的水。

2. 用具 水桶、天平、杆秤、喷雾器等。

三、内容与方法

1. 确定叶面施肥所用的溶液浓度和数量 叶面施肥常用的肥料种类和常用溶液浓度为尿素0.3%～0.5%，过磷酸钙浸出液1%～3%，硫酸钾0.3%～1.0%，磷酸二氢钾0.2%～0.5%，硼砂0.1%～0.3%，其他微量元素肥料如硫酸亚铁、硫酸锌、硫酸镁、钼酸铵常用浓度为0.1%～0.3%，硫酸铜0.01%～0.02%。一些市售商品叶面肥的施肥浓度按其说明书配制使用。

2. 称取肥料和液肥配制 根据计算所得的数据称取肥料，并量取所需的水量，将称好的肥料溶解于所量取的水中，并搅拌均匀。

3. 叶面喷雾 将配好的叶面肥溶液，用喷雾器均匀地喷施在叶背上，以叶面完全湿润为宜。

四、实训提示

叶肥施肥注意事项：①正确使用，浓度不宜太高；②根外施肥时应注意天气，高温季节以阴天喷施最好，晴天应在上午10时以前和下午4时以后，阴雨天不喷；③喷时要做到均匀、细致、周到，喷在叶背面更好；④肥料与某些农药混合施用时，应先做试验，以防降低肥效、药效或引起肥害、药害。

五、实训作业

叶面施肥有什么优点和缺点？简述叶面肥的种类、使用浓度及作用，并根据要求完成实训报告。

技能实训1-3 葡萄夏季修剪

一、目的与要求

掌握葡萄夏季修剪的时期和基本方法。

二、材料与用具

1. 材料 葡萄植株、绑缚材料。

2. 用具　修枝剪。

三、内容与方法

1. 抹芽定枝　抹芽在春季芽萌发时进行，首先要根据芽的萌发情况判别芽的质量。通常萌发早而饱满圆肥的芽多为花芽，萌发晚而尖瘦的芽多为叶芽或发育不好的花芽，应抹除过密芽及质量差的芽。一节上萌发2～3个芽时，选留一个发育好的芽。当新梢长到10cm左右，能明显辨别有无花序和花序多少、大小时，进行定枝。篱架一般每隔10～15cm留一新梢，棚架每平方米留15～20个新梢。原则上留结果枝去营养枝，留壮枝去弱枝，短梢或枝组上留下位枝去上位枝。在枝条稀疏的部位和需要留预备枝或更新枝的部位，如无结果枝可留，也可留一定数量的营养枝。多余的新梢全部去掉。

2. 摘心　结果枝一般于开花前5～6d至始花期，在花序以上留5～8叶摘心；营养枝留10～12叶摘心；主蔓延长枝或更新枝，可根据冬季修剪的要求长度再多留2～3叶进行摘心。

3. 副梢处理　较常用的有两种方式：① 结果枝上只保留顶端1个副梢，其余的均及时抹去。顶端留下的（一次）副梢，留4～6叶摘心，其上再发生的（二次）副梢，除顶端1个副梢留3～4叶摘心外，其余的（二次）副梢抹除，待三次副梢萌发后，也按此法处理。这种副梢处理方式多用于生长较弱的品种。②花序以下的副梢抹除，花序以上的副梢留1～2叶摘心，以后再发生的二、三次副梢，再留1～2叶反复摘心。此种副梢处理方式多用于生长较旺或易得日灼的品种。营养枝5节以下萌发的副梢全部抹除，5节以上的副梢处理方法同结果枝。在开花前，结果枝中、下部的副梢已萌发，在进行结果枝摘心的同时，对已萌发的副梢一并加以处理。一般一年内需要进行3～5次副梢处理或摘心工作。

4. 疏花序及掐花序尖　开花前两周，根据树势及结果枝的强弱，适当疏去部分弱小和过多的花序。一般强枝留2穗，中庸枝留1穗，弱枝及预备枝不留穗。对落果较重、花序大而长的品种，在开花前1～2d可掐去花序顶端的穗尖，使果穗紧凑，果粒整齐。

5. 绑蔓和除卷须　新梢长到30cm左右时开始绑蔓，使新梢均匀固定到架面上，一般斜绑，以缓和长势，生长期中需绑缚2～3次。在绑蔓和处理副梢的同时，随时将卷须除去。

四、实训提示

（1）本实训内容较多，可根据实训时的具体情况选择合适的修剪项目。如只实训一次，可选在开花前进行，这次实训可做摘心、副梢处理、疏花序、掐穗尖、绑蔓和除卷须等内容。

（2）实训操作时要小心，避免弄断新梢。绑蔓时注意结扣方法。

五、实训作业

根据所进行的夏季修剪项目，总结技术要点，并撰写实训报告。

技能实训1-4　葡萄冬季修剪

一、目的与要求

通过本次实训操作训练，学会葡萄冬季修剪技术。

二、材料与用具

1. 材料　葡萄植株、绑缚材料。

2. 用具　修枝剪、手锯。

三、内容与方法

1. 修剪时期 冬季葡萄正常落叶后至翌春枝蔓开始伤流前修剪，为 12 月下旬至翌年 1 月底。

2. 修剪方法与步骤

（1）确定留枝量（结果母蔓的剪留数量）。根据品种、树龄、树势、初步确定植株的负荷能力（即产量），大体上确定留枝量。每亩或每株剪留枝量可根据下面公式计算，将计算结果作为修剪的参考：

$$\text{每亩（或株）剪留结果母蔓量}=\frac{\text{计划每亩（或株）产量（kg）}}{\text{每母枝平均果枝数}\times\text{每果枝平均果穗数}\times\text{每果穗平均质量（kg）}}\times(1+15\%)$$

（2）枝蔓去留原则。根据留枝数量，挑选位置适宜的健壮枝蔓作结果母蔓，多余的疏去。原则是去高（远）留低（近）、去密留稀、去弱留强、去徒长留健壮、去老留新。

（3）结果母蔓的剪留长度。根据品种习性、架式、枝蔓质量，确定每一枝蔓的剪留长度，依据剪留芽数的多少分为长梢修剪、中梢修剪和短梢修剪。

修剪时根据具体情况灵活运用。一般花芽分化节位低、生长势较弱的植株或枝蔓多用短梢修剪，花芽分化节位高、生长势强的植株或枝蔓多用长梢或中梢修剪。生产实践中，有时主要用一种方法，有时三者结合应用。修剪完毕，将长、中梢修剪的结果母蔓水平绑缚在架面上。

（4）结果母蔓的更新。不论进行长、中、短梢修剪，都应考虑结果母蔓的更新，方法有单枝更新和双枝更新。

①单枝更新。冬季修剪时不留预备枝，翌年春季萌芽时，将结果母蔓牵引至水平位置或曲向下方，使其中、上部抽生结果蔓结果，基部选留一个生长良好的新梢，培养为预备枝，如预备枝有花穗可摘除，并将其直立扶持，使其生长健壮。冬季修剪时，将预备枝的上部剪去而预备枝依其强弱采用长、中、短梢修剪，作为翌年的结果母蔓，以后每年如此反复进行。

②双枝更新。在同一基枝上，上部的结果母蔓按要求的长度（6～12 节）修剪，然后于结果母蔓基部附近选一发育良好的枝蔓，留 2 芽短截作为预备枝。翌年结果母蔓抽生结果蔓开花结果，预备枝萌发成为两个新梢。冬季修剪时将已结过果的枝蔓连同母蔓剪去，由预备枝萌发的 2 个枝蔓，上部的一个作为翌年的结果母蔓，留 6～12 节剪截，下部的一个留 2 芽短截作为预备枝，以后依此重复操作。

（5）主蔓更新。主蔓结果部位严重外移或衰老，结果能力下降时，需进行更新。为了减少更新后对产量的影响，应在更新前 1～3 年，有计划地选留和培养由基部发出的萌蘖作为预备主蔓，当培养的预备主蔓能承担一定产量时，再将要更新的主蔓剪除。

在冬季修剪时，还需疏剪枯枝，病虫枝，细弱枝，过密枝，无用的二、三次枝及位置不当的徒长枝等。

3. 修剪时注意事项

（1）注意鉴别枝蔓的质量和芽眼的优劣。凡枝条粗而圆、髓部小、节间短、节部突起、枝色呈现品种固有颜色、芽眼饱满、无病虫害的为优质枝，芽饱满、鳞片包紧的为优质芽。

（2）防止剪口芽风干。葡萄枝蔓组织疏松，水分易蒸发，故枝蔓短截时，应在剪口芽上端一节的中部或节间中部剪断，以保护剪口。疏剪时，剪口应离基部1cm左右（即要留长约1cm的残桩），以免影响附近枝蔓的生长。

（3）凡需要水平绑缚的结果母蔓或主蔓延长枝，剪口芽应留在枝的上方，以免影响新梢的生长。

四、实训提示

（1）实训时先由教师讲解并示范修剪，然后学生分组或个人进行修剪。

（2）剪掉的枝蔓要从架上取下并拿出园外集中烧毁。

五、实训作业

如何正确进行结果母蔓的修剪？根据实训内容撰写实训报告。

技能实训1-5　葡萄套袋

一、目的与要求

通过本次实训操作，学会葡萄套袋技术。

二、材料与用具

1. 材料　结果葡萄植株、葡萄纸袋、波尔多液。

2. 用具　喷雾器等。

三、内容与方法

1. 套袋前处理　套袋前全园喷施一遍杀菌剂和杀虫剂，以有效防治病虫，待药剂干后进行套袋。

2. 套袋选择　常选用葡萄专用白色纸浆袋或无纺布袋。

3. 套袋时间　一般在葡萄达到绿豆大小时进行套袋。套袋时间一般选在上午10时之前或下午4时以后，雨天一般不套袋。

4. 套袋方法　套袋一般按照先树上后树下的顺序进行，就一个园片或一棵树而言，要套就全片全树都套，不套全不套。先把手伸进袋中使全袋膨起，然后一手抓住果柄，一手托袋底，把幼果套入袋口中部，再将袋口以两边向中部果柄处挤，当全部袋口叠折到果柄处后，于袋口左侧边上，向下撕开到袋口铁丝卡长度，最后将铁丝卡反转90°，弯绕扎紧在果柄上。

四、实训提示

纸袋大小选择应根据葡萄品种穗大小而定。

五、实训作业

根据操作实际情况，撰写实训报告。

葡萄一年两收栽培

葡萄的二次结果技术

葡萄二次结果技术，是指通过人为的处理，使葡萄一年开两次花，结两次果，达到两次收获的目的。

一、技术原理

葡萄的花芽分为冬芽和夏芽，在一定的条件下具备一年多次分化的生理特

性。虽然冬芽具有晚熟性，但当受到外界刺激即可萌发并开花结果；夏芽具有早熟性，其副梢在年生长周期内可多次萌发，利用这一特性可让其多次结果。

二、技术措施

葡萄二次结果一般采用夏果、冬果两收栽培模式，即夏果坐稳后通过摘心控梢等人为处理，逼迫冬芽结秋冬果，这样夏果、秋冬果两代同时挂在树上的模式也称两代同堂栽培模式。

（一）品种选择

生产上适合两季栽培的品种，主要是一些早熟、中熟且花芽分化比较容易的品种，如巨峰、夏黑等。

（二）第一次催芽

在1月下旬到2月中旬，日平均气温稳定在10℃以上时，可以进行第一次破眠催芽。催芽剂的配制方法是将有效成分为50%的单氰胺与水混合，配制成15～20倍液，配药时，每5kg药水加50g胭脂红染色剂。

（三）夏果采收后管理

江苏地区应在7月上旬全部采完。采收后7～10d，全园喷施一次配制成的磷酸二氢钾溶液，调节树势。8月后，等树势恢复后，应尽快进行修剪。江苏地区一般在8月20日前后进行修剪，修剪前5～10d施一次基肥。依然使用沟施的方法，每亩撒施氮磷钾复合肥（15-15-15）10～15kg，并配合使用腐熟粪肥600～800kg。

（四）第二次催芽

第二次催芽于8月底进行，用有效成分为50%的单氰胺配制成20倍液作为催芽剂。催芽后，喷一次2～3波美度的石硫合剂，消灭病原和害虫。

（五）冬果田间管理

1. 疏芽抹梢 冬芽疏果抹梢与夏果不同，当新梢生长到2～3叶时选留顶端带花穗并健壮的一条主梢作为结果枝，其他抹除，同时将新梢上的副芽一同抹除。

2. 花果管理 冬果疏穗在新梢生长到6～8叶进行，疏穗方法与夏果相同。但与夏果相比较而言，冬果应相对减少产量，最好每亩定穗2 600～3 300穗。冬果整穗在开花前2～3d进行，剪掉花穗上的副穗和基部1～4个分枝，再对过长的分枝和穗间进行修剪。

3. 田间施肥 冬果增加了树体养分的消耗，应该更注重树体营养的积累和枝叶老熟，才能保证冬果的产量和品质。冬果坐稳后进行追肥。每亩可施水溶性氮磷钾复合肥（15-15-15）10kg，加硝酸铵钙5kg，10～15d后再施1次。另外喷施叶面肥用磷酸二氢钾溶液，并按照说明书上的使用方法配制，每7～10d喷1次，喷2～3次。

葡萄两代同堂栽培模式是近年来南方地区葡萄生产上一种新型栽培模式，此种栽培模式实现了葡萄传统栽培的双倍效益。生产上需因地制宜，科学规范开展田间管理，才能获得预期的栽培效益。

葡萄、草莓立体化栽培技术

葡萄、草莓立体化栽培是一种利用两种植物不同物候期特点而采取的田间套种方式，此种栽培模式极大地提高了土地利用率，获得了葡萄和草莓较高的栽培经济效益。

一、栽培原理

葡萄、草莓
立体栽培技术

葡萄和草莓二者属于不同的科属，没有共同的病虫害，二者间作互不影响。葡萄根系分布在20～40cm的深度，而草莓根系浅，分布在5～15cm的深度，在共同生长期没有水肥矛盾。大棚中的葡萄距离地面有近2m高的距离，10月下旬逐渐落叶，无须肥水管理，进入冬季休眠期，翌年2月萌芽展叶，5—6月采收。草莓株高30～40cm，在南方地区，立体种植通常在9月中旬定植草莓，11月底葡萄落叶完成，草莓可充分利用温室的光热条件迅速萌芽开花坐果。

二、技术要点

（一）草莓管理

1. 苗木定植 采用高垄栽培，增加草莓根系与葡萄根系之间的间隔，错开吸收营养集中区的土肥分布。一般垄高30～40cm，垄距90cm，垄沟宽度50cm。同时，在垄上铺设滴灌带，采用滴灌方式实施田间灌溉，将对葡萄根系的影响降到最低。

2. 覆盖地膜 地膜一般使用厚0.8～1.0mm的黑色塑料薄膜，盖在垄的一侧。在草莓苗位置的上面，撕一个小洞，小心地将草莓苗提到膜外，并将茎叶摆放舒展，再用另一块地膜盖在垄的另一侧，既保温又透气。

3. 扣棚保温 早霜来临前，气温逐渐下降。葡萄落叶之后，应及时扣上透光好的新塑料膜，开始保温。注意塑料膜的中部应留出缝隙，通风降温，控制棚内温度白天不宜超过30℃。

4. 肥水管理 缓苗期间草莓不需要追肥，每隔5～7d浇水1次。11月下旬，葡萄逐渐进入休眠期，这时的草莓开始旺盛生长，每7～10d施入水溶性氮磷钾复合肥（20-20-20）10kg/亩。

5. 花果管理 12月上旬，草莓进入开花期。草莓是自花授粉植物，为提高授粉坐果率，生产上一般在棚内放置蜂箱，协助授粉，花期应及时除去老叶老茎、疏除小花和弱花。

6. 环境调控 在生长期，每天上午9时前后打开保温被，增加棚内日光照射，让温度迅速上升。中午打开通风口通风，降低棚内湿度，使棚内温度保持在20～25℃，相对湿度保持在40%～50%。当夜间棚内温度低于5℃时，可在大棚内搭设小拱棚保温，使小拱棚内的温度保持在7℃以上，防止草莓冻伤。

（二）葡萄管理

1. 早春催芽 葡萄的自然休眠期一般要经历两个多月。为了提前结束冬眠，生产上通常使用20%石灰氮上清液进行催芽处理。

2. 新梢管理 根据葡萄品种的不同，每亩产量定在1 000～1 200kg比较适宜，每个结果母枝可保留2～3个新梢。4月初，当新梢长到40cm以上时应及时对长梢进行绑蔓。

3. 花期管理 开花之前15d左右，对葡萄叶面喷施硼肥。花期需进行花穗整形，先将主穗的穗尖掐去，再根据花穗的大小，把主穗上的分枝掐去3～5个，使花序的外形呈圆锥状。

4. 结果期管理 幼果期即开始疏果，通过限制果穗的果粒数量，使果粒增大，均匀整齐美观。果实膨大期需及时灌溉，使土壤含水量达到70%～80%，棚内相对湿度保持在70%左右。果实着色期停止灌水，有利于提高果实的含糖量，促进果实着色。

5. 冬季修剪 10月下旬至11月上旬，进行葡萄冬季修剪，利于增加草莓的光照。每平方米保留10～12个结果母枝，其余的剪除，保持最大透光量。

以上是葡萄草莓立体种植主要技术要点，生产上只有把握住生产节奏，科学规范管理，才能取得较高的经济效益。

"双创"案例

"阳光玫瑰"葡萄带来千万财

周福安，江苏省南京人，早年在外打工积累了一定的财富，后来回家发展家乡的芦蒿种植产业，芦蒿卖得红红火火。一次偶然的机会却让他种起了一种名为"阳光玫瑰"的葡萄，从而走上葡萄产业创业之路。

"阳光玫瑰"葡萄带来千万财

复习提高

（1）葡萄冬芽和夏芽有什么区别？各有何特点？

（2）如何提高葡萄硬枝扦插成活率？

（3）葡萄冬季修剪如何进行？

（4）葡萄有何需肥特点？葡萄壮果肥如何施用？

（5）为什么我国南方地区欧亚种葡萄需要采取避雨栽培技术？

项目二
桃优质生产技术

学习目标

- 知识目标

了解我国桃栽培的重要意义、历史和现状；熟悉桃的生物学特性、种类和优良品种；掌握桃的主要生产技术环节和周年生产管理特点。

- 技能目标

能够认识桃常见的品种；学会桃的整形修剪技术；能独立进行桃的建园和周年生产管理。

- 素养目标

具备较强的自主学习意识，能够善于总结经验和自我反思；培养农业安全意识，提高对习近平生态文明思想的认识。

生产知识

桃生产概况

桃原产于我国黄河上游海拔 1 200～2 000m 的高原地带，我国《诗经》《尔雅》等古书上都有记载，至今约有 4 000 年的历史。我国北起黑龙江，南到广东，西自新疆库尔勒、西藏拉萨，东到滨海各省都有桃树栽培，其中，以北京、河北、河南、山东、江苏、浙江、陕西、甘肃等省份栽培为多。山东的肥城、青州，河北的深州，甘肃的宁县、张掖，江苏的太仓、无锡，浙江的奉化、宁波等地是历史上著名的桃产区；北京的平谷，河北的乐亭和临漳为桃的新兴产区。

桃适应性广，喜光宜燥，早果，丰产，收益高，有“桃三李四”之说。桃的营养丰富，但果实不耐贮运，经济寿命仅 15 年左右。在种植布局时，要做到适地适栽，合理搭配。

任务一　主要种类和品种

一、主要种类

桃属于蔷薇科（Rosaceae）桃属（*Amygdalus*）。桃亚属共有 6 个种，即桃、新疆桃、甘肃桃、光核桃、山桃和陕甘山桃。

1. 桃　桃又名普通桃、毛桃，我国主要栽培品种都属此种。该种有蟠桃、油桃和寿星桃等变种。

2. 新疆桃　新疆桃在我国新疆有栽培。因本种果实不耐运输，主要作为地方品种生产。

3. 甘肃桃　甘肃桃分布于我国陕西、甘肃、湖北、四川，生长于海拔1 000～2 300m的山地。甘肃桃为野生种，抗旱耐寒，在西北地区作为桃的砧木被利用，也可供观赏。

4. 光核桃　光核桃分布于西藏高原及四川等地，为高大乔木，果小可食用，核壳光滑为其特征。

5. 山桃　山桃野生于我国西北、华北及东北等地区，抗逆性强，为北方主要砧木。

6. 陕甘山桃　陕甘山桃产自陕西、甘肃、山西，为西北地区核果类果树的重要砧木，也可供观赏。木材质硬而重，可做各种细工及手杖，果核可做玩具或念珠，种仁可榨油供食用。

二、主要品种

观食两用桃新品种介绍

桃分布范围广，品种众多，形成了北方品种群、南方品种群、黄肉桃品种群外、蟠桃品种群、油桃品种群等5个品种群。南方地区除北方品种群外，其余均有栽培。

（一）普通桃

从盛花期到果实成熟期为果实的发育期，生产上按照果实发育期的长短不同将桃分为早熟品种、中熟品种和晚熟品种。目前生产上栽培的品种主要有：

1. 早霞露　浙江省农业科学院园艺研究所采用砂子早生作母本、雨花露作父本杂交育成的极早熟系水蜜桃。果实长圆形，果顶平，两半较对称，单果重75～90g，最大果重150～190g。果皮淡绿白色，顶部有少量红晕，果肉乳白色，肉质柔软，味较甜，含可溶性固形物8%～11%，黏核。果实生育期50～54d，在金华5月中、下旬成熟，在南京地区一般在5月23日—6月2日成熟。该品种树势中庸，树枝开张，复花芽多，以长果枝结果为主，丰产。

2. 雪雨露　浙江省农业科学院与杭州市果树研究所协作，采用白花与雨花露杂交选育而成。果实长圆形或圆形，两半对称，果顶平，单果重109g，最大果重175g。果皮底色浅绿白色，果顶有红晕分布，果肉白色，肉质柔软，汁液多，味甜，含可溶性固形物11%～14%，黏核。该品种树势中等，树姿开张，复花芽多，以长果枝结果为主，坐果率高，丰产。该品种一般于6月16—18日成熟。

3. 玫瑰露　浙江省农业科学院园艺研究所与杭州市果树研究所协作育成，是早霞露的姐妹系。果实长圆形，单果重100g左右，最大果重150g。果皮底色淡绿白色，全果带玫瑰红色，外观美丽，果肉白色，柔软而多汁，带有香气，含可溶性固形物8%～11%，黏核。树势强，树姿开张，复花芽多，长、中、短果枝均能结果，以长果枝结果为主，花粉量多，丰产。6月上、中旬成熟，属早熟品种。

4. 白凤　日本引进。树势中庸，树姿开张，萌芽力强，成枝力中等，以中短果枝结果为主，花芽多，坐果率高。果圆形略扁，果顶圆，单果重117g。果皮乳白，稍带黄绿色，有红晕，皮难剥，果肉白色，肉质致密，汁液中等，味甜。丰产稳产。7月上旬成熟。

（二）油桃

1. 曙光 中国农业科学院郑州果树研究所用美国油桃丽格兰特与油桃新品系 26－2 杂交育成。果实近圆形，单果重 92g，最大果重 120g。果顶平，微凹入，底色浅黄，全面着鲜红色，有光泽，艳丽美观，果肉黄色，风味浓甜，品质一般，裂果少，含可溶性固形物 13%～14%。休眠期需冷量 650～700h，产量高，适于大棚栽培。

2. 艳光 中国农业科学院郑州果树研究所育成。果实椭圆形，单果重 120g，最大果重 160g。果皮底色白，全面着玫瑰红色，艳丽美观，果肉乳白色，风味甜，品质优，裂果少。5 月下旬成熟，产量高。

3. 中油 5 号 5 月下旬至 6 月初成熟，单果重 150g。果实鲜红，外观美，风味浓甜，丰产性好，耐贮运。

4. 中油 7 号 7 月中旬成熟，果实近圆形，单果重 150g。果实鲜红，外观秀丽，肉白味甜，丰产性好，耐贮运。

（三）蟠桃

1. 早硕蜜 江苏省农业科学院园艺研究所育成。3 月中旬开花，5 月下旬成熟，单果重 85g，最大果重 138g。果实扁平，果皮乳白色，着鲜红晕，果肉白色，质地柔软，多汁，风味甜，含可溶性固形物 12.5%。早果性好，3 年生树株产 10kg 以上。树势中庸，异花授粉，需配置授粉树。

2. 新红早蟠桃 中国农业科学院郑州果树研究所育成。3 月中下旬开花，5 月下旬成熟，单果重 88g，最大果重 130g。果实扁平，果皮乳白色，着鲜红色，肉软多汁，略带酸味，风味浓郁，品质上乘，半离核。树势中庸，抗病性强，花芽易形成，3 年生株产 12kg 以上。

3. 早魁蜜 江苏省农业科学院园艺研究所育成。果实 6 月中下旬成熟，单果重 140g，最大果重 188g。外观美，果皮乳白色，肉质柔软多汁，风味甜，品质佳。树势强健，需配置授粉树，花粉少，产量偏低，3 年生树株产 8kg 左右。

任务二　生物学和生态学特性

一、生物学特性

（一）生长特性

桃生物学特性

桃栽后 2～3 年进入盛果期，经济寿命 15～25 年。

1. 根 桃为浅根性果树。砧木不同，根系的深浅、密度也不相同。毛桃砧的根系较浅，发育也好；李砧的根系浅而细根多，有矮化作用，但生长慢、果小，较少应用；山桃砧的主根发达而细根少，较抗寒抗旱，多用于北方桃树。桃根不耐水淹，积水 1～2d 即可引起落叶，超过 4d 会使植株死亡。

桃根系在一年间有两个生长高峰，第一次在7月中旬以前，生长迅速，第二次在10月上旬以后，但生长势较弱。在年生长周期中，根系和其他器官相比较，开始活动最早，停止生长最晚。处于地下部的根没有自然休眠期，只有在环境条件不适合的情况下被迫停止生长。早春，当土壤温度在0℃以上时，根系就能顺利地吸收并同化氮素，当土温上升到5℃左右时，就有新梢开始生长。桃树根在15℃以上能旺盛生长，22℃时生长最旺，而后随着土壤温度上升，根的生长速度减缓，26℃时根系生长完全停止。10月，当土温稳定在19℃左右时，根系再次进入生长高峰，但生长势较弱，生长期也短。

2. 叶 桃的叶片生长可分为迅速生长期、正常生长期、老化期和开始落叶期，分别在4月下旬至5月下旬、5月下旬至7月中旬、7月中旬至9月上旬和10月。叶色相继由黄绿转绿、深绿，再转绿黄，乃至产生离层脱落。叶片光合作用功能也由弱到强，再由强到弱。因此，果实采后护叶是桃丰产稳产的关键。

3. 芽 桃的芽有叶芽和花芽之分，叶芽瘦小，花芽较饱满。桃的枝条顶芽均为叶芽，只抽生枝条；花芽为纯花芽，只开花结果，不抽生枝条。在桃枝节上有单芽或复芽，单芽只有1个叶芽或花芽，复芽有1个叶芽和数个花芽（图Ⅱ-2-1）。桃芽具有早熟性，即当年的芽，当年即可萌发成二次枝、三次枝和四次枝，同时当年抽生的枝条均可形成花芽。在浙江杭州，玉露桃于6月下旬至7月上旬、白凤于8月中旬开始花芽分化。日照强、温度高、雨量少，则能促进花芽分化；凡有利于枝条充实和养分积累的各项措施，如幼树控肥，夏季疏剪，采果前施氮、磷肥，防止不正常落叶等，都能促进花芽分化。

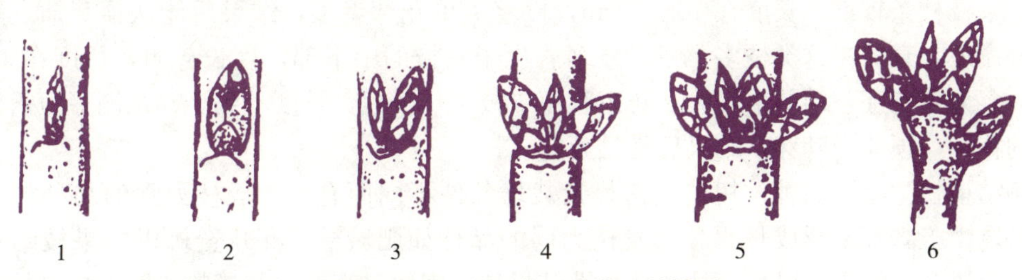

图Ⅱ-2-1 桃花芽和叶芽及其排列

1. 单叶芽 2. 单花芽 3. 双芽 4. 三芽 5. 四芽 6. 短果枝

（陈潜，1987，果树栽培学）

4. 枝 桃枝有明显的生长期和休眠期。3月上、中旬开始萌动，至4月中旬落花后枝梢即转入迅速生长期，4月下旬至5月上旬，多数品种出现生长的第一个高峰。5月中、下旬生长势略趋缓，5月下旬至6月上旬出现第二个高峰，此后又变慢甚至停止。生长旺盛的幼树可能还会出现第三个高峰，直至8月才停梢。10月下旬至11月落叶，进入休眠。

桃的枝按其功能可分为生长枝与结果枝（图Ⅱ-2-2）。根据生长势不同，生长枝可分为发育枝、徒长枝、叶丛枝。发育枝生长中庸、组织充实、芽饱满，枝条长40～60cm，有大量的二、三次枝。徒长枝节间生长不充实，长达1m以上，其上多发二次枝。叶丛枝极短，长约1cm，只有1个顶叶芽，萌芽时形成叶丛，不结果。

结果枝可分为徒长性结果枝、长果枝、中果枝、短果枝、花束状短果枝。徒长性结果枝生长势强，长度常在50cm以上，枝的下部多为叶芽，上部为复芽，并发生二次枝，结

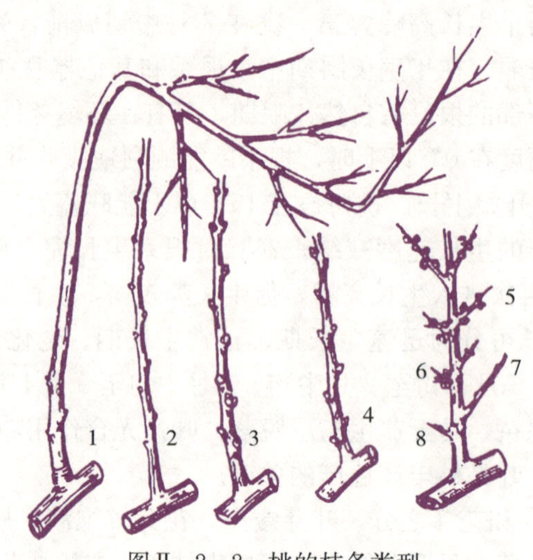

图Ⅱ-2-2　桃的枝条类型

1. 徒长枝及顶端的二、三次枝　2. 普通长果枝　3. 长果枝　4. 中果枝
5. 短果枝　6. 花束状果枝　7. 纤弱枝　8. 叶丛枝
（陈潜，1987，果树栽培学）

果力差，可以采用拉枝或轻扭伤、冬剪时环割、多留果等措施稳果。长果枝生长适宜，长度为 30～35cm，无二次梢，基部为叶芽，中部复花芽多，结果可靠，是桃最主要的结果枝。中果枝枝条较细，长度在 10～25cm，以着生单花芽者多，结果后能从顶芽抽发短果枝，寿命短，衰弱树这类枝多。短果枝多着生于基枝的中下部，生长势弱，长度在 10cm 以下，多为单花芽，结的果较大。花束状短果枝生长极短，长度不到 5cm，侧芽为紧密排列着的花芽，顶芽为叶芽，结果后易枯死。

桃结果枝类型因品种、树龄、树势及栽培条件不同而有异。成枝力强的品种如大久保、白凤、玉露等易形成长果枝，发枝力弱的品种如肥城桃、深州蜜桃以短果枝结果为主。幼年树和初结果树以长果枝和徒长性结果枝占多数，衰弱树及老龄树则以短果枝及花束状短果枝为主。

（二）开花结果特性

桃大部分品种能自花结实，有些则不能，须配置授粉树。果实按生长发育状况可分为迅速生长期、硬核期（缓慢生长期）、果实肥大期 3 个时期。采前 10～20d，果实体积和质量增长最快，而后果实着色成熟。

二、生态学特性

1. 光照　桃是喜光的树种，光照的强弱与新梢生长的长短、强弱以及果实的品质关系甚为密切。因此，桃栽植密度要适当，同时采用自然开心形整枝，但夏季要注意树干涂白，防止日灼。

2. 温度　桃耐寒力较强，适宜范围较广。花芽在－18℃左右开始受冻，花蕾能耐－3.9℃、花能耐－2.8℃、幼果能耐－1℃的低温。花期南方品种群比北方品种群早，其中蟠桃及黄桃又比水蜜桃早，因此，在北坡、冷空气易沉积的谷地，要防范晚霜和早春寒流的危害。同时多数品种冬季需 7.2℃以下低温，持续 750h 以上才能完成休眠。夏季枝叶生长适温为 18～23℃，若夏季地面温度高达 60℃以上，对根系生长极为不利。

3. 水分 桃耐旱性强，细根吸水能力强，一般可不灌溉。桃最怕水淹，即使短期积水、地下水位高或排水不良，也易引起根系早衰，乃至造成落叶、落果、流胶或死亡。因此，平地种桃宜高畦深沟，黏重土要用细沙土填空 1m 左右，并设暗渠排水，高温干旱季节抗旱宜速灌速排。桃花期（4 月）及硬核期（5—6 月）雨水多，坐果率低，且枝条易徒长，引起落果；果实成熟前 2 周如遇连续阴雨，果实糖度低，风味差。

4. 土壤 桃根好氧，适于在排水良好、土质疏松、土层深厚的沙质壤土上种植。同时喜欢微酸性土壤，土壤以 pH 5～6 为佳，当 pH<4 时易发生缺镁症，pH>7 时易发生缺锌症。桃在黏重土壤上易发生流胶病和炭疽病，故须增施有机肥，加强排水。

任务三 育 苗

桃育苗主要有嫁接、扦插、组织培养等，生产上主要以嫁接育苗为主。

一、砧木选择

桃树砧木有乔化砧和矮化砧两种类型。目前生产上乔化砧以山桃、毛桃为主，其中毛桃是长江一带桃的主要砧木；矮化砧有郁李、毛樱桃、哈诺红、GF667、GF557 等，其中 GF667 和 GF557 只能通过营养繁殖的方式育苗。

二、砧木播种与砧木苗培育

种子实生苗培育有 4 个步骤：①种子的采集和贮藏，一般采用堆沤法取种；②种子的层积，春播的种子要进行层积处理（沙藏）；③播种，毛桃种核 240～300 粒/kg，一般按大行距 60cm、小行距 20cm、株距 8～10cm，用条状单核点播覆土 3～5cm，每畦 4～6 行；④苗木管理，砧木苗出土后要中耕除草，勤施薄肥，抹去 25cm 以下的副梢，以便于嫁接，并要及时防治病虫害。

三、嫁接与嫁接苗管理

1. 采穗和选砧 夏季芽接的接穗随采随用，采后立即剪去叶片，只留叶柄；春季枝接的接穗，来自冬季修剪一年生的长果枝，需低温沙藏。采果前 3d 选择果形大小适中、生长健壮、丰产、抗病虫的树种作为母种树，挂牌。采接穗要定人、定树，把受光充足、生长旺、芽头饱满、无伤的长果枝作接穗。砧木以选择离地面5～8cm 处直径在 0.4cm 以上，表皮有轻度枣红色，形成层同韧皮部易剥离，生长势中庸的幼苗为宜。

2. 嫁接方法 成苗芽接时间以 6 月中旬至 7 月中旬最佳，半成苗芽接时间以 9 月底至 10 月 5 日最佳，采用 T 形芽接法（图Ⅱ-2-3）。枝接在 10 月至翌年 3 月进行，通常用切接法。

桃 T 形芽接

3. 接后管理 不论芽接还是切接，都须及时除去嫁接苗上的萌蘖，并注意保湿、施肥、防治病虫等。11 月中、下旬至翌年 1 月都可出圃，注意分级、假植，上覆一层稻草。出圃时根系蘸泥浆，包装要保护好整形带内的芽。

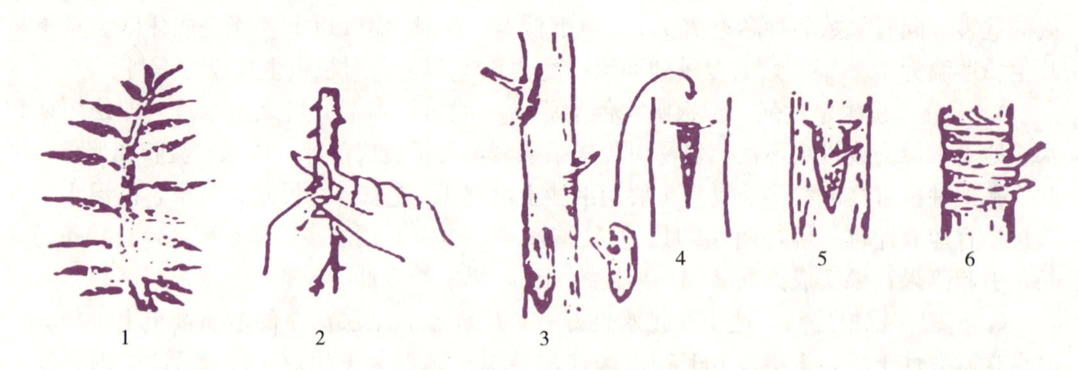

图Ⅱ-2-3　桃芽接法

1. 接穗选择　2. 砧木选择　3. 砧木和芽片削取　4. 插入芽片　5. 砧穗结合　6. 绑扎

（于泽源，2005，果树栽培）

任务四　建　园

一、园地选择

选择光照好、地势较高、地下水位低、土壤排水良好、不易积水的地方作为桃的建园地点。前茬种植桃、李、杏的地块要经数年种植其他作物才能种植桃。

二、品种选择

规模大的桃园选择品种要早中晚不同品种搭配，以避免采期集中造成采果和销果压力；倒春寒时常发生的地区或地块，以选择晚花型品种为宜；冬季低温不足地区以选择短低温型品种为宜。

三、授粉树配置

无花粉品种必须配置授粉树，配栽一定比例的授粉品种，如金华蟠桃配置冈山、早霞露、白凤等，同地块配置2～3个以上品种有利于提高结实率。

四、定植

1. 整地　丘陵山地修等高撩壕和梯田种植，平地则深沟高畦种植。

2. 定植方式　桃的栽植应按果园坡度和朝向，有长方形、三角形和正方形3种。以长方形栽植最为理想，因其种植行距大，太阳光照充足，便于治虫防病及中耕除草。

3. 定植时间　一般在2月上旬定植为好。定植穴宽100cm、深75cm，土质差的土壤，先在穴中填熟土100kg，而后筑成龟背形（高出地面20cm），每株施栏肥20kg、磷肥100g，覆泥待种。

4. 定植质量　选择健壮苗木，苗要直立，根部向四周舒展，埋直不弯曲，将嫁接部位露出土表，嫁接口需朝主风向。

5. 定植密度　定植密度因品种和土质而异。一般长势旺的品种，在土壤肥沃地方，

每亩栽33～42株；长势中庸的品种，在土壤较瘠薄地方，每亩栽 42～55 株。平地按前者种植，山地按后者种植，株行距可为 5m×5m、5m×4m、4m×4m、4m×5m 不等。每穴施 50kg 厩肥、1kg 磷肥，种时先剪去过长主根，种后定干，高度 40cm 左右。

任务五　田间管理

一、土肥水管理

（一）土壤管理

幼龄桃园适当间作叶菜、豆类、绿肥等矮秆作物，可以改良土壤，以短养长，但不能间作高秆作物。冬季进行深翻改土，促进根系生长，深度依树龄、土质而定，一般为 40cm 左右，幼树、黏重土深些，成年树、沙质土浅些，主干外围深些。由外向内翻，增加根际覆土，使畦中间高，两边低。

中耕常与施肥、除草结合。春草至梅雨期大部分陆续开花结籽、枯死，而夏草则相继萌芽生长，至高温季节达到高峰，导致水分竞争。因此，春草宜采用生草法，夏草宜及时除去，并覆盖于树盘之上。对于红壤、黄壤土或黏重、偏酸、贫瘠的土壤，需深翻、增施有机肥、掺沙或炉渣、垃圾等措施培肥地力。对酸性土需每隔 2～3 年亩施石灰 50～100kg，以降酸增钙。对于海涂盐碱滩地，在种植前需进行引淡洗碱或种植田菁、明日叶等作物降碱。

（二）施肥

桃根系发达，水平方向生长比垂直方向强盛，如表土养分不足，容易影响树势、产量和寿命。幼树期需控氮，防止徒长，盛果期则需增氮，增强树势。桃对钾、镁需求量较高，尤其在 6 月果实膨大和枝梢生长旺盛期，对氮、钾及镁的吸收量迅速增加，尤以钾为甚，此时增钾可提高产量和品质。

桃树忌碱性土，故弱碱性土壤应注意多施酸性肥料，而强酸性土壤则宜多施用碱性肥料或施石灰调节。

要注意间作和施肥，宜施尿素、硫酸钾等肥料，但避免施用氯化铵、氯化钾等含氯素肥料，并做好深沟排水，降低地下水位。对于瘠薄地，穴要深而大，填肥客土及逐年深翻扩穴，增施有机肥等。

施肥量要根据品种、树龄、树势、产量和土壤状况而定。按照施肥量＝（果树吸收量－天然供给量）/肥料利用率（吸收率）的公式计算，每生产 1.5t 果实需施入肥料三要素量为氮 10kg、五氧化二磷 7.5kg、氧化钾 13kg。亩产 1 500kg 的桃园，可施厩肥 2 000～4 000kg、尿素 30kg、硫酸钾 20kg 或复合肥 20～40kg，1～3 年生树施肥量为成年树的 10%～30%，4～5 年生树为 50%～60%，6～7 年生树按成年树施用。

施肥可分秋肥、基肥、芽前肥和壮果肥等数次施用。

1. 秋肥　8—9 月采果后，枝梢停长时施用秋肥，有利于恢复树势和促进翌年正常生长。氮、磷肥料约占全年总量的 30%，氮钾比为 10：5，并注意速效肥与迟效肥相结合，如用鸡粪更为相宜，树势弱的一般株施尿素0.2～0.3kg。

2. 基肥 基肥以有机肥料为主，宜于12月左右施入。施肥量氮、磷占全年总量的30%，氮钾比为10∶(20～30)，以钾为主。

3. 芽前肥 芽前肥旨在保证桃树开花、新梢抽发及幼果期养分供应，以氮肥为主，于2月底至3月上旬施下。施肥量因树势强弱和基肥用量不同而异，占氮、磷年施肥总量的15%～20%，即基肥施足的、树势偏旺的少施或不施，反之宜多施，一般株施尿素0.2～0.3kg。

4. 壮果肥 壮果肥以钾为主，占氮、磷年施肥总量的20%～25%。早熟种在生理落果基本停止后施用，中熟品种在5月下旬施用，迟熟品种在6月上旬施用。一般株施尿素0.3～0.4kg、钾肥0.5～0.7kg或复合肥料0.5～1.0kg。对于枝势弱、结果多的桃树，最好在采果前20d左右增施壮果肥，有利于果实膨大，提高品质。

施肥时要防止基肥及氮肥过多、氮钾比例失调，注意酌施钙和镁，尤其是土层浅、沙质土或红黄壤更需增施镁肥（隔年每亩施钙镁磷肥100kg左右），有利于树体生长和结果。同时要视品种进行施肥，如金华蟠桃施肥时间一般掌握在5月疏果后施，以施速效钾肥为主，采前20d采果肥则以复合肥为主，秋施基肥占全年总量的70%左右，并结合春肥每株施15%多效唑可湿性粉剂2g，可使树势矮化、节间变短，减轻夏季修剪量，促进花芽分化。为提高坐果率，促进果实发育及秋季保叶，恢复树势，积累养分，使花芽充实饱满，可在生理落果较多的4—5月和果实采前、采后进行根外追肥，一般全年4～5次。

（三）水分管理

桃根系呼吸作用特别旺盛，要求土壤含氧量保持10%左右，如桃园积水，易造成根系腐烂，枝叶黄化，落果增多，甚至植株死亡，因此，要注意雨季开沟排水工作。高温干旱季节宜用喷灌、滴灌、沟灌、浇水等方法，辅之中耕除草覆盖。

二、整形修剪

桃与其他果树相比宜采用开心树形，如采用有中心干树形也要注意扶持中心干的生长势。桃萌芽率高，潜伏芽少且寿命短，多年生枝下部光秃后更新较难，所以要注意树冠内部的通风透光及下部枝组的更新复壮。桃成枝力强，成形快，结果早，容易造成树冠郁闭，必须注重生长期修剪。桃树耐修剪性强，无论是休眠期还是生长季修剪，修剪量都比较大，可以通过修剪控制树冠的大小。

（一）常见树形及整形过程

桃树三主枝整形

1. 自然开心形 通常留3个主枝，不留中干，又称三主枝自然开心形，具有整形容易、树体光照好、易丰产特点。

(1) 基本结构。干高30～40cm，主干以上错落着生3个主枝，相距15cm左右。主枝开张角度45°～50°，第一主枝角度可张开50°，第二主枝略小，第三主枝则张开60°～80°，第一主枝最好朝北，其他主枝也不宜朝正南，以免影响光照。主枝直线或弯曲延伸，每主枝留2个平斜生侧枝，开张角度60°～80°，各主枝第一侧枝顺一个方向，第二侧枝着生在第一侧枝对面，第一侧枝距主枝基部50～70cm，第二侧

枝距第一侧枝 50cm 左右。在主枝上培养大型、中型、小型枝组（图Ⅱ-2-4）。

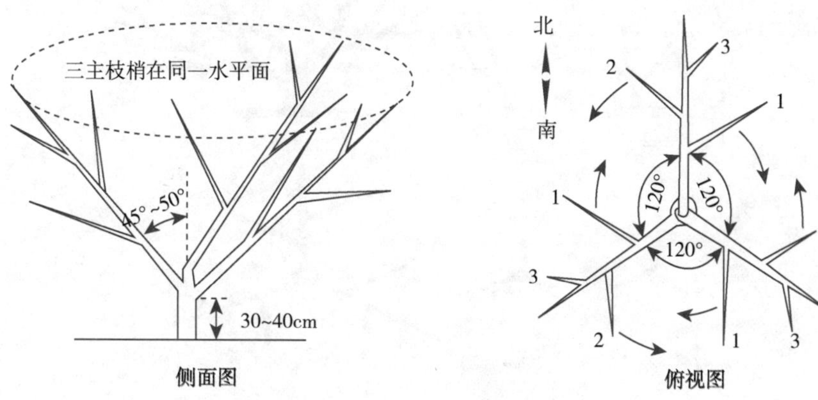

图Ⅱ-2-4 桃自然开心形示意

1. 第一侧枝 2. 第二侧枝 3. 第三侧枝

（黄海帆，2015，果树栽培技术）

（2）整形过程。定干高度 60～80cm，整形带 15～30cm，带内有 5 个以上饱满芽。

春季萌芽后抹去整形带以下的芽，在整形带内选 4～5 个新梢。当新梢长到 30～40cm 时，选 3 个生长健壮、相距 15cm 左右、方位和角度符合要求的 3 个新梢作为主枝进行培养。其他枝缓放，辅养树体。

第一年冬季修剪时，留作 3 个主枝的一年生枝剪留 60～70cm。春季萌芽后，在顶端选择健壮外芽萌发的新梢作主枝的延长梢，同时在延长梢下部选择方位、角度合适的新梢培养第一侧枝。

第二年冬季修剪时，3 个主枝延长枝剪留 50～70cm，第一侧枝剪留 40～50cm。春季萌芽后，继续选留主枝延长枝，同时在延长枝下部、第一侧枝的另一侧选择新梢培养第二侧枝。

第三年冬季修剪时，主枝延长枝继续剪留 50～60cm，侧枝延长枝剪留 40cm 左右。春季萌芽后，继续以前的操作。这样到第四年冬季修剪时，树形基本形成。

桃树的年生长量大，在生长季当主枝或侧枝的延长枝长度达到 60～80cm 进行剪梢处理，以促进分枝、增加尖削度，并在分枝的副梢中选择角度开张、健壮的代替原头。采用此法可以加快整形进度。

整形过程中，在主枝、侧枝上培养大型枝组、中型枝组、小型枝组，使枝组均匀分布在骨干枝上。树形形成时要达到骨干枝均衡牢固、占满空间，结果枝组疏密适当、圆满紧凑。

桃树自然开心形整形过程见图Ⅱ 2 5。

2. 二主枝开心形 树体结构与自然开心形相近，只是留两个主枝，更适合在较高栽植密度下采用。

桃树 Y 形整形

（1）基本结构。干高 40～60cm，主干上着生两个主枝，长势相近，反向延伸。主枝开张角度 40°～45°，每个主枝上着生 3 个侧枝。第一侧枝距主干 35cm，

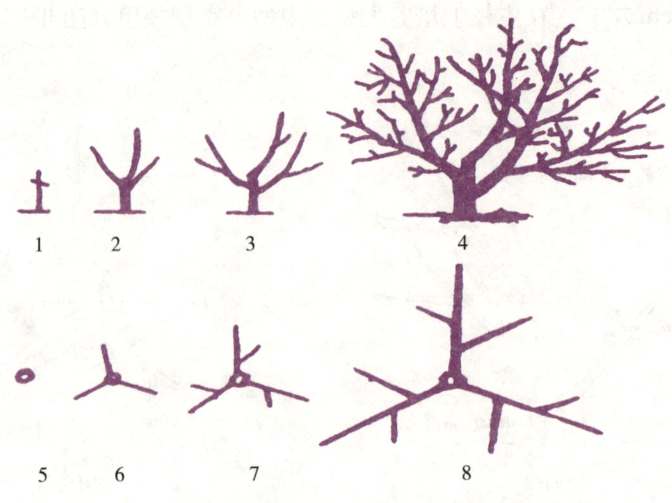

图Ⅱ-2-5 桃自然开心形整形过程
1～3. 第1～3年整形 4. 完成基本整形侧面图
5～8. 第1～3年整形及完成基本整形平面图
（黄海帆，2015，果树栽培技术）

在另一侧着生第二侧枝，第二侧枝距第一侧枝70cm以上。侧枝以平斜生为宜，侧枝与主枝夹角约为60°，在主侧枝上配置结果枝组。

（2）整形过程。定干高度60cm，在整形带内选留两个对侧的新梢培养主枝，两个主枝一个朝东，一个朝西。第一年冬季修剪时主枝剪留50～60cm，第二年距主干35cm处选出第一侧枝，第三年距第一侧枝70cm处选出第二侧枝，其他枝条按培养枝组的要求修剪，到第四年树体基本成形。

3. 纺锤形 适合高密度栽培和设施栽培，需及时调整上部大型结果枝组，切忌上强下弱。

（1）基本结构。干高50cm左右，在中心干上着生8～10个主枝，基部主枝长0.9～1.2m，基角55°～65°，以上主枝长度0.7～0.9m，基角65°～80°。主枝在中心干上均匀分布，间距25～30cm，同方向主枝间距50～60cm。结果枝组直接着生在主枝和中心干上，树高2.5～3.0cm，如果栽植密度加大，中心干上主枝上下相差不多，则为细纺锤形。

（2）整形过程。定干高度80～90cm，春季萌芽后在剪口下30cm处选留新梢培育第一主枝，剪口下第三芽梢培养第二主枝，顶芽梢直立生长培养中心干。当中心干延长梢长到60～80cm时摘心，利用下部副梢培养第三主枝和第四主枝，主枝按螺旋状上升排列。第一年冬季修剪时，所选主枝尽可能长留，一般留80～100cm。第二年冬季修剪时主枝延长枝不再短截，生长季主枝拉至70°～80°。一般2～3年后可完成8～10个主枝的选留，整形过程结束。

（二）结果树修剪技术

1. 骨干枝修剪 主侧枝延长枝一般栽后第一年剪留50cm左右，第二年剪留50～

70cm，盛果期留 30cm 左右。侧枝延长枝的前留长度为主枝延长枝的 2/3～3/4。当树冠达到应有大小的时候，通过缩放延长枝的方法进行控制树冠大小和树势强弱。

骨干枝的角度可通过生长季拉枝、用副梢换原头等方法进行调整。

2. 结果枝组修剪 结果枝组在主枝上的分布要均衡，一般小型枝组间距 20～30cm，中型枝间距 30～50cm，大型枝间距 50～60cm。结果枝组的配置以排列在骨干枝两侧向上斜生为主，背下也可安排大型枝组。主枝中下部培养大中型枝组，上部培养中型枝组，小型枝组分布其间。结果枝组形状以圆锥形为好，优点是光照良好，结果部位外移慢，生长结果平衡。

枝组的培养方法主要是一年生健壮枝通过短截，促进分枝，培养中小型枝组。也可将强壮枝通过先放后截方法，培养大中型枝组。

枝组更新的方法是缩弱、放壮，放缩结合，维持结果空间。具体更新方法有单枝更新（图Ⅱ-2-6）和双枝更新（图Ⅱ-2-7）两种基本形式。单枝更新即不留预备枝的更新，修剪时，将中长果枝留 3～5 个饱满芽适当重剪，使其上部结果，下部萌发新梢作为翌年结果枝。冬剪时，将结过果的果枝剪去，下部新梢同样重剪，每年利用比较靠近母枝基部的枝条更新。双枝更新即留预备枝更新，修剪时，在一个部位留两个结果枝，其中上位枝长留，以结果为主，下位枝适当短留，以培养预备枝为主。此外，目前一些地区在北方品种群上采用三枝更新的方法，即在一个基枝上选相近的 3 个枝条，一个中短截结果枝、一个长放促发果枝和一个枝留 2～3 个芽重短截促生发育枝，也称为三套枝修剪法。在大型枝组、中型枝组更新修剪上可以综合采用单枝、双枝和三枝更新修剪的方法，有效地控制结果部位外移速度，延长结果枝组的寿命。

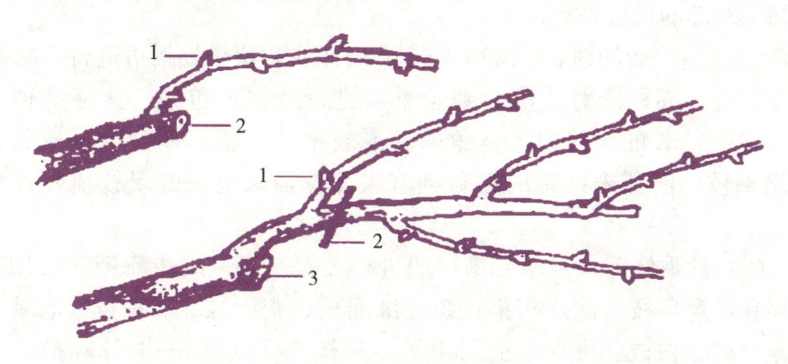

图Ⅱ-2-6 桃单枝更新

1. 翌年培养预备枝的芽眼 2. 冬剪时缩剪处 3. 上年缩剪伤口

［傅秀红，2005，果树生产技术（南方本）］

长期应用双枝更新，由于预备枝处于下部位置，光照不良，生长上不占优势，经过 2～3 年，预备枝只能长成细弱的中短枝，导致产量下降。因此生产上采用长留结果枝方法培养预备枝，即上部结果枝尽最长留，开花时疏掉基部的花，让中上部结果，这样结果枝在结果后压弯而下垂，使预备枝处于顶端位置，可以发育成健壮结果枝。

3. 结果枝的修剪 初结果树结果枝以长果枝、中果枝居多，花芽着生节位偏高偏少，对结果枝应适当长留、多留，以缓和树势，也可利用副梢结果。

盛果期结果枝的修剪主要是短截修剪。北方品种群以轻短截为主，长果枝或花芽节位高的枝剪留 7～10 节或更长，中果枝 5～7 节，短果枝不剪；南方品种群结果枝一般以中

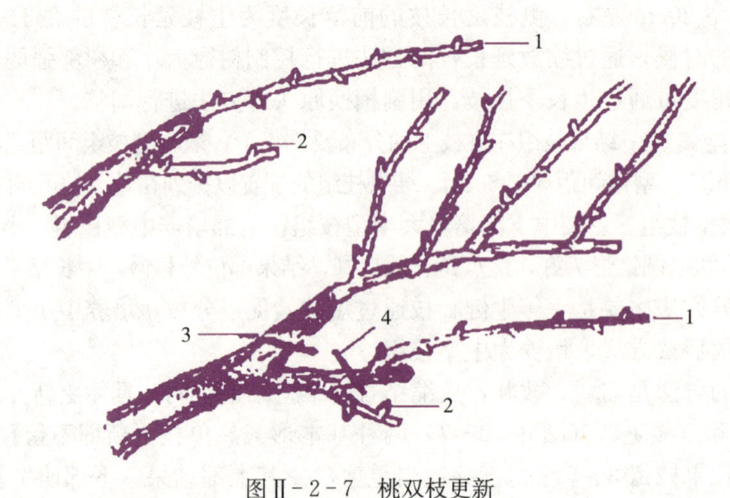

图Ⅱ-2-7　桃双枝更新

1. 结果母枝　2. 预备枝上剪口下第一芽朝向结果母枝　3. 冬剪时缩剪处　4. 翌年冬剪缩剪处

［傅秀红，2005，果树生产技术（南方本）］

短截为主，长果枝剪留5～7节，中果枝4～5节，短果枝不剪或疏剪（也称长梢修剪技术），即骨干枝和大型枝组上每15～20cm留1个结果枝，结果枝剪留长度为45～70cm，总枝量为短截枝的50%～60%。更新方式为单枝更新，果实与叶片使枝条下垂，极性部位转移至枝条基部，使枝条基部发生1～2个较长的新梢，作预备枝培养，冬剪时把已结果的母枝回缩至基部的预备枝处。

4. 生长季修剪　一般幼树、旺树每年进行3～4次，盛果期树可进行3次。

（1）春季修剪。春季修剪从萌芽到坐果后进行。主要包括：抹芽疏梢，除去过密的、无用的、内膛徒长的、剪口下竞争的芽或新梢；选留、调整骨干枝延长枝，对冬剪时长留的结果枝，前部未结果的缩剪到有果部位，未坐果的果枝疏除或缩剪，称为预备枝修剪。

桃夏季修剪

（2）夏季修剪。夏季修剪一般进行2次。第一次在新梢旺长期进行，主要内容有：竞争枝疏除或扭梢；疏除细弱枝、密生枝、下垂枝，改善光照，节省营养；对旺长枝、准备改造利用的徒长枝，可以留5～6片叶摘心或剪梢促发二次枝，培养为枝组；对骨干枝延长枝达到要求长度的可以剪主梢留副梢，促发分枝，开张角度，缓和生长；对其他新梢可在长到20～30cm时，通过摘心培养结果枝组。第二次夏剪在6月下旬至7月上旬进行，主要是控制旺枝生长，对尚未停长的枝条可通过捋枝、拉枝等方法控制，但修剪不能过重。

（3）秋季修剪。在8月上中旬进行秋季修剪，疏除过密枝、病虫枝、徒长枝。对摘心后形成的顶生花丛状副梢，把上部副梢“挖心”剪掉，留下部1～2个副梢，改善光照条件，促进花芽分化和营养的积累，同时拉枝调整骨干枝的角度、方位和长势。对尚未停长的新梢进行摘心，可使枝条充实，提高抗寒力。

桃冬季修剪

5. 休眠季修剪　通过疏删、回缩、更新、摘心等办法，搞好结果枝组的配置和培养，做到“大枝少而精，小枝多而匀”，树冠整齐，上下平衡，层次分明，内膛开心，立体结果。具体做法为：尚未封行的主枝，仍用壮枝作延长枝以扩大

树冠，封行后，可将部分主枝回缩，旨在改善树体及整个果园的通风透光条件；对于第一副主枝下部已变弱的枝组，可疏删、更新，对前部可回缩结果枝组，并注意控制结果枝组密度，及时更新结果枝组，确定果枝留果量，一般长果枝留4～6节花芽、中果枝留3～4节、短果枝留2～3节。

对坐果率低、无花粉或易僵花的品种，果枝宜稍长留，此时花束状果枝也是主要结果枝，可留背上或斜上方生长较好的结果枝，疏除过密过弱的枝。当树势较好，长果枝占总枝量20%～40%，果枝以剪截为主，多结果；当树势变弱，短果枝比例70%以上时，则先疏掉无更新能力的弱枝，对留下的枝回缩更新，少结果。对树体中上部果枝可多留，下部果枝要少留，果枝距离同样应大于15cm。

与此同时，将一部分果枝重剪，使其只发枝，不结果，以备下年结果或更新，即为预备枝。一般是将长果枝剪留2～3个芽，中短果枝剪留1～2节。对于树势弱、中长果枝少、树龄大、管理水平低的桃树以及主枝中下部应多留预备枝。

（三）衰老树修剪

桃栽后16～17年，骨干枝新生延长枝只20cm长时，可在3～4年生骨干枝处，选取生长较旺的背上枝组处回缩修剪，剪口留上芽；延长枝只有15cm长时，可回缩到5～6年生枝处；而更短的则应分批从主枝中部长势强的枝组上方锯截，以重新形成树冠。同时，在枝组下部生长较旺的枝条上，留2～3个芽进行回缩，并控制结果量，以促发较强的结果枝。骨干枝中下部如还有较旺枝组，可保留结果，不必去掉。

三、花果管理

（一）保花保果措施

在南方多雨的条件下，幼龄旺树和某些黄桃品种落果更为突出，通常有开花后10～15d、开花后30～40d和硬核期3个高峰时期。其原因大致是花期受冻、花粉发育或授粉不良、花期气候反常以及树体营养不足等，此外，栽培管理不当、立地条件太差、偏施氮肥或缺氮、修剪过重或过轻、病虫危害、大风黄沙侵袭、长期低温阴雨寡照等，也会引起落花落果。

桃设施栽培花果管理

1. 人工辅助授粉 对无花粉的品种，如砂子早生、仓方早生等，种植时需配置授粉树，同时在不良气候的情况下要进行人工辅助授粉。

（1）花粉采集。一般选择品质优良、花粉量多、开花早的玉露、白凤等作为授粉品种。采集含苞待放的花蕾，剥下花药，置于玻璃板或硬纸上，均匀摊开后，放在25℃白炽灯下或温箱内烘出花粉，用细目筛滤去杂质后装入小瓶中，置于低温干燥的环境下贮藏备用。

（2）授粉。取1份花粉，加3～4份淀粉混合，在盛花期用小橡皮头蘸此花粉点授于柱头上。按主枝顺序自下而上、由内到外逐枝进行，并挂上标记，以免重复或遗漏。一般长果枝点6～8朵，中果枝3～4朵，短果枝2～3朵。选刚开放不久，柱头鲜嫩的花进行授粉，以确保着果均匀。授粉后2～3h如遇下雨或晚霜，需重复授粉。大面积应用时，可选用液体喷雾授粉，即用花粉50g、蔗糖500g、硼砂20g，加水10kg混合，在盛花期喷施，效果也很好。

2. 高接授粉枝或挂花枝 高接同期开花的授粉品种枝或剪取授粉品种花枝，插入水罐中，挂在树冠上部，随昆虫和风传粉。

3. 花期放蜂 一般在花期每0.20～0.33hm² 桃园放养1箱蜂，有较好效果。注意中蜂放蜂气温需在6℃以上，意大利蜂需在14℃以上。

4. 改善栽培管理 旺树上半年不施或少施氮肥，只施磷、钾肥，下半年多施基肥，并辅以夏重、冬轻修剪制度，改善光照条件；弱树在花前15～20d增施1次人粪尿等速效氮肥，采后适当补肥。同时加强病虫防治和雨季排水等管理。

（二）疏果套袋

桃疏果技术

1. 疏果 疏果能增大果实，提高品质，减少树体营养负担和减轻病虫危害，促使梢果生长平衡，达到丰产、优质、节省劳力和成本的作用。

疏果应根据品种、树龄、树冠大小和叶量枝数等确定合理的留果量，一般分2次进行。第一次在花后25～30d，大小果明显时，疏去僵果、小果、畸形果、并生果及病虫果，一般长、中、短果枝留果量分别为6～10个、4～5个和2～3个；第二次疏果也称定果，在套袋前进行，长果枝和徒长性结果枝留果量为3～6个、中果枝2～3个、短果枝1～2个。

同时应根据品种、树势、肥水条件及气候等因素灵活掌握。早熟品种、结果多的品种，可适当早疏多疏；晚熟品种、生理落果多的品种，则可迟疏、少疏。坐果率高、受气候影响小的品种如白凤、玉露等中晚熟品种宜先疏、早疏，第二次生理落果结束后即可开始，并按留果标准一次定果到位；坐果率较低、受气候影响较大的品种如冈山早生、砂子早生等，宜分期疏果或待部分幼果脱落、大小果分明时疏果，一般在4月下旬开始预疏，5月中旬再复疏，务必在5月15日前完成。

2. 套袋 套袋可防止病虫危害，促使果面光洁，成熟一致，果皮柔软和提高商品价值。套袋时间可根据桃果实主要病虫害的发生规律和桃品种特性确定，一般应在5月下旬至6月上旬生理落果基本结束时进行，应避开梨小食心虫和桃蛀螟等害虫的产卵期。套袋过早会增加落袋桃，过迟也会失去套袋的作用。早、中熟品种及坐果率高的品种应早套袋，晚熟、坐果率低的品种后套袋。套袋前要喷1次70%甲基硫菌灵可湿性粉剂1 000倍液、50%杀螟硫磷乳油1 000～1 500倍液或80%敌敌畏乳油1 000倍液。套袋方法可从上到下用“8”字形扎缚，即将“8”字的交叉部分放在结果枝上方，“8”字的顶和底绕向果枝下方，即可将纸袋固定。纸袋可用旧报纸做成，但为讲究卫生，防止报刊油墨玷污中毒，影响果品质量，可以改用其他白纸或桃专用袋套袋。

（三）多效唑应用

施用多效唑能有效地控制新梢生长，促进花芽的形成，提高坐果率，可以简化夏季修剪，节省用工成本，且无毒，效果好。具体施用方法有以下几种：

（1）土施法。在新梢旺长（5月上旬）前，新梢长度为10～20cm时，在树盘内沟施，用药量一般为每株1～3g，也可按每平方米树冠投影面积用15%多效唑可湿性粉剂0.25～1.00g施用，施后适量浇水。

（2）叶面喷施。一般在新梢长到30cm时（约5月中旬），喷施15%多效唑可湿性粉剂100～500倍液1次，间隔15d再喷1次。

（3）主干涂抹。将浓度为500～2 000mg/L的多效唑直接涂抹到主干上，然后用塑料薄膜包扎好，1周后产生效应。

（4）主干注射。用强力注射或输液的方式，将浓度为500～2 000mg/L的多效唑直接输入树体，可以较快地产生效应。

使用多效唑时应注意：①确定施用浓度和次数时，最好是先做预备试验或参考其他施用数据，以防用量过多；②应在营养生长过盛的树上施用，弱树不宜施用；③叶面喷施应在新梢生长的早期进行；④施用多效唑后，一般花芽会明显增多，应注意疏花疏果；⑤如对新梢生长抑制过度，可喷赤霉素缓解。

技能实训

技能实训2-1　桃核播种

一、目的与要求

通过桃核播种使学生熟悉经层积处理的种子的播种技术要求，能较熟练地掌握大粒种的播种技术。

二、材料与用具

1. 材料　毛桃核、苗床。

2. 用具　锄头、水桶、卷尺等。

三、内容与要求

1. 确定播种时期　11月中下旬。

2. 计算用种量　每亩1万株苗，毛桃种子240～300粒/kg，按播种面积计算用种量。

3. 浸种　播种前用清水浸泡种子2～3d。

4. 整地作畦　畦宽120cm，畦高、长依地块情况决定。地势低的地块以做高畦为好，地势高的地块可做平畦。

5. 播种方法　一般按大行距60cm，小行距20cm，株距8～10cm，用条状单核点播覆土3～5cm，每畦4～6行。

6. 播后管理　出苗后，应进行正常的田间管理，并检查出苗率。

四、实训提示

以小组为单位，分组操作，每组可进行桃核沙藏层积处理播种与直播作对比试验。

五、实训作业

分析桃核播种的优缺点。

技能实训2-2　桃嫁接育苗

一、目的与要求

通过实训使学生利用核果类果树芽早熟性的特点，掌握快速育苗的技术。

二、材料与用具

1. 材料　毛桃砧木苗、母本树、嫁接膜。

2. 用具 芽接刀、磨刀石等。

三、内容与要求

1. 确定嫁接时期 嫁接品种当年新梢上叶芽已完成形态分化，砧木粗度（直径）达4mm，即可行嫁接。

2. 接穗采集 采自母本树树冠外围中上部生长健壮的当年新梢作接穗，以现采现接为好。采下接穗应立即剪去叶片，只留1cm长的叶柄。

3. 嫁接方法 采用嵌芽接方法进行嫁接。接穗自芽下方0.8cm左右处斜削一刀至芽上方0.6cm处，芽片呈盾牌形状，以同样方法削下砧木芽片。将接穗芽片与砧木的形成层对齐，如接穗芽片过小，应与砧木削面的下面和一侧的形成层对齐，然后用嫁接膜绑缚。也可用两刀法，即在接穗芽的上方0.8cm处斜削一刀，到芽下0.6cm处再横切一刀，取下芽片，以同样的方法削下砧木芽片，然后将接穗芽片嵌入砧木削面，用嫁接膜绑缚。

4. 接后管理 嫁接15d后检查成活率（一般叶柄一碰即落为成活），未成活可补接。夏季嫁接的当年出圃苗应在接后2周解绑。一般需进行2次剪砧：第一次在解绑后，从接芽上一节剪砧，保留叶片，并除去腋芽；第二次在接芽萌发后，在芽上方0.5cm处剪砧。要及时除去接芽下发生的分枝，使砧木苗向上顺直。接穗发芽后，选留一个方位正、生长健壮的新梢，将其余萌芽抹除。及时进行田间管理。

5. 苗木出圃起苗 苗木落叶后即可起苗，若土壤干旱，应充分浇水后再起苗，以免起苗时损伤过多的根系。起苗后分品种、按等级计数挂牌。也可在春季起苗，春季起苗可减少假植工序。苗木起出后需经消毒处理，以防止病虫害的传播。

四、实训提示

本实训以桃苗木生产过程为载体，各技术环节步骤具有连贯性为特点，因此实训进行时一定要做好计划。建议承接前一技能实训，以小组为单位，组织实训。

五、实训作业

撰写桃当年嫁接当年出圃技术总结报告。

技能实训2-3 桃基肥施用

一、目的与要求

通过本次实训使学生巩固了解桃基肥的施用时间、施用方法、施用量等，掌握秋季基肥施用相关的技术内容。

二、材料与用具

1. 材料 成年结果桃树、有机肥。

2. 用具 秤、锄头或铁锹、皮尺或卷尺。

三、内容与要求

1. 确定施肥量 通过调查桃树体树势状况、当年产量情况和土壤肥力状况以及使用有机肥的种类情况，进行分析，确定施肥量。

2. 施肥方法 根据上一年度基肥施肥部位的情况进行错位施肥，正确确定本次施肥的方位。

3. 施肥沟挖掘 在正确确定施肥方位的基础上，一般施肥沟宽为30cm、深为40～

50cm，长依树冠大小确定。

4. 填埋有机肥 将一部分有机肥与表土混合施于沟底，另一部分有机肥与心土混合施于沟中上部，表层用心土覆盖。

四、实训提示

以小组为单位，根据桃园面积给各小组分任务。各小组挖好施肥沟后，经指导教师检查合格后，再填埋有机肥。

五、实训作业

根据实际操作过程和结果，撰写实训报告。

技能实训 2-4 桃疏果套袋

一、目的与要求

通过桃疏果套袋的实际操作，使学生能确定疏果套袋时间，掌握疏果套袋技术。

二、材料与用具

1. 材料 成年结果桃树。

2. 用具 桃果专用纸袋、扎丝等。

三、内容与要求

1. 疏果 疏果分2次进行：第一次于花后25～30d进行，主要疏去僵果、小果、畸形果、并生果及病虫果；第二次于稳果后套袋前进行，疏去各类果枝上过多的果，一般长果枝和徒长性结果枝留果3～6个、中果枝2～3个、短果枝1～2个。

2. 套袋 套袋前喷药防治病虫害，药液干后即可套袋。

四、实训提示

纸袋可让学生自制，可以制成不同颜色纸袋进行套袋，不同颜色纸袋套袋果色差异很大。

五、实训作业

根据实际操作过程和结果，撰写实训报告。

技能实训 2-5 幼年桃树开心形整形

一、目的与要求

通过进行幼年桃树树冠骨架培养的实际操作，掌握幼年桃树整形修剪技术。

二、材料与用具

1. 材料 1～5年生桃树。

2. 用具 修枝剪、基角开张器、竹签、细绳。

三、内容与要求

1. 定干 在整形带部位满足4～5个饱满芽的情况下，定干高度一般为40cm，否则可适当放高。

2. 主枝和主枝延长枝的选择与修剪 选择着生于整形带部位的间距5～10cm、互成120°左右角、长势比较一致的3条枝梢作主枝培养，对主枝延长枝进行中短截修剪，其余枝梢在不影响主枝生长的前提下，不作修剪，留作辅养枝。

3. 副主枝的选择与修剪 选着生于各主枝上距主枝基部30～40cm的侧枝作副主枝培

养，各主枝上的副主枝着生方向，要成轮状关系，不能互为反方向。副主枝延长枝修剪一般进行中短截，副主枝延长枝剪口不能高出和超出主枝延长枝剪口。

4. 枝组培养 选择主枝和副主枝上的按一定距离均匀分布的侧枝培养结果枝组，采取强枝轻剪、弱枝重剪的方法培养。

四、实训提示

指导教师要根据幼树树龄和树冠实际状况，进行有侧重点的讲解和示范，然后以小组为单位，选1～2株树，对修剪方案进行讨论。指导教师审定认可后，再作具体修剪操作。实训材料丰富，可进一步开展以个人为单位的实训练习。

五、实训作业

根据实际操作过程和结果，撰写实训报告。

油桃设施早熟栽培技术

南方油桃设施早熟栽培技术

设施早熟栽培就是利用日光温室、塑料大棚等设施，人为地创造适合于果树生长的小环境，促使其能早破眠、早开花结果，达到提早上市的目的。适宜进行南方地区早熟栽培的油桃品种主要有早红宝石、曙光、艳光、中油桃5号等，下面以中油桃5号为例，介绍其设施早熟栽培技术要点。

一、栽培设施

生产上，油桃早熟栽培一般采用温室大棚等设施。栽培大棚的搭建可分为有墙体单侧采光温室和无墙体双侧采光温室两种形式。有墙体单侧采光温室，具有采光好、保温性强、抗雪压、抗风、坚固耐用的特点，一次性投入可以使用25～30年；无墙体双侧采光温室具有成本低、搭建方便、空间大、采光保温性好的特点，一次性投入可以使用5～10年。

二、苗木定植

江苏苏北地区定植的最佳时间是在8月上旬至9月初这一段时间。定植时，挖开一个深为30cm、直径为20～30cm的定植穴，株距0.8～1.2m，行距1.2～1.5m。定植后一周内需要浇透水2次，促进根系成活。

三、定植后管理

定植后7d左右进行第一次施肥，采用开沟施肥，沟宽20cm、深10cm，施肥以施氮肥为主，每亩施用尿素20kg。定植后1个月按照同样的方法进行第二次施肥，每亩施用尿素15kg。

四、田间管理

（一）休眠期管理

1. 扣棚 当室外平均气温低于7℃时，开始扣棚工作。扣棚时间不要过早，也不要过晚。扣棚时间过早，温室内温度高，树体不能进入休眠状态，导致来年萌芽迟；而扣棚时间过晚，霜降来临后，气温迅速下降，延长树体的休眠时间，影响萌芽开花。

2. 冬剪 桃树的冬剪主要进行疏剪，剪去密生枝、短小细弱的侧生枝、交叉枝、背上枝等。中油桃5号一般以50～70cm的长果枝和30～50cm的中果枝结果为主，30cm以

内的短果枝次之。因此，每枝要选留15个左右花芽饱满且长势中庸的长果枝，适当调整中短果枝，修剪量应该控制在整株枝梢量的30%以内。

3. 温湿度调控　中油桃5号在0～7.2℃的温度区间内，休眠600h之后才能打破休眠，开始萌发。因此，当植株刚开始休眠时，外界温度还比较高，生产上可以在傍晚揭开草帘，打开通风口，促进空气交换，降低温度；白天则可以关闭通风口，盖上草帘，隔绝光照，阻止温室内温度升高。同时保持温室内空气相对湿度在60%～70%。

（二）破眠后管理

在破眠后的第一周，温室内白天室温保持在15～18℃，晚上5～8℃。以后，每周白天升温2℃，晚上升温1℃，最终温度保持在白天21～24℃，晚上8～11℃。

（三）花期管理

1. 温湿度调控　油桃花期一般持续7～10d，白天将温度控制在15～25℃，晚上保持在5～10℃。湿度对开花和授粉有明显影响，空气相对湿度应该控制在50%～60%。

2. 授粉及疏花　桃进行设施栽培需要进行辅助授粉。生产上主要采用蜜蜂进行辅助授粉，可以在开花前一周在温室的前后两侧，各放一箱蜜蜂进行授粉。过多开花将会造成营养消耗大，加重树体的负担，不利于坐果，因此花期需要进行疏花。主要疏除基部花、弱花、畸形花、密生花、双生花等，按照留大去小的原则，最终将疏花量控制在不超过开花总量的20%。

（四）结果期管理

1. 幼果期　此期温室内的温度控制在白天20～23℃，晚上8～10℃，温室内空气相对湿度保持在60%左右。落花后10d需要进行追肥补充养分，帮助果实迅速生长。追肥在两行树体间挖开宽5～10cm、深10～15cm的追肥沟，每亩施用氮磷钾比例为16∶5∶20的硫酸钾型三元复合肥40kg、尿素30kg、磷酸二铵30kg，施肥完成后浇透水，使肥料更好地融入土地中，促进根部的营养吸收，加速树体的生长。在进行肥水管理的同时，需要注重疏果，主要疏除密生果、双生果、朝天果、小果、晚花果。

2. 硬核期　这一时期主要是控制好温度并及时进行第二次疏果。温室内白天温度应该控制在24～26℃，晚上温度控制在8～12℃，温室内空气相对湿度依然保持在60%左右。第二次疏果又称定果，主要去掉小果，保留大果，一般长果枝留果4～6个、中果枝3～4个、短果枝1～2个。

3. 果实膨大期　此期温室内白天温度应该控制在25～28℃，晚上温度控制在10～15℃，空气相对湿度应该控制在50%～60%。在果实膨大期需要施壮果肥，每亩施氮磷钾比例为15∶15∶15的硫酸钾型三元复合肥50kg，施肥后浇透水，促进养分的吸收。

油桃设施早熟栽培是桃高效栽培的一种可行性栽培模式。生产上，需要依据栽培品种特性，制订科学合理的种植方案，采取科学规范的栽培措施，才能获得油桃的优质高产。

“双创”案例

追着市场种黄桃

追着市场种黄桃

苗成永，在周边农户都种红桃的年代，以市场为导向开始种植不受欢迎的黄桃。从黄桃83到黄金冠，他不断地引入市场需求大的新品种来替换本地的老品种，走加工路线。2015年，他又根据市场需求引入了当时少见的鲜食黄桃品种——锦绣，并且跟大的销售公司合作把鲜食黄桃卖到了大城市，走高端市场。2017年，整个合作社的销售额突破了2 000万元。

复习提高

（1）怎样做好桃园的深翻改土工作？
（2）桃园种植绿肥有哪些好处？常用的绿肥有哪些？
（3）桃树结果后，应怎样培养结果枝组？
（4）幼龄桃树生长偏旺应采取什么措施？
（5）桃树夏季修剪以何时进行为好？
（6）为什么要对桃树疏花疏果？
（7）怎样对桃树进行疏花疏果？
（8）桃落果原因有哪些？如何提高坐果率？
（9）如何确定桃的最佳采收期？

项目三 草莓优质生产技术

学习目标

- 知识目标

熟悉本地区草莓主要栽培品种的特性；掌握草莓苗培育技术特点；掌握草莓种子催芽、定植和温室管理技术；掌握草莓优质高效生产的关键技术及理论依据。

- 技能目标

能进行草莓枝蔓调控和花果管理；能独立进行草莓土肥水和主要病虫害管理；能制订草莓温室栽培和管理计划方案。

- 素养目标

具备谦虚好学的素养，形成较强的自主学习意识；培养创新意识，树立正确的人生观和价值观。

生产知识

草莓生产概况

草莓属多年生草本植物，原产于南美洲，中国及欧洲等地广为栽培。在世界草莓总产量中，美国占28%（主要在加利福尼亚州，平均产量55t/hm^2），日本占11%（平均产量22t/hm^2），欧洲占50%（平均产量14t/hm^2）。

我国草莓栽培虽起步较晚，仅有近百年栽培史，且品种大多引自国外，但发展异常迅速，辽宁、河北、安徽、北京、上海、江苏、广东等地栽培面积较大，也相继育成一些新品种。据国家统计局数据显示，2019年我国种植草莓12.5万hm^2，总产量达327.6万t，居世界第二位，全国设施栽培面积占52.1%。

草莓适应性广，栽培容易，生长周期短，见效快，效益高。秋季定植，大棚栽培当年结果，露地栽培翌年3—4月就开花结果，且繁殖迅速，结果稳定，管理得好，亩产在1 000kg以上。

草莓营养丰富，浆果柔软多汁，色泽鲜艳，甜酸适度，芳香味美，含水分80%～90%、糖6%～12%、有机酸1.0%～1.5%、果胶1.0%～1.7%、蛋白质0.4%～0.6%、无机盐及粗纤维1.4%以及多种矿物质和维生素。其中每百克鲜果中含有维生素C 50～

120mg，比柑橘高3倍，比苹果高10倍，含铁1.1mg、磷41mg、钙32mg。草莓既可鲜食又可加工成果酱、罐头、饮料、冰激凌等多种制品，且有保健价值。如草莓胺，对治疗白血病、再生障碍性贫血等有奇效；草莓中鞣酸含量较多，在体内可吸附和阻止致癌化学物质的吸收，具有防癌作用。

草莓生产发展的趋势是：品种上选用优质大果型；栽培上采用新设备、新技术，实现周年生产供应；种苗向无毒化、果品向无公害化、贮藏保鲜和加工向现代化发展，注重提高产量和质量。

任务一　主要种类和品种

一、主要种类

草莓属于蔷薇科（Rosaceae）草莓属（*Fragaria*）植物，共有50多个种，其中生产上有利用价值的主要有6个种，即野生草莓、东方草莓、西美洲草莓、深红莓、智利草莓、凤梨草莓等。草莓染色体 $n=7$，也有2、4、6、8倍体，现栽培草莓品种均属8倍体。

草莓优良品种介绍

二、主要品种

目前世界上草莓品种约有2 000个，并且还在不断育出新品种，品种更换较为频繁。我国草莓品种大多引自国外，少数为国内育成。较适合南方各省栽培的主要品种如下：

（一）国外品种

1. 丰香　日本草莓品种，中国于1987年开始引种。植株生长势强，株型较开张，发叶速度较慢，植株叶片数少，匍匐茎发生较多。叶圆形，大而厚，叶色浓绿，叶面平展。花序低于叶面，花器大，花粉量多，坐果率极高，低温下的畸形果较少。果实圆锥形，一级序果平均重达25g。果面鲜红色，有光泽。萼片大，色浓绿。果肉淡红色，肉质较硬，果皮较韧，耐贮运，果心较充实。汁多，肉细，可溶性固形物10%～13%，甜酸适中，香味浓郁，品质优。

2. 章姬　引自日本，1997年引入浙江。植株长势旺盛，株型直立，叶色浓绿，叶呈长圆形，匍匐茎粗。花芽分化对低温要求不太严格，比丰香早7d左右，花轴长度比丰香长近1倍，且粗，属设施栽培品种。果实为长圆形，端正整齐，畸形果少，纵横比1.44，果色鲜红，果肉软，多汁，可溶性固形物含量14%。株产530.6g，单果重18.95g，其中一级序果重32g，最大果重51g，果实比丰香早熟5d左右，据建德的资料显示，亩产可达3 183.6kg。耐贮运性能差，果实充分成熟时品质极佳，对白粉病、叶斑病、黄萎病、芽枯病、灰霉病的抗性较丰香强。

3. 红颊　由日本静冈县用章姬与幸香杂交育成的早熟栽培优良品种。叶片大、绿色，叶面较平，叶柄中长，托叶短而宽，边缘浅红。两性花，花冠中等大，花托中等大，花序梗较粗、长，直立生长，高于或平于叶面，每株着生花序4～6个，每序着花3～10

朵，自然坐果能力较强，一、二级序果平均单果重 26 g，最大果重 50 g 以上。果实圆锥形，果面深红色、平整、富有光泽。种子分布均匀，稍凹于果面，黄色、红色兼有。萼片中等大，较平贴于果实，萼片茸毛长而密。果肉红色，髓心小或无、红色，可溶性固形物含量 11.8%，果肉较细，甜酸适口，香气浓郁，品质优。对炭疽病、灰霉病较敏感。

4. 甜查理 美国草莓早熟品种。株型半开张，叶片椭圆形，深绿，叶片大而厚，光泽度强。最大果重 60g 以上，平均单果重 25～28g，亩总产量高达 2 800～3 000kg，年前产量可达 1 200～1 300kg，果实商品率达 90%～95%，鲜果可溶性固形物含量 12%以上，品质稳定。该品种休眠期浅、丰产、抗逆性强、大果型，植株生长势强。

5. 幸香 日本品种，由丰香与爱莓杂交育成。植株长势中等，较直立，叶片较小，浓绿色新茎分枝多，单株花序数多，植株休眠浅。果实圆锥形，果形整齐，中大均匀，鲜红色，味香甜，硬度大。一级序果平均单果重 20g，最大果重 30g。果肉浅红色，肉质细，香甜适口，汁液多，可溶性固形物含量 10%。果实硬度、糖度、肉质、风味及抗白粉病能力均优于丰香，丰产性强，可作为南方地区主栽品种发展。

6. 香野 又称隋珠草莓，引自日本。该品种植株生长势强健，叶片椭圆形，绿色，叶缘锯齿较大。休眠浅，花芽形成对温光及日照长短等条件要求不十分严格，成花容易，花量较大且质量较好，花序连续抽生能力强。早熟丰产，成熟期较章姬早 7d 左右，比红颜早 10～12d，产量与红颜相当。果实多为圆锥形或长圆锥形，平均单果重一般在 25g 左右，最大果重 108g，果为红色，果肉橙红色，肉质脆嫩，香味浓郁，带蜂蜜味，可溶性固形物含量一般在 10%～12%，口感极佳。该品种抗性较强，对炭疽病、白粉病的抗性明显强于红颜，有望成为日光温室超促成和促成栽培的主栽品种。

7. 蒙特瑞 美国加利福尼亚大学 2008 年育成。植株长势强，较直立，叶片绿。果实圆锥形，鲜红色，个头大，平均单果重 33g，最大果重 60g，品质优，风味甜，可溶性固形物含量 10%以上，硬度稍小于阿尔比。植株分枝较多，连续结果能力强，丰产性好，产量高，亩产 6 000kg 以上。抗病性强，如抗白粉病和灰霉病。可周年结果，适宜促成栽培及夏季栽培。

（二）国内品种

1. 紫金四季 由美国品种甜查理和国内四季品种林果杂交选育而成，2011 年 11 月通过江苏省农作物品种审定委员会审定并定名。果实圆锥形，红色，光泽强，外观整齐，果基无颈，无种子带，种子分布稀且均匀，平均单果重 16.8g，最大果重 48.3g。果肉红，酸甜味浓，可溶性固形物含量约 10.4%，总糖 7.152%，可滴定酸 0.498%，维生素 C 0.697mg/g，硬度 2.19kg/cm^2。该品种植株半直立，长势强，坐果率高，畸形果少，丰产期每亩产量约 2 080kg。在江浙地区大棚促成栽培，9 月上旬定植，10 月中旬头序花现蕾，10 月中下旬始花，11 月下旬果实初熟。

2. 宁玉 以幸香作母本、章姬作父本杂交育成的草莓促成栽培极早熟品种，2010 年通过江苏省农作物品种审定委员会鉴定。果实圆锥形，一、二级序果平均单果重 24.59 g，最大果重 52.99g 以上。果实红色，果面平整，果皮较厚，果肉橙红色，髓心橙色，肉质细腻，硬度好，香气浓，风味甜，品质上等。果实可溶性固形物含量 10.7%，总糖含量

7.38%，可滴定酸 0.52%，维生素 C 0.762mg/g，果实硬度 1.63kg/cm²，耐贮运。在江浙地区塑料大棚设施栽培，8 月下旬定植，10 月下旬覆盖棚膜保温，11 月中旬采收上市，成熟期比丰香等对照品种早 12～17d，至翌年 5 月可形成 3～4 次花果期。

3. 宁丰 江苏省农业科学院园艺研究所于 2005 年以达赛莱克特为母本、丰香为父本杂交育成。果实圆锥形，果红色，光泽强，外观整齐漂亮，大小均匀一致，果实大小均匀度高于红颜，外观优于丰香。一、二级序果平均单果重为 22.3g，最大果重 47.7g。果肉橙红色，风味香甜浓郁，可溶性固形物含量 9.2%，其风味、口感达到现主栽品种水平，果实硬度大于明宝。在江浙地区大棚促成栽培，9 月上旬定植，第一花序 10 月中旬始花，11 月下旬果实开始成熟。耐热、耐寒性强，抗炭疽病，较抗白粉病。该品种适应能力强，在我国南北方均可栽培。

4. 静宝 由浙江省农业科学院园艺研究所以 Camorasa 和章姬杂交后再与幸香杂交育成的早熟品种。植株生长势强，株型直立，株高 22cm，耐低温弱光，匍匐茎抽生能力强，浅休眠。果实中等大小，一级序果平均单果重 33g，最大果重 61g。果形呈短圆锥形或球形，果面平整，浅红，着色均匀，种子微凹于果面。果肉白色，可溶性固形物含量 12.0%～14.5%，风味极佳，甜酸适口、香味诱人，贮运性好。花芽分化早，8 月底至 9 月初定植，每亩栽 6 500 株，移栽后植株抽生 2 个或 3 个侧枝，始花期 10 月中下旬，始采期 11 月下旬，连续结果能力强，丰产性好，每亩产量 2 500kg 以上。抗草莓炭疽病、灰霉病、白粉病能力强。

5. 黔莓 2 号 以章姬作母本、法兰帝作父本杂交选育的草莓早熟品种，2010 年通过贵州省农作物品种审定委员会审定。果实短圆锥，红色，光泽好，果肉橙红色，髓心橙黄、中大，果实完熟后髓心略有空洞，果尖着色易，萼下着色较慢，种子红黄色，凹陷。果肉质地韧，香味浓郁，酸甜适口，可溶性固形物含量 10.7%，可溶性糖含量 7.56%，可滴定酸 0.51%，维生素 C 含量 0.93mg/g，果实硬度较好，贮运性较好，单果重 25.2g，单株产量 268.8g。耐寒性、耐热性及耐旱性较强，抗白粉病、炭疽病能力强，抗灰霉病能力中等。

6. 艳丽 沈阳农业大学以 08－A－01 为母本、枥乙女为父本杂交育成。果实圆锥形，果形端正，一级序果平均单果重 43g，果面鲜红色，光泽度强。风味酸甜适口，香味浓，可溶性固形物含量 9.5%，总糖含量 7.9%，可滴定酸含量 0.4%，维生素 C 0.63mg/g，果实硬度 2.73kg/cm²，耐贮运。植株健壮，抗病性强。适合日光温室促成栽培和半促成栽培。

任务二　生物学和生态学特性

一、生物学特性

草莓生物学特性

（一）生长特性

草莓植株由地下和地上两部分构成（图Ⅱ－3－1）。地下部具有发达的根系，地上部由茎、叶、花、果实组成。

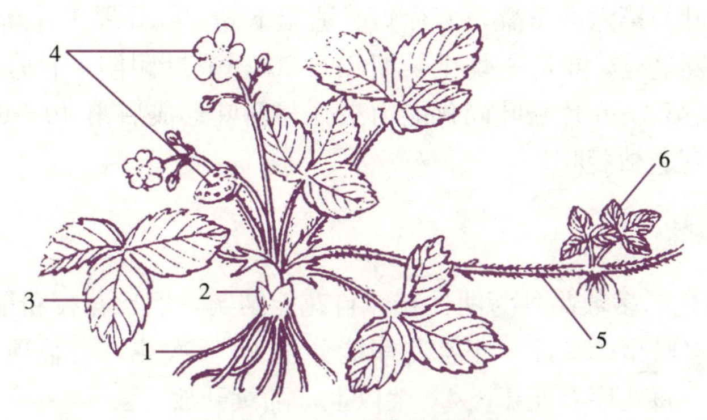

图Ⅱ-3-1 草莓植株形态

1. 根 2. 短缩茎 3. 叶 4. 花和果 5. 匍匐茎 6. 匍匐茎苗

（薛正标，2009，图文精讲反季节草莓栽培技术）

1. 根 根为须根系，由着生在新茎和根状茎上的不定根组成，分布较浅，分布在植株周围10～15cm、深度10～30cm土层内，一般有25～35条根，均为初生根。1年内有2～3次生长高峰，春季根的生长比地上部早10d左右，从秋季至初冬以及翌年春季为吸收根生长旺期，春根发生后生长缓慢。

2. 芽与茎 芽分为顶芽和腋芽。顶芽着生于新茎先端，向上发生叶片和延伸新茎，后期形成混合芽，翌年结果。腋芽着生在叶腋里，也称侧芽，可以抽生新茎和匍匐茎。茎可分新茎、根状茎和匍匐茎。新茎为当年萌发的短缩茎，呈半平卧状态，是叶与根的联结器官，又是繁殖器官，新茎顶芽到秋季可分化成混合芽，翌年开花结果。根状茎为多年生茎（老茎），着生很多须根，木质化程度提高，生理功能减弱，移栽时可以将它去掉。匍匐茎又称地上茎，茎细，节间长，是草莓的营养繁殖器官，由腋芽形成（图Ⅱ-3-2）。因形成层不发达，加粗生长甚微，仅从坐果后期开始，第二节起隔节向上生出叶片，向下形成不定根，入土成为新苗根系，形成独立的苗（新株）。匍匐茎的数量因品种、长势及结果多少而异，一般一株可发匍匐苗30～100株，也有不发匍匐茎的。

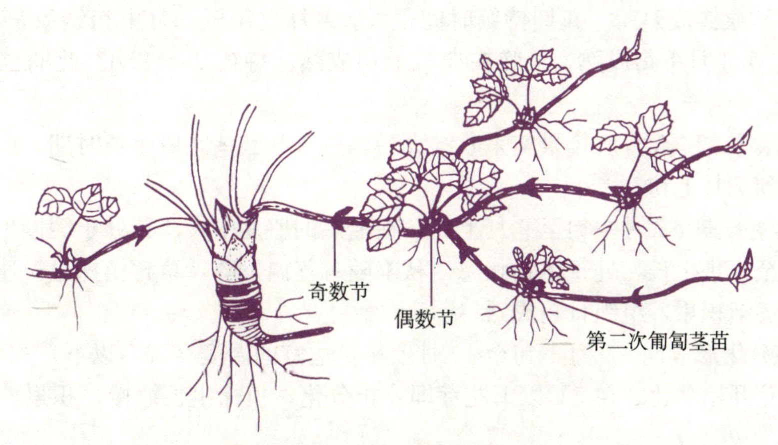

图Ⅱ-3-2 草莓匍匐茎的结构

（薛正标，2009，图文精讲反季节草莓栽培技术）

3. 叶 羽状复叶，多数为3小叶，少数为5小叶，生于短缩茎上，互生，呈簇生状，莲座形排列。第一叶与第六叶重叠，寿命短。适温下8～9d开展1片新叶，随着植株不断生长，下部叶片不断老化，单叶平均生长期60～80d。其叶耐阴，且常绿性。一株草莓发生20～30片叶，以第4～6片新叶同化能力最强，新叶形成后第40～60d光合能力最强，生产上要经常摘除衰老枯萎叶片。

（二）开花结果特性

1. 花 花为白色，多数品种为两性花，自花能结实，但异花授粉能大大提高坐果率。系有限二歧聚伞或多歧聚伞花序，正常花序能分生1～3次花，主轴顶有1朵花，向下依次向两侧分别着花，每花序有花15～20朵以上，陆续开放。

2. 果实 其食用部分由花托发育而成，是聚合果，其真正的果实为瘦果，内有1粒种子，许多瘦果着生在花托上，瘦果能分泌生长素而使花托肥大。果面多呈深红或浅红色，果肉多为红色，果实充实或稍有空心。果形有圆球形、圆锥形、纺锤形、楔形等。果实大小因品种而异，同一花序以第一花序为最大，级数越高，成熟越晚，果个越小，后结的果逐渐变小。

（三）物候期

1. 休眠期 草莓的品种不同，完成休眠所要求的低温时间也不一样，如明宝为70～90h，宝交早生为450h，红露则需600h以上。因此，低温需求量的多少就成了表示品种间相互关系和休眠深度的指标。要求低温时间长的，称为休眠较深的品种；要求低温时间短的，则称为休眠较浅的品种。一般原产于北方寒冷地带的草莓品种休眠较深，通过休眠所需5℃以下的低温时间在700h左右或更多；原产于南方温暖地带的草莓品种休眠较浅，通过休眠所需5℃以下的低温时间仅20～50h。

2. 萌芽和开始生长期 2月中旬，气温回升到2～5℃，10cm内土温稳定在1～2℃，根系开始生长，长出新根，通常比地上部早10d左右，此时主要依靠贮藏营养生长。3月上、中旬地上部开始生长、萌芽、展叶和出现花序。

3. 开花和果实成熟期 花期持续时间很长，4月上旬至5月上旬结束，花期为20～25d。早花果实4月下旬成熟，最晚在6月上旬成熟，持续20～25d。此期也开始少量抽生匍匐茎。

4. 旺盛生长期 5月底，果实采收结束后，进入叶和茎旺盛生长时期，产生很多营养苗，约持续到7月上旬。

5. 停止生长期 7月中旬至9月上旬，在酷热的盛夏中，草莓处于缓慢生长阶段，最热的天气甚至停止生长，处于休眠状态。秋末随着气温下降，草莓植株生长速度减缓，体内营养物质逐渐积累，组织日趋成熟。

6. 花芽分化形成期 9月下旬至10月上旬，适宜的温度（17℃以下）和短日照（12h以下）使花芽开始分化。在5℃以下花芽即停止分化，植株生长缓慢，积累养分于根状茎准备越冬。

二、生态学特性

1. 温度 土温稳定在2℃时根系开始活动，其最适温度为15～20℃。气温在5℃时开始萌芽，茎叶开始生长，地上部分生长发育适温为18～25℃，最低气温为4～5℃，低于此温度则进入休眠。根茎虽能耐－10℃的低温，但此时大多数植株会死亡，而花蕾与幼果在5℃以下就易受冻。日均气温在5～17℃时进行花芽分化，在10℃以上时开始开花，在25～27℃的适温下，花粉发芽力可保持3～4d。

2. 光照 一般的品种为短日照品种，四季草莓属长日照品种。草莓喜光又较耐阴，在覆盖下越冬的叶片仍可保持绿色，翌年还能进行光合作用。光照充足，生长发育良好；光照不足，植株较弱，产量和品质显著下降。故需注意园地选择和合理密度，以利于通风透光。但轻度遮阳时仍结果良好。

3. 水分 草莓喜湿怕涝，根浅，植株小，叶片大，叶片更新快，且抽生大量匍匐茎，故对水分要求高。苗期缺水，茎叶生长受阻碍；结果期缺水，影响果实膨大和产量及品质。故需注意抗旱和排水，有条件的可实行喷灌和滴灌。

4. 土壤 草莓适应性强，能在各种土壤生长，山坡地和平地均可种植，但以肥沃、疏松、排水好、保水力强、pH 5.5～6.5的沙质壤土或壤土为最好，在黏重土和盐渍土上生长不良。

任务三 育 苗

草莓育苗是保证草莓栽培获得成功的关键之一。目前，草莓育苗有匍匐茎分株繁殖、新茎分株繁殖、播种育苗和茎尖花药组织培养4种。

“红颊”草莓育苗技术

一、匍匐茎分株繁殖

匍匐茎分株繁殖即把匍匐茎发生的秧苗与母株分离形成新植株的方法。此法一般每亩可繁殖1～2代健壮子株3万～8万株。具体方法：当果实采收后，匍匐茎大量发生时，除去枯株枯叶，结合除草，翻耕畦地，同时将匍匐茎置于空隙地面，并在匍匐茎节上培土，促使新苗向下扎根，待新苗2～4片叶龄后，在新苗两侧逐节切断，使之各成为独立的新苗。为培育壮苗，可在6月下旬至8月，假植苗床，行距15cm，株距12cm，栽后晴天要用苇帘遮阳，7d左右待苗成活后逐渐揭除，至秋天即可培育成壮苗。

二、新茎分株繁殖

新茎分株繁殖又称分墩法，即把老株上带有新根的新茎枝分开，形成新茎苗的方法。生产上一般在换地重栽，对萌发能力低的品种，或在秧苗不足时采用。一般在9—10月掘取老株，剪去枯衰根茎，取健壮、带有多条米黄色或白色不定根、无病虫害的分株进行假植或定植。此法出苗率较低，1株3年生母株只能分出8～14条营养苗，造成伤口大，病原物易侵入，对新建园最好先行土壤消毒。

促进草莓花芽分化的措施

三、播种育苗

播种育苗是用种子繁殖苗木的方法。采收最先成熟、一般具有该品种固有品质特征的果实，经压碎洗涤、分离所得的种子，洗净晒干，置于阴凉处保存，在室温条件下可保存2年仍有发芽能力。春季播种后，幼苗产生2～3片真叶时，假植1次，至9—10月便可定植。此法多在选育的新品种，或国外引种及加速培育大量苗时采用。这种方法，一年四季都可播种育苗，由于种子小，播种时必须精细，适盆播或箱播，并应进行土壤消毒和加强管理。实生苗生长快，根系发达，适应不良环境的能力强，通常经10～15个月或更短时间就能开始结果。但此法繁殖苗易变异，生产中最好再经过株选，单独进行营养繁殖，再行扩大栽培。

四、茎尖花药组织培养

茎尖花药组织培养即把茎尖分生组织或花药通过组织培养形成茎尖组培苗或花药组培苗的繁殖方法。这是近年来生产上兴起的新繁殖方法，适宜于草莓快速繁殖和培养无病毒母株。此法繁殖速度最快，可在短期内繁殖出大量品种纯正的秧苗，1个茎尖分生组织1年内就能得到300～700株秧苗，1个新品种2年就可繁殖数十万株秧苗。茎尖组培或花药组培，还可为生产提供大量的无病毒草莓苗，是草莓无病毒苗培育的有效途径。秧苗质量高，生长发育健壮，有利于提高产量和品质。但成苗所需培养期间长，一般需经过接种、增殖、生根、驯化、移栽等阶段，才能得到组培苗，且需要组培设备，技术上也较其他繁殖方法难。

任务四　建　　园

一、园地选择

1. 选地与轮作　草莓对土壤适应性较强，一般山坡地、平原闲杂地都有可种植，但根系较浅，仍以pH 5.5～6.5、肥沃、利水、保水的沙质壤土或壤土为好，且应避免与番茄、马铃薯、辣椒、茄子、豌豆等作物连作，以减轻病害，否则需经过土壤消毒。幼龄桃园和梨园内间作草莓，产量高，管理省工，成本低，收益大，值得提倡，但定植的草莓宜在果树根际1m以外，间套作在果园行间的草莓，需控制氮肥用量，否则将引起茎叶徒长。

2. 翻耕与基肥　早稻收割后立即翻耕，酸性土宜撒上石灰及杀菌剂进行土壤消毒，并亩施腐熟有机肥2 000～3 000kg、饼肥100kg、过磷酸钙100kg或复合肥40～50kg，再翻耕30cm以上，除去杂草和前作残茬，平整畦面。栽植前半个月筑畦，畦宽90～105cm，畦高30cm左右，沟深35cm，使畦面不会积水，匍匐茎、叶、花、果实不被水浸泡，有利于生长和提高品质。

二、定植

1. 定植密度　1年生匍匐茎苗每亩栽6 000～10 000株，行株距为（25～30）cm×（17～20）cm。

草莓苗定植

2. 定植时期　一年四季都可以种植，但大规模种植时，南方掌握在9月下旬至10月中旬，日均温25～26℃时定植为宜。

3. 定植方法

（1）定植时如苗大小不齐，应将大小苗分栽，小苗可栽密些。

（2）苗根带土移栽，成活快。

(3) 定植要严格定向种植，即需将苗的弓背向畦的外侧，以让果实全挂在畦沟的一面，便于采收。

(4) 定植时，先挖穴，使根系舒展穴中，再覆细土压实，使表土与根颈平齐，不可土压苗心，更不可使根系外露（图Ⅱ-3-3）。

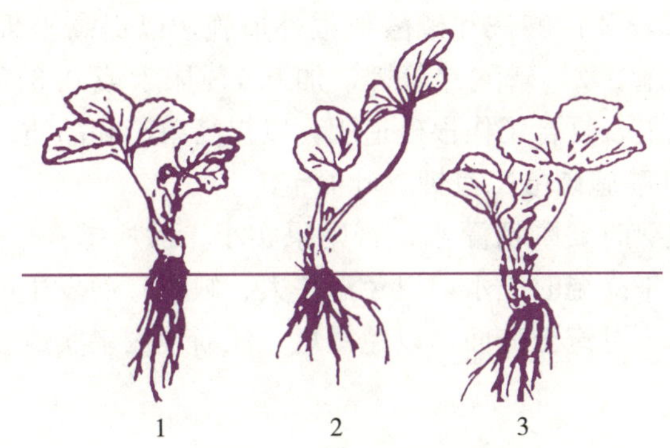

图Ⅱ-3-3 草莓定植深度

1. 过浅 2. 合适 3. 过深

（薛正标，2009，图文精讲反季节草莓栽培技术）

(5) 定植后浇 10%稀粪水作“定根水”，同时检查有无缺株、露根、淤心的苗，并及时进行调整。

任务五 田间管理

我国南方地区草莓以大棚促成栽培为主。

一、畦面覆盖地膜

覆盖地膜时期一般以在草莓现蕾后至开花前进行为宜，在广西南宁以 11 月中、下旬进行最为适宜，不宜过早或过迟。覆盖过早，易引起土温过高，不利于根系和植株生长，甚至会出现“烧苗”现象，也不利于早期的土壤管理和施肥；覆盖过迟，不利于土壤保温，会影响根系和植株生长，更不利于土壤保湿、杂草防除、果实防病和洁净果实的生产。覆盖用的地膜通常为黑色膜、白黑双层膜或银黑双层膜，不宜采用透明膜。

二、土肥水管理

1. 土壤管理 土壤管理主要是覆盖地膜和中耕除草。成活后至 2 月前，通过地膜覆盖增温保湿，加速根系生长和土壤有机质分解，又起到垫果作用，避免果实被土壤污染或腐烂，利于提早成熟和增产。地膜以黑色为好，白色、绿色也可，每亩用 10kg 左右，其厚度为 0.012～0.015mm。地膜需贴紧地面，畦两侧用泥封住，以免被风吹起，然后破膜将草莓露出。

如果不实行地膜覆盖，为减少土壤养分消耗，就得实行浅中耕、除草，近植株的杂草用手拔除，勿使土压住心叶。草莓 1 年需中耕 5～6 次，中耕宜与施肥密切结合，并视气候及苗情精心作业。生长期间选用 50%敌草胺可湿性粉剂 300 倍液于雨后均匀喷布，既能除草，又有利于草莓生长，尤其是地膜覆盖前，用此药剂除草效果则更明显。

草莓田间施肥管理技术

2. 肥水管理　成活后至萌芽前，结合中耕松土，施一次发芽肥，每亩施稀薄腐熟人粪尿750～1 000kg或尿素7.5kg，以促使植株发芽生长。现蕾到开花前，每亩施50kg人粪尿，加2.5kg尿素、5kg过磷酸钙、2.5kg氯化钾浅施，配施0.1%～0.3%钼酸铵和硼酸作根外追施，以提高坐果率、产量和品质。开花着果后，喷施0.2%磷酸二氢钾，加0.1%尿素或0.3%过磷酸钙浸出液，或用适量微量元素、复合肥作根外追肥，以提高单产和品质。一级序果采摘后每亩施复合肥20～30kg，并喷施磷酸二氢钾、叶面宝等。

在开花前与果实成熟时要酌情灌水，否则果实小、品质差；7—9月高温干旱期宜提倡早、晚灌水，避免中午高温时灌水，以免温差大、缺氧，而发生闷苗与灼伤现象。一般以流水沟渗灌为宜，水不可淹至畦面，以免霉烂。江浙地区果实成熟期正值雨季，及时排除园中积水尤为重要。

三、设施栽培

（一）双层保温促成栽培

这是一种选用浅休眠品种，采用多种措施促进花芽早分化，定植后采用保温或电照方法阻止植株进入休眠，而直接进入开花结果，以草莓提早在年内上市为目标的栽培方式，具有高产、优质、早上市、供应期长、经济效益高的特点。其采收期在11月下旬至翌年5月下旬，长达半年，亩产1 250～1 500kg。大棚可用标准商品棚，也可用镀锌钢管或竹木材料自制，可根据经济实力确定。钢架牢固耐用，但一次性投资大，每亩需万元以上；竹架虽轻便省本，但使用年限短，必须中间立支柱，田间操作不便；钢管毛竹棚则介于竹架与钢架之间。塑料薄膜覆盖依气温高低选用单层、双层或三层覆盖。

温室草莓田间植株管理

1. 选用品种与种苗　宜选用适应性广、休眠性浅、早熟、抗病、优质、耐运输、低温下着色好的品种，如中国农业科学院培育的新星系列（1～4号）草莓、章姬、女峰、明宝、丰香、丽红等品种。

种苗培育基本同露地栽培，有分株繁殖法、种子繁殖法、组织培养法3种。以组织培养法比较理想，可批量生产种苗，兼有无毒的优点，但要求有专门设备和人才，投资也较大；匍匐茎分株质量较好，繁殖系数高。

2. 适时定植及覆膜　一般9月10—15日花芽已基本完成分化，故9月中旬为适宜的定植时期，如定植过早，反而推迟结果。地膜覆盖采用满园式，包括畦沟都进行覆盖，以降低棚内空气湿度，减轻病害。铺地膜时间可以在大棚薄膜覆盖后进行。适宜的保温开始期为10月下旬至11月初，过早保温会影响花芽分化，过迟保温植株易进入休眠（一旦进入休眠就很难打破），植株矮化，影响前期产量与上市期。第二层膜覆盖时期为11月下旬至12月初（暖冬年份稍迟几天），二层膜只是在晚间覆盖，白天除掉，以利光照。

温室草莓高温高湿防控

3. 控温控湿和放蜂　保温初期至发蕾期大棚棚内温度，掌握白天30℃、晚上15℃以上，并注意换气，避免出现35℃以上高温，相对湿度控制在80%以下，以利提早现蕾开花；现蕾开花期至果实肥大期昼夜分别掌握在22～25℃和

8～10℃，特别注意保持夜间温度，控制相对湿度在45％～60％，如能达到45％左右则更好，利于授粉与抑制病害，如湿度大、温度高，宜在中午通风换气降湿，以致揭棚，不使温度达到35℃以上，否则将会产生畸形果和“黑花”（花而不实）；果实肥大至成熟期昼夜分别掌握在20～24℃和6℃左右，保持60％的空气相对湿度，若此期夜间在8℃以上，果实成熟早，果实肥大不良，成熟果的糖度低。

大棚栽培每天上午9时至下午3时要注意通风。萌蕾后棚内温度始终不可达到30℃以上高温和5℃以下低温，开花结果期的最低气温应保持在5℃以上，否则花与果实将要受到危害，乃至受冻害成为“黑花”。高温加上高浓度药剂处理，畸形果势必发生多，故要特别注意。授粉不良是造成畸形果的主要原因，花期温室内放蜂利于授粉，可防止畸形果的发生，意大利蜂需在14℃以上放蜂，中华蜜蜂要求6℃以上，放蜂之初因蜜蜂一时不适应容易到处碰撞致死，故要有一个适应和试放过程。

4. 肥水管理　因草莓采果期长，需肥水量大，宜及时给水补肥，防止早衰，有条件的还可设置一条开口式或渗透式滴管，用于灌水和施肥。施肥依苗情而定。第一次追肥在10月下旬覆盖地膜和大棚以前，以促进其生长发育；第二次于12月中旬，在第一、第二次果采收之后，每隔15～20d追肥1次，氮、磷、钾配合，液肥浓度以0.3％～0.4％为宜，每亩施1 500～2 000kg，并结合灌水进行，切勿过浓，以防肥害。有灌水设施可通过管道渗入，无此设施则用浇注法，但绝不能漫灌。同时大棚四周要开深沟排水，以降低地下水位。

设施草莓吊袋式二氧化碳施肥技术

5. 防治病虫害　方法同大田防治。大棚高温、高湿，易发生灰霉病等病害，除及时摘除病叶、病果，集中烧毁或深埋，减少菌源外，可交替使用50％腐霉利可湿性粉剂1 500倍液、50％多菌灵可湿性粉剂800倍液或70％甲基硫菌灵可湿性粉剂1 000倍液进行防治。

（二）大、中棚半促成栽培

这是通过低温或其他方法打破草莓的休眠期，并采取保温和加温措施，使植株提早恢复生长、开花结果，能在2—3月上市的一种栽培方法。此时正是促成栽培果实将近落市，而露地栽培果实又未上市之时，补充淡季作用明显。

1. 品种选择　同日光温室及双层保温促成栽培，宜选休眠中等、5℃以下低温时间在200～500h、保温后能迅速生长和开花结果的品种，如宝交早生和丽红等。

2. 定植　应在花芽分化后进行，南方各省份一般在10月中、下旬，以日平均气温25～28℃为宜，管理同促成栽培法。

3. 覆盖保温　宝交早生在江浙地区一般在12月中旬覆盖为最好，过早则叶生长快，但初花数少，植株矮小而不整齐，过迟则开花结果延迟。覆盖后周围密闭，不要漏风，以进行保温，温度调控及肥水管理同促成栽培。

4. 草莓赤霉素处理　旨在顺利通过休眠阶段，促进长叶和开花。具体方法：12月中旬大棚覆盖2～3d后用10mg/kg（即0.001％）赤霉素，每株5mL，喷洒在芽的中心叶面，隔10～12d后再叶面喷洒5mg/kg（0.000 5％）赤霉素，每株5～8mL。若浓度过高，又遇到35℃以上高温，会导致叶龄过长，果梗异常伸长。处理当日及翌日大棚内温度必须控制在30℃以下，同时处理期不要在萌蕾以后，否则果实成为长形，花萼下端变长，植株趋弱。

（三）小拱棚栽培

这是草莓早熟栽培的一种方法。即在草莓通过自然休眠后，早春气温回升前，用竹片搭建小拱棚，覆盖薄膜保温，促进草莓提早生长和开花，使果实上市比露地提早15～20d。此法简便、节约成本、易操作、效益高，且可避开露地草莓上市高峰期。

1. 搭棚盖膜 春节后（2月上旬）对草莓地进行除草松土、整理植株、施追肥、铺地膜等工作后，即进行搭建小拱棚，并覆盖0.6～0.8mm的聚乙烯农用膜，做到一畦一拱棚，棚顶距地面50～60cm，覆膜后，畦的一侧用泥压实，另一侧可用碎砖压牢，便于通风开启，同时在畦的两侧打桩将棚膜用细绳压牢，以防被风掀起。

2. 控制温湿度 盖膜后至顶花芽抽生前，昼夜棚温掌握30℃以下和5℃以上，空气相对湿度在80%以下，促使植株生长；顶花序开花后，昼夜棚温掌握23～25℃和5℃以上，空气相对湿度在60%以下，如湿度超过此指标时，必须及时掀膜通风，调节温湿度。4月上旬果实开始采收，自然温度能满足草莓生长发育要求时，即可揭膜，以免气温回升，棚温过高，造成伤害。

3. 其他管理 土壤、肥水、花果等管理以及病虫害防治，可参照露地栽培和设施栽培。

四、花果管理

温室草莓畸形果形成原因分析

温室草莓畸形果防治

及时摘除匍匐茎、老叶、病叶、疏芽以及疏花疏果。自定植至见花蕾，宜保留5～6叶和1个芽，其余及时抹去，减少养分消耗。现蕾开花时，摘除生长瘦弱的3～4级花和小果，使现有的果发育成大果，提高商品率。在2月时，如植株长势较强，最多留2个子芽。开花结果期，宜及时摘除匍匐茎和叶柄基部变黄的老叶及病叶，每株宜保留6～7片叶，其余疏去。这是增产的关键措施之一。

草莓花多，结实力强，一般每株可达20～60朵，一级和二级花序上所结的果大而品质好，三、四级花序上的花多时，应尽早疏去，使养分集中供给一、二级花蕾，使之先开花的果大、整齐、成熟早、品质佳。花蕾期及时疏除晚弱花蕾，最好在第一朵花开放，花序上花蕾已分离时进行，既可省工省肥，又使留下的花果整齐，成熟期集中，提高品质，疏留比例以1∶4或1∶5为宜。在坐果后幼果绿色时期，及时疏除畸形果、病虫果，并视苗势和果情，以留到三级序果为准。

花后果实膨大逐渐下垂触地，果实易被泥土污染或腐烂，如事先未用地膜覆盖垫果的，此时须用秸秆铺垫，使果实与地面隔开。一般每亩用地膜10kg或者用碎草、麦秸100～150kg。据报道，铺地膜比铺草增产21.5%，成熟期可提早6d。铺草以不见泥土为准。

细胞分裂素能刺激草莓细胞分裂，促进叶绿素和蛋白质的合成，强化光合作用及其产物运转，使新叶早旺长、花芽早分化、幼果早膨大。通常在草莓栽活后的枝叶生长阶段，喷细胞分裂素600倍液1～2次；正常生长期可每隔7～10d喷1次；花期喷4～5次，每次每亩喷60kg水溶液。一般掌握在下午2时左右喷施，以利植株吸收。

技能实训

技能实训3-1 草莓匍匐茎繁殖

一、目的与要求

通过本次实训内容的实际操作，使学生学会草莓匍匐茎繁殖苗木技术。

二、材料与用具

1. 材料 草莓匍匐茎苗繁殖母株、苇帘遮阳网、搭建小拱棚的竹篾条等。

2. 用具 小刀、剪刀、锄头等。

三、内容与方法

1. 选苗培育繁殖专用母株 于10—11月选择品种纯正、健壮无病虫的植株作母株，按20cm×25cm的距离种植，培养成专用母苗。

2. 繁殖母株定植 3月中旬至4月上旬，将母株带土移栽在专用苗圃，株行距为2.0m×0.5m，每亩栽600株左右，并施足淡水肥，覆盖地膜或搭拱棚保温保湿，促其成活生长。

3. 促生匍匐茎 成活后喷50～100mg/kg赤霉素，每次每株5mL，隔7d再喷1次，促早发和多发匍匐茎。以后注意勤施薄肥、开沟排水、抗旱保苗、结合病虫防治喷0.3%尿素和磷酸二氢钾作根外追肥等。

4. 茎节压土促苗 匍匐茎抽生后要经常引压，用土压茎部固定，使之均匀布蔓。一般一株母蔓可繁殖50～100株壮苗。

5. 小苗假植培育 7—9月，将匍匐茎苗带土移入假植圃，畦宽80～100cm，行株距15cm×12cm，按大小苗分畦栽植，并充分浇水，用遮阳网或芦帘遮阳保湿，至成活为止。

四、实训提示

本实训工作过程需要长达9～10个月时间，其间分次分阶段进行，实训指导教师要认真审核和督促学生按计划步骤开展实训工作。

五、实训作业

(1) 对资料整理分析并结合内容写出实训报告。

(2) 对育苗效果进行评价，提出草莓匍匐茎繁殖改进措施。

技能实训3-2 草莓苗木栽植

一、目的与要求

通过本实训内容的实际操作，使学生学会草本果树栽植前的整地做畦、打底肥等工作，掌握草莓栽植技术。

二、材料与用具

1. 材料 草莓苗木、腐熟有机肥、复合肥等。

2. 用具 锄头、簸箕、水桶等。

三、内容与方法

1. 深翻施肥 酸性土宜撒上石灰及杀菌剂进行土壤消毒，并每亩施腐熟有机肥2 000～3 000kg、饼肥100kg、过磷酸钙100kg或复合肥40～50kg，再翻耕30cm以上。

2. 整地做畦 经施肥深翻的地块，除去杂草和前作残茬，平整畦面，栽植前半个月筑畦，畦宽 90～105cm、高 30cm 左右，沟深 35cm，要求使畦面不会积水，匍匐茎、叶、花、果实不被水浸泡，有利于草莓生长和提高品质。

3. 挖坑定植 在畦面上先挖穴，定植要严格定向种植，即需将苗的弓背向畦的外侧，以让果实全挂在畦沟的一面，便于采收。苗木根系舒展穴中后，再覆细土压实，使表土与根颈平齐，不可土压苗心，更不可使根系外露。

4. 浇水促活 定植后浇用 10%稀粪水作“定根水”，同时检查有无缺株、露根、淤心的苗，并及时进行调整。

四、实训提示

本次实训分两次进行，可间隔 15～20d，即第一次为深翻施肥和整地做畦，第二次为挖坑定植和浇水促活。

五、实训作业

（1）对资料整理分析并结合内容写出实训报告。

（2）如何提高栽植成活率？

技能实训 3-3 草莓植株管理

一、目的与要求

通过本实训内容的实际操作，使学生学会露地草莓植株管理技术。

二、材料与用具

1. 材料 露地草莓生产园。

2. 用具 残叶、病叶收集篮等。

三、内容与方法

1. 及时摘除匍匐茎、老叶、病叶 开花结果期宜及时摘除匍匐茎和叶柄基部变黄的老叶及病叶，每株宜保留 6～7 片叶，其余疏去。

2. 疏芽

（1）自定植至见花蕾，宜保留 5～6 叶和 1 个芽，其余及时抹去，减少养分消耗，如植株长势较强，最多留 2 个子芽。

（2）现蕾开花时，摘除生长瘦弱的 3～4 级花和小果，使现有的果发育成大果，提高商品率。

3. 疏花疏果

（1）疏花。草莓花多，结实力强，一般每株可达 20～60 朵，一级和二级花序上所结的果大而品质好，三、四级花序上的花多时，应尽早疏去，使养分集中供给一、二级花蕾，使先开花的果大、整齐、成熟早、品质佳。花蕾期及时疏除晚弱花蕾，最好在第一朵花开放，花序上花蕾已分离时进行，既可省工省肥，又使留下的花果整齐，成熟期集中，提高品质。

（2）疏果。在坐果后幼果绿色时期，及时疏除畸形果、病虫果，并视苗势和果情，以留到三级序果为准。

4. 覆膜或铺草垫果 花后果实膨大逐渐下垂触地，果实易被泥土污染或腐烂，如事先未用地膜覆盖垫果的，此时须用秸秆铺垫，使果实与地面隔开。

四、实训作业

(1) 如何判断一株果树花（果）量是过多、过少还是适量？

(2) 覆膜或铺草垫果有何优点？

技能实训 3-4　草莓小拱棚栽培技术

一、目的与要求

通过本实训内容的实际操作，使学生掌握小拱棚草莓栽培过程各环节的关键性技术。

二、材料与用具

1. 材料　适合当地小拱棚栽培的草莓品种苗、搭建小拱棚架材、棚膜等。

2. 用具　锄头、簸箕、温湿度计等。

三、内容与方法

1. 苗木定植　于10—11月施足基肥，精细整地，做畦定植。定植时要注意方向和深度，应将新茎弓背朝向畦外侧，并使苗心基部与地面齐平。

2. 地膜覆盖　1月中旬对草莓地进行除草松土、整理植株、施追肥、铺地膜等工作。

3. 搭棚盖膜　地膜覆盖后，开始搭建小拱棚，并覆盖0.6～0.8mm厚的聚乙烯农用膜，做到一畦一拱棚，棚顶距地面50～60cm。覆膜后，畦的一侧用泥压实，另一侧可用碎砖压牢，便于通风时开启，同时在畦的两侧打桩将棚膜用细绳压牢，以防被风掀起。

4. 温湿度管理　盖膜后至顶花芽抽生前，昼夜棚温掌握30℃以下和5℃以上，相对湿度在80%以下，促使植株生长；顶花序开花后，昼夜棚温掌握23～25℃和5℃以上，相对湿度在60%以下，如湿度超过此指标时，必须及时掀膜通风，调节温湿度；4月上旬果实开始采收，自然温度能满足草莓生长发育要求时，即可揭膜，以免气温回升，棚温过高，造成伤害。

5. 植株花果等管理

(1) 及时摘除老叶、病叶等。

(2) 及时按要求疏花疏果。

(3) 适时灌水施肥。

四、实训提示

(1) 事先制订实训实施方案，注重执行过程的指导与监督检查，过程与结果考核并重。

(2) 以小组为单位进行实训。

五、实训作业

根据实际操作撰写实训报告。

草莓高架基质栽培技术

草莓高架基质栽培是一种新型的栽培模式，是指利用一系列设备和措施将草莓定植在高架基质栽植床进行栽培管理的一种方式。此种方法不但能有效减少草莓种植过程中的劳动力投入，避免连作对草莓生长的影响，而且能有效提升草莓品质，有利于开展观光采摘

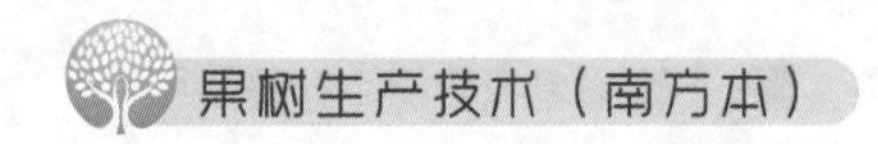

活动，因此，深受广大草莓种植者的喜爱。

一、基本设施与基质

（一）高架栽培槽

高架栽培槽由 U 型栽培槽、架台组成。U 型栽培槽由泡沫塑料板拼接组成，外径 30cm，内径 25cm，深 15cm，底部设 5cm 的排液层。栽培槽内铺两层膜：上层为纱网，通透性好，利于透气排水，承载栽培基质；下层为黑白聚烯烃（PO）膜，防止营养液渗漏。栽培槽一端底部开口与排液管相连，排液管另一端与废液池相连，基质中多余的营养液通过排液管流回废液池，避免污染环境。

（二）营养液灌溉系统

灌溉系统由 3 部分组成。第一部分为供液系统，主要包括储液桶和供液管道，储液桶分别储存 A 液、B 液、酸及水；第二部分为控制系统，主要包括施肥机、pH 计和 EC 计；第三部分为排液系统，主要包括废液桶、排液率测定仪和排液管道。

（三）环境调控系统

该系统由环流风机、换气扇、造雾机、补光灯组成。环流风机促进温室内空气流动，换气扇通过促进温室内外空气交换从而降低温度，造雾机增加温室内空气湿度。

（四）基质

高架草莓定植基质配制技术

栽培基质需要具备理化性状稳定，不易分解、腐烂变性，保水力强，通气性好，价格便宜，来源广泛，取材方便，相对密度小，质量小，安全性好，对环境污染小等特点。根据上述要求，栽培基质选择椰糠和珍珠岩，基质配比为 3∶1。

二、技术要点

（一）品种选择

日光温室栽培一般选择休眠浅、品质好、产量高及抗病能力强的优良品种，如章姬、红颜等。

（二）定植

高架草莓定植技术要点

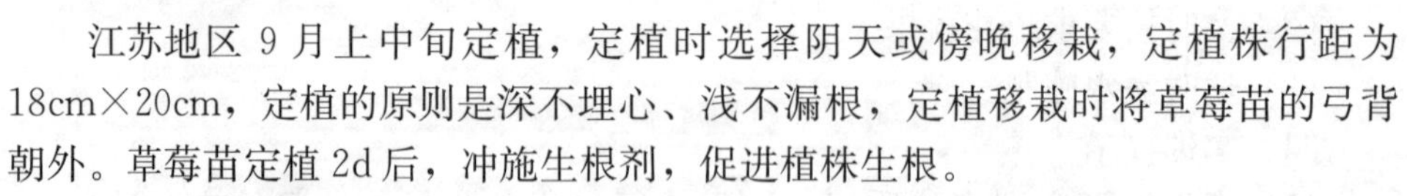

江苏地区 9 月上中旬定植，定植时选择阴天或傍晚移栽，定植株行距为 18cm×20cm，定植的原则是深不埋心、浅不漏根，定植移栽时将草莓苗的弓背朝外。草莓苗定植 2d 后，冲施生根剂，促进植株生根。

（三）田间管理

1. 温湿度管理 温度方面，缓苗后白天温度保持在 15～22℃，晚上温度保持在10～15℃；现蕾期白天温度保持在 25～28℃，晚上保持在 8～12℃；开花期白天温度保持在 22～25℃，晚上保持在 8～10℃；果实膨大和成熟期白天保持在 20～25℃，晚上保持在 6～8℃，此时温度过高，会使果实着色快、成熟早，但果实较小，品质变差。空气相对湿度方面，现蕾期为 60%～70%，开花期为 40%～50%，果实成熟期为60%～70%。

2. 植株调整 草莓长出 3 片新叶后开始疏老叶，每长出 1 片新叶疏掉 1 片老叶，直到定植时所有的老叶全部疏掉。植株生长期间保留 8～10 片叶，随着新叶的展开，及时疏除老叶、黄叶、病叶，减少养分消耗，促进通风透光。草莓生长期间，侧芽大量萌生，应及时除去侧芽和匍匐茎，保持中心芽的优势，使其生长粗壮。

3. 疏花疏果 开花前每个花序留 10～12 个花蕾，去除尖蕾、弱蕾和级序过低的花

蕾，待草莓第一果变白时开始疏果，留果数量根据草莓长势和市场需要决定。

4. 补光 11月中下旬，日照时间较短时，为维持植株长势，应进行补光。补光灯采用100W白炽灯，每个灯泡覆盖面积为$16m^2$，高度设在栽培架上方1.5m。补光在晚上任何时间段均可进行，但天亮之前补光效果最佳，天刚黑时补光效果次之。根据植株长势进行补光，生长健壮且没有休眠趋势的植株每天补光2h，生长缓慢有休眠状态的植株每天补光4h，7d后改为每天补光2h。

5. 花期授粉 花期需引入熊蜂授粉，每亩放入1个蜂箱，蜂箱出口朝南或者东南，便于熊蜂定向，高度比植株略高即可。熊蜂刚进入温室后需要适应期，前期开花数量小，以花粉和糖水喂养为主。熊蜂授粉适宜温度为15～28℃，适宜相对湿度为50%～80%。

6. 采收及包装 草莓于12月初上市，可在果实80%着色后采摘，当温度较低时，每2～3d采收1次，立春后，温度较高时每天采收1次。采收后，将果实进行5℃左右低温预冷处理，提高果实的耐贮性，并根据果实大小、形状进行分级包装。

设施草莓绿色防控技术

草莓绿色防控

绿色防控是指在草莓生产过程中，在确保草莓产量、品质和生态安全的前提下，通过优先采用农业、物理、生物等综合病虫害防治措施，达到不用或少用化学农药也能控制病虫危害的行为。对日光温室草莓生产实施绿色防控，不仅可以使生产的草莓避免农药残留量超标的风险，同时还可以极大地减少化学农药对周围生产环境的污染，保持田间生物多样性，恢复生态平衡，进而从根本上遏制病虫害的泛滥。

我国南方地区设施草莓病害主要有灰霉病、白粉病、叶斑病、炭疽病、根腐病、病毒病等，其中发生普遍、危害又比较严重的是灰霉病、白粉病、炭疽病。害虫主要有蚜虫、叶螨、蓟马等，其中发生比较普遍的是蚜虫和叶螨。对以这些病虫害，生产上采用的绿色防控措施如下。

一、选用抗病虫品种

目前，生产中推广的草莓品种在抗病性上的差异是比较明显的。如日系品种红颜不抗炭疽病、白粉病，章姬不抗灰霉病，但欧美品种童子1号、甜查理对这些病害的抗性却比较强。我国一些自育的草莓品种——京藏香、红袖添香等，也都属于比较抗病的品种。而抗虫品种目前用于草莓生产的还没有培育成功。

二、科学繁育种苗

（一）苗床选择

由于设施草莓生产的种苗一般是采用无性繁殖方式育苗，育苗时间为5—8月，在选择育苗场地时，应尽量选在病虫害发生比较轻的冷凉地区，同时，地块不能重茬，3年内未种过草莓。在雨水较多、炎热的地区育苗，最好采用可以避雨的冷棚育苗。育苗地土壤需比较肥沃，最好施入一定量的底肥，比如每亩可以施过磷酸钙50kg，腐熟有机肥2 000kg。

（二）原种苗处理

原种苗需采用经过脱毒处理的脱毒苗，并且繁殖代数不能超过4代，确保种苗体内不带病毒。在种苗培育期间，要注意保持合理的密度，一般每亩育苗株数在15 000～20 000株较为合适。

（三）苗期肥水管理

在肥水管理上要注意合理追施氮、磷、钾肥，种苗出匍匐茎前后 10d 左右需要补充氮、磷、钾含量较为均衡的肥料，利用喷灌或滴灌设施，每隔 10d 随水施入氮、磷、钾比例为 20∶20∶20的水溶性肥料，一次每亩施用 3kg，连续 2～3 次，促使母苗生长旺盛，多发匍匐茎。子苗进入旺盛生长阶段以后，要多施磷、钾肥，减少氮肥用量，可随喷施或滴灌施入氮、磷、钾比例为 2∶17∶17 的水溶性肥料，一次每亩施用 4kg，连续施 2 次，促使子苗生长健壮。

（四）病虫害防治

1. 病害防治 生产上，通过冷棚育苗可以有效预防炭疽病的发生，通过基质育苗可以有效防治炭疽病、根腐病的发生，也可以采用定期喷施生物农药进行预防，如寡雄腐霉可以预防一些真菌性的病害。如果病害发生比较严重，可以喷施一些低毒、高效的化学农药（如醚菌酯类）进行防治。

2. 虫害防治 育苗期间的害虫主要是蚜虫和叶螨。对这两种虫害均可以进行预防，如保持育苗田间无杂草等，另外注意保护田间的有益昆虫，像瓢虫、草蛉、蚜茧蜂、捕食螨等天敌昆虫，都有利于预防蚜虫叶螨的暴发。田间如果发生了蚜虫、叶螨，必须及早进行防治。早期防治可用食物源农药，如果蚜虫叶螨发生比较严重或发展比较快，可以喷施高效、低毒、低残留的化学农药。

三、温室内病害防控

（一）茬口安排

严格执行轮作倒茬制度，一般要求轮作倒茬 3 茬或 3 年以上，这样可以预防和减轻炭疽病等多种土传性病害，轮作对象可选择玉米、黄瓜、葱、蒜、芹菜、小白菜等。

（二）高温闷棚

日光温室种植多年以后，棚体内和土壤中往往积累了比较多的病菌和害虫，因此定植之前需要进行棚室消毒。可以在定植之前的 7—8 月高温季节，利用休棚时间，选晴好天气，进行高温闷棚，将整个温室大棚完全密闭，外界的高温加上阳光辐射产生的温室效应，使棚内温度能够很快升到 60～70℃，甚至更高。通过这种方式，可消灭高设施内和涂表层的大部分病菌和害虫。

（三）环境调控

设施草莓栽培方式最好采用全地膜覆盖小高垄滴灌栽培模式，这样可以使棚内的空气相对湿度大幅度降低，从而有效地抑制高湿性真菌病害如白粉病、灰霉病、炭疽病的发生。在草莓生产过程中，应注意加强栽培管理，通过培养健壮植株，使植株的抗病虫能力得以增强。草莓喜温凉，白天 20～25℃、晚上 10～18℃是其生长最适宜的环境温度，将棚内温度控制在这样的范围内，是确保草莓植株健壮生长的必要条件。在湿度管理上，每天要注意降低空气相对湿度，尤其是花果期，这是草莓灰霉病、白粉病的高发阶段，即便是阴天也要打开封口，进行短时间的通风排气，使棚内空气相对湿度控制在 50%以下。

（四）喷施生物性农药

如预防真菌病害白粉病、炭疽病，可选用寡雄腐霉等，一般从定植 2 周以后，每隔 15～20d 叶面喷施 1 次，开花结果中后期，也就是 4 月以后，可以通过滴灌施药预防炭疽病、根腐病。

（五）硫黄熏蒸

在草莓开花前或避开盛花时间，生产上可以用高效、低毒、无残留的硫黄进行熏蒸预防。具体方法：在棚内每 60～100m^2 吊装一个插电式硫黄熏蒸器，每个熏蒸器内放 20g 硫黄粉，傍晚开始通电加热熏蒸，熏蒸 4～8h，然后进行通风，每间隔 3d 熏 1 次，连续熏蒸 3 次。

四、温室内虫害防控

温室内常见的虫害主要有蚜虫和叶螨，通常采用以下几种措施进行防治。

（一）田间管理

通过加强田间管理，保持田间清洁无杂草，来预防和减轻害虫的发生。因为杂草往往是蚜虫和叶螨的最初虫源地。

（二）物理防治

1. 布设防虫网 安排防虫网是防治蚜虫较有效的防治方法，40～60 目的防虫网可以有效减缓和减轻蚜虫的发生。

2. 运用色板和糖醋液诱杀害虫 采取色板诱杀技术，将杀虫黄、蓝板立于温室内草莓株间、行间，利用黄板杀灭蚜虫，利用蓝板杀灭蓟马。通常将规格为 30cm×20cm 的黄、蓝板各挂 30～40 块/亩，悬挂高度为草莓植株根颈上部 30～50cm 处，具有十分明显的杀虫效果。

（三）生物防治

1. 性诱剂诱杀 每年草莓进入育苗或定植期时，于草莓栽培棚内悬挂性诱剂，高度为 1.2m 左右，每 2～3d 清理 1 次，每 20d 更换 1 次诱芯，通常每亩放置 2～3 支性诱剂。

2. 释放天敌 蚜虫最主要的天敌昆虫为瓢虫。瓢虫是鞘翅目瓢虫科里的一大类捕食性昆虫，生产中利用的主要是异色瓢虫或七星瓢虫，它的生长包括——卵、幼虫、蛹、成虫 4 个阶段。幼虫和成虫都是以蚜虫为主要食物来源，是捕食蚜虫的高手。

对叶螨威胁最大的天敌是捕食螨，它也是目前生产中用于防治叶螨的主要天敌昆虫。捕食螨的个头通常不大，不到 0.5mm，但其动作敏捷，并且有着剪刀一样的口器，因此能战胜个头大于它的叶螨。目前生产中用于防治叶螨的捕食螨主要是巴氏钝绥螨、拟长毛钝绥螨、智利小植绥螨等。

绿色防控是目前草莓生产上最为安全有效的病虫害防治方法，在生产上一定要辨清病虫害，对症施药，不能确定的病虫害应咨询当地植保部门的技术专家进行防控。

草莓公主的甜美事业

樊雪，毕业于中国海洋大学企业管理专业，毕业后在青岛从事营销工作，2014 年回到家乡与父亲一起种植草莓。一个 26 岁的阳光女孩，从事着一份甜美的事业，人们称她为“草莓公主”。樊雪爱学习、思维活跃，有市场营销经验，通过她的坚持和努力，将单一的草莓种植发展成了集采摘、旅游、草莓文化体验为一体的特色旅游项目。

草莓公主的甜美事业

复习提高

（1）简述草莓匍匐茎分株繁殖的技术要点。

（2）简述草莓开花结果特点。

（3）简述草莓促成栽培技术要点。

（4）简述草莓苗木定植技术要点。

（5）草莓主要病虫害有哪些？生产上如何防治？

项目四
梨优质生产技术

学习目标

• 知识目标

了解我国梨栽培的重要意义和历史现状；熟悉梨的生物学特性、种类和优良品种；掌握梨的主要生产技术环节和周年生产管理特点。

• 技能目标

能够认识梨常见的品种；学会梨的整形修剪技术；能独立进行梨的建园和周年生产管理。

• 素养目标

具备吃苦耐劳的职业素养，养成良好的工作习惯和学习态度；培养农业安全意识，理解“良好生态环境是最普惠的民生福祉”的内涵。

生产知识

梨生产概况

梨是世界上第三大温带果树，在全球范围内广泛栽培。中国是梨属植物的重要发源地之一，是白梨、沙梨、秋子梨的重要的起源中心。我国的梨树栽培具有悠久的历史，古代《诗经》中就有“蔽芾甘棠，勿翦勿伐，召伯所茇”的记载，这里的“甘棠”就是指杜梨，《齐民要术》中对梨树的嫁接、栽植、采收、贮藏等方面均有详细记载。梨是我国第三大果树，面积和产量均仅次于苹果和柑橘。我国也是梨树栽培面积最大的国家，据国家统计数据显示，2018 年我国梨栽培面积为 94.34 千 hm^2，占全国果园总面积的 7.9%，梨园总产量为 1 607.8 万 t。梨也是世界上的重要果树，据联合国粮食及农业组织（FAO）统计数据显示，2018 年全球栽培梨的国家（地区）有 78 个，栽培面积 138.19 万 hm^2，总产量为 2 734.59 万 t，其中年产梨果 20 万 t 以上的国家有 20 个。除海南岛外，我国自南到北，自东至西所有省份均有梨栽培。据《全国梨重点区域发展规划（2010—2020 年）》显示，我国梨产区可分为华北白梨区、长江中下游沙梨区、西北白梨区和特色梨区 4 个重点区域，特色梨区的主要种类包含辽南南果梨、新疆香梨、云南红梨、胶东西洋梨等。

中华人民共和国成立以后，我国的梨产业大致经历了 3 个阶段。改革开放前为起步发展阶段，梨树栽培面积、产量由1952年的10万hm^2、40万t发展到1978年的30万hm^2、160多万t，梨单产由每亩267kg提高到351kg；1997—2000年为快速发展阶段，梨树栽培面积突破100万hm^2，产量突破850万t；2001年后，进入稳步发展阶段，梨树种植面积增长速度减缓，产量大幅增加，达到1 298万t。前两个阶段基本是以扩大面积、提高总产为主的外延式扩张，生产管理水平较为粗放，第三阶段逐渐开始走提高单产、优化区域布局的内涵式发展道路，果品质量明显提高，开始由粗放经营向集约经营转变，但各地区间发展不平衡仍然存在，且差异较大。

梨果营养丰富，肉脆多汁，风味芳香优美，富含糖、蛋白质、脂肪及多种维生素，多食梨果有益于人体健康。梨果实除供生食外，还可以加工成梨汁、梨膏、梨干、梨脯、梨酒及梨罐头，同时具有润肺、消痰、止咳、降火、清心之功能，又是重要的创汇果品。

任务一　主要种类和品种

一、主要种类

梨（*Pyrus sorotina*）属蔷薇科（Rosaceae）梨属（*Pyrus*），其种质资源较为丰富，在梨属植物中至少鉴定出了22个种，其中广泛栽培的主要有白梨、沙梨、秋子梨、新疆梨和西洋梨五大种。

1. 白梨　白梨是我国栽培最广、品质最优的一个系统，现代意义上的白梨主要指分布在中国黄淮流域的脆肉大果型品种。其不宜生长在高温多湿的环境下，而喜冷凉干燥的气候，要求年平均温度为8.5～14.0℃ 。

2. 沙梨　主要起源于长江流域及其以南的地区，原产于长江流域。要求温度较高，适宜高温湿润气候，要求年平均温度为15～20℃。

3. 秋子梨　主要栽培于我国的东北地区，在华北和西北地区也有栽培。其果实较小，一般需要后熟变软才能食用，且酸度较高、石细胞多、品质差，但耐寒性极强，要求年平均气温为8.6～13.0℃，休眠期气温为－13.3～－4.9 ℃。

4. 新疆梨　是西洋梨和中国白梨或沙梨的杂交种，在新疆、甘肃、青海等地有栽培，主要分为绿梨品种群和长把梨品种群两类。

5. 西洋梨　起源于欧洲，其果实质地坚硬，一般需要经过7～10d的后熟期才可食用。

二、主要品种

梨优良品种介绍

南方地区主要发展沙梨和部分白梨品种，适合南方地区发展的优良品种有：

1. 翠冠　浙江省农业科学院1980年用幸水×（杭青×新世纪）杂交培育而成。树势强健，果实圆形稍扁，平均单果重250g左右，果面平滑，果点中等，密度较大，果面分布不规则锈斑，蜡质少，通过套袋可显著减少锈斑。果肉乳白色，汁多味甜，可溶性固形物含量12%～13%，品质上等，7月下旬至8月初成熟。目前为长江中下游地区主栽品种。

2. 翠玉　原代号5－18，浙江省农业科学院园艺研究所以西子绿为母本、翠冠为父本杂交选育而成，2011 年通过了浙江省非主要农作物品种审定委员会的品种审定。单果重 300g 左右，果实圆形，果形端正，果皮浅绿色，果面光滑具蜡质，基本无果锈，果点极小，外观显著优于翠冠。果肉白色，肉质细嫩，石细胞较少，可溶性固形物含量 11%左右。6 月下旬成熟，果实生育期 100d 左右，可与翠冠、玉冠等互为授粉品种，但不能与初夏绿相互授粉。

3. 新玉 浙江省农业科学院由长二十世纪×翠冠杂交选育而成，2018 年获得植物新品种授权。果实扁圆或圆形，果皮黄褐色，果肉白色，肉质细脆，汁液多，风味甜，无香气。平均单果重 305g，最大果重可达 700g，果型指数 0.85，较端正，平均可溶性固形物含量 12.1%，品质上等。果实发育天数 110d 左右，成熟期介于翠玉和翠冠之间。该品种树势中庸偏强，树姿半开张，花芽易形成，每个花序平均 5～8 朵花，多者达 12～13 朵，萌芽率高，成枝力中等，枝条质地坚硬且脆，在拉枝时易折断，当年生新梢容易形成腋花芽。适合江浙及周边省区的沙梨产区栽培，第三年开花结果，丰产、稳产。可用玉冠、翠玉、黄花、红酥脆等作为授粉品种。

4. 秋月 日本农林水产省果树试验场用（新高×丰水）×幸水杂交育成，2002 年引入我国。果实近圆形，果皮黄褐色，有光泽，果肉白色，肉质细嫩酥脆，石细胞含量较少，平均单果重约 365.2g，可溶性固形物含量 14.33%～15.62%。果实生长期约 150d，9 月下旬成熟。树体生长势较强，抗寒，耐旱，对梨黑星病和黑斑病有较强的抗性。

5. 苏翠 1 号 江苏省农业科学院以华酥为母本、翠冠为父本杂交选育而成的早熟沙梨品种。树姿半开张，花芽易形成。果实倒卵圆形，果皮黄绿色，果锈极少或无，果肉白色，肉质细脆，石细胞极少，汁液多，味甜，可溶性固形物含量 12.5%～13.0%，平均单果重 260g。早果丰产性强，在中原地区 7 月上旬成熟，比翠冠早 15d 成熟。

6. 黄金梨 韩国园艺试验场罗川支场用新高与二十世纪杂交培育而成，1997 年引入我国。果实近圆形，不套袋果皮黄绿色，套袋以后果皮乳白色，果点小而稀，果肉白色，肉质细嫩，甜味浓，具香气，平均单果重约 300g，可溶性固形物含量 14%～16%。树姿开张，萌芽率高，成枝力强，花芽 3 月中旬萌动，4 月上旬进入开花期，果实 8 月中下旬成熟，生育期约 140d。

7. 西子绿 原浙江农业大学用新世纪×（八云×杭青）杂交培育而成。果实扁圆形，平均单果重 190g。果皮浅绿色，充分成熟后变黄色，果皮洁净无锈斑，果点小而少，外形美观，果肉白色，细嫩多汁，味甜有香气，可溶性固形物含量约 12%。7 月下旬成熟，可用黄花、杭青作为授粉树。

8. 黄花 原浙江农业大学园艺系于 1962 年以黄蜜为母本、三花梨为父本杂交选育而成。果实圆锥形，皮黄褐色，果心小，肉白细脆，汁多味甜，有香气，可溶性固形物含量约 13%，8 月下旬成熟。树势开张，主干光滑，萌芽率高，成枝力强，花芽易形成，以短果枝结果为主。抗盐碱、抗旱、抗涝、抗寒能力较强，高抗黑星病和黑斑病，因此容易栽培，有早结果、早丰产的优点。

9. 夏露 南京农业大学以新高为母本、西子绿为父本杂交选育而成，2013 年通过江苏省农作物品种审定委员会鉴定。果实近圆形，果个大，平均单果重约 280g，果皮绿色，果锈无或少，果点中大，较密，果肉白色，肉质细腻，石细胞少，果心小，汁液多，味甜，品质优，可溶性固形物含量 11.5%～12.5%。该品种目前主要在江苏省内栽培，8 月初成熟，生长期125d～130d，适栽区为长江流域等沙梨产区。

10. 丰水 由（菊水×八云）×八云杂交育成。该品种树势强健，树姿开张，成枝力强，当年生枝长而细，梢先端部分易弯曲下垂，易诱发新梢。花芽极易形成，早果丰产，也易引起树体早衰。果实圆形略扁，果中大，单果重约150g。肉质细嫩，汁多味甜，可溶性固形物含量12.7%。9月下旬成熟。较抗梨黑星病和轮纹病。

任务二 生物学和生态学特性

一、生物学特性

（一）生长特性

梨生物学特性

1. 根系 梨为深根性果树，根系分布范围较广，有明显的主根和侧根，侧根上着生很多须根，是吸收水分和养分的主要器官，吸收根多分布在20～60cm的土层中。

梨根系在春季气温回升至5℃时开始活动，7～8℃时生长加快，最适生长温度范围为13～27℃，超过35℃会造成根系死亡。在年周期当中，成年梨树的根系有两次生长高峰，分别出现在新梢停止生长后和果实采收后。

2. 芽 梨为单芽，芽片外部有鳞片包裹，依据性质可分为叶芽和花芽。多数品种叶芽萌芽力强，成枝力中等或较弱，不易长成长枝。梨隐芽寿命较长，受到刺激易萌发，对于树冠的更新复壮有重要意义。叶芽为晚熟性芽，芽形成后当年一般不萌发，翌年才能萌发，但在南方水热条件下，当年形成的芽可当年萌发，可抽梢2～3次。

梨的花芽饱满，为混合芽，既能抽生枝叶，又能开花结果。在枝条顶端着生的为顶花芽，在叶腋间着生的为腋花芽，多数品种为顶花芽，少数品种有腋花芽。

3. 枝条 根据枝条的生长结果特性，可将其分为营养枝和结果枝。不结果的枝条称为营养枝或发育枝，根据其长度和生长特点可以分为徒长枝、普通生长枝、纤细枝和中间枝4种类型。

（1）徒长枝。长1m以上，生长较为直立，节间长，芽体瘦小，在幼树和旺树上多见，是形成树冠骨架的主要枝条。

（2）普通生长枝。长30～60cm，枝条充实粗壮，节间中等长，叶芽饱满，在青壮树上较多，是培养结果枝的主要基枝。

（3）纤细枝。长30cm以下，生长细弱，其上的芽仍然饱满，任其自然生长时，其上的芽也可于翌年略微伸展而分生短果枝。

（4）中间枝。长3cm左右，其上只有一个顶叶芽，可于下一个生长季节继续抽生营养枝，或只稍微伸长后分化花芽而转变成为结果枝。

枝条上着生花芽，能够开花结果的枝条为结果枝，按照其长短可以分为短果枝（5cm以下）、中果枝（5～30cm）和长果枝（30cm以上）。多数品种盛果期后为短果枝结果，结果能力强，有些品种短果枝结果后，由于果台副梢的分生，形成短果枝群。

梨树的枝芽类型见图Ⅱ-4-1。

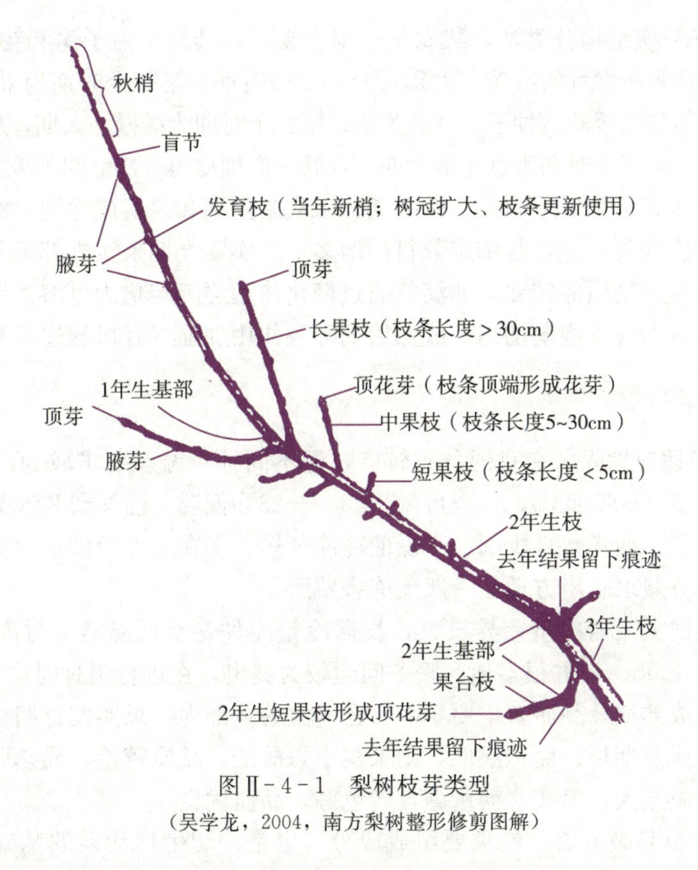

图Ⅱ-4-1 梨树枝芽类型

（吴学龙，2004，南方梨树整形修剪图解）

梨新梢生长期短而集中，一般3月下旬萌芽，3月底至4月初展叶，4月中旬至5月上旬为旺长期，6月上旬基本停止生长。短果枝生长期最短为10～15d，中果枝为30d，长果枝为40～60d。由于梨枝梢停止生长较早，因此梢果矛盾不激烈，多数品种容易形成花芽，成花量和坐果率较高。

（二）开花结果特性

1. 花 梨花芽分化为夏秋分化型，分化开始期在6月中旬至7月，春季花芽萌动后进行补充分化。

梨为完全花，即在同一朵花中包含萼片、花瓣、雄蕊、雌蕊4部分，但多数品种自交不亲和或结实率极低，需要进行异花授粉，因此生产上必须配置授粉树或进行人工辅助授粉，花后1～2d受精能力最强。

梨为伞房花序，每花序着生5～9朵花，一般基部花先开，基部以上3～4朵花结果质量较高。梨的开花时期、花期长短因品种与气候而异，天气晴朗，气温较高时，花期早而短，反之花期迟且长。春季气温达10℃以上花芽即可萌发，长江流域花期一般在3月中下旬至4月上旬，花期5～10d，多数品种是先开花后展叶。

生产上常因秋季病虫害严重、干旱、栽培管理不当等因素导致早期落叶，树体处于被迫休眠状态，一旦遇降雨，在温度条件适宜时就会出现二次花和二次生长现象，严重消耗营养，影响翌年的生长结果。因此必须注意梨树秋季的肥水管理和病虫害防治，培育健壮的树势，避免二次花现象的发生。

2. 果实　按果实结构分类法，梨属于仁果类果树，其果实由子房和花托膨大而形成。梨果实发育主要受种子发育的影响，大致可分为3个时期：第一个时期为果实迅速膨大期，从子房受精后开始膨大至幼嫩种子出现胚为止；第二个时期为缓慢增大期，从胚出现到胚发育基本充实为止；第三个时期为迅速增大期，自胚占据种皮内全部空间到果实成熟为止。

通常将果实发育分为3个阶段：幼果期、果实膨大期和果实成熟期。幼果期果实内部进行着旺盛的细胞分裂，主要是细胞数目的增多；果实膨大期果实内部细胞快速膨大；果实成熟期主要是营养物质的转变，如淀粉通过糖化作用逐渐转化为可溶性糖，成熟初期还原糖较多，以后蔗糖含量逐渐增加，成熟后期呼吸作用加强，有机酸逐渐被消耗。

二、生态学特性

1. 温度　梨适应性强，在我国分布较广，但不同种对温度要求较为严格。秋子梨耐寒性最强，可忍受－30℃低温，白梨可耐－25～－23℃低温，西洋梨和沙梨能耐－20℃低温。白梨、秋子梨、西洋梨喜少雨、干燥的冷凉气候，多在北方栽培；沙梨喜多雨、温暖的气候，多在南方栽培。南方地区一般无冻害威胁。

不同品种梨的低温需冷量差异较大，长需冷量品种冬季低温需冷量高于1 000h，短需冷量品种约在400h，南方很多地区暖冬问题较为突出，在进行引种时应考虑该因素。

温度对果实成熟期及品质有重要影响。在适宜的范围内，果实发育期积温高，果实个大，含糖量高，成熟期早；而积温低，则果实小，酸涩，品质较差，成熟期推迟。在南方山地果园，昼夜温差大，果实含糖量高，着色好，品质优良。

2. 水分　水分是梨各器官的重要组成成分，也是一切生理活动的基础。梨需水量较大，蒸腾作用旺盛，生产1g干物质的需水量为353～564mL，蒸腾系数为284～401。不同品种的需水量也不相同。沙梨需水量最大且耐湿，在南方降水量1 000mL以上的地区生长结果良好；白梨和西洋梨次之，主要分布在年降水量500～900mm的地区；秋子梨耐旱但不耐湿，对水分不敏感。

3. 光照　梨喜光，对光照要求较高，一年当中需要日照时数在1 600～1 700h，其光合作用随光照度的增加而增强。紫外线可使生长素钝化，抑制新梢的旺长，易于形成花芽，若光照不足，会造成梨树生长过旺，枝条徒长，影响花芽分化和果实发育。因此在建园时，可根据园地选择、整形修剪、栽培密度等方面改善园区光照条件。

4. 风　微风有利于梨园内的气体交换和温度、湿度等环节的调节。但我国东南沿海地区和部分山地梨园，在7—8月经常遭遇台风，落果现象严重，可采用棚架栽培，将主枝固定，以减轻风害，或选用早熟品种，避开台风。

5. 土壤　梨对土壤条件要求不严格，适应范围较广，但以土层深厚、疏松肥沃、透水保水性能较好的壤土或沙壤土为适宜。

任务三　嫁接育苗

一、砧木选择

梨树常用的砧木有秋子梨、豆梨、川梨、杜梨等。秋子梨耐寒性能强；杜梨根系发

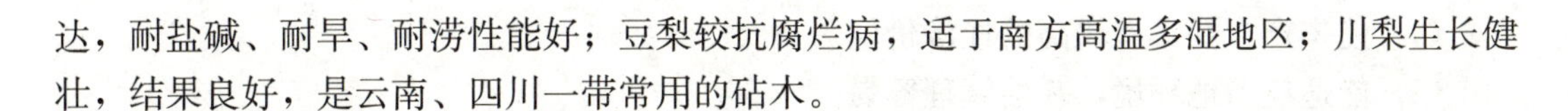

达，耐盐碱、耐旱、耐涝性能好；豆梨较抗腐烂病，适于南方高温多湿地区；川梨生长健壮，结果良好，是云南、四川一带常用的砧木。

二、砧木苗播种

根据播种时期可分为春播和秋播。春播的种子应经过层积处理，于2月下旬播种；秋播可用当年采的种子直接播种，无须经过层积处理，播种时间一般在11月下旬。播种分床播和直播，深度一般为2～3cm，播种量为7.5～15.0kg/hm^2。

三、嫁接与嫁接苗管理

梨树嫁接成活容易，一般春季采用枝接，秋季采用芽接。春季枝接在2月下旬至3月上旬接穗萌芽之前进行，秋季芽接在8月下旬至9月下旬进行。枝接可采用切接、劈接、腹接等，其接穗结合冬季修剪采集贮藏；芽接可采用T形芽接和嵌芽接，接穗以现采现接为好。嫁接时应注意切面平滑光洁、形成层对齐、包扎紧密等事项。

梨树嫁接技术

一般嫁接后15d左右可检查其是否成活，若接芽呈新鲜状态，叶柄一触就落即为成活，反之说明没有成活，应及时补接。接后应及时做好松绑、剪砧、抹芽除萌蘖等工作，并做好土肥水管理和病虫害防治。

任务四 建 园

一、园地选择

梨园建立应选择通风透光良好、无连续雾霾的地区，土层深厚，壤土或沙壤土，水源洁净，无重金属污染，排水良好，pH 7～8，有机质含量最好在1.2%以上，丘陵地、坡地、梯田、平地均可。前茬种植苹果、核桃、枣等果树的园地，应经过3年以上轮作或实施土壤改良措施才能种植梨。

梨园建立

二、品种选择

梨品种的选择应根据良种区域化的原则，结合当地土壤、气候条件和消费习惯选择合适的品种。长江中下游流域适宜选择沙梨品种，四川、云南等地除了可发展沙梨外，红皮梨也可栽植；东南沿海夏季常受台风危害的地区，宜选种早熟沙梨，在台风来临前采收；规模较大的果园应考虑早、中、晚熟品种合理搭配，以缓解供销压力。

三、授粉树配置

大多数梨品种自交不亲和，需要异花授粉，因此在建园时必须配置授粉树。授粉树在主栽品种确定后进行选择，主要有以下几个原则：

（1）与主栽品种花期一致或相近，且花粉量大，发芽率高。

（2）与主栽品种能相互授粉，且有较强的亲和力。

（3）与主栽品种始果年龄和寿命相近。

(4) 能丰产，并具有较高的经济价值。

(5) 能适应当地环境，栽培管理容易。

授粉树可采用行列式或中心式进行配置，主栽品种与授粉品种的栽植比例一般为(2～5)：1。常见的梨主栽品种及其授粉品种见表Ⅱ-4-1。

表Ⅱ-4-1　梨主栽品种和授粉品种一览表

（于泽源，2001，果树栽培）

主栽品种	适宜授粉品种
翠冠	黄花、西子绿、清香
黄花	金水2号、幸水、新水、新高
七月酥	早酥、丰水
黄金梨	丰水、新高、二十世纪
丰水	新高、金水2号、幸水、新水
苍溪雪梨	金花梨、鸭梨
早酥梨	鸭梨、金花梨
雪花梨	鸭梨、白酥梨、茌梨、锦丰、胎黄梨

四、定植

1. 定植时期　梨树在秋季落叶后或早春萌芽前均可定植，但秋植地温适宜，根系恢复快，翌年春季可快速进入生长期。春季栽植务必在萌芽前进行，否则成活率较低。冬季过冷地区可在早春定植，以避免低温冻害。

2. 定前准备　一般株行距 (2～3)m×(4～5)m，定植前应根据品种、树形确定好定植密度，提倡计划密植，以充分利用土地和光能，达到早果、丰产、优质的目的。

3. 定植方法　选择生长健壮、无病虫害、根系生长良好的苗木，并撕去嫁接膜。定植穴深1m、直径1.0～1.5m，表土和心土分开堆放。穴底部先填入粗大有机质，上覆表层土至70cm左右，上层30cm以有机肥与心土混合后填入，最终穴面土层高出地面15cm。苗木定植完成后，将周边的土做成土埂，并浇透定植水。栽植后，根颈和嫁接口部位应高出地面。

4. 栽后管理　定植后应做好覆盖保墒工作。翌年春季萌芽后，每隔2周用0.5%的尿素水灌根，可促进叶面积的快速形成。夏季高温季节，应及时用稻草、秸秆等对树盘周围进行覆盖，以降低地表温度。

任务五　田间管理

一、土肥水管理

（一）土壤管理

良好的土肥水条件是形成健壮树体的前提条件，是梨树稳产高产的基础。

1. 幼年梨园土壤管理措施　幼年梨园梨树根系主要分布在表土层，树冠小，行间、

株间较大。南方地区 7—8 月的高温干旱，致使土壤表层裸晒严重，常常对幼年梨树根系造成伤害。幼年梨园的土壤管理措施主要有以下几个方面：

（1）树盘覆盖。南方山地新建梨园最迟应于梅雨季节过后及时进行树盘有机物覆盖（作物秸秆或山草覆盖厚度 10～15cm，其上覆土 4～5cm），以防 7—8 月高温干旱伤害根系。

（2）间作套种。树盘以外行间、株间可间作套种低矮经济作物或生草栽培，间作套种作物副产品可作覆盖材料。

（3）扩穴改土。一般南方山地梨树建园常采用挖穴定植，新建梨园的土壤改良仅局限于定植穴内。随着根系的不断扩展，定植穴外的土壤也需要进行改良。从定植第一年冬开始每年在定植穴四周向外扩穴深翻深 60～80cm、宽 40～50cm，直至株间接通为止。

（4）中耕除草。土壤条件较好的梨园，春夏雨水充足，杂草生长茂盛，需要在杂草茂盛生长期及时进行中耕除草。

2. 成年梨园土壤管理措施

（1）深翻改土。深翻改土能改善土壤结构和理化性状，促进土壤微生物活动和矿质元素释放，改善深层根系生长环境，促进根系生长，提高根系吸收功能。深翻宜在秋冬季进行，但以 10 月为宜，此时正逢梨根系生长小高峰，有利于根系伤口愈合促发秋根生长，常结合施基肥同时进行。冬季深翻不利于根系伤口愈合，春、夏季深翻伤及根系，易造成花果脱落，影响当年产量。深翻宜隔行进行，深翻沟应距主干 2m 以外，沟深和宽为 60～80cm，下一年深翻另一侧。深翻应随时填土，表土填放下层，底土放上层，有机肥与土间隔分层填放或混合填放。深翻后及时灌水，使根系与土壤充分紧密接触。

（2）生草覆盖。南方地区春季多雨，往往因氮肥和水分过多引起枝梢徒长，此时生草有利于土壤水分蒸腾和减少氮素的发挥。夏季覆草能保持土壤水分，维持地表温度，在深 5～10cm 土层温度较裸地低 10℃左右，还可避免果实膨大期与树体争夺养分和水分。冬春季生草，夏秋覆盖，可实现夏凉冬暖，提高根系吸收养分和水分的能力，改善土壤理化和生物学性状。这种生草覆盖的土壤管理，可免除中耕作业。适于酸性土壤的生草植物有苕子、豇豆、紫云英、花生等，适于微酸性土壤的有黄花苜蓿、蚕豆、赤豆、绿豆、豇豆、紫云英等豆科作物，适于盐碱土的有紫花苜蓿、绿豆等。

（二）施肥

梨产量较高，性喜肥沃，故施肥量高于一般果树。大年梨树应重施肥，并在花前早施追肥，促进叶面积形成，同时在新梢生长期以及花芽分化期（或在采果后）适当补施追肥，以改善营养生长，增加树体贮藏养分；小年梨树施肥量应减少，除基肥外，花前、花芽分化期可少施或不施肥。

梨园田间肥水管理

梨施用氮肥不宜过多，过多易使长梢过旺，不能及时停梢，而影响果实膨大和花芽分化，同时春季氮肥施用，宜在萌芽之前，如果施用过迟，不利于叶面积早日形成。果实膨大前应多施速效钾肥，因梨果实中钾的含量显著高于其他要素，钾不足则果实小，且大小不一致。

1. 幼年梨树施肥 梨苗定植成活后，每隔 2 周在每株树盘浇施 0.5%尿素水 3～5kg，做到薄肥勤施，10 月结合深翻改土施足有机肥。翌年在芽萌动前 1 周左右，每株环沟施尿素 5～8g，以后每月施 1 次，全年施肥 4～5 次，9 月下旬至 10 月底施基肥。萌芽前一周左右，每株环沟施尿素10～15g，以后每30～40d施1次，全年施肥3～4次，9月下旬至10月底施足基肥。

2. 成年梨树施肥

（1）基肥。基肥通常在采果后到落叶前施用，此时土温较为适宜，正值根系生长高峰，断根容易愈合。基肥以有机肥为主，占全年施肥量的60%以上。

（2）追肥。

①芽前肥。芽前肥于早春萌芽前2～3周施入，以速效性氮肥为主，占全年施肥量的10%左右。初果期和成年期生长较旺的树一般不施。

②壮果肥。壮果肥果实膨大前施入，以速效性钾肥为主，并配合一定量的速效性磷肥，约占全年施肥量的20%。

③采果肥。采果肥又称“月子肥”。果实采收后带走大量养分，树体内需要全面补充氮、磷、钾元素，以利于恢复树势，防止早期落叶。一般在采果后10d内施入，以速效三元复合肥为主，约占全年施肥量的10%。晚熟品种可结合基肥一起施入。

（三）水分管理

年周期内，梨对水分的需求也不尽相同。一般来讲，新梢生长期、果实膨大期需水量较高；花芽分化期和果实采收前适当控水，以促进花芽分化、提升果实质量；花期对水分需求较为敏感，水分不足花器官发育不良，易落花落果，如遇阴雨天气，易导致授粉受精不良。

在地下水位高、排水不良的黏土中，根系生长较差，因此梅雨季节要及时清理排水沟，防止积水。我国南方部分山地果园海拔较高，灌溉困难，因此可选种早熟梨，避开7—8月的高温干旱天气。

常用的灌溉方法有漫灌、开沟渗灌、喷灌、滴灌等。漫灌耗水量大，肥料随地表径流流失严重。有条件的果园建议选择滴灌，既可以节省水分，又可以减少劳动力投入。

二、整形修剪

（一）梨幼树整形技术

梨幼树整形技术

南方梨园常用树形有单干形、Y形、小冠疏层形、开心形等。

1. 单干形　有中心干，树高2.5～3.0m，中心干上直接着生3～5个侧枝作为全树主要结果部位，侧枝与主干呈60°～80°角，同侧枝间距离70cm左右（图Ⅱ-4-2）。侧枝两侧着生结果枝，具有成形快、骨架牢固、抗风、早果丰产、管理省工、操作方便等优点。适合计划密植，行株距2m×2m的密植园和山地梨园。

2. Y形　树高约2m，无中心干，主干高度40～50cm，主枝2个，主枝与行向呈45°角伸向行间，主枝开张角度为60°左右，每主枝有侧枝2～3个（图Ⅱ-4-3）。

3. 小冠疏层形　干高40～60cm，树高3.0～3.5m。全树有主枝5～6个，分布有2～3层。第一层有3个主枝，每个主枝配2个侧枝，层内距为30～40cm，方位角为120°，主枝的开张角度为70°～80°。第二层有1～2个主枝，第三层有1个主枝，其开张的角度为 60°～70°。第二、第三层之间的层间距为 40～50cm，2 层以上的主枝不留侧枝，主枝则直接着生结果枝组，应在层间适当地安排辅养枝和结果枝组（图Ⅱ-4-4）。

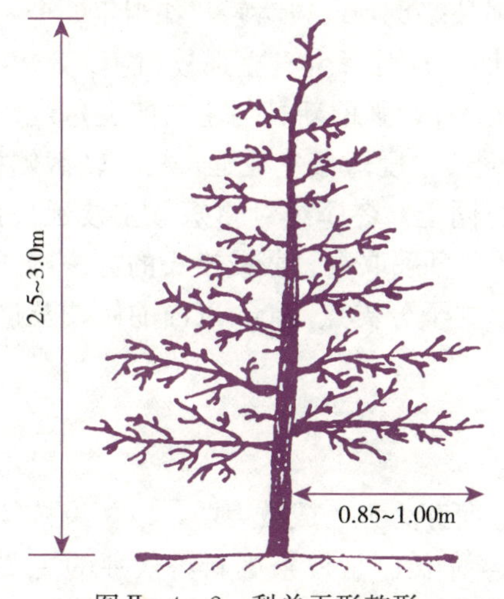

图Ⅱ-4-2 梨单干形整形

［傅秀红，2007，果树生产技术（南方本）］

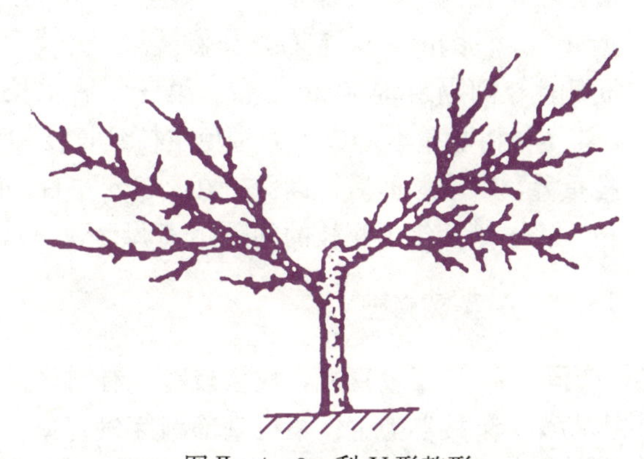

图Ⅱ-4-3 梨 Y 形整形

［傅秀红，2007，果树生产技术（南方本）］

4. 开心形 树高 2.5m，主干高 60cm 左右，主枝开张角度 50°～60°，梢角 30°，三大主枝呈 120°方位角延伸，各主枝两侧呈 90°配置侧枝（图Ⅱ-4-5）。山地缓坡株行距为 3m×4m，平地为 4m×5m。

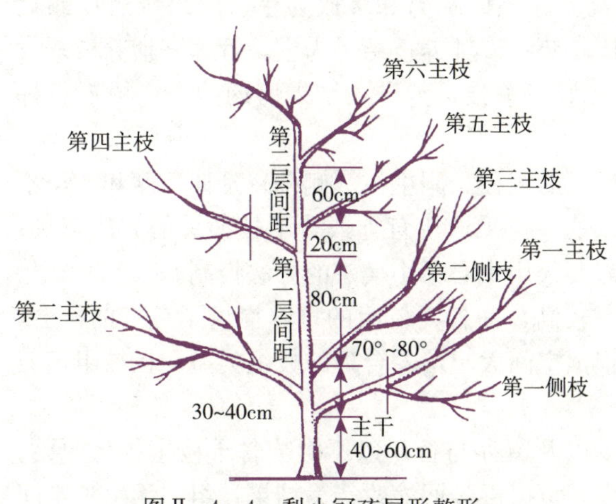

图Ⅱ-4-4 梨小冠疏层形整形

［傅秀红，2007，果树生产技术（南方本）］

图Ⅱ-4-5 梨开心形整形

［傅秀红，2007，果树生产技术（南方本）］

梨开心形整形过程：定植后在梨树距地面 50cm 处定干，萌芽抽梢后在整形带内选择 3～4 个方位匀称、生长健壮的新梢作主枝培养，在冬季修剪时留 50cm 进行短截。主枝每年留30～50cm 短截，剪口芽向外侧，使主枝延长枝向外延伸扩大树冠，并经常调整主侧枝生长势的平衡。距主枝基部 40～50cm 的侧枝可选留为第一副主枝，各主枝上副主枝呈轮状排列，同一主枝上相近副主枝间距保持 50～70cm，且呈两侧分布。在各副主枝上配备一定数量的枝组，向两侧发展，其他枝条宜多留轻剪，使之提早结果。

第一年4—5月当顶端2个新梢20cm长时扭梢，促使下部芽生长；8—9月按水平方向夹角120°选择3个主枝，基角开张到约50°，强枝开张角较大，弱枝较小；冬季剪除顶端扭梢枝，中度短截（剪除1/3～1/2）3个主枝，强枝略重，弱枝略轻，如当年3个主枝难以形成，各枝可适当重剪，第二年再培养。第二年5月对背生直立强枝扭梢；8—9月对主枝延长梢拉枝，开张角度45°左右，将主枝两侧生长较强的新梢与主枝的夹角调整到近90°，开张角度60°左右，作侧枝培养；冬季修剪继续中度短截主枝延长枝，轻截侧枝，同侧侧枝间隔距离30cm左右。第三年后生长期修剪同上，冬季继续重短截主枝延长枝。5年生树树冠基本形成，为避免主枝延长枝相互交叉，可采取重短截或换头的方法避开两枝重叠，冬季修剪后树高保持在2.5m左右，疏除距主干分支点50cm以内的侧枝及过密枝，将同侧3年生侧枝的间隔距离调整到70cm。

（二）梨树修剪

梨树夏季修剪

梨较喜光，枝条较脆，有明显中心干；萌芽力强，成枝力弱，以短果枝及短果枝群为主；梨枝基部副芽发育好，而且寿命长，是枝条更新潜伏芽的主要来源，并且更新后的枝条长势强；花芽形成容易。

梨冬季修剪在冬季树体正常落叶后至翌年春季萌芽前进行，修剪过迟翌年生长推迟，长势削弱，开花结果能力下降，过早不利于树体养分贮存。梨修剪常用的方法有短截、疏枝、回缩、长放等。

1. 初果期树的修剪 初果期的树体生长旺盛，枝量迅速增加，树冠继续扩大，结果枝、花芽数量逐年增多，结果能力逐年提高。应该以疏剪和缓放为主，以果压冠控制冠形；继续完成整形，培养骨干枝，保持树体长势；以辅养枝结果为主，管理好辅养枝；大力培养结果枝组和促进花芽分化，继续处理好竞争枝，为进入结果盛期的丰产树形打好基础。

（1）骨干枝的继续培养。进入初果期后，对主枝、副主枝（侧枝）延伸角度和方位不理想的，需继续调整。对主枝位置过高过低的，可采取用背上或背下枝换头的方法解决；对有中心干的树形，中心干过于强旺的，需要采用中心干小换头的方法控制。

（2）结果枝组培养。初果期树体成枝率较高，为各类枝组的培养提供了良好的机会，因此，此期整形的重点是在骨干枝各部位根据空间大小培养合理的枝组类型，在枝组培养时采用强枝轻剪、弱枝重剪的方法。

（3）辅养枝的合理利用。辅养枝的多少以及留存与否，以不影响骨干枝生长为原则。即辅养枝影响到骨干枝生长时，视影响程度，可以逐步回缩改造为结果枝组，无生长空间和利用价值时及时疏除。

2. 盛果期树的修剪 盛果期的梨树树体骨架已经形成，树冠也已基本形成，尤其密植梨园已封行，树体营养生长与生殖生长趋于平衡，后期树势中庸，结果量大，不注意控制易造成大小年结果现象。此时修剪的原则为“适当轻剪，轻重结合”。适当轻剪有利于健壮果枝的增多，但连年轻剪树势减弱，因此，可轻剪1～2年或3年后，树势转弱时应及时重剪复壮。此时期修剪的主要任务为：维持树体生长与结果的平衡关系和各类枝条的主从关系；调节结果与生长关系，保持适宜的枝量和果枝比例，改善树冠内部良好光照条件；保持树体合理结构，延长盛果期年限。

（1）骨干枝修剪。为维持树势和防止树冠继续扩大，选留较弱枝为延长枝，并1/2短截。后期转弱，先端下垂可行较重回缩复壮，选留向上健壮枝为延长枝短截，抬高角度，继续延长生长。

（2）结果枝组修剪。中、大型结果枝组以壮枝壮芽领头；内膛枝组多截，外围枝组多疏少截；内膛发生强旺枝多利用培养成新枝组，替换老枝组。

（3）保持叶幕距离，防止树冠郁闭。及时疏除背上直立枝、密生枝、交叉枝，防止树冠郁闭光照不良。

3. 衰老期树的修剪 衰老期的梨树树势逐渐减弱，生长量明显减少，树体长枝少，短果枝多，内膛大枝组大量死亡，果实变小，品质较差，产量下降，大小年结果现象越来越严重。此时应遵循"去弱留强，更新复壮，少结果，多抽枝"的原则，在加强肥水管理基础上，更新修剪，增强树势，萌发新枝，充实树冠，维持结果能力。

（1）骨干枝更新。已光秃的骨干枝回缩到生长健壮的向上生长的分枝上。更新应从上层开始，然后下层。更新树体要严格控制结果量。

（2）结果枝组更新。结果枝组延长枝头下垂回缩更新到有良好分枝处。

4. 修剪时的注意事项

（1）梨树短枝无饱满侧芽，因此不能对短枝进行短截。

（2）单枝之间生长势差别大，中短枝转化能力弱。

（3）梨树顶端优势明显，长放枝回缩后常表现为先端长势强，后部缺枝光秃现象。

三、花果管理

（一）人工辅助授粉

梨大多数品种自交不亲和，需要配置授粉树，但常因授粉品种配置不当、花期不良气候条件（如多日阴雨、花期低温、霜冻等）影响昆虫授粉等原因而导致授粉不良，坐果率低，降低产量与品质。与昆虫授粉相比，人工辅助授粉不仅可以提高坐果率，更有利于增大果实和端正果形。有研究表明，翠冠梨要得到300g以上均匀大果，在梨花5个柱头上必须黏附300粒以上的花粉，自然授粉很难做到这一点。因此，人工辅助授粉已成为梨树生产中一项必不可少的措施。

梨树花果期管理

花粉宜采自当年开花较早的品种，且具有与主栽品种亲和性较强、花粉量大、萌发率高等特点，也可选用多种花粉制成混合花粉。梨最佳授粉时间为开花后3d，授粉成功率约为80%，花后5～7d也可，但授粉成功率会大大下降。人工辅助授粉适宜气温为15～20℃，上午8时至下午3时均可授粉，具体时间依花期气候而异。

常用的授粉方法有人工点授、对花、挂花枝、液体授粉等。其中液体授粉技术是近年来多地推广的一种新技术，其技术要点是在梨盛花期配置营养液，并在每升营养液中加入0.8g纯花粉，以喷雾器进行喷雾授粉，达到人工辅助授粉的目的。花粉营养液配方为15%蔗糖、0.01%硼酸、0.05%硝酸钙、0.05%黄原胶，其余均为水，每亩地花粉用量为8～11g。

（二）疏花疏果

多数梨品种花芽容易形成，且成花量较大，坐果率高，容易造成结果过多、果实品质差的现象。冬季修剪时就应该遵循“疏弱留壮”的原则疏除多余花芽，初花期也可结合采集花粉疏除多余花蕾。落花后两周也即早期落果高峰过后，即可开始进行疏果，太早无法把握留果量，太迟增加营养消耗。首先疏除病虫果、外伤果、畸形果及生长迟缓、皮色暗淡或位置不当的幼果；其次，对于同一花序而言，留大果去小果，根据果实纵径长短留长果去短果，最终1个花序仅留1果，强枝每隔10cm留1果。疏果程度应达到果实套袋后果袋之间不拥挤，能通风透光，一般叶果比为（25～30）：1。

（三）果实套袋

套袋可改善果面颜色，减少锈斑，同时还能减少病虫危害。一般来说，绿皮梨选用透光率较好的果袋，如外黄内白双层袋和外白内白双层袋；褐皮梨选用遮光率较好的果袋，如外黄内黑单层袋、外黄内黑双层袋和外黄中黑内白三层袋；翠冠梨选用外黄中黑内白三层袋。

套袋前，应认真做好一次病虫害防治工作，通常喷施70%甲基硫菌灵可湿性粉剂800倍液加10%吡虫啉可湿性粉剂5 000倍液或加5%阿维菌素乳油4 000倍液，待药液风干以后，立即套袋。套袋时，先用手撑开袋口，托起袋底，使两底角的通气放水口张开，袋体膨起。手拿袋口下2～3cm，套上果实后，从中间向两侧，以此按“折扇”的方式折叠袋口，袋口上方从连接点处将捆扎丝反转90°。

（四）果实采收和贮藏

适时采收是提高梨果实品质的重要措施。采收过早，果实未充分成熟，果个小，品质差；采收过迟，成熟度高，不耐贮运。一般来讲，可依种子由白转为浅褐色作为采收标准。采收时间宜在晴天进行，阴雨天采摘的梨果风味较淡，且贮藏性能较差。采摘后的果实经过分级、包装、预冷等流程后，即可入库贮藏。贮藏方式通常有冷风库贮藏和气调贮藏两种。

技能实训

技能实训4-1　梨整形修剪

一、目的与要求

通过梨幼树的整形及成年树的修剪，掌握梨幼树整形的基本原则、方法和成年结果树的修剪技术。

二、材料与用具

1. 材料　梨幼树、梨成年结果树、伤口保护剂。

2. 用具　修枝剪、手锯、梯子、木桩、麻绳等。

三、内容与方法

（一）梨幼树整形

南方梨常用的树形有单干形、Y形、开心形、小冠疏层形等，根据各地的实际情况，选择适宜的树形进行整形。

(二) 成年结果树的修剪

1. 初果期树的修剪

(1) 延长枝。修剪长度略短于幼树，约 50cm，一般仍在春梢上、中部剪截。外围应少重短截、多长放、适当疏剪，内部应多短截、少疏剪。

(2) 枝组的培养与修剪。枝组的培养因枝而异，长枝宜用“先放后缩法”，中庸枝采用“先截后缩法”，如需培养大型枝组宜用“连截法”，强旺枝宜用“连放法”。

2. 盛果期树的修剪

(1) 骨干枝。骨干枝上的延长枝可轻剪长放、缩放结合，以维持延长枝一定的生长势。延长枝弱时要重回缩，下垂时回缩，利用壮芽进行抬枝。

(2) 调节生长与结果关系。一般来说每年保持梢长 30cm，每年抽生新梢不减少，结果枝数占总枝数的比例以控制在 30%～50%为好。

(3) 枝组的更新。每一枝组的修剪应分明年、后年、再后年结果，3 种枝做好预备更新修剪，叶芽与花芽的比例以保持在 3∶2 或 1∶1 较为适宜。

3. 衰老期树的修剪　老树更新宜早不宜迟，在刚衰老时就进行更新，效果较好。衰老的大枝、骨干枝，一般可在 2～6 年生部位利用隐芽（枝段中、下部位）或壮枝进行缩剪更新。

四、实训提示

根据梨树整形原则，每人整形 1～2 株幼树，同时完成一株大树的修剪。

五、实训作业

通过梨整形修剪的具体操作，谈谈对梨树修剪的体会。

技能实训 4-2　梨人工授粉

一、目的与要求

通过实训，明确人工授粉的作用，掌握人工授粉的技术。

二、材料与用具

1. 材料　若干正开花的梨树品种。

2. 用具　采花用的塑料袋、小玻璃瓶、水罐或广口瓶、授粉用具（毛笔或带橡皮头的铅笔等）、小镊子、白纸、梯子、喷雾器、喷粉器等。

三、内容与方法

1. 选择适宜的授粉品种　选择与主栽品种亲和力强、开花期较早或相同的品种作采花品种树。

2. 采集花蕾　在主栽品种开花前 1～3d，于采花品种树上采集当日或翌日开放的花，采花时将花蕾从花柄处摘下，也可结合疏花进行。

3. 取花粉　将采下的花带回室内，两手各拿一花，花心相对，轻轻摩擦，使花药全部落入预先垫好的白纸上，然后拣去花瓣、花丝，把花药薄薄地摊开，置于室内阴干，室内条件要求干燥、通风、没有灰尘，若室内温度不够需加温。一般经 1～2d 花药就会开裂，散出黄色花粉。花粉全部散出后，用细筛把花粉筛出，用纸包好备用。

4. 授粉方法

(1) 人工点授。授粉适宜时间在主栽品种的盛花初期，就一朵花而言，以开花 1～3d

内授粉效果最好。授粉时要做到树冠上下、内外全面授粉，每一花序的花朵一般授2～3朵，每株树授粉花数的多少可以根据树的花量和将来的留果量结合起来确定。此法授粉效果好，坐果率高，但较费人工，工效低。

（2）挂花枝。在开花初期剪取授粉品种的花枝，插在水罐或广口瓶等内，挂在需要授粉的树上。此法对授粉树树体伤害较大，一般不提倡。

四、实训提示

（1）根据各地的实际情况选择需授粉的果树进行人工授粉。根据各果树的特点选择适宜的授粉方法，并设置不授粉树做对照，以比较人工授粉的效果。

（2）实训时以小组为单位，分树到组，然后按实训要求进行人工授粉。授粉完毕后，应挂牌注明授粉组合、授粉日期、授粉人姓名，随后利用课外时间进行坐果情况调查。

五、实训作业

调查比较人工授粉对梨树坐果的影响。

技能实训4-3　梨疏果套袋

一、目的与要求

学习梨疏花、疏果和套袋的方法，掌握其技术要点。

二、材料与用具

1. 材料　当地栽培的梨树若干株、套果袋、绑缚物（细铁丝、塑料条等）。

2. 用具　疏果剪或修枝剪、喷雾器等。

三、内容与方法

1. 疏花疏果　对开花坐果过多的、负担过重的梨树进行疏花疏果，有利于提高果实品质和克服大小年。

（1）确定留花（果）量的原则。根据“因树定产，分枝负担，看树（枝）疏花疏果”的原则，也可根据梨树的叶果比、枝果比进行疏花疏果。一般强枝多留，弱树少留；直立枝多留，水平枝少留；树冠内膛和中下层多留，树冠外围和上层少留；先疏去过密花果与弱小花果、病虫果等。

（2）疏花疏果的时期。疏花从露花蕾到开花期均可进行。疏果在落花后1周开始，一个月内进行完毕。也可根据树势、花量确定疏花疏果时期。从节省树体营养上来说，疏花疏果的时间越早越好。

（3）疏花疏果方法。

①人工疏花疏果。目前，果树生产上仍常用此法管理花果。疏花疏果时应由上而下、由内而外，按主枝、副主枝、枝组的顺序依次进行，以免漏枝。

②化学药剂疏花疏果。应用药剂疏花果虽可节省人力，但因副作用较大，药剂浓度也不易掌握，现运用仍不普遍。

2. 套袋　套袋可减少病虫害，降低果面残毒，目前在果树上应用较普遍。

（1）套袋材料。塑料、废旧报纸等。把这些材料制成长方形的袋，以便套袋时使用。

（2）套袋时间和方法。在疏完一次果后，可以开始套袋。套袋前先杀一次病虫，然后把袋口吹开，套好果实。

四、实训提示

（1）选择当地栽培的梨树进行实习。用化学药剂疏花疏果时，先要进行试验。

（2）进行梨套袋实训时，可结合疏果同时进行。

梨树高接换种技术

高接换种是老劣果园更新改造的常用技术。梨树通过高接换种，可及时迅速更换新优品种，调优梨品种结构，解决产期过于集中、效益逐年走低等问题，而且能使梨树早结果、早丰产，增强梨树抗性，减少病虫危害。梨树高接换种后，高接树第二年开始结果，第三年丰产，即获得可观的经济效益。

梨树高接换种技术

一、品种选择

选择适应当地生态条件、果实品质好、经济效益高、与原品种亲和性好的优良品种作接穗品种。

二、高接换种

1. 高接时间　树体萌动前20d至萌动期。

2. 用具准备　嫁接刀、修枝剪、手锯、嫁接膜、伤口保护剂。

3. 高接方法　根据树冠大小，选留基部4～5个主枝和中心干作为嫁接砧木，接口应分布在树冠骨架的中心干或主枝两侧。主枝粗度在3cm以上时，可采用大枝多位单芽插皮接的方法，每个主枝接1～2个穗；主枝粗度在3cm以下时，采用小枝切腹接。

三、接后管理

1. 补接　高接后15d，检查成活情况，如有接穗枯死，重新补接。

2. 摘心　待新梢长至10～15cm时将膜解除；新梢长至20～25cm时摘心，促发二次新梢，促进树冠形成。

3. 除萌　高接后及时除去下部萌蘖，节省树体养分。

4. 绑缚　在风速较大的地区，应绑缚木棍或高接在主枝内侧。

5. 肥水管理　新梢抽生前，施入高氮复合肥；新梢抽生后，及时进行根外追肥，以尿素为主，浓度为0.3%～0.5%，每隔2周追施1次。

6. 辅养枝处理　在不影响高接品种生长的前提下，可让辅养枝自然生长，待高接品种树冠基本形成时，一次性剪去所有辅养枝。

女大学生的梨园情怀

张慧玲，2007年就读于河北农业大学园艺学院。毕业后，在北京一家农资企业做销售，有着可观的收入。张慧玲的父母是地地道道的梨农，有10多亩梨园，然而，张慧玲却在2016年3月因为这10多亩梨园毅然辞去了北京的工作，通过自然农耕法靠这10多亩梨园走上了创业致富的道路。

女大学生的梨园情怀

复习提高

（1）梨生长结果有何特点？

（2）简述梨整形修剪的技术要点。

（3）梨园施基肥和追肥对施肥沟和肥料种类有何要求？

（4）说说如何选择梨的授粉品种。

（5）简述梨人工授粉的技术要点。

项目五 蓝莓优质生产技术

学习目标

- 知识目标

了解世界和我国蓝莓的生产概况；熟悉蓝莓品种群、优良品种和生物学特性；掌握蓝莓生产的主要技术环节和果园管理重点。

- 技能目标

掌握土壤 pH 的调节方法；学会蓝莓不同生物学时期的整形修剪技术；能独立进行蓝莓的建园和生产管理。

- 素养目标

具备优良的工作作风和严谨的科学态度，善于发现问题、解决问题；了解农业在我国的战略地位，树立学农、爱农和从农之心。

生产知识

蓝莓生产概况

蓝莓属杜鹃花科（Ericaeae）越橘属（*Vaccinium*）植物，为多年生落叶或常绿灌木，英文名 blueberry。“blue” 为蓝色，“berry” 即 “莓” 的意思，结合起来称 “蓝莓”，比我国称之为 “越橘” 更形象贴切，但不是植物分类学的规范植物学名。在传统分类中，blueberry 是指越橘属中的一个蓝果类型，其他两类红豆越橘和蔓越橘都为红色果实。

蓝莓果实肉多细腻，甜酸爽口，有清香宜人的香气，富含多种维生素和微量元素，既可鲜食，也可加工成果汁、果酱和果酒，具有很高的经济价值。我国栽培蓝莓第二年见果，3～4年后进入初果期，盛果期每丛结果枝 25～30 条，平均每株产量 3～6kg，每公顷产量高达 22.5～30.0t。我国鲜食蓝莓销售价格为 40～80 元/kg，设施栽培的蓝莓可提早 20～40d 成熟，价格高达 100～160 元/kg，观光采摘园的售价更高，达 240 元/kg，经济效益非常可观。

蓝莓是一个既古老又新型的果树树种，原产于北美，采摘食用已有几千年的历史，但在研究利用和产业化生产最早的美国也只有 100 多年的历史，是世界范围内发展最快的第三代果树的代表品种之一。我国蓝莓约有 91 个种、28 个变种，分布于东北和西南地区。我国蓝莓的研究和商业化栽培起步较晚，但发展较快，基本上可以划分为 3 个阶段。第一阶段：20世纪80年代初期到20世纪末，属于引种研究阶段。吉林农业大学于1983年率先在我国开展了蓝莓引种栽培工作，到1997年，从美国、加拿大、芬兰、德国引入抗寒、丰产的蓝莓优良品种70余个，中国科学院植物研究所于1988年从美国引入兔眼蓝莓12个优良品种并试种成功，到21世纪初基本选育出了适合我国各地栽培的优良品种。第二阶段：2000—2005年，属于产业化生产示范阶段。吉林农业大学和中国科学院植物研究所分别为山东、辽宁、吉林和贵州的蓝莓生产示范基地提供技术支撑，促进产业发展，在此期间一些大学（大连理工大学、大连大学）和研究机构（山东省果树研究所、辽宁省果树研究所）也相继加入了蓝莓的研究工作。第三阶段：起始于2006年，属于快速发展阶段。截至2020年，蓝莓栽培已遍布全国大多数省份，总面积超过6万hm^2，总产量近35万t，规模化种植的省份达到27个，从北到南形成了大小兴安岭和长白山、辽东半岛、胶东半岛、云贵川、华南、苏浙沪等产区。

任务一　主要种类和品种

一、主要种类

自蓝莓栽培100多年来，通过野生选种和杂交育种等手段，一共培育了300多个优良品种。在商业生产中主要用簇生果类群（Cyanococcus）中的种类，包括高丛蓝莓（highbush blueberry，*V. corymbosum*）、兔眼蓝莓（rabbiteye blueberry，*V. ashei*）、矮丛蓝莓（lowbush blueberry，*V. angustifoliym*）以及种间杂交种半高丛蓝莓（half highbrush blueberry，*V. corymbosum/angustifolium*）。北高丛蓝莓栽培种是从高丛蓝莓野生种中通过杂交选育而出，适应温带栽培，兔眼蓝莓和南高丛蓝莓适应（亚）热带栽培，矮丛蓝莓适应高寒地带栽培，半高丛蓝莓适宜在温带寒冷地区栽培。

二、主要品种

（一）兔眼蓝莓品种群

该品种群的品种树体高大（一般为2～5m，最高可达7m以上），寿命长，抗湿热，对土壤条件要求不严，抗旱，生长势和抗虫性较强，丰产，果实坚实、耐贮藏，需冷量少，但抗寒能力差，−27℃低温可使许多品种受冻。适宜在长江流域以南的丘陵地区栽培，向南发展时要考虑是否能满足450～850h的需冷量，向北发展时要考虑花期霜害和冬季冻害。

1. 梯芙蓝　1955年美国选育出的中晚熟品种，是兔眼蓝莓选育最早的一个品种。由于其丰产性强，采收容易，果实品质好，直到现在仍广泛栽培。树体直立，生长势强，树冠中大或小，易产生基生枝，对土壤适应能力强。果实中大，淡蓝色，质极硬，果蒂痕小且干，风味佳，果实完全成熟仍可留树贮存几日。

2. 芭尔德温　1985年美国杂交育成的晚熟品种。树体直立、高大强健，树冠大，连续丰产能力强，需冷量为450～500h，抗病能力强，果实成熟期可延续6～7周。果实中大，深蓝色，质地硬，味甜，风味佳，耐贮，适于庭院栽培。

3. 粉蓝　1978年美国杂交育成的晚熟品种。植株生长健壮，枝条直立，树冠中小，果实中大，淡蓝色，肉质极硬，果蒂痕小且干，品质佳。

4. 精华　1985年美国从自然授粉实生苗中选育出的晚熟品种。树势生长健壮，对叶片病害抵抗力差，易感根腐病，适宜疏松土壤栽培。果实小，淡蓝色，质地硬，果蒂痕小而干，充分成熟后风味佳，耐贮运。适宜鲜果远销和庭园栽培。

（二）南高丛蓝莓品种群

南高丛蓝莓喜温暖湿润的气候条件，需冷量低于600h，但抗寒力差，适合黄河以南地区如华东、华中、华南和西南地区栽培。与兔眼蓝莓相比，南高丛蓝莓具有成熟期早、鲜食风味佳的特点，在长江流域栽培果实成熟期为5月中旬至6月初，南方热带地区成熟期更早。

1. 佛罗达蓝　1976年美国选育的中熟品种。树势中等，抗茎干溃疡病，果实大，淡蓝色，硬度中等，风味佳。适于庭院栽培和产地鲜果销售栽培。

2. 夏普蓝　1976年美国选育的早熟品种。需冷量为300h。树势中等、开张，果实大，中等蓝色，硬度中等，风味佳，早期丰产能力强，建园时须配置授粉树。

3. 奥尼尔　1987年推出的极早熟品种。树体半开张，早期丰产能力强，开花期早且花期长，容易遭受早春霜害，极丰产。果实中大，中等蓝色，质地硬，果蒂痕小，风味佳，抗枝条癌肿病。需冷量400～500h。该品种在浙江一带栽培，果实成熟期为5月20日左右，在四川、云南一带5月初成熟期。但雨水过多会有裂果现象，影响果实品质，栽培时应加强雨季果园排水，结合避雨栽培效果较好。

4. 密斯梯　又称“薄雾”，1992年美国推出的杂交中熟品种。成熟期比奥尼尔晚3～5d，树势中等，开张型。品质优良，果实大而坚实，有香味，色泽美观，果蒂痕小而干，在长江流域栽培无裂果现象。需冷量200～300h。常绿，是南高丛蓝莓品种群中最丰产的一个品种。该品种在长江以南地区表现出适应强、管理容易、丰产和果实品质佳等优良特性，是目前长江以南地区最受欢迎的品种。定植后第二年株产可达1kg，第三年株产可达3kg以上，第四年株产可达5kg以上。因为枝条过多，花芽量大（成年树花芽可超过3 000个/株），要加强疏枝和短截花枝（每株修剪保留300～400个花芽），否则很容易引起树体过早衰老。

（三）北高丛蓝莓品种群

北高丛蓝莓喜冷凉气候，抗寒力较强，有些品种可抵抗－30℃低温，栽培品种的需冷量一般要1 000h左右，适于我国北方沿海湿润地区及寒地发展。此品种群果实较大，品质佳，鲜食口感好，可以作为鲜果市场销售栽培，该品种群是目前世界范围内栽培面积最大的品种类群。

1. 蓝丰　1952年美国杂交育成的中熟品种。树冠开张，生长势强，幼树枝条较软，抗寒力强，抗旱力是北高丛蓝莓中最强的一个，极丰产且连续丰产能力强。果实大，淡蓝色，果粉厚，肉质硬，果蒂痕小而干，具清淡芳香味，未完全成熟时略偏酸，风味好，贮存性好，为鲜食销售的优良品种。适宜无霜期160～200d地区栽培，3龄内幼树注意防寒。

2. 蓝塔　1968年美国杂交育成的早熟品种。树体生长中等健壮，矮且紧凑，抗寒性强，连续丰产性强。果实中大，淡蓝色，质地硬，果蒂痕大，风味比其他早熟品种佳。具有蓝莓香气，耐贮运性强。该品种是目前北高丛蓝莓品种群中成熟期最早的一个。

3. 晚蓝 1967年美国选育出的晚熟品种。树势生长健壮直立，连续丰产性强，果实成熟期较集中，适于机械采收。果实中大，淡蓝色，质地硬，果蒂痕小，风味极佳，果实成熟后可留树贮藏。

（四）半高丛蓝莓品种群

此品种群是高丛蓝莓与矮丛蓝莓的杂交后代，遗传了矮丛蓝莓植株矮小、抗寒性强和高丛蓝莓果实大、品质优的优点。此品种群树高50～100cm，果实比矮丛蓝莓大，但比高丛蓝莓小，抗寒力强，一般能抗－35℃低温。

1. 北陆 1986年美国杂交育成的中早熟品种。树冠中度开张，树体生长健壮，成龄树高可达1.2m，丰产性好，抗寒力强。果实大，略扁圆形，中等蓝色，质地中硬，成熟期较集中，风味佳，耐贮藏。适宜在北方寒冷地区栽培。

2. 北蓝 1983年美国杂交育成的晚熟品种。树体生长较健壮，树势强，树高约60cm，抗寒，能耐－30℃低温，丰产性好。果实中大，暗蓝色，肉质中硬，风味好，耐贮运。适宜在北方寒冷地区栽培。

3. 北春 1986年美国杂交育成的早中熟品种。树体健壮，生长势中等，树高约1m，早产，连续丰产、稳产。果实中大，天蓝色，口味甜酸，风味好，耐贮藏。在我国长白山区可露地越冬，为高寒山区蓝莓栽培优良品种。

（五）矮丛蓝莓品种群

此品种群的特点是树体矮小，一般高30～50cm，抗旱能力较强，且具有很强的抗寒能力，在－40℃可以栽培，在北方寒冷山区，30cm厚的积雪可将树体覆盖从而确保安全越冬。对栽培管理技术要求简单，极适宜东北高寒山区大面积商业化栽培，但由于果实较小，主要用作加工原料。

1. 美登 加拿大通过杂交选育出的中熟品种。树体直立，株高30～40cm，丰产，引种在我国长白山区栽培的5年树龄树平均株产0.83kg，最高的可达1.59kg。果较大，近球形，浅蓝色，被有较厚果粉，风味好，有清淡爽口的香味。7月中旬成熟，成熟果不易自然落果，可集中一次性采收。抗寒力极强，可抵御－40℃的低温，为高寒山区发展蓝莓的首推品种。

2. 芬蒂 1969年加拿大从自然授粉的实生后代中选育出的中熟品种。枝条生长极其旺盛，长度可达40cm。早产，丰产，抗寒力强。果实大，淡蓝色，被果粉。该品种在长白山地区种植各项指标与美登表现出一样的优良特性，可以与美登配套种植，互作授粉树。

任务二　生物学和生态学特性

一、生物学特性

（一）生长特性

蓝莓为多年生灌木，丛生，果实为小浆果。不同种类品种树体大小及形态差异显著，株高 0.3～5.0m 不等。栽培种高丛蓝莓和兔眼蓝莓株高一般控制在 1.5～3.0m，有主干，并由多个主枝构成灌丛型树冠。半高丛蓝莓和矮丛蓝莓无主干，由根颈部抽生的多根主枝构成灌丛型树冠，有的品种可以产生萌蘖。半高丛蓝莓株高一般控制在 0.7～1.2m，矮丛蓝莓株高一般控制在 0.3～0.6m。

蓝莓生物学特性

1. 根　蓝莓为浅根系植物，没有根毛，根系不发达，纤维很多，粗壮根很少，而有内生菌根（图Ⅱ-5-1）。矮丛蓝莓的根大部分是由根茎蔓延而形成的不定根，不定根在根状茎上萌发，形成枝条（图Ⅱ-5-2）。根状茎一般单轴生长，直径 3～6mm，其分枝频繁，在 10～25cm 深土层中形成穿插的网状结构。

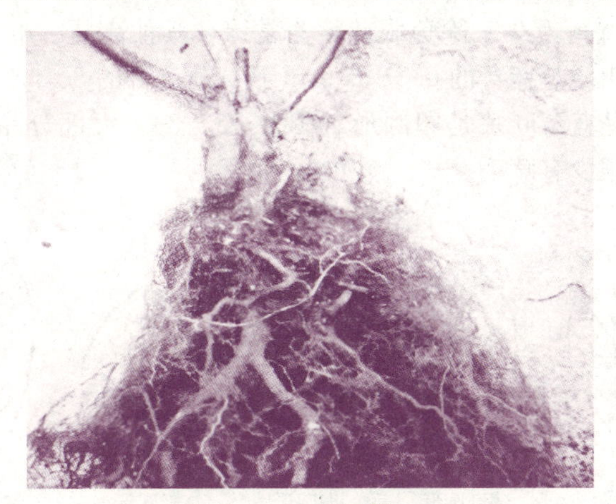

图Ⅱ-5-1　蓝莓根系

（李亚东，2014，蓝莓栽培图解手册）

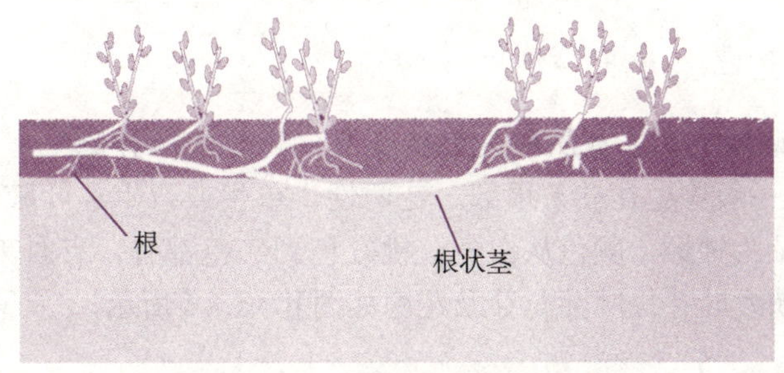

图Ⅱ-5-2　矮丛蓝莓根状茎示意

（郑炳松，2013，蓝莓栽培实用技术）

蓝莓的根系一般水平分布范围在树冠投影区域内，深度为 30～45cm，成年高丛蓝莓和兔眼蓝莓根的垂直分布有时可达 75cm，但一般只有 45cm。在一个生长季节内，蓝莓的根系随土壤温度变化有两次生长高峰，第一次出现在 6 月中旬，第二次出现在 8 月下旬。当土壤温度达到 14～18℃时，根系生长最快，低于此温度根系生长减缓，低于 8℃时根系生长几乎停止。

根系分布情况与植株树龄和土壤状况有关。种植在黏重土壤上根系分布比较紧密，种植在沙壤土中根系分布比较广。

2. 枝条　在我国南方，蓝莓一年有两次生长高峰。第一次是在 5—6 月，第二次是在

7月中旬至8月中旬。幼苗定植后第三年生长明显加快，新枝萌发多并生长旺盛，年生长量可达1m以上。

蓝莓营养枝生长到一定程度便停止生长，顶端最后一个细尖的幼叶变黑成“黑尖”。黑尖约2周脱落（顶芽自枯），位于黑尖下的营养芽长出新枝，并具有顶端优势，即实现枝条的转轴生长，这种转轴生长在南方一年有3～5次。夏季最后一次转轴生长，新梢上紧挨黑尖的一个芽原始体逐渐增大发育成花芽，占据了顶端位置；顶花芽下面还能形成多个花芽，翌年春季开花结果，其下的营养芽又发育成营养枝，而结过果的短小枝在秋后逐渐干枯脱落。

3. 叶 蓝莓的叶单叶互生。除兔眼蓝莓为常绿，其他高丛、半高丛和矮丛蓝莓在入冬前落叶。叶片大小由矮丛蓝莓的0.5～2.5cm到高丛蓝莓的8cm不等。矮丛蓝莓叶片是椭圆形，高丛和半高丛蓝莓叶片是卵圆形（图Ⅱ-5-3）。大部分品种叶背面被有茸毛，而矮丛蓝莓叶片背面很少有茸毛。

图Ⅱ-5-3 蓝莓叶片性状

（宋洪伟，2013，越橘种质资源描述规范和数据标准）

（二）开花结果特性

1. 花及花序 蓝莓绝大多数品种为总状花序，花序大部分侧生，有时顶生，通常由7～10朵组成。花芽一般着生在枝条顶部。花两性，单生或双生在叶腋间，呈辐射对称或两侧对称。单花花朵为钟形，颜色从白色、桃红色到红色都有，有时带有淡淡的绿色调。春季花芽萌发后才萌发叶芽。叶芽花芽及花序如图Ⅱ-5-4所示。

图Ⅱ-5-4 叶芽、花芽和花芽萌发花序示意

（李亚东，2014，蓝莓栽培图解手册）

蓝莓的花通常由花萼、花冠、雌蕊和雄蕊4部分组成，共同着生在花梗顶端的花托上

(图Ⅱ-5-5)。花梗又称花柄，是枝条的一部分。花冠常呈铃铛形，花瓣基部联合，外缘4裂或5裂。雄蕊8～10枚，短于花柱，雄蕊数量为花冠裂片的2倍，花药孔裂。子房下位，中轴胎座，由昆虫或风媒授粉。

每一枝条可分化的花芽数与品种和枝条粗度有关，高丛蓝莓一般4～7个，兔眼蓝莓3～6个。花芽着生于一年生枝条顶部1～4节，但要形成花芽，细梢（梢径小于2.5mm）至少要有11个节位数，中梢（梢径2.5～5.0mm）至少要有17个节位数，粗梢（梢径大于5mm）至少要有30个节位数。

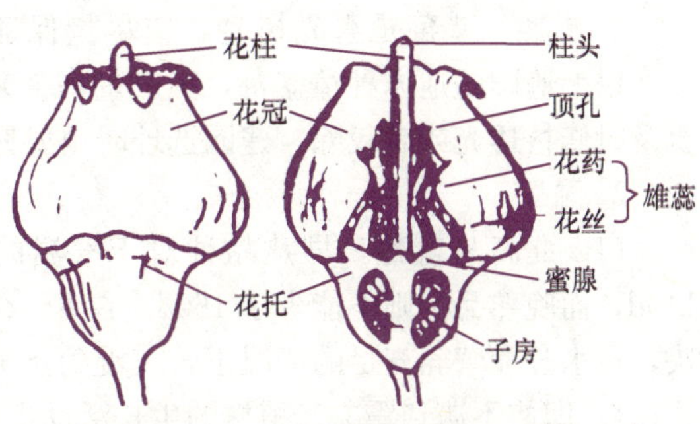

图Ⅱ-5-5 蓝莓花器官结构示意
（李亚东，2014，蓝莓栽培图解手册）

各品种群蓝莓的花芽分化时期不同，矮丛蓝莓和高丛蓝莓在7—8月分化，兔眼蓝莓从6月中旬开始，到9月底至10月初花芽分化完成。从形态上看，花芽肥大、椭圆形，营养芽和休眠芽窄尖形。

花芽从萌动到绽开约1个月时间，花期约2周。开花时顶芽先开，其次是侧芽，粗枝上的花芽比细枝上的花芽开得晚。一个花序中基部先开，然后是中部、上部开放。

2. 果实 蓝莓果实的大小、颜色因品种而异。小浆果，果实呈蓝色，色泽美丽、悦目，白色果粉包被果实，果肉细腻，种子极小。果实形状为椭圆形、圆形、扁圆形等，有宿萼（图Ⅱ-5-6）。平均单果重0.5～2.5g，直径0.8～1.5cm，其中兔眼蓝莓的单果重最大可达25g。蓝莓果实一般在花后70～90d成熟，可食率为100%，甜酸适口，且具有香爽宜人的香气，为鲜食佳品。

蓝莓多为异花授粉植物。高丛蓝莓能自花结实，但自花结实能力在品种间有明显差异，而兔眼蓝莓和矮丛蓝莓一般自花不实，因此在生产上必须考虑多品种搭配建园，实现异花授粉以提高产量。

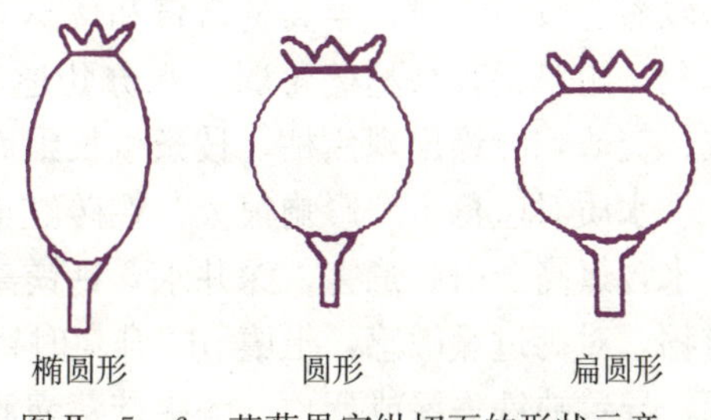

图Ⅱ-5-6 蓝莓果实纵切面的形状示意
（李亚东，2014，蓝莓栽培图解手册）

蓝莓果实有3次明显生长期：第一次在蓝莓花受精后，子房迅速膨大，约1个月后停止增大，之后浆果保持绿色，体积仅稍有增加；第二次是当进入变色期与着色期后，浆果增大迅速，可使果径增长50%；第三次是在着色以后，果径还能再增长20%，且甜度和风味变得适中。

同一果穗上的果实不能同时成熟，果穗顶部、中部的果实先熟，成熟时间一般在6—8月。蓝莓的浆果发育受许多因素影响，但从落花到果实成熟一般需要50～60d，蓝莓果实发育呈单S形曲线。

浆果发育所需时间主要与种类和品种特性有关。一般情况下，高丛蓝莓果实发育比矮丛蓝莓快，兔眼蓝莓果实发育时间较长。温度、水、肥是影响浆果发育的主要因素。温度高则果实发育快，水分供应不足则阻碍果实的发育。另外，果实大小也与发育时间有关系。小果发育时间较长，大果发育时间反而较短。

二、生态学特性

1. 光照　蓝莓是喜光树种，应尽量保证较多的光照时间和较强的光照度。如果在50%以上遮阳的地方种植蓝莓，其产量将会大大减少。所以，对于种植园周边的高大树木要及时修枝透光或者伐除，建园选址时也要充分考虑光照条件。

2. 温度

（1）北高丛蓝莓。早熟品种对于气温的基本要求是适宜温度的生长期达到120～140d，而晚熟品种则不能少于160d。在8～20℃，气温越高，生长越旺盛，果实成熟也越快，在水分和营养充足的情况下，气温每上升10℃，生长速度约增长1倍。在气温降至3℃时，即使不遇到霜冻，植株的生长活动也会停止。

大部分北高丛蓝莓品种可耐－26～－23℃低温。在深度休眠的情况下，高丛蓝莓最低可耐－40～－35℃的低温。叶面温度超过20℃时生长停滞，超过30℃就有可能引起热害。

（2）南高丛蓝莓。南高丛蓝莓和北高丛蓝莓的主要区别在于南高丛蓝莓能在温暖的冬季气温条件下通过休眠，但其抗寒性一般弱于北高丛蓝莓，而高于兔眼蓝莓。南高丛蓝莓的耐热性不如兔眼蓝莓，但强于北高丛蓝莓。

（3）兔眼蓝莓。兔眼蓝莓常常发生冬季或早春的周期性花芽冻害。兔眼蓝莓花芽的抗寒性与花芽的发育阶段有关，发育阶段越高，越容易受冻，接近开花时，抗寒性呈直线下降。

（4）矮丛蓝莓。矮丛蓝莓虽然抗寒性很强，但冻害仍然是该种类产量不稳定的原因之一。矮丛蓝莓除了枝条顶端的2个花芽抗寒性较差外，其他花芽在正常情况下1—2月可耐－40～－35℃的低温。

3. 水分　蓝莓的耐旱性和耐涝性均中等，但品种群间差别较大。高丛蓝莓垂直根分布较深，较耐干旱；半高丛蓝莓和矮丛蓝莓根系垂直分布较浅，不能有效吸收土壤深层的水分，耐旱力较高丛蓝莓弱。水分胁迫对蓝莓的生长发育影响较大，并会使蓝莓叶片变红、变薄，叶缘出现焦枯，枝条生长细而弱，从而导致早期落叶。

水质对蓝莓生产影响很大。在砖红土壤上种植蓝莓，不能用自来水和深井水灌溉，自来水含氯高会引起毒害，深井水含钙镁离子高，经常灌溉会使土壤pH升高。蓝莓是嫌钙植物，对钙过量敏感，土壤pH升高时钙的溶解度也增大，植株吸收过量的钙会引起钙中毒，导致缺铁失绿或死亡。解决蓝莓灌溉最好的办法是修建蓄水池收集地表径流水，经微生物活动软化水质后用来浇灌果园。

4. 土壤　蓝莓最适宜生长在有机质含量高、透气性好和水分充足的酸性沙质土壤中。土壤pH是影响蓝莓栽培的一个主要因子，蓝莓生长要求强酸性土壤条件。高丛蓝莓土壤pH适宜范围为4.0～5.5，最适为4.3～4.8；兔眼蓝莓土壤pH适宜范围为4.5～5.5，最适为4.8～5.0；矮丛蓝莓自然分布在有机质贫乏的高地土壤中，最适pH为4.0～5.2。

在酸性土壤环境下，蓝莓的根系可被石楠属菌根感染形成内生菌根，菌根对蓝莓的营养吸收和生长发育有重要的生理作用，这也是蓝莓对土壤营养要求不高的原因。它可以使蓝莓直接利用土壤中的有机氮并促进其对无机氮及难溶性磷特别是有机磷的吸收，还可以促进蓝莓对铜、锌、锰、铁等其他元素的吸收。当重金属元素供应过量时，菌根又能起到抵抗作用。

任务三　育　苗

一、组织培养

组织培养繁殖苗木是在人工培养基中，使离体组织细胞培养成为完整植株的繁殖方法。利用组织培养方法繁殖蓝莓植株具有占地面积小、繁殖周期短、全年都能进行繁殖、繁殖系数高、培养无病毒苗木的优点，曾是蓝莓人工栽培初期的主要繁殖方法。但组培法育苗技术需要较高的条件，投入成本相对较大，一些小规模生产企业和育苗单位多采用扦插方法进行育苗。

蓝莓组织培养

二、绿枝扦插

绿枝扦插是目前国际和国内蓝莓苗木生产中主要的育苗方法，这种方法相对硬枝扦插条件要求严格，入冬前苗木生长较弱，但生根容易，苗木移栽成活率高。

蓝莓扦插繁殖技术

（一）剪取插条时间

剪取插条可在生长季进行，由于栽培区域气候条件的差异，扦插没有固定的时间，主要从枝条的发育状态来判断。比较合适的时期是春梢二次枝的侧芽刚刚萌发时，此时新梢处于暂时停长状态，扦插生根率可达80%～100%，过了这个时期扦插生根率会大大下降。夏梢停止生长时剪取插条进行扦插，因花芽分化已经完成，往往造成第二次开花，不利于苗木生长。

插条剪取后立即放入清水中，避免捆绑、挤压、揉搓。

（二）插条准备

插条长度因品种而异，一般至少留4～6节，且保留叶片。插条充足时可留长些，如果插条不足可以采用单芽或双芽扦插。插入基质的插条上的叶片剪掉，露出基质的插条上的叶片保留（即带叶扦插），这样生根后有利于苗木快速发育。

（三）生根促进物质的应用

蓝莓扦插时用药剂处理可大大提高生根率，常用的药剂有萘乙酸、吲哚丁酸及生根粉。采用速蘸处理，浓度为500～1 000mg/L的萘乙酸、2 000～3 000mg/L的吲哚丁酸、1 000mg/L的生根粉。不用生根剂处理插条，生根时间一般在1.5～2.0个月甚至更长的时间，而且生根率低。用生根促进剂处理后，快者15d即开始生根，1个月后大部分甚至90%以上可生根，生根数量可提高5～10倍。

（四）扦插基质

蓝莓扦插育苗最理想的基质是腐苔藓，其作扦插基质的优点是疏松、通气、营养全面且为酸性。酸性环境可抑制大部分真菌特别是木腐菌的滋生，有效减少插条腐烂，扦插生根后根系发育好，苗木生长快。

用松针、珍珠岩、锯末混合的基质生根率低，且生根过程中易受到真菌侵染，插条易腐烂，生根后由于基质营养不足、pH 偏高，苗木长势较差。

用河沙作扦插基质生根率较高，但生根后需要移苗，比较费工，而且移苗过程中容易伤根，造成苗木生长较弱。

无论使用哪种扦插基质，在扦插前都要用药剂对基质进行处理，保证插入基质中的插条不腐烂，用药比例为每立方米基质用多菌灵 1kg。

（五）苗床的准备

苗床设在温室或塑料大棚内，在地上平铺厚 15cm、宽 1m 的基质作苗床，苗床两边用木板或砖挡住，也可用育苗塑料盘装满基质。扦插前将基质浇透水，在温室或大棚内最好装置全封闭弥雾设备，如果没有弥雾设备，则需在苗床上扣高 0.5m 的小拱棚，以确保空气湿度。

（六）扦插及插后管理

苗床及插条准备好后，将插条用生根剂速蘸处理，然后垂直插入基质中，间距以 5cm×5cm为宜，扦插深度为 2～3 个节位。

插后管理的关键是温度和湿度的控制。最理想的是利用自动喷雾装置，温度应控制在 22～27℃，最佳温度为 24℃。

如果是在棚内设置小拱棚，需人工控制温度，为了避免小拱棚内温度过高，需要用透光率 75%的遮阳网遮阳。生根前需每天检查小拱棚内温度和湿度，尤其是中午，需要打开小拱棚通风降温，避免温度过高而造成死亡。生根之后，撤去小拱棚，此时浇水次数也适当减少。

及时检查苗木是否被真菌感染，若有应将腐烂的苗拔除，并喷多菌灵稀释液，控制真菌扩散。

（七）优质扦插苗培育

1. 促进扦插苗生长 扦插苗生根后（一般 6～8 周）开始施肥，施入完全肥料，以液态浇入苗床，浓度为 0.3%～0.5%，每周施 1 次。

扦插一般在 6—7 月进行，生根后到入冬前只有 2 个月左右的生长时间，在入冬前苗木尚未停止生长时，给温室加温以促进生长。温室内的温度白天控制在 24℃，晚上不低于 16℃。

2. 移栽 蓝莓的根系非常脆弱，移栽时特别容易受伤，而且受伤后恢复较慢，因此，移栽时尽量不要损伤根系。移栽时间在秋末冬初和春季萌芽前进行，多带扦插基质移栽。

3. 移栽后的管理

（1）适当遮阳或喷灌。如果是生长季节移栽，没有自动喷灌设备，而且移栽时所带基质较少，为保证移栽成活率，对移栽苗可以适当遮阳。遮阳时间根据移栽苗所带基质多少而定，一般为 1～4 周，移栽苗缓苗后即可撤除遮阳物。如果有自动喷灌设备，即使移栽苗带基质较少，也不必遮阳。喷雾量比扦插生根前喷雾量要小，叶片表面不必始终保留

水分。

（2）成活后的水分管理。移栽成活以后应保持土壤湿润而不黏重，坚持“不干不灌，灌就灌透”的原则，以微灌和滴灌方式为佳。

（3）合理施肥。肥料可以是有机复合肥、普通复合肥或化肥，但不管施用何种肥料，切忌偏施氮肥。如果施用复合肥，每株每次总施入量约为3g，一个生长季可施1～4次。

（4）杂草的控制。人工浅耕除草，不损伤根系，且有利于土壤的透气性，要慎用除草剂。

（5）修剪。坚持“抑强扶弱、去平留直”的原则，即对生长过快、过大的种苗进行疏枝。在疏枝时，首先剪掉水平枝和接近水平的斜生枝，留下直立的枝条。修剪没有固定的时间，当弱小苗的生长空间不足或苗木枝叶过分拥挤时即可进行。

三、硬枝扦插

（一）扦插前的准备

1. 插条的选择 硬枝扦插选用的枝条最好为一年生的营养枝，宜选择枝条硬度大、成熟度良好且健康的枝条，尽量不选徒长枝、髓部大的枝条和冬季发生过冻害的枝条。若插条不足，则可选择一年生花芽枝条，扦插时将花芽抹掉。但是花芽枝生根率低于营养枝，且所生根系较差。枝条基部枝段作插条的生根率明显高于枝条上部枝段作插条的生根率，因此应尽量选择枝条的中下部枝段用作插条。一般插条的长度为8～10cm、茎粗6mm比较合适。插条过细，生根容易，但根发育较弱；插条过粗，发根困难。

2. 插条采集的时间 一般枝条萌发需要800～1 000h需冷量，因此剪取插条时应确保枝条已有足够的冷温积累。少量育苗时，可在春季萌芽前（一般在3—4月）剪取插条，随剪随插；大量育苗时，需提前剪取插条，在2月进行扦插。

3. 插条的贮藏 剪取插条后，每50或100根为1捆，埋入锯末、苔藓或河沙中，温度控制在2～8℃，相对湿度控制在50%～60%，低温贮藏可促进生根。

4. 扦插时间 一般扦插多在春季进行。在2月剪取的枝条，经过2～4个月的贮藏，扦插后生根率比较高，如果枝条的贮藏状况好，扦插还可以延后进行更有利于插条生根。

5. 插床准备 硬枝扦插的插床，要求床面平整、土壤湿度良好、保水但不积水且具有排水条件。苗床上面铺宽1m、厚0.25m的基质，河沙、锯末、酸性草炭、腐苔藓等均可作为扦插基质，但比较理想的扦插基质是腐苔藓，或酸性草炭与河沙体积比为1∶1的混合基质。

（二）扦插

将基质浇透水，保证湿润但不积水，然后将插条垂直插入基质中。插条间距为5cm×5cm，扦插深度保证除插条最上部的叶芽露在外面外，其余插条近2/3的部分插入混合基质中，如果基质较浅，可以将插条斜插入基质中。

（三）扦插后的管理

扦插后应经常浇水，以保持土壤湿润，但注意避免过涝和过旱。水分管理最关键的时期是5月初至6月末，此时叶片已经展开，但插条尚未生根，水分不足容易造成插条死亡。当顶端叶片开始转绿时，标志着插条已开始生根。

扦插前、扦插后至生根前不要施肥，插条生根后才开始施肥。肥料选用完全肥料，以液态施入，浓度为3%，每周施1次，每次施肥后喷水，将叶面上的肥料冲洗掉，避免灼伤叶片。

任务四　建　园

一、园地选择与准备

（一）园地选择

蓝莓园的建立

1. 土壤pH　土壤pH是影响蓝莓栽培的一个主要因子，蓝莓生长要求酸性土壤。高丛蓝莓土壤pH适宜范围为4.0～5.5，最适为4.3～4.8；兔眼蓝莓土壤pH为适宜范围为4.5～5.5，最适为4.8～5.0。

2. 土壤质地　土壤疏松透气，保肥保水力强，排水性能好，土壤湿润但不积水，有充足的水源。

3. 土壤有机质　土壤有机质含量8%～12%，南方丘陵地区3%以上亦可。

4. 气候条件　北方寒冷地区栽培蓝莓主要考虑抗寒性和霜害两个因素，冬季少雪、风大、干旱地区不适宜发展蓝莓，晚霜频繁地区栽培蓝莓容易遭受花期霜害尽量不要选择。南方及西南地区栽培蓝莓一定要参照种类品种的需冷量，不能满足需冷量要求的地区不能栽培。

5. 地形地貌　蓝莓园用地最好是平坦或缓坡的地块，坡度不宜超过10°。蓝莓是强喜光树种，应选择有充足光照的空旷区域，如果在坡地建园，要选阳坡，不宜选阴坡。

（二）园地准备

园地选择好后，在定植前深翻结合压绿肥，如果杂草较多，可提前一年喷除草剂。土壤翻耕深度以20～25cm为宜，深翻熟化后平整土地，清除杂物。在水湿地潜育土壤上应首先清林，包括乔木和小灌木等，然后再深翻土壤。

在南方及西南地区，大部分土壤为黄壤、红壤、紫色土和水稻土，土壤较黏重、排水状况不良，即便是山地和丘陵，连续降水也会引起土壤积水造成蓝莓生长不良和死亡。因此，长江以南产区无论是平地、山地还是丘陵地，都要起垄，在垄上栽培，才能确保蓝莓根系的正常生长。

二、品种选择与授粉树配置

本着适地适树的原则，建园时应选择适合当地气候条件的种类和品种。蓝莓不同的种类品种需冷量不同：北高丛蓝莓、矮丛蓝莓和部分半高丛蓝莓的需冷量较大（有的要求达1 000h以上），适宜在北方栽培；南高丛蓝莓、兔眼蓝莓和部分半高丛蓝莓需冷量较小（有的只需要300h），可以在南方、西南地区栽培。

蓝莓多为异花授粉植物。高丛蓝莓自交可育，但可孕程度在品种间有明显差异；而兔眼蓝莓和矮丛蓝莓一般自交不育，因此在生产上须考虑多品种搭配建园，以提高产量。

蓝莓对授粉树配置的要求不严格，只要品种不同、花期大体一致即可相互授粉，同一类型的两个品种之间也可互作授粉树。

三、定植前的准备

（一）调节土壤 pH

我国从南到北的蓝莓产区，土壤 pH 过高是蓝莓生产中的一个主要问题，在土壤 pH 较高、有机质含量低的条件下建园，需要事先进行土壤改良。目前调节土壤 pH 最有效和适用的方式是土壤施用硫黄粉，最好在定植前一年结合深翻和整地同时进行。一般每公顷土壤 pH 降低 0.1，沙壤土需要硫黄粉 49.5～75.0kg，壤土需要 97.5～145.5kg，黏壤土需要 145.5～195.0kg。不同类型、酸碱度的土壤，每公顷或每株将 pH 调到 4.5 的硫黄粉用量见表Ⅱ-5-1 和Ⅱ-5-2。

表Ⅱ-5-1 不同类型、酸碱度的土壤 pH 调至 4.5 的每公顷硫黄粉用量

（黄国辉，2018，蓝莓园生产与经营致富一本通）

单位：kg/hm²

土壤原始 pH	土壤类型		
	沙壤土	壤土	黏壤土
5.0	196.9	596.2	900.0
5.5	393.8	1 181.2	1 800.0
6.0	569.2	1 732.5	2 598.7
6.5	742.5	2 272.5	3 408.7
7.0	945.0	2 874.4	4 308.7
7.5	1 125.0	3 420.0	5 130.0

表Ⅱ-5-2 不同类型、酸碱度的土壤 pH 调至 4.5 的每株硫黄粉用量

（黄国辉，2018，蓝莓园生产与经营致富一本通）

单位：kg/株

土壤原始 pH	土壤类型		
	沙壤土	壤土	黏壤土
5.0	0.044	0.132	0.200
5.5	0.088	0.262	0.400
6.0	0.132	0.385	0.577
6.5	0.165	0.505	0.757
7.0	0.210	0.638	0.957
7.5	0.250	0.760	1.140

硫黄粉的作用缓慢，一般要在定植前6～12个月施用，它的主要特点是效果持久稳定。硫黄粉最好是全园施用，土壤深翻后耙平，然后根据计算的硫黄粉施用量均匀撒到全园土壤表面，用旋耕机旋耕3～5次，直到均匀。

（二）增加土壤有机质

除了pH之外，土壤中有机质含量是制约蓝莓生产的另一个重要因素，除了东北地区的长白山和大小兴安岭地区的未开垦的林地和沼泽地外，我国大部分蓝莓产区都存在土壤有机质不足或严重不足，不能满足蓝莓生长需要的问题。目前生产中用于增加土壤有机质最好的材料是草炭，尤以加拿大草炭最佳，东北地区生产的高位草炭优于其他地区生产的草炭。除了草炭之外，苔藓、松针、锯末、粉碎的玉米秸秆和人畜粪尿也可使用，但无论使用何种有机物料，都要和草炭混合使用，不宜完全替代草炭。按园土和有机物料1∶1进行土壤改良，可满足蓝莓生长结果的要求。

有机物料改良土壤的方法主要有两种形式：一种是在定植前挖定植沟或定植穴时将有机物料掺入挖出的土壤，混合均匀后回填于沟、穴中，回填土要高出地面20～30cm；另一种形式是地面覆盖，在蓝莓定植后，将有机物料覆盖于树下地面。从生产实际栽培来看，第一种形式是种植必需的方式，第二种形式只能作为土壤改良的补充。

四、定植

1. 定植时期 春植和秋植均可，南方产区冬季也可定植，以秋栽成活率高，春栽则宜早。

2. 定植密度 兔眼蓝莓定植密度一般为1.5m×3.0m，高丛蓝莓为1.0m×2.0m，半高丛蓝莓为1.0m×2.5m，矮丛蓝莓为0.5m×1.5m，实际的栽培密度可以根据不同品种植株大小、土壤肥力和管理水平做适当调整。土壤肥力状况较好、管理水平较高的园地应加大株行距。高丛蓝莓和兔眼蓝莓都可以采取计划密植，早期株行距均可缩小1/2，以后视生长情况逐渐移除临时植株。

3. 定植方法

（1）选择经2年培育的苗高50cm以上、主茎直径0.6cm以上、苗木分枝多、枝条粗壮、根系发达、无病虫害和机械损伤的健壮苗木。

（2）在垄面中间挖深、宽、长分别为40cm×50cm×50cm的定植穴，有条件的可以采用机械开沟，沟深、宽分别为40cm×（40～60）cm。半高丛蓝莓和矮丛蓝莓可适当缩小整地规格，兔眼蓝莓可适当增大整地规格。定植沟、穴挖好后，将园土与有机物料混匀后回填。

（3）在早春芽萌发前（2月初至3月）或秋季枝梢停止生长后（11月中旬至12月底）进行定植。定植时将苗木从营养钵中取出，捏散土坨露出须根，然后在定植穴或定植沟上挖20cm×20cm的小坑，将苗栽入，栽植深度以覆盖原来苗木土坨1～3cm为宜。回填土后轻轻压实，浇透水。

（4）定植后，就地取材在垄面覆盖一层稻草、秸秆、腐叶、树皮、木屑等有机物，起到调节地温、防止地表水分蒸发、保持土壤湿润并促进根系生长的效果，覆盖物的厚度在10cm左右。

任务五 田间管理

一、土肥水管理

（一）土壤管理

蓝莓根系分布较浅，呈纤细状，没有根毛，因此要求疏松、通气良好的土壤条件。进行合理耕作可以改善蓝莓的根际环境，促进根系发育，并有助于防除杂草。

在建园初期，行间空隙较大，可以间种矮秆作物，尤其是间种豆科绿肥。在水分不短缺的地方，成年果园行间也可以间种禾本科绿肥，如燕麦、三叶草、苜蓿等，也可与矮的豆科绿肥混合种植，对于增加土壤有机质、改善土壤结构、提高土壤肥力很有帮助。在干旱地区种植蓝莓最好采用清耕（反复除草，确保地面无杂草）加覆盖的方法（行间清耕，行内用碎树皮、玉米秸秆、软木锯末、松针、苔藓、黑塑料膜、园艺地布等覆盖）。

（二）施肥

蓝莓是对肥料比较敏感的植物，施肥过多会由于土壤盐浓度过高而伤害根系，造成植株死亡。肥料种类有两种，一是以农家肥为主的有机肥，二是化肥。化肥以硫酸钾型的复合肥为好，切忌施用氯化钾型复合肥。追肥可以用硫酸铵及磷酸二铵，其中硫酸铵还可以降低土壤 pH。

栽植后第一年，可施用有机肥和硫酸钾型复合肥（N∶P∶K 为 10∶10∶10），3—4 月栽植后可每株施用农家肥 300～500g 或者硫酸钾型复合肥 30g，距离树木根部 20cm 以外环状施入，结合地表覆盖压在覆盖物下面，5—6 月追肥 1 次。

栽植后第二年施肥量是栽植后第一年的 1.5～2.0 倍，当年可施肥 2 次。第一次在春季发芽后的 3—4 月，每株施农家肥 1kg 或硫酸钾型复合肥 50g；第二次在 6 月，每株施硫酸钾型复合肥 80g，距离树木根部 40cm 以外环状施入。但要特别注意蓝莓是嫌钙植物，对钙有迅速吸收和积累的能力，在钙质土壤上种植时，由于吸收钙过多而导致缺铁失绿或死亡。

蓝莓喜铵态氮，禁止使用硝态氮。施用硝态氮时，尽管树体氮素水平有所提高，但产量不增加，果实还会变小，成熟期推迟，植株死亡率增加。在 pH 小于 5 时，施尿素较好，在酸性较强的环境下，尿素可顺利转化为铵态氮，在 pH 高于 5 时则以硫酸铵效果佳。

在施用钾肥时，切忌施氯化钾，可施用硫酸钾。土壤氯离子浓度高时，不仅直接对植株的长势和结果水平造成不良影响，还影响蓝莓对其他营养元素的吸收，并会增加土壤含盐量。

（三）水分管理

蓝莓属于须根系且分布很浅，一般分布在 5～20cm 土层内，没有吸收根，主要靠共生真菌吸收水分，对水分要求的总体表现是耐旱、喜水、怕涝。

在水分控制方面，幼年果园与盛果期果园有所区别。前者可以始终保持最适宜的水分条件而促进营养生长；后者在果实发育阶段和果实成熟前必须适当减少水分供应，控制营养生长，促进果实发育，待果实采收后，恢复最适的水分供应，促进营养生长。

理想的灌溉水源最好是地表池塘水或水库水，一般不用自来水，砖红壤地区不用深井水。自来水中含有氯元素，对蓝莓生长不利，砖红壤深井水 Ca^{2+}、Na^{+} 含量高，长期灌溉会使土壤盐碱化。但无论是水库水还是池塘水，灌溉前都要测定水的 pH，要先将 pH 调至生长所需范围。

现代蓝莓园均推行肥水一体化精细管理，做到科学施肥、合理灌水，既降低生产成本，又提高产量和果实品质。

二、整形修剪

（一）整形修剪的目的和原则

蓝莓整形在定植后 2 年内进行，采用多主干自然开心形或丛状形，培养5～8个主干，分枝离地面 30cm 以上。

蓝莓修剪的基本要求和原则是维持壮枝、壮芽和壮树结果，达到最好的产量而不是最高的产量，防止结果过量。蓝莓修剪后往往造成产量降低，但单果重增加，果实品质提高，成熟期提早，总的商品价值提高。

幼树整形的目的是促进尽快成形、提早丰产。成年树修剪的目的是调节生殖生长和营养生长之间的矛盾，改善树体的通风透光条件，增强树势、改善品质、增大果个、延长结果年龄和树体寿命。

蓝莓新生枝缓放后，萌芽多，生长弱，极易衰老。因此在蓝莓修剪时，对衰老树和衰老枝宜重剪，以旧换新，及早恢复树势；对生长旺盛的树和壮枝，宜轻剪，以迅速扩大树冠和早结果。

蓝莓修剪的主要方法有平茬、短截、疏枝、回缩、剪花芽、疏花、疏果等，不同修剪的方法其效果不同，应根据种类品种、树龄、枝条量、花芽量等而定，在修剪过程中各种方法应配合使用，以达到最佳的修剪目的。

（二）修剪时期和方法

1. 修剪时期 分为休眠期修剪和生长季修剪。休眠期修剪时期是 11 月下旬至翌年 1 月下旬，且修剪量相对较大；生长季修剪在夏季采果后进行。

蓝莓夏季修剪

2. 修剪方法

（1）幼树修剪。幼树定植后就有花芽，若开花结果会抑制树体营养生长。幼树期栽培管理的重点是促进根系发育、扩大树冠、增加枝量，因此幼树修剪以去花芽为主，在第一个生长季除了疏花（或轻度短截花枝），尽量少剪或不剪，使其迅速扩大树冠和增加枝叶量，如图Ⅱ-5-7 所示。对于生长旺盛的幼树，上部的枝条发育较好，形成树冠，中下部枝条因得不到充足的阳光而发育较差，所以前 3 年的幼树在冬季修剪时，主要是疏除下部细弱枝、下垂枝、水平枝及树冠内膛的交叉枝、过密枝、重叠枝等，如图Ⅱ-5-8 所示。

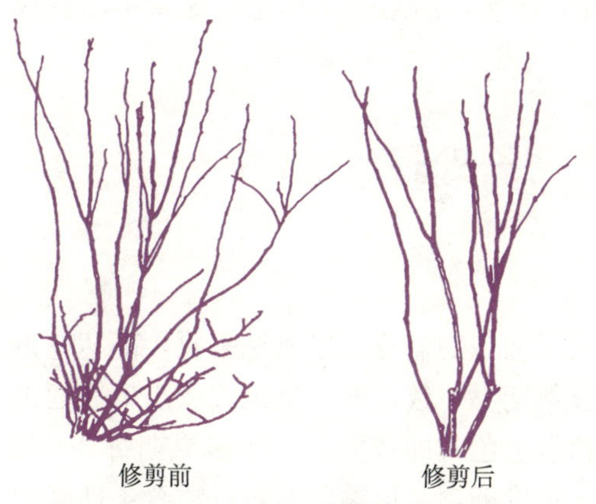

图Ⅱ-5-7 定植后一年的蓝莓修剪示意

（李亚东，2014，蓝莓栽培图解手册）

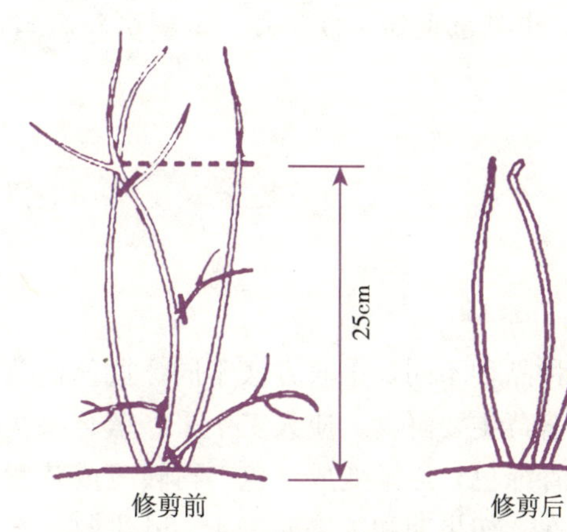

图Ⅱ-5-8 高丛蓝莓二年生树修剪方法示意

（郑炳松，2013，蓝莓栽培实用技术）

在短截枝条时，留存的枝条应有长有短，错落有致，以便剪口下萌发抽生的新梢空间分布合理。春季抽生的新梢数量较多，枝条拥挤，必须选择性地抹除部分新梢，使留存的新梢长势良好，尽快形成疏密有致、内外透光的合理树冠。通过 3 年培育，兔眼蓝莓树高可达 2m，冠幅可达 1.2m 以上；高丛蓝莓树高可达 1.5m，冠幅接近 1m。第四年可让壮枝结果，一般株产量控制在 1kg 以下。

（2）成年树修剪。进入成年以后，内膛易郁蔽，此时修剪的目的是控制树高，改善光照条件，修剪以疏枝为主，剪去过密枝、细弱枝、病虫枝以及根系产生的萌蘖枝。开张型品种，去弱留强，需剪除下部的放射状枝，重剪弱枝，以促进形成壮枝和产生较多的叶；直立型品种，疏除树冠中心部位的枝以使树冠开张通风透光，并留中庸枝，如图Ⅱ-5-9 所示。

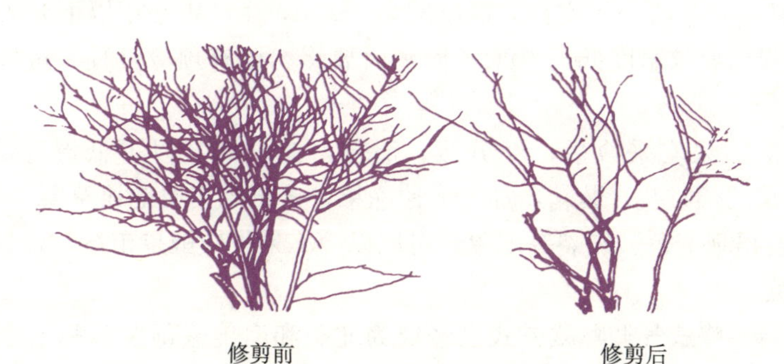

图Ⅱ-5-9 高丛蓝莓直立型品种结果树修剪方法示意

（郑炳松，2013，蓝莓栽培实用技术）

盛果期在定植后的 5～6 年，其后要适时回缩因结果而衰弱的枝组。回缩大枝先轻剪后重剪，即先回缩 1/3～1/2，等回缩更新后的大枝再次衰弱时，加大回缩力度，剪去 2/3。盛果期树花芽量大，常采用短截花枝的方法减少花芽量，一般每个壮枝剪留 2～3 个花芽。

（3）老龄树的修剪。定植约 25 年以后，树体地上部衰老，此时需要全树更新，即紧贴地面用圆盘踞将地上部全部锯掉（平茬修剪），一般不留桩，若留桩，最高不超过

2.5cm，由基部重新萌发新枝。全树更新后当年没有产量，但第三年产量可比未更新树提高5倍。

任务六　采收及采后处理

一、采收

树种品种不同，采收方法不同。矮丛蓝莓和用于加工的蓝莓可以机械采收，高丛蓝莓和兔眼蓝莓主要鲜食，应人工手采。蓝莓果实的成熟期不一致，要分批采收。当果表面由最初的青绿色，逐渐变成红色，再转变成蓝紫色到紫黑色时即成熟。一般盛果期每2～3d采收1次，初果期和末果期每4～6d采收1次。通常供鲜食、运输距离短且贮藏条件好的在九成以上成熟时采收；供加工饮料、果酱、果酒、果冻等在充分成熟后采收；供制作果实罐头的在八成熟时采收。采摘应在早晨至中午高温来到以前或在傍晚气温下降以后进行，采摘时轻摘、轻拿、轻放，对病果、畸形果应单收单放。

二、包装、运输

蓝莓果实在包装、运输过程中，要遵循“小包装、多层次、留空隙、少挤压、避高温、轻颠簸”的原则，装果容器采用较浅的透气筐篓、纸箱、果盘等，鲜销鲜食果实选用有透气孔的聚苯乙烯盒或做成一定规格的纸箱，规格为每盒装果不超过1kg。加工用果实用大的透气塑料筐或浅的周转箱、果盘等直接包装运输至加工厂。

三、贮藏

在常温条件下，采收的果实存放保质期为2～3d，生产中常用以下方法延长贮藏期。

1. 低温贮藏　要求温度低于10℃。降温时要慢、要有预冷过程，过快降温，容易导致烂果。

2. 速冻贮藏　果实采收后，经分级、清选，在－20℃以下低温速冻，每10kg或13.5kg一袋（聚乙烯袋装）装箱，加工成速冻果。蓝莓果实质地比草莓、树莓、黑莓硬，速冻后果实不会出现变色、破裂等现象，可以以冷冻果供应鲜果市场，延长了贮存期，但生食风味略偏酸。

3. 气调贮藏　帐式气调贮藏方式已经成为北美和南美蓝莓保鲜和远途运输的一种主要方式。采用此贮藏方式，可以使蓝莓鲜果保鲜达到9周以上，主要包括预冷（果实采收后尽快送到冷温库，在0～1℃条件下强制快速预冷）、贮藏（在0℃贮藏库中帐式气调贮藏）、检测（检测帐内气体环境，需要时调节CO_2浓度）、气调贮藏（保持温度0℃和空气相对湿度95%）等环节。

四、加工

蓝莓果实加工品有果酒、果汁、饮料、果酱以及冰激凌等，加工品中，比较有前途的是纯果汁饮料。蓝莓果肉细腻，种子极小，适于加工成果肉型饮料，在我国栽培蓝莓病虫害少，因此可少用农药，并且工业污染少，利用这些优势，可以生产无污染的高档蓝莓饮品。

技能实训

技能实训 5-1 蓝莓园土壤 pH 的调节

一、目的与要求

通过实训初步掌握蓝莓建园前土壤 pH 的调节。

二、材料与用具

1. 材料 蓝莓园。

2. 用具 酸度计（附甘汞电极、玻璃电极或复合电极）、高型烧杯（50mL）、量筒（25mL）、天平（感量 0.1g）、洗瓶、磁力搅拌器、白瓷比色板、玛瑙研钵等。

三、内容与方法

1. 土壤原 pH 的测定 采用混合指示剂法进行测定。

(1) 试样制备。取黄豆大小待测土壤样品，置于清洁白瓷比色板穴中，加指示剂 3～5 滴，以能全部湿润样品而稍有剩余为宜，水平振动 1min，静置片刻。

(2) pH 测定。待稍澄清后，倾斜瓷板，将溶液色度与标准比色卡比色，测定 pH。此方法重复 3 次，即可得出土壤原 pH 的平均数。

2. 土壤 pH 的调节 蓝莓喜欢酸性土壤，是所有果树中要求土壤 pH 最低的一类。高丛蓝莓土壤适宜 pH 范围为 4.0～5.5，最适为 4.3～4.8；兔眼蓝莓土壤 pH 适宜范围为 4.5～5.5，最适为 4.8～5.0。如果土壤 pH 过高，施用硫黄粉和酸性草炭可降低到比较合适的范围。我国能够栽培蓝莓的地区多数土壤 pH 偏高，需要进行土壤改良。用硫黄粉调整土壤 pH，要在种植前的前一年进行，方法有全面施用和局部施用两种方式。

(1) 全面施用。全面施用就是对种植园全面改良，将硫黄粉全面均匀地撒在土壤表面，结合深翻拌入土壤表层。生产上通常以调整土壤的 pH 到 4.5 为基准。一般每公顷 pH 降低 0.1，沙壤土需要施入 49.5～75.0kg 硫黄粉，壤土需要施入 97.5～145.5kg 硫黄粉，黏壤土需要施入 145.5～195.0kg 硫黄粉，从而计算出 pH 降至 4.5 每公顷所需硫黄粉的总用量。

(2) 局部施用。局部施用就是仅在种植穴内进行土壤 pH 调整，通常种植穴的直径为 60cm，深度为 50cm 左右。视土壤原 pH 状况，一般每穴的施入量在 80～150g，施入后要均匀搅拌，同时增加粉碎后的作物秸秆、稻壳、麦壳、树叶、锯屑等土壤有机质。如果现在土壤的 pH 在 7.0 以上，种植蓝莓的难度较大，需要通过加大施用硫黄粉和添加土壤有机质来解决。

四、实训作业

测定本地沙壤土、壤土和黏壤土 pH 数据，并计算每公顷沙壤土、壤土和黏壤土 pH 降至 4.5 所需硫黄粉的用量。

技能实训 5-2 蓝莓整形修剪

一、目的与要求

通过实训初步掌握蓝莓幼树整形、结果树修剪、老树更新的原则和方法。

二、材料与用具

1. 材料 蓝莓幼树、成年树。

2. 用具 修枝剪、手锯等。

三、内容与方法

1. 蓝莓幼树整形 蓝莓的整形在定植后2年内进行，采用多主干自然形或丛生灌木型（丛状形），培养5～8个主干，分枝离地面30cm以上。

2. 蓝莓的修剪 蓝莓修剪的目的是调节生殖生长与营养生长的矛盾，解决通风透光问题。修剪总的原则是达到最好的产量而不是最高的产量，防止结果过量。蓝莓修剪后往往造成产量降低，但单果增重，品质增加，成熟期提早，商品价值提高。幼树整形的目的是促进其尽快成形、提早丰产；成年树修剪的目的是调节其生长与结果的平衡，改善树体的通风透光条件，提高产量、果实品质和连续丰产的能力。蓝莓新生枝缓放后，萌芽多，生长弱，极易衰老。因此在蓝莓修剪时，衰老树和衰老枝宜重剪，以旧换新，及早恢复树势；生长旺盛的树和壮枝宜轻剪，以迅速扩大树冠和早结果。

（1）幼树修剪。幼树定植后就有花芽，如果让其开花结果就会抑制树体营养生长，所以定植成活后的第一个生长季除了疏花（或轻度短截花枝），尽量少剪或不剪，使其迅速扩大树冠和增加枝叶量。对于生长旺盛的幼树，上部的枝条发育较好，形成树冠，中下部枝条因得不到充足的阳光而发育较差。所以前3年的幼树在冬季修剪时，主要是疏除下部细弱枝、下垂枝、水平枝及树冠内膛的交叉枝、过密枝、重叠枝等。

（2）成年树修剪。进入成年以后，内膛易郁蔽，此时修剪的目的是控制树高，改善光照条件，修剪以疏枝为主，剪去过密枝、细弱枝、病虫枝以及根系产生的萌蘖枝。开张型品种，去弱留强，需剪除下部的放射状枝，重剪弱枝，以促进形成壮枝和产生较多的叶；直立型品种，疏除树冠中心部位的枝以使树冠开张通风透光，并留中庸枝。盛果期在定植后的5～6年，其后要适时回缩因结果而衰弱的枝组。回缩大枝先轻剪后重剪，即先回缩1/3～1/2，等回缩更新后的大枝再次衰弱时，加大回缩力度，剪去2/3。盛果期树花芽量大，常采用短截花枝的方法减少花芽量，一般每个壮枝剪留2～3个花芽。

（3）老龄树的修剪。定植约25年以后，树体地上部衰老，此时需要全树更新，即紧贴地面用圆盘锯将地上部全部锯掉（平茬修剪），一般不留桩，若留桩，最高不超过2.5cm，由基部重新萌发新枝。全树更新后当年没有产量，但第三年产量可比未更新树提高5倍。

四、实训要求

每人独立整形5株蓝莓幼树，并修剪3株蓝莓结果树。

五、实训作业

蓝莓整形修剪应注意哪些问题？如何对高丛蓝莓结果树进行修剪？

蓝莓嫩枝半日光间歇弥雾扦插育苗技术

半日光间歇弥雾育苗系统是现代果树产业实现工厂化种苗繁育的智能化系统。蓝莓嫩枝扦插育苗采取半日光间歇弥雾法，实现了对育苗环境的温、湿度等主要因子的宽范围、

高精度动态调控，提高了嫩枝扦插生根率、新苗移栽成活率，极大地缩短了生根和炼苗时间，使育苗周期由 6 个月缩短至 1.5 个月。

一、系统组成及工作原理

该系统主要由育苗环境监测、大棚一级调控、大棚参数检验、小棚二级调控 4 部分组成，利用大小棚对光照度和温度的二次调控和热光灯的补偿作用，实现半日光高精度，宽范围光温控制。根据育苗期间不同阶段、不同光温条件和不同湿度要求，设定工作、循环、喷淋和间歇时间 4 个参数（图Ⅱ-5-10）。

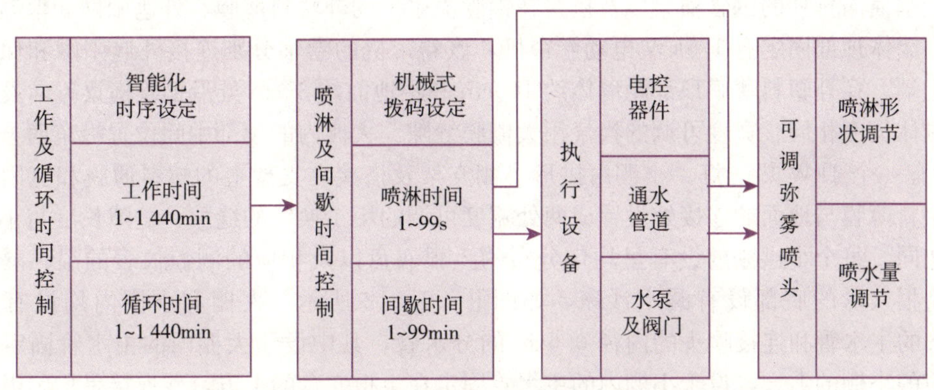

图Ⅱ-5-10　果树扦插育苗开环全自动弥雾装置工作原理
（郭俊英，2018，蓝莓优质高效生产技术）

在喷淋和间歇过程中，通过调节喷水状况，可在棚内产生阶段性间歇弥雾。这种高湿度的弥雾状态，与吸收的部分日光结合，形成半日光间歇弥雾环境，利于插穗的快速生根（图Ⅱ-5-11）。

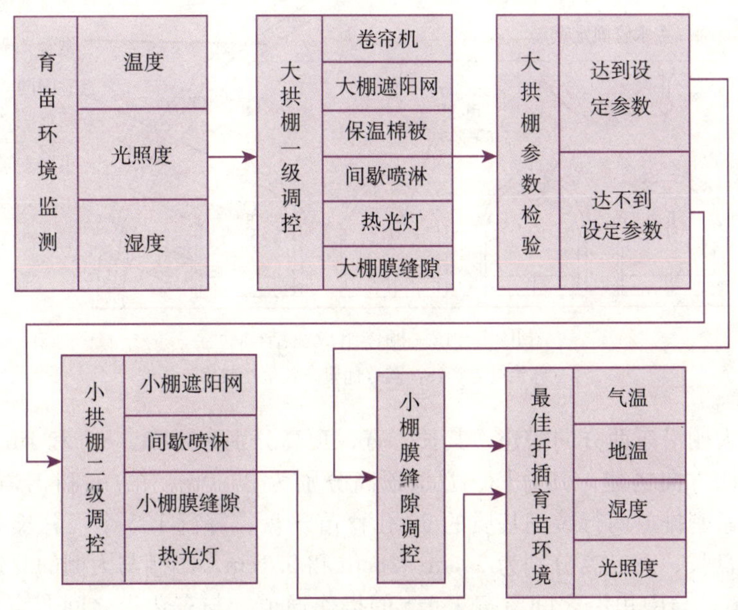

图Ⅱ-5-11　半日光间歇弥雾果树育苗系统结构与工作原理
（郭俊英，2018，蓝莓优质高效生产技术）

育苗环境监测主要通过温度、湿度和光照度 3 种现代测控仪表和执行器件完成。大棚内温度和光照度的一级调控是根据监测数据人工调节卷帘机、大棚遮阳网、间歇喷淋、热光灯和大棚膜缝隙等设施的工作状态来完成。湿度调控采用全自动弥雾装置自动完成，工作时间和循环时间均可在 1～1 440min 内任意设定，喷淋时间可在 1～99s 内任意设定，间歇时间可在 1～99min 内任意设定。

二、棚体组成及结构

大棚由厚 50cm 的砖墙、上下端分别固定在墙体和地面的弧形钢管支架、固定在钢管支架上呈横向排列的钢管横梁以及搭接在钢管横梁上的外塑料薄膜、外遮阳网和保温棉被组成。墙体顶部固定有 1.5kW 电动卷帘机，该卷帘机的卷轴分别连接外遮阳网和保温棉被的上端。在外塑料薄膜顶部距墙体约 100cm 和距地面约 35cm 处沿钢管横梁方向设有两个与棚体长度相同、宽度可调的换气用大棚膜缝隙。大棚内的顶部中间位置沿东西方向每 5m 设有一个 1kW 热光灯。小棚由拱形小棚支架及搭接在支架上的塑料薄膜和遮阳网组成。塑料薄膜与地面的连接处设置成两处宽度可调的用于换气的缝隙，缝隙长度与小拱棚长度相同。每个小拱棚内设有呈均匀分布的生根穴盘以及相应的测控仪表的温、湿度探头，生根穴盘的底部设有漏水沙床，如图Ⅱ-5-12 所示。大棚和小棚内均设有内径 2.3cm 的主水管和连接喷头的内径 0.5cm 的分水管，其中设于大棚内的主水管固定在与其对应的小棚的上方，设于小棚内的主水管固定在生根穴盘的上方，并连接呈均匀纵向排列的可调喷雾头。

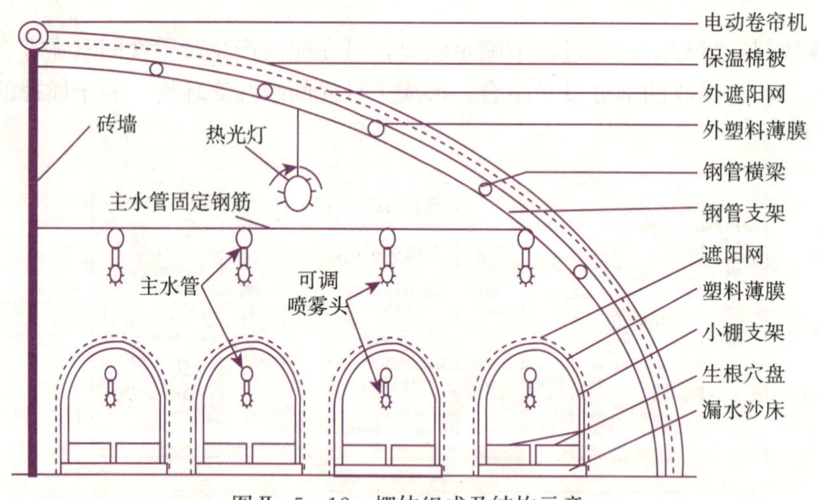

图Ⅱ-5-12　棚体组成及结构示意

（郭俊英，2018，蓝莓优质高效生产技术）

该系统的大棚沿东西方向搭建，其长、宽、顶高分别为 40m、8m 和 4m，大棚内 4 个小棚也是沿东西方向搭建，其总长、宽、顶高分别为 35.0m、1.1m 和 1.2m。每个小棚内沿东西方向紧密排放两行装满基质的 50 孔育苗穴盘，每行 125 个，总长 35m，两行总宽 1.08m，穴盘长、宽、高分别为 54cm、28cm 和 5.1cm。小棚与大棚的北边沿之间留宽 1m 的操作通道，与南边沿之间留宽 1.1m 的操作通道，与东边沿之间留宽 2.5m 的操作通道，与西边沿之间留宽 1.5m 的操作通道，4 个小棚之间留宽 0.5m 的操作通道，大棚总面积 320m^2，扦插密度 156 株/m^2。

三、育苗环境因子调控

（一）棚内气温及基质温度调控

小棚内气温调控主要由人工操控的电动卷帘机、热光灯、保温棉被、喷水管道、遮阳网和大棚膜缝隙等设施完成，气温监测由设置在棚外值班室内的高精度有线遥感测温仪，置于棚内有温度代表性的位置。白天，当外界气温高于棚内温度且棚内温度需调高时，电动卷帘机把保温棉被卷到最小，同时调大棚膜缝隙，增加棚内外空气交换量，减小大棚遮阳网的遮阳面积。若遮阳面积达到最小后还需升温，则需减小小棚上遮阳网的遮阳面积，关闭棚膜缝隙，并将大棚调整到保温状态，必要时开启热光灯辅助加温，热光灯沿东西方向每 5m 设置一个，单个开关控制，可视情况开启一个或多个。根据当地气候条件，经过上述三级升温措施，可在一年四季都满足新梢扦插生根对温度的需求。同理，当需降低棚内气温时，可通过增加遮阳面积和调节棚膜缝隙完成。当大小棚全被遮阳网遮蔽后仍需降温，则开启大棚主水管，通过可调喷雾头向小棚喷水，利用深水井内的低水温，降低小棚内温度。当需要保温时，也是通过调控以上装置完成，一年四季均能把棚温控制在生根环境温度范围（25～40℃）。

穴盘内育苗基质的温度调控，主要通过调整喷雾时间、喷水量及气温完成。需增加基质温度时，除增加或保持棚温外，还要在保证湿度的前提下减少喷水时间或调节喷头喷雾状水，使基质透过的水量减少，以使基质温度回升。反之，则增加喷水时间或调节喷头喷丝状水，使基质透过的水量增加，基质温度下降。该育苗系统能把生根基质温度控制在 25～30℃。

（二）湿度调控

当大棚内温湿度等指标全部符合要求时，将小棚膜缝隙调节到最大（全部卷起）即可。当湿度指标达不到要求时，小棚内的湿度调控，由果树扦插育苗开环全自动弥雾装置完成，图Ⅱ-5-10 是其原理框图，该装置主要由工作（通电）及循环（断电）时间控制、喷淋及间歇时间控制、执行设备和可调弥雾喷头 4 部分组成。工作及循环时间控制单元、控制喷淋及间歇时间控制单元控制每天的通电时间，是智能化时序控制。通电和断电时间都可在 1～1 440min 内任意设定，自动循环运行。喷淋及间歇时间控制单元，在通电时间内控制执行设备和可调弥雾喷头对生根穴盘喷淋，是电子延时电路控制，喷淋时间可通过自动弥雾装置的机械式拨码器在 1～99s 内任意设定，间歇时间可通过自动弥雾装置的另一机械式拨码器在 1～99min 内任意设定，喷淋和间歇时间自动循环运行，喷淋形状可手动调节弥雾喷头，可以是雾状、点状和细丝状。可通过增加工作时间或减少循环时间，也可通过增加喷淋时间或缩短间隔时间来加大棚内湿度。同理，可通过缩短工作时间或增加循环时间，也可通过缩短喷淋时间或增加间隔时间降低棚内湿度。

（三）棚内光照度调控

主要通过调节大小拱棚遮阳网遮盖面积和改善热光灯光照时间实现。需增加光照时，减少遮阳面积，遇到连续阴冷天气时，利用热光灯补充光照和热量，防止新梢落叶，有利于嫩枝扦插快速生根；反之，则可增加遮阳面积，关闭热光灯。另外，光照度调控也会影响棚内温度，所以在调控过程要结合当时光温相互影响规律，协同调控。

四、扦插

从一年生健壮母株上选取半木质化的枝条，剪成 5～7cm 长的枝段，保留枝段上部

2～3片叶，用浓度为 500～1 000mg/L 的萘乙酸、2 000～3 000mg/L 的吲哚丁酸、1 000mg/L的生根粉速蘸插条，然后垂直插入基质中，间距以 5cm×5cm 为宜，扦插深度为 2～3 个节位。

扦插苗生根后施入完全肥料，溶于水中以液态浇入苗床，浓度为 3%～5%，每周施入 1 次，能促进苗木快速生长。

“双创”案例

小蓝莓做出大产业

小蓝莓做出大产业

蓝莓大王潘利军，为了培育蓝莓种苗，搭进去千万资产，却连续 3 年没有卖出去一株苗木，公司一度面临倒闭。但他凭着一股坚定不服输的信念，破解了蓝莓的财富密码，打开了财富的大门。如今他的蓝莓产业遍布 9 个省份，产业资产总值达到了 20 亿。

复习提高

（1）世界蓝莓生产主要集中在哪些国家？

（2）蓝莓主要有哪几个种类？我国北方和南方分别适宜的蓝莓种类是什么？

（3）蓝莓绿枝扦插繁殖以什么时候进行为好？

（4）蓝莓种植对土壤有哪些特别的要求？

（5）蓝莓果实发育有哪些特点？

项目六
火龙果优质生产技术

学习目标

• 知识目标

了解我国火龙果栽培的重要意义和发展现状；熟悉并掌握火龙果的生物学特性、分类方法；掌握火龙果的主要生产技术环节和周年生产管理环节。

• 技能目标

能够认识火龙果常见的种类和品种；学会并熟练掌握火龙果的育苗技术；能独立进行火龙果的建园和周年生产管理。

• 素养目标

具备团队协作精神和组织协调能力，能够与人和睦相处；具备吃苦耐劳的职业素养，养成良好的工作习惯和学习态度。

生产知识

火龙果生产概况

火龙果原产于中美洲的哥斯达黎加、危地马拉、巴拿马、厄瓜多尔、古巴、哥伦比亚等地，后传入越南、泰国等东南亚国家和中国的台湾地区，海南、广西、广东、福建、云南等省区近年来广泛种植。

火龙果为热带、亚热带水果，喜光耐阴、耐热耐旱、喜肥耐瘠，对土质要求不高，山地、水田、旱地均可种植，但以含腐殖质多，保水保肥的中性土壤和弱酸性土壤尤佳，在南方沿海地区围垦地也可种植。果实营养丰富，高纤维，低热量，可溶性固形物含量4%～17%，富含B族维生素、维生素C、葡萄糖及各种酶，具有降血压、降血脂、解毒、滋肺、养颜、明目之功用，对便秘和糖尿病也有疗效，是天然的绿色保健食品。除鲜食外，还可加工制作果汁、果酒、果酱、花茶等，同时由于果实红色素不褪色，也可制作成口红。其果实色彩鲜艳，还能作为盆栽观赏植物。

任务一　主要种类和品种

一、主要种类

火龙果（*Hylocereus undatus*）属仙人掌科（Cactaceae）量天尺属（*Hylocereus*）植物，又称红龙果、仙蜜果、玉龙果。火龙果按其果皮果肉颜色可分为红皮白肉、红皮红肉、黄皮白肉3大类。

1. 红皮白肉　该种类是目前我国栽培最广泛的种类之一，其自花授粉好，个头大，产量高，抗病性强，抗逆性也相对较强。

2. 红皮红肉　该种类果肉花青素含量丰富，但易裂果，抗腐烂病和红蜘蛛的能力较差，其糖度低于红皮白肉种类，这一种类目前发展前景较好。

3. 黄皮白肉　该种类是相互交叉授粉品种与自花授粉能力强的品种杂交选育的一个亚种，自花结实率较高。

生产上以红皮红肉、红皮白肉和黄皮白肉3种类型栽培为主，品质以红皮红肉和红皮白肉类型为优，目前南方各省份均有分布。

二、主要品种

1. 尊龙　果实椭圆形，单果重450～1 500g，果皮粉红色，果皮上软质鳞片密集。果肉鲜红色，肉质细，汁多味甜，有香味，品质上乘，可溶性固形物含量12%～16%。果实耐贮存，常温下可贮15～20d。

2. 祥龙　果实长圆形，单果重400～800g，果皮鲜红色，果肉红色，肉质细，多汁，品质上乘，可溶性固形物含量11%～16%。

3. 白玉龙　单果重400～750g，果肉灰白色，肉质细，汁多味甜，口感佳，可溶性固形物含量12.1%～16.2%。种子细软，密生于果肉中可食用。

4. 紫红龙　贵州省果树科学研究所选育出适宜低海拔富热量区域种植的火龙果品种之一，单果重330～600g，果肉紫红色，果皮红色，果皮厚度仅0.25cm，可食率达到83.96%以上，可溶性固形物含量11.0%以上。

5. 黔果1号　由紫红龙的大果型紫红肉芽变新品种。该品种果实椭圆形，果肉紫红色，单果重460～786g，可食率81.6%，可溶性固形物含量13.6%，果实着色好，不易裂果，风味浓。该品种长势强。

任务二　生物学和生态学特性

一、生物学特性

（一）生长特性

1. 根　火龙果属浅根性果树，无明显主根，须根发达，多活跃于2～15cm浅表层土中。枝条易生气生根，攀缘根生长在茎节上，攀附于固定物向上生长。

2. 枝条 火龙果是多年生的肉质果树，生长旺盛，萌芽力和发枝力强，在气温较高地区一年四季均可生长，无休眠期，且枝条生长快，一年生长超过 10cm。火龙果的叶片已经退化成刺，其光合作用靠枝条来完成，枝条呈深绿色、肉质、粗壮、多呈三角柱形或四棱柱形，进入盛果期后，枝条的宽度可达 10～18cm，每段枝条凹处各长有短刺 1～6 枚。

（二）开花结果特性

1. 花芽分化 在温度适宜的条件下，火龙果在枝条凹处着生花蕾，花芽分化至开花一般需要 40～50d。花白色，巨大子房下位，花长约 30cm，故又有霸王花之称。

2. 开花与授粉受精 在福建省福州市火龙果产区，红皮红肉种火龙果始花期出现在 5 月下旬，终花期在 10 月下旬；红皮白肉种火龙果始花期出现在 6 月上旬，终花期在 10 月中旬。红肉品种较白肉品种始花期早 15d，末花期迟结束 15d。

火龙果晚上开花，1 朵花只开 1 个晚上，翌日早上太阳出来便凋谢，同一批花次第开放约持续 3d。火龙果从现蕾到开花需 10～18d，盛花期主要集中在 6—9 月，花期若遇持续性阵雨，常导致受精不良，坐果率下降。红皮白肉种火龙果属于自交亲和型，自然授粉率为 100%；红皮红肉种火龙果老品种多数属于自交不亲和型，自花授粉坐果率仅为 10%～15%，人工授粉后坐果率可达 100%。随着火龙果育种水平的提高，目前红皮红肉种火龙果新品种多属于自交亲和型，自花授粉坐果率均在 90%以上，大大节约了生产成本。

3. 坐果与果实发育 火龙果谢花后 3d，花柱形态伤然存在，种子呈米色，果肉与种子粘连；谢花后 20d，种子转成黑褐色，果肉与种皮易分离；谢花后 30d，果皮颜色转红，每个果实芝麻状黑色种子为 3 000～10 000 粒；谢花后 25～30d，果皮变薄，质量逐渐下降，果肉质量逐渐增加。火龙果植株每年开花结果 6～12 批次，同一株树上同时有 3～4 批果同时生长。夏季，从谢花到果实成熟需 30～35d，约 15d 采收 1 批果；而 9 月以后，随着气温下降，果实生长发育缓慢，成熟期逐渐推迟，从谢花到果实成熟需40～55d。

二、生态学特性

1. 温度 火龙果为原产沙漠的热带水果，不耐寒，如果冬季温度长时间低于 5℃，可能导致冻害，幼芽、嫩枝可能被冻伤，叶片会发生散发性冻伤，影响生长。火龙果的最适生长温度为 25～35℃，低于 10℃和高于 38℃即停止生长。

2. 光照 火龙果为喜光植物，最适光照度在 8 000lx 以上，低于 2 500lx 会影响营养的积累。南方沿海地区光照时数易于达到，但长时间高强度阳光直射会导致灼伤。

3. 水分 火龙果耐旱性强，适量而充分的供水是保证其快速健康生长的必需条件，干旱会诱发植物生理病变使之休眠而停止生长。

4. 土壤 对土壤要求不高，不论是平地、山坡地、水田还是旱地，只要是有水源的地方均可种植。火龙果在有机质含量丰富的沙壤土、红黄壤生长最为旺盛。水田种植时应注意排水。

任务三 育 苗

火龙果种苗繁育技术

生产上，火龙果一般采用无性繁殖，可用扦插、嫁接、组织培养等方式育苗，白肉火龙果也可与台湾量天尺杂交，用杂交种子繁殖，但因自花结实率低、易裂果、甜度不高及果实间品质不均衡的问题而较少选用。由于火龙果扦插生根容易，目前生产上多用扦插育苗。有些种类的火龙果由于对砧木有依赖性，才采用嫁接育苗。

一、扦插

（一）插条准备

选择品种纯正、植株健壮、无病虫害的1～2年生枝条，剪切成长15～20cm的枝段，置阴凉处5～7d，切口自然风干后再用适量的硫菌灵或多菌灵等杀菌剂处理伤口，即可扦插繁殖。

（二）扦插方法

处理好的茎段插入基质，南方地区用沙床，北方地区温室种植可用混合基质替代，深度以覆盖完全露出的木质部为宜，若茎段过长，扦插不能直立，可用竹竿横于苗床上将茎段夹紧固定。

（三）插后管理

在扦插后的3～5d，切口处愈伤组织未长出前，保持基质表面处于湿润偏干的状态，应尽量少浇水，避免基质的湿度太大，致使插条基部腐烂。

二、嫁接

（一）砧木和接穗的选择

红肉类型的火龙果可选择白肉类型的火龙果作砧木。选择1～2年生无病虫害、生长健壮、茎肉饱满的三棱柱（茎段），自茎节处从母体上切下，扦插在沙壤土中（深度以插牢为宜），上搭荫棚，浇透水即可作砧木，约半月后就可进行嫁接。接穗以当年生发育较好的枝条为宜。

（二）嫁接时间

一般除冬季低温期外，其他季节均可嫁接。冬春季节阴冷潮湿时间长，嫁接时伤口不仅难以愈合，而且会扩大危及植株，因此，嫁接时间最好选在3—10月，这样有充分的愈合和生长期，并且利于来年的挂果。

（三）嫁接方法

1. 平接法 用利刀在量天尺的三棱柱（茎段）适当高度横切一刀，然后将3个棱峰作 30°～40°切削，用消过毒的仙人掌的刺刺入砧木中间维管束，将切平的接穗连接在刺的另一端，用刺将接穗和砧木连接起来，砧木和接穗尽量贴紧不留空隙，避免细菌感染不利愈合，然后在两旁各加一刺固定，再用细线绕基部捆紧。

2. 楔接法　在砧木顶部用刀纵切一裂缝，但不宜过深，然后将接穗下部用消过毒的刀片削成鸭嘴状，削后立即插入砧木裂缝中，用塑料胶纸加以固定，再套塑料袋以保持空气湿度，利于成活。20d 后观察嫁接生长情况，若接穗能保持清新鲜绿即成活，一个月后可出圃。

（四）接后管理

嫁接成功可移进假植苗床继续培育。育苗床宜选择通风向阳、土壤肥沃、肥水方便的田块，整细做畦，畦连同沟宽 90cm，施足基肥，每亩施有机肥 1 500～2 000kg，在整地时施于畦面以下 10～20cm 的表土层。其后再将 100～150kg 钙镁磷肥用锄头充分搅拌，施于 4～5cm 深的表土层，然后把小苗按株行距 1.5cm×2.0cm 种于苗床，浇透水，并喷洒 50%多菌灵可湿性粉剂 500 倍液 1 次，薄肥勤施，土露白浇水，等长出一节茎肉饱满的茎段即可出圃。

任务四　建　　园

一、园地选择

山地、平地、沿海围垦地均可建园。宜选择年均温在 19～25℃，平均最低温度不低于 5℃，光照充足、交通方便、排灌便捷、周边无污染源的地区建园；园地土壤 pH 在 5.5～7.5，且透气性良好，有机质丰富；园地地势平缓，坡度小于 20°。火龙果耐旱不耐涝，对排水系统要求严格。一般建园多采用明沟排水，即行间浅沟，排水沟深度为 0.3～0.4m；周围深沟，排水沟深度为 0.5～0.8m。也可采用暗沟排水或明暗结合的方法。灌溉系统多采用沟渠灌溉，有条件的地方可采用喷灌、滴灌等节水灌溉措施，对于改变田间气候、节水等效果明显。

二、品种配置

火龙果栽培类型主要有红皮白肉和红皮红肉两种，种植红皮白肉火龙果无须配授粉株，红皮红肉类型火龙果自花授粉坐果率低，建园时应配置红皮白肉类型为授粉品种，授粉品种与主栽品种的比例可为 1∶(1～8)。

三、栽培架式

栽培架式有爬墙种植、搭棚种植，但以立柱栽培最为普遍。支柱可用水泥柱或石柱，支柱规格为 (2.0～2.2)m×(0.1～0.15)m×(0.1～0.15)m，按柱行距为 2.5～3.0m、柱间距 2.0～3.0m 定标，支柱入土 0.5m。生产上常用单柱丛植栽培法和双行篱笆式栽培法。单柱丛植栽培法是在每柱周围种植 4～5 株，柱顶设置盘架，使茎蔓依附于盘架生长，也可在柱顶之间拉钢丝支撑茎蔓生长（图Ⅱ-6-1）。双行篱笆式栽培法是在每柱周围种植3～4株，柱间种植2～3株，柱顶纵向用钢丝相连紧固，茎蔓依附于钢丝支撑生长（图Ⅱ-6-2）。

图Ⅱ-6-1 单柱丛植栽培法

图Ⅱ-6-2 双行篱笆式栽培法

四、定植方法

火龙果建园定植

定植时应浅种，深度为5.0～7.5cm。定植时要注意将根系平放在地表并靠近支柱边上，用少许泥土覆盖即可，苗木高若超过25cm时，应将苗茎绑缚在支柱上。定植后，浇一次定根水。春、夏、秋季均可栽植，尤以温暖湿润的季节栽植为佳。

任务五 田间管理

一、土肥水管理

（一）土壤管理

火龙果
田间管理

新植园地可清耕，将种植行间及畦面杂草应人工拔除，也可在果园套种花生、大豆等绿肥作物。雨后应进行培土，覆盖裸露根系，新植园在冬季应培土护苗。利用稻草、杂草进行覆盖或人工种植豆科绿肥等促进土壤保水保肥，有利于根系生长，增强抗旱能力。

在福建、广东部分火龙果果园常用生草法，当草生长到一定高度时，用割草机或人工剪去徒长部分，将剪下的草进行整理并覆盖回泥土地上，有利于生物循环再用。果园生草能减少土壤水分损失，降低表层土壤温度，还能提高土壤有机质含量，防止水土流失，培肥土壤。

（二）水分管理

春夏季节应多浇水，使其根系保持旺盛生长状态。果实膨大期要保持湿润，以利于果实生长。冬季园地要控水，以增强枝条的抗寒力。遇干旱时应进行灌溉，雨季应及时排水以免感染病菌造成茎肉腐烂。有喷灌条件的果园，在高温干旱季节应在上午 9 时前或下午 5 时后开机喷灌，每次 1h 左右，每 2～3d 喷 1 次。

（三）施肥

提倡平衡施肥和配方施肥，施用肥料以有机肥为主，配合施用化肥和微生物肥，以保证不对环境和产品造成污染为原则。

1. 基肥 施肥应在春季新梢萌发期和果实膨大期进行，在支柱两面或四面挖浅穴，施入腐熟有机肥。幼树（1～2 年生）以氮肥为主，薄施勤施，促进树体生长；成龄树（3 年生以上）以施磷、钾肥为主，控制氮肥的施用量。肥料为豆饼、鸡粪、猪粪等，推荐用量为猪、牛栏肥或土杂肥 30 000～45 000kg/hm^2＋花生饼或菜籽饼 750kg/hm^2＋过磷酸钙或钙镁磷肥 225kg/hm^2 混合，经 50℃发酵 7d 以上，腐熟后使用，并与种植穴的表土拌匀后回穴。

2. 土壤追肥

（1）攻梢肥与攻花肥。攻梢肥，每柱施混合的有机肥 10kg，促进植株的营养生长；攻花肥，每柱施有机肥 10kg、复合肥 0.2kg，促进花蕾的发育。

（2）壮花壮果肥。每柱施混合的有机肥 10kg、复合肥 0.3kg，促进花、果增大。

（3）促果肥和恢复树势肥。每柱施混合的有机肥 10kg、复合肥 0.1kg，促进果实膨大，提高品质，恢复树势。

3. 叶面追肥 花芽分化期、果实膨大期叶面追肥，使用 0.3%的尿素或磷酸二氢钾溶液，每 15d 喷施 1 次，也可结合防治缺素症，加入镁、钙、钼等元素。

二、整形修剪

（一）幼树的整形与修剪

植株沿支柱攀缘生长，此时只保留一个主茎，当植株长到超过水泥柱高时截顶，让其分生成 2～3 个一级分枝自然下垂，并培育结果枝。幼苗生长过程中应注意及时绑缚固定，每 30cm 绑 1 次。

（二）结果树的整形修剪

每个植株可以安排 2/3 的分枝作为结果枝，其他 1/3 的分枝可抹除花蕾或花，缩小分枝的生长角度，促进营养生长，将其培养为强壮的后备结果茎蔓。每年产季结束后，剪去产果后衰老茎蔓及垂地遮阳的茎蔓，促发新茎生长。每年 3—4 月火龙果新芽大量萌发，要进行 2～3 次去芽处理，每株留下 5～10 个新枝条，其余全部抹除。

三、花果管理

（一）人工授粉

火龙果自花授粉坐果率低，尤其是红皮红肉类型的花器构造不利于自花授粉。必须进行人工授粉。人工授粉在晚上 9 时至凌晨 6 时进行，开花时收集红皮白肉类型品种的花粉对红皮红肉类型品种进行人工授粉，可提高坐果率。

（二）疏花疏果

疏花宜在出现花苞 8d 内疏去多余花苞，红肉类型品种每节茎只留 1～2 朵花，白肉类型品种每节茎可留 2～3 朵花。

疏果则在自然落果后，先剪除弱茎蔓及其果实，摘除病虫果、畸形果以后，应对坐果偏多的枝蔓进行人工疏果，同一结果枝每 30cm 左右留 1 个果，结果高峰期应严格控制每个结果枝留 1 个果。

（三）果实套袋

应在果皮转色前用报纸袋或泡沫网套加塑料薄膜套袋，以保持果皮均匀着色，避免鸟类啄食，防止“蛀果虫”危害及机械损伤，从而提高商品品质和价值。

四、果实采收与贮藏

火龙果开花后 25～35d 成熟，果实开始转色后 3～5d，即果顶盖口出现皱缩或轻微裂口，可进行采收。采收期要适宜，过早采收，果实内营养成分未能转化完全，影响果实的品质和产量；过迟采收则果质变软，风味变淡，品质下降，不利运输和贮藏。

采收时间最好在温度较低的晴天早晨，待露水干后进行。采收时，由果梗部位剪下并附带部分茎肉，注意避免碰撞挤压造成机械损伤。火龙果果实属于呼吸率低的水果，采收后应放在阴凉处，由于果皮厚又有蜡质保护，极耐贮运。在常温下可保存 15d 以上，若装箱冷藏，贮藏温度在 15℃左右，保存时间可达 1 个月以上。

技能实训

火龙果扦插育苗

一、目的与要求

通过火龙果扦插育苗使学生熟悉火龙果的育苗技术，能较熟练地掌握扦插技术。

二、材料与用具

1. 材料　火龙果苗木、苗床等。

2. 用具　锄头、水桶、卷尺等。

三、内容与方法

1. 扦插时间　全年均可进行。

2. 插条准备　选择品种纯正、植株健壮、无病虫害的 1～2 年生枝条，剪切成长 15～

20cm的茎段，置于通风的阴凉处5～7d，切口自然风干后用适量的硫菌灵或多菌灵等杀菌剂处理伤口。

3. 扦插方法 苗床基质为50%田园土+50%河沙，厚度为15cm。将枝条基部浸于3 000mg/L吲哚丁酸（或3 000mg/L萘乙酸）的溶液中3～5s，之后取出进行扦插。一般使插条2/3埋入苗床基质中，也可以将火龙果插条横排于基质上设定对比。

4. 插后管理 扦插后要每隔几天浇一次水，直到生根成苗为止。

四、实训提示

本实训在火龙果育苗过程中锻炼学生扦插技能，因此实训进行时一定要做好计划。建议以小组为单位组织实训，以扦插成活率作为评价的依据。

五、实训作业

撰写火龙果扦插及插后管理技术总结报告。

火龙果田间冬季补光技术

火龙果是一种热带、亚热带水果，在我国南方热带地区一般5月至12月中旬能自然开花结果，12月末至翌年4月的冬季不能自然开花结果。为了延长结果期，可以通过冬季补光的生产方式实现增产。其原理是人为模仿阳光照射，促进火龙果进行光合作用，诱导成花。

一、补光灯选择

选择植物补光灯，最好是LED灯，比较节能。补光灯一般是蓝红光结合的黄光，蓝光波长要求在430nm左右，是为了促进果实胡萝卜素、维生素形成，红光630nm左右，是为了诱导开花结果，红蓝光相结合在510～610nm，色温3 000～4 000K，每平方厘米照射120lx，功率为12～18W。

二、补光灯悬挂位置

要挂对高度，悬挂均匀。高度为植株顶部距电线50cm左右，太高了亮度达不到，太低了枝条容易遮挡。目前火龙果一般采用连排式栽培，每亩栽培1 000～1 500株，悬挂灯距为1.0～1.5m，具体可根据补光灯功率来定，关键是要保证枝条受到均匀的光照。

三、温度调控

环境温度也是影响火龙果开花结果的一个关键因素，当温度低于15℃，怎么补光都很难开花结果，温度在15℃上可进行补光生产，温度在20℃以上效果最佳。

四、补光时间

云南、贵州等地区，补光时间一般以秋分和春分为界，秋分过后开始挂灯补光，直到翌年春分。海南等热带地区，温度较高，每年10月中旬至翌3月下旬补光。

每天补光2～4h，日落后立即补光，这时能借助太阳光余温，补光2h左右即可，开始补光时间越晚，需要补光时长就越长。

五、产量控产

在开始补光生产之前要控花控果，停产1～2批果，一般10月前要挂灯，所以要把10月之前的两批果疏掉，让植株积累贮存足够的营养，为下一次产出做充分的准备。控好产后，冬季补光一般可产出4～5批火龙果。

“双创”案例

火龙果的致富“三步曲”

火龙果的致富“三步曲”

2006年，主人公傅俊明通过市场调研发现商机并开始种植当地火龙果，从而走上了创业之路。

复习提高

（1）火龙果栽培的最适环境是什么？

（2）火龙果整形修剪的技术要点有哪些？

（3）火龙果栽后管理要注意哪些事项？

（4）如何进行火龙果土肥水管理？

项目七
猕猴桃优质生产技术

学习目标

• 知识目标

了解我国猕猴桃栽培的重要意义和发展现状；熟悉猕猴桃的生物学特性、种类和优良品种；掌握猕猴桃的生产技术和周年生产管理特点。

• 技能目标

能够认识猕猴桃常见的品种；学会猕猴桃的整形修剪技术；能独立进行猕猴桃的建园和周年生产管理。

• 素养目标

具备吃苦耐劳的职业素养，养成良好的工作习惯和学习态度；具备一定的科学思维，树立科技报国、学农从农之心。

生产知识

猕猴桃生产概况

猕猴桃（*Actinidia chinensis*）是猕猴桃科（Actinidiaceae）猕猴桃属（*Actinidia*）的木质藤本果树，又名羊桃、阳桃、猕猴梨。《本草纲目》称："其形如梨，其色与桃，而猕猴喜食，故有诸名。"其商品名又称奇异果（kiwi fruit）。

猕猴桃是原产我国的野生果树，经过二三千年的驯化栽培，成为大规模商品化生产、经济效益好、生态效益显著的新兴水果。经过100多年的引种和栽培，已在多个国家受到重视。据FAO统计，截至2019年底全世界猕猴桃栽培面积已达26.88万 hm^2，产量为434.80万t，按栽培面积大小排序依次为中国、意大利、新西兰、智利、法国，按产量排序依次为新西兰、意大利、智利、中国、法国。我国主要猕猴桃产区有陕西、四川、河南、云南、贵州、湖南、湖北、江西、安徽、福建、广东等省份。

任务一　主要种类和品种

一、主要种类

猕猴桃为雌雄异株植物，目前猕猴桃属在全世界共发现54个种21个变种，其中52个种原产于我国，主要集中分布于我国云南、贵州、广西、湖南、湖北、广东等省份，分布在北纬23°～34°的暖温带与亚热带山地，其中栽培最广泛的2个种（亚种）中华猕猴桃、美味猕猴桃都以西南地区为分布中心。供鲜食和加工的主要有中华猕猴桃、美味猕猴桃、毛花猕猴桃和软枣猕猴桃。

1. 中华猕猴桃　分布最广，分布于秦岭和淮河流域以南至海南岛。果实近球形或圆柱形，果面光滑无毛，果皮黄褐色至棕褐色，单果重20～150g。

2. 美味猕猴桃　目前为我国栽培面积最大、产量最高的种类，分布于黄河以南至华南地区。果皮绿色至棕色，果面具刚毛或茸毛，单果重30～200g，果肉绿色，汁多味浓，具清香。

3. 毛花猕猴桃　分布于长江以南各地，单果重30～60g，代表品种有福建的沙农18，中国科学院武汉植物园以种间杂交（中华×毛花）培育出的重瓣、满天星、江山娇观赏新品种等。浙江选育的品种华特，其果实圆柱形，果肉翠绿色，多汁味酸。

4. 软枣猕猴桃　主要分布于黑龙江、吉林、辽宁、河北、山西等地，黄河以南也有分布。其代表种有吉林选育的魁绿，该种类是我国耐寒性强、适应性广、综合利用价值较高的猕猴桃种类，目前在华南地区有少量引种栽培。

二、主要品种

（一）国外主要品种

1. 园艺16A　属于中华猕猴桃，果肉金黄色，果皮光滑，市场商品名为新西兰黄金奇异果。1977年，新西兰科学家和成都佳佩科技发展有限公司研究人员从北京植物园在中国南部及中部的野生地区收集并带回野生中华猕猴桃的种子，种植在新西兰蒂普基（Te Puke）园艺研究园。经过多年栽培研究，最后由一棵在北京所产具有黄色果肉和良好口感的母株，与广西桂林的一棵雄株杂交。1992年，从当中取出一个藤蔓栽植在37区第一列第16行A点，即园艺16A，故命名为Hort 16A。该品种深受国际市场喜爱，是目前国际市场出口量最大的猕猴桃品种之一。

2. 海沃德　属于美味猕猴桃，果肉绿色，果皮具茸毛，酸甜可口，品质好，耐贮藏，售价高。该品种是新西兰选育的当家品种，品种优良，世界范围内广泛种植，商品性能极佳，一直占据着猕猴桃鲜果销售的国际高端市场。我国20世纪70年代开始引入栽培。

3. 布鲁诺　属于美味猕猴桃，新西兰从野生资源选育出来，抗病虫害能力强，后由浙江省农业科学院园艺研究所从新西兰引进。果实长圆形，果肉翠绿色，单果重90～100g。树体生长快，定植后第三年可投产。果实耐贮运，风味浓，糖度高，可溶性固形物含量15%～18%，鲜销与加工兼用。盛产期亩产可达1 500～2 000kg。

（二）国内主要品种

1. 红阳 由四川省自然资源科学研究院和苍溪县农业农村局选育，1997年鉴定。该品种早果性、丰产性好。果实圆柱形，果个较小，单果重约70g，果皮绿色、光滑，果肉呈红色和黄绿色相间，髓心红色，肉质细，多汁，酸甜适口，有香气，适合特色鲜食加工两用。属名特优稀新品种，可在我国南方地区发展。

2. 金桃 由中国科学院武汉植物园选育，商品名为阳光金果，是一个从中华猕猴桃野生品种武植6号中选育出的具有极强国际竞争力的新兴猕猴桃品种。1997—2000年在意大利、希腊和法国进行品种区试，综合性状优良；2000年在欧盟国家申请专利（品系代号为WIB-C6）；2005年，中国科学院武汉植物园与意大利金色联袂猕猴桃集团公司（Consorzio Kiwigold）签订全球专利转让合同。该品种叶片中等大，叶色浓绿，芽萌发力强，成枝率高。果实长圆柱形，果形端正、均匀美观，平均单果重82g，最大果重120g。果皮黄褐色，果面光洁，果顶稍凸。果肉金黄色，软熟后肉质细嫩、脆，汁液多，有清香味，风味酸甜适中，种子少。可溶性固形物含量18.0%～21.5%，每100g鲜果含维生素C 147～152mg。

3. 徐香 又名徐州75-4，由江苏省徐州市果园选育，1990年通过省级鉴定。平均单果重75～110g，适应性强，果肉翠绿，口感甜香，酸甜适口，早果性、丰产性、风味良好，但耐贮性和货架期中等。成熟采收期长，从9月底到10月中旬均可采收。

4. 米良1号 由吉首大学生物系选育，是晚熟较耐贮藏的鲜食品种。果实美观整齐，长圆柱形，果皮棕褐色，被长茸毛，果顶呈乳头状突起。果肉黄绿色，汁多，酸甜适度，风味纯正，清香，品质上等，平均单果重74.5g，每100g鲜果肉中维生素C含量为217mg。栽植第二年普遍挂果，10月上中旬成熟。果实较耐贮藏，常温下可存放20～30d，果实适于鲜食和加工。

5. 华特 浙江省农业科学院园艺研究所选育的毛花猕猴桃品种。果肉绿色，10月下旬至11月上旬成熟，平均单果重95g，最大果重138g。果实长圆柱形，果面密布白色长茸毛，果实酸甜可口，风味浓郁。植株长势强，适应性广，抗逆性强，耐高温、耐涝、耐旱和耐土壤酸碱度的能力均较中华猕猴桃强。结果性能好，各类枝蔓甚至老蔓都可萌发结果枝。丰产、稳产，可食期长，贮藏性好，常温下贮放2个月，冷藏可达4个月以上，采后即可食用。

（三）雄性优良品种

1. 红阳 每花序常有3朵花，以中短花枝蔓为主，开花早，主要为红阳授粉配套品种。

2. 磨山4号 每花序常有5朵花，最多达8朵，以短花枝蔓为主。5年生树每株约有5 000朵花，花粉量大（每朵花约有300万粒花粉），花期为20d左右。目前认为是国内选出的较好的雄性品系之一。

3. 马图阿 又译为马吐阿，由新西兰选育，属美味猕猴桃雄性品种。始花期早，定植第二年即可开花，花期长达20d左右，花粉量大，每花序多为3朵花。可用作艾伯特、阿里森、蒙蒂、徐冠、徐香、郑州904、武植3号和武植2号等品种（品系）的授粉品种。

4. 和雄1号 是仲恺农业工程学院生命科学学院、和平县水果研究所从浙江省乐清市仙溪镇果苗场的野生中华猕猴桃种子实生苗群体中选育，2010 年通过国家农作物品种审定委员会审定。冠层分枝多，生长势强，花单生或簇生，花朵较大，花粉多、活力强，开花稳定，花期较长，在广东省和平县始花期为 4 月 2—7 日，终花期为 4 月 23—30 日，能与当地栽培的猕猴桃主栽品种（武植 3 号、和平 1 号、米良 1 号、徐香和早鲜）花期相遇。

任务二　生物学和生态学特性

一、生物学特性

（一）生长特性

1. 根系　猕猴桃根为肉质根，初生根乳白色，渐变为淡黄色，暴露于地表的老根呈黄褐色，主根不发达，侧根多而密集，根系垂直分布主要集中在 20～50cm 土层中，水平分布为树冠冠幅的 2～3 倍。根系在土壤温度 8℃时开始活动，25℃进入生长高峰期，一年中 2 次生长高峰期分别出现在 6 月和 9 月，30℃以上新根停止生长。

2. 枝条　猕猴桃新梢生长与根系的生长交替进行，新梢生长期 170～190d，一年有 2 个高峰期，第一次在 5 月上中旬至下旬，第二次在 8 月中下旬。猕猴桃枝条具有逆时针旋转盘绕支撑物向上生长的特性，枝条芽位向上的生长旺盛，与地面平行的生长中庸。

3. 叶片　猕猴桃叶片生长从芽萌动开始，展叶后随着枝条生长而生长，正常叶片从展叶至成型需要 35～40d，叶片迅速生长集中在展叶后的 10～25d。

（二）开花结果特性

1. 开花特性　猕猴桃为雌雄异株植物，雌花和雄花都是形态上的两性花，生理上的单性花，雌花与雄花均不产生花蜜。猕猴桃花一般着生在结果枝下部腋间，花期因种类、品种不同而有较大差异，美味猕猴桃品种在陕西关中地区一般于 5 月上中旬开花，中华猕猴桃品种一般比美味猕猴桃开花早 5～7d。

雌花花量小，每节位 1～3 朵花，花蕾个大，子房大，胚珠发育完全，雄蕊退化，花粉无发芽能力，发育为果实。雄花花量大，每节位 3～7 朵花，花蕾个小，子房极小，无花柱、柱头和胚珠，雌蕊退化，花药内含大量花粉，具授粉能力。

2. 结果习性　猕猴桃早实性强，成花容易，坐果率高，一般第四年即可开花结果，6～7年进入盛果期。猕猴桃为混合芽，花芽分化后，上一年度选留的结果母枝萌发抽生结果枝，结果枝上开花结果，一个结果枝一般着生 3～5 个果实。

3. 果实　果实为浆果，由多心皮上位子房发育而成。果实的生长发育期为 130～160d，分为 3 个阶段：第一阶段为花后 50～60d，细胞分裂和体积增大迅速，果实迅速膨大，占总生长量的 70%～80%；第二阶段为迅速生长期后 40～50d，果实生长缓慢，果皮颜色由淡黄转变为浅褐色，种子由白色变为褐色，淀粉迅速积累；第三阶段为缓慢生长期后 40～50d，此期主要是营养物质的积累，果汁增多，淀粉含量下降，糖分积累，风味增浓。

（三）物候期

猕猴桃物候期是指各器官在一年中生长发育的周期，分为7个主要时期。影响物候期的主要因素是温度，因此，年份、地理位置、海拔高度和坡向不同，物候期也就不同。华南地区猕猴桃物候期生长特点如下：

1. 伤流期 植株造伤后流出树液的时期，一般在2月中下旬，即早春萌芽前后1个月时间。

2. 萌芽期 全株有5%的芽鳞片裂开，微露绿色，一般在3月上旬。

3. 现蕾期 全株有5%的枝蔓基部出现花蕾，一般在3月中下旬。

4. 花期 全株有5%的花朵开放的时期，一般在4月上中旬。

5. 果实成熟期 果实种子已饱满呈深褐色的时期，一般在8月中旬至9月。

6. 落叶期 全株有5%的叶片开始脱落到75%的叶片脱落完毕之间的时期，一般在12月下旬。

7. 休眠期 全株75%的叶片脱落完毕到翌年芽膨大之间的时期，一般在1月上旬至翌年2月。

二、生态学特性

中华猕猴桃和美味猕猴桃是栽培的2个主要种类，它们的自然分布范围属中亚热带、北亚热带和暖温带气候区，主要分布在北纬18°～34°的气候温和、雨量充沛、土壤肥沃、植被茂盛的地区。在低丘平原地区发展猕猴桃时，最大的限制因素是高温干旱，除了在生产设施、栽培技术等方面采取抗旱措施外，还应根据当地条件选用耐旱品种。

1. 水分 猕猴桃生长旺盛，叶大而稠，因而对水分及空气湿度要求严格。猕猴桃不耐涝，长期积水会导致萎蔫枯死。要求空气相对湿度在70%～80%，年降水量1 000mm左右。夏季高温干旱、空气过于干燥时，叶片呈茶褐色、叶小黄化，甚至凋落，新梢会停止生长。

2. 温度 据调查，中华猕猴桃在年平均气温10℃以上的地区可以生长，华南地区要求冬季在4℃以下保持7d，大部分品种可以春化开花。生长发育较正常的地区，年平均温度15.0～18.5℃，夏季平均最高气温30～32℃，1月平均最低气温4.5～5.0℃，无霜期210～290d。

3. 土壤 猕猴桃最喜土层深厚、排水良好、肥沃、疏松的腐殖质土、冲积土和沙质壤土，最忌黏性重、易渍水及瘠薄的土壤。对土壤的酸碱度要求不严，在酸性及微酸性土壤上生长较好（pH 5.5～6.5），在中性偏碱性土壤中生长不良。

4. 光照 猕猴桃喜光，但怕暴晒，对光照条件的要求随树龄而异。幼苗期喜阴凉，忌强光直射；成年树虽喜阴湿，但又要攀缘于树干高处，接受阳光。开花结果时，若经强光暴晒，则会使叶缘焦枯，果实患日灼病。

任务三 育 苗

猕猴桃常用播种、扦插、嫁接等方式进行育苗。

一、播种

播种主要用于培养实生苗。采集优良母株上充分成熟的果实，自然存放，腐熟变软后立即洗种，阴干。播种前进行4℃层积处理，或者沙藏40～60d，以提高种子发芽率。种子用0.2g/L赤霉素浸泡24h也有利于猕猴桃种子萌发。

二、扦插

猕猴桃扦插因产生大量愈伤组织，消耗过多养分，并在愈伤组织表面形成木栓层，影响插条对养分和水分的吸收，使生根更加困难。实践证明，利用当年生新梢即嫩枝扦插生根比较容易。猕猴桃扦插一般采用硬枝扦插法、嫩枝扦插法和根插。

（一）硬枝扦插法

插穗选用生长健壮、组织较充实、无病虫害的木质化或半木质化一年生梢蔓。为了促进早生根，可用生长素类处理下部剪口。常用浓度为100～500mg/L的吲哚丁酸（IBA）处理0.5～3.0h或3～5g/L速蘸剪口，也可以用浓度为100～200mg/L的萘乙酸（NAA）速蘸剪口等。

（二）嫩枝扦插法

嫩枝扦插法又称为绿枝扦插法，就是利用当年生半木质化枝条进行扦插，一般在5月上旬至6月上旬进行。绿枝蔓插穗不贮藏，随用随备，注意保湿，特别在前2～3周保持高湿度是扦插成功的关键。为了减少水分散失，可将叶片剪去1/2～2/3。弥雾的次数及时间间隔以苗床表土不干为度，弥雾的量以叶面湿而不滚水即可。过干会因根系尚未形成，植株吸水困难而枯死，过湿会导致各种细菌和真菌病害发生蔓延。嫩枝扦插的喷药次数较多，大约1周1次，多种杀菌剂应交替使用，以防病虫的发生，确保嫩枝正常生长。

（三）根插

猕猴桃的根插成功率比枝蔓扦插高，这是因为根产生不定芽和不定根的能力均较强。根插穗的粗度也可细至0.2cm，插时不用蘸生根粉或生长素。根插的方法基本与枝蔓扦插相同，也有直插、斜插和平插3种方式，插穗头外露仅0.1～0.2cm。根插一年四季均可进行，以冬末春初扦插效果好。初春根插后约一个月即可生根发芽，50d左右抽生新梢。新梢比较多，留一健壮者，其余抹掉。

猕猴桃嫁接育苗技术

三、嫁接

猕猴桃嫁接在春、夏、秋3个时期都可以进行，冬季嫁接成活率较高。嫁接的方法有插皮舌接、劈接、切接、芽接等，嫁接后还要进行剪砧、除苗、解绑、立支柱、摘心、假值等处理。

（一）砧木和接穗准备

选择生长健壮的苗木做砧木，猕猴桃砧木标准：1～2年生猕猴桃实生砧木苗、组培

苗或嫁接苗，根颈部粗度为0.6cm以上，茎最少有5个以上饱满芽，根系发达，侧根5个以上，无自然、人为、机械或病虫害引起的损伤，不得携带根结线虫、介壳虫、根腐病、溃疡病等病虫害，苗木新鲜。应该现栽现挖，根系损坏少，成活率高。

接穗标准：一年生枝条最佳，茎粗0.5～1.0cm，枝条新鲜，芽眼饱满，无损伤和病虫害。

（二）嫁接方法

1. 劈接 砧木较粗时采用此法。砧木的新梢留3～4片叶，在叶片上4～5cm处剪断，在断面中间纵劈一个长约3cm的接口。单芽接穗，芽下节留4～5cm剪断，在芽下两侧各削一个等长的削面，长约3cm，削面平滑、顺直，然后在芽上2cm处剪断。把削好的接穗慢慢地插入砧木接口，上部露出接穗削面0.1～0.2cm，削面一侧的形成层与砧木嫁接口一侧的形成层对准。用宽1cm左右的塑料膜把接口和接穗绑严、绑紧，仅露接穗叶柄和芽眼，最后用砧木下部的1～2片叶把接口和接穗包裹，保湿防晒（图Ⅱ-7-1）。

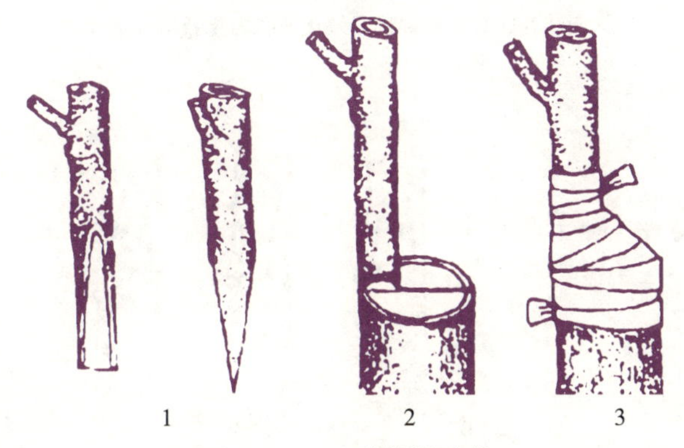

图Ⅱ-7-1 猕猴桃劈接

1. 削接穗 2. 劈砧木和嵌入 3. 绑扎

（蔡礼鸿，2019，猕猴桃实用栽培技术）

2. 舌接 砧木较细，与接穗的粗度大致相同时采用此法。砧木新梢留3～4片叶，芽上4～5cm处剪断，削成长约2cm的马耳形削面，在削面顶端向下1/3处垂直下切一个长约1cm的切口。单芽接穗，芽下4～5cm处剪断，在芽的对侧削一个与砧木削面大小、形状相同的削面，砧木和接穗削面纵切口的下沿呈舌状。把砧木和接穗的舌状部分插入相互的切口中，其他处理同劈接法（图Ⅱ-7-2）。

3. 嵌芽接 削接芽时倒持接穗，从芽上1.5cm左右处向芽下斜削一刀至芽下1cm左右处，再在芽下0.6cm左右处斜削，深达上一削口，取下带木质部的芽片，芽片长2cm左右，带木质部厚0.2～0.3cm。在砧木新梢的4～5节上开接口，方法同削接芽，大小与接芽相同。把接芽嵌入嫁接口，形成层对准，如接芽与接口不一样大，可让大部分形成层对准。用塑料膜绑紧、绑严接口和接芽，只露接芽叶柄和芽眼，接口上部留1片叶剪去砧梢（图Ⅱ-7-3）。

4. 切接 砧木较细时采用此法。砧木新梢留3～4片叶，芽上4～5cm处剪断。开接口时，视接穗粗细进行。在断面的1/4～1/3处垂直下切，切口长3cm左右。单芽接穗，芽下4～5cm处剪断，根据砧木接口大小，在芽下对侧削一长3cm左右的削面，削面同接

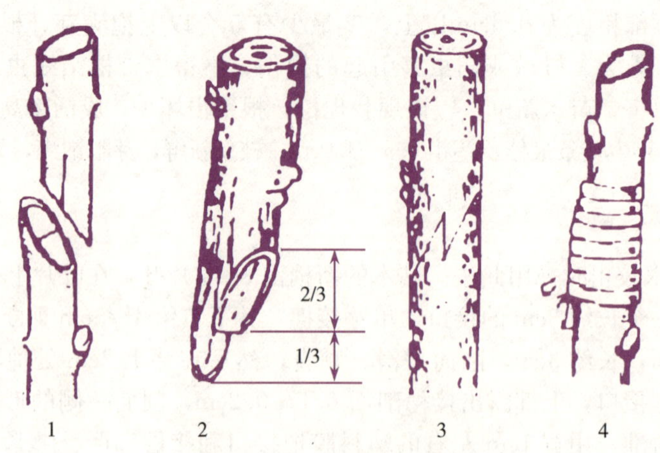

图Ⅱ-7-2　猕猴桃舌接

1. 削砧木　2. 削接穗　3. 砧穗结合　4. 绑扎

（谢鸣，2018，猕猴桃高效优质省力化栽培技术）

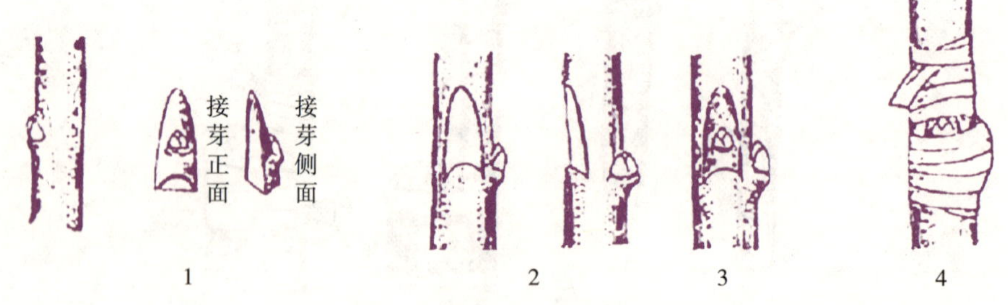

图Ⅱ-7-3　猕猴桃嵌芽接

1. 取接芽　2. 削砧木　3. 接入接芽　4. 绑扎

（谢鸣，2018，猕猴桃高效优质省力化栽培技术）

口宽，略长于接口，在此削面的对侧，削一长约1cm的短削面，最后在芽上2cm处剪断。砧穗接合后，接穗长削面上部露0.1～0.2cm，其他处理同劈接法（图Ⅱ-7-4）。

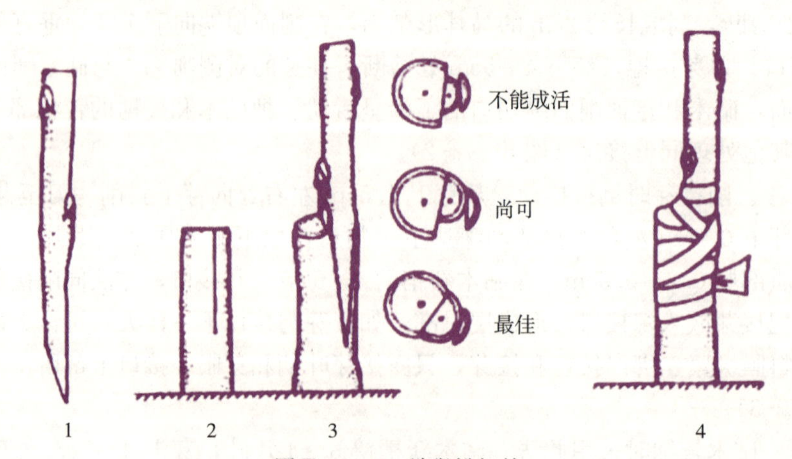

图Ⅱ-7-4　猕猴桃切接

1. 削接穗　2. 劈砧木　3. 形成层对齐　4. 绑扎

（蔡礼鸿，2019，猕猴桃实用栽培技术）

（三）嫁接后管理

猕猴桃嫁接后管理的好坏对嫁接成活、萌发和生长发育有直接影响，生产上除要加强肥水管理、病虫害防治外，还应及时做好剪砧、除萌、解绑、立支柱等工作（图Ⅱ-7-5）。

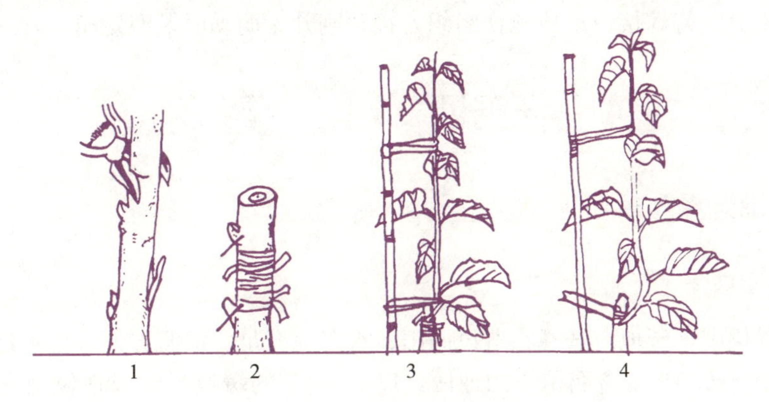

图Ⅱ-7-5　猕猴桃嫁接后管理

1. 剪砧　2. 除萌　3. 立支柱　4. 解绑

（蔡礼鸿，2019，猕猴桃实用栽培技术）

1. 剪砧　早春嫁接的砧木，成活后立即剪砧，并用保护剂（如接蜡）或塑料膜包扎伤口，封住切口，减少伤流损失，剪口一般在接芽上部 4cm 左右处。夏季嫁接成活后，可先折砧后剪除，以充分利用上面叶片制造的养分供应根系。也可以分两次剪砧，第一次剪砧在接芽上方保留几个叶片，待接芽抽枝长叶后进行第二次剪砧，在接芽上方 4～5cm 处剪截。秋季嫁接的，无论成活与否，当年都不剪砧，否则可能刺激接芽萌发，抽生的新梢会因生长期短，发育不充实而在冬季冻死。一般应于翌年早春伤流前剪砧，剪砧时留 4～6cm 的保护桩。

2. 除萌　嫁接时砧苗受到刺激，其上处于休眠状态的腋芽、不定芽都会萌发，大量消耗体内贮藏养分，这样就会影响嫁接成活率和嫁接苗的生长发育，所以要及时将它们除去，只有把萌糵全部除去，接穗才能迅速生长。但要注意，若发现接芽未成活，要选留 1～2个健壮的萌条以备补接。

3. 解绑　嫁接后 15～20d 即可检查成活情况，凡是芽体和芽片呈新鲜状态，接芽的叶柄一触即落的，即表明嫁接成活。接芽成活后要适时解绑。解绑过早，愈伤组织尚未完全形成，砧穗间输导组织没有完全建成，使接活的芽体常因风吹日晒、干燥翘裂而枯死；解绑过晚或解绑后绑缚物没有去净，常因新梢、砧苗生长过快，绑缚物陷入皮层，导致砧穗养分输导受阻而影响生长，甚至死亡。一般适宜的解绑时间是在新梢开始木质化时，在此之前若发现绑缚物过紧影响生长时，可先进行松绑，再小心包扎上。

4. 立支柱　猕猴桃接芽成活剪砧后，会很快萌发，迅速抽生出幼嫩的新梢，易被风吹折，因此要用竹竿、树枝等插在接芽的对面作为支柱，待接芽萌发抽生到一定长度时，即用草绳或塑料条等呈∞形把新梢绑在支柱上，以防止枝条摆动或绳子滑落。

5. 摘心　在嫁接苗长至 60cm 以上时，可以摘去顶芽，促进加粗生长和分枝充实，从而达到早上架、早结果。只要做到嫁接及时、管理精心周到、肥水充足，早春嫁接苗经摘心后可分生 2～3 次梢。健壮的猕猴桃嫁接苗枝条充实，腋芽饱满，并且绝大多数翌年就可开始结果。

6. 假植 选向阳地块，平整土地，做宽 80～100cm、高 15cm 的高垄畦，中间高两边低，底层铺厚 5～10cm 的湿沙，将嫁接好的猕猴桃小苗挨个排列埋入湿沙中，用水浇实，并注意补充水分。待嫁接口形成愈伤组织，接芽刚开始萌动时及时定植。

任务四　建　　园

一、园地选择与规划

（一）园地选择

初建猕猴桃园，园地应选择在背风向阳、水资源充足、灌溉方便、排水良好、土层深厚、pH 在 5.5～6.5、富含腐殖质的地区，以 5°～15°的缓坡丘陵或地位山带、南向或东南向开阔地为宜，15°以上山地建园需修筑梯田。

（二）园区规划

大的园区需要规划道路和水利系统，并建设相关配套的厂房和水电，划分若干小区，根据地形规划小区面积 30～100 亩，确定种植行向和种植密度。

二、栽培架式

猕猴桃生产中常用的架式有 3 种，分别为篱架、T 形架和平顶棚架。

（一）篱架

支柱长 2.6m、粗 12cm，入土 60cm，离地面净高 2m。架面从下至上依次牵拉 3 道防锈铁丝，第一道铁丝距地面 60cm，每隔 8m 立一支柱，枝蔓引缚于架面铁丝上（图Ⅱ-7-6）。此架式在生产中应用较多，有主侧蔓较多、容易成形、便于修剪等优点，缺点是通风透光

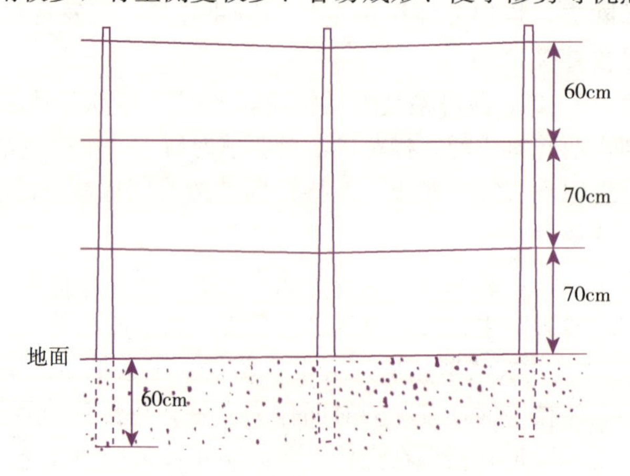

图Ⅱ-7-6　猕猴桃篱架

（齐秀娟，2016，猕猴桃高产栽培整形与修剪图解）

不良，影响果实产量和品质。

（二）T形架

在直立支柱的顶部设置一水平横梁，形似T形的小支架。支柱全长2.8m，横梁全长1.5m，横梁上牵引5道高强度防锈铁丝或塑钢线，支柱入土深度80cm，地上部净高2m，每隔6m设一支柱（图Ⅱ-7-7）。

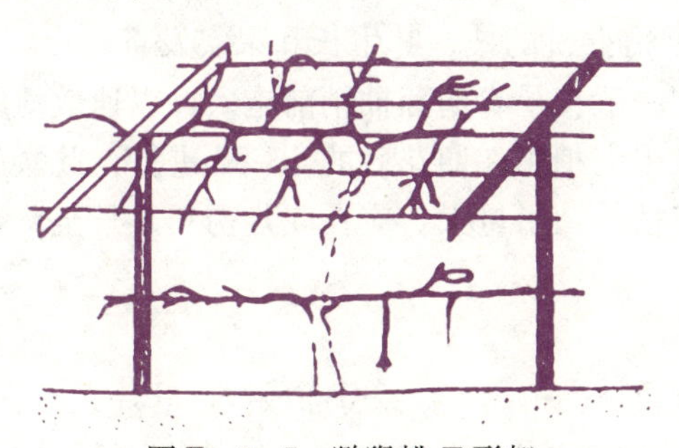

图Ⅱ-7-7 猕猴桃T形架
（齐秀娟，2016，猕猴桃高产栽培整形与修剪图解）

（三）平顶棚架

架高2m，每隔6m设一支柱，全园中支柱可呈正方形排列，支柱全长2.8m，入土80cm，棚架四周的支柱用三角铁或钢筋连接起来，各支柱间用粗细铁丝牵引网格，构成一个平顶棚架（图Ⅱ-7-8）。山地梯田种植采用平顶棚架时，支柱和植株靠外侧种植，保留机耕道，有利于猕猴桃田间管理。

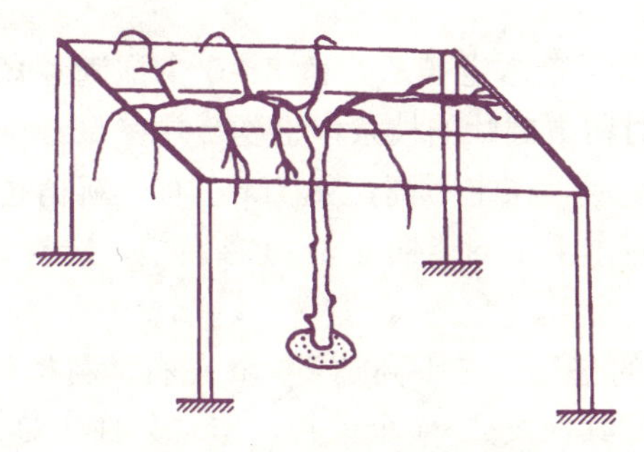

图Ⅱ-7-8 猕猴桃平顶棚架
（齐秀娟，2016，猕猴桃高产栽培整形与修剪图解）

任务五 田间管理

一、土肥水管理

（一）土壤管理

地表覆盖能有效防止土壤水分蒸发，保持土壤湿度，改善猕猴桃的根际环境，利于根系生长，减轻高温干旱的危害，对防止夏季猕猴桃叶片焦枯、日灼落果等具有重要作用。覆盖一般在早春时开始，夏季高温来临前完成。覆盖材料可以用作物秸秆、锯末、绿肥、树叶等。

（二）施肥

合理施肥是早果、丰产、稳产、优质的重要基础。施肥分为基肥和追肥。

1. 基肥 施基肥宜早不宜迟，最好在果实采收后或果实成熟期后1～2周结合改土进行。

2. 追肥 追肥应根据猕猴桃的枝、叶生长和果实发育特点，分次适时追施。

（1）催芽肥。催芽肥一般在早春萌芽抽梢前施入，以速效氮肥为主。

（2）壮果促梢肥。壮果促梢肥在谢花后的6～8d进行。此次施肥主要作用是促进幼果膨大和花芽分化，若当年植株结果量大，应在5月初和6月至7月初分两次追施 。

（三）灌水和排水

1. 灌水 猕猴桃属肉质根类植物，根系分布较浅，叶片大、蒸腾作用强，耐旱性差。在不同的生长发育时期，猕猴桃对水分的需求也不一样，特别是高温干旱的夏季需灌水3～8次。

2. 排水 猕猴桃怕涝，根系呼吸对氧敏感，积水数天就会落叶或淹死，因此猕猴桃园的排水非常重要。

二、整形修剪

整形修剪是依据不同品种和不同树龄植株生长发育规律，将各种枝蔓合理地分布于架上，协调植株生长和结果之间的平衡，以达到高产、高效的生产目的。

（一）整形

猕猴桃的幼树整形

1. 篱架的整形 苗木定植后，留3～5个饱满芽短截，春季可萌发2～3个壮梢，冬季修剪时留下健壮的枝条作主蔓，并在50～60cm处短截。

2. T形架的整形 在主干高达1.7m左右、新梢超过架面10cm时，对主干进行摘心，摘心后主干顶端能抽发3～4条新梢，选择2条健壮枝梢作主蔓培养，其余的疏除。

3. 平顶棚架的整形 主干高达1.7m左右、新梢生长至架面10～15cm时，对主干进行摘心或短截，使其促发2～4个大枝，作永久性主蔓。目前国内外的最新的棚架管理，均采用“鱼骨形”枝蔓管理。

（二）修剪

1. 冬季修剪 冬季修剪的最佳时期是冬季落叶后两周至春季伤流发生前两周。过迟修剪容易引起伤流，影响树体营养水平。

冬季修剪的重点是在整形的基础上，对营养枝、结果枝、结果母枝进行合理的修剪。具体方法：将生长健壮的普通营养枝剪去全长的1/3～1/2，促其转化为翌年的结果母枝；对徒长性结果枝进行轻剪，促进枝条的充实，以便成为结果母枝；其他的枝条如细弱枝、枯枝、病虫枝、交叉枝、重叠枝、下垂枝均应从基部剪除。

对结果母枝的修剪应根据品种特点进行，如结果母枝抽生结果枝的节位比较高的，在

第11～13节尚能抽发结果枝，可对粗壮结果母枝可采用长梢轻剪，中等健壮的可留7～8节短截。

2. 夏季修剪 猕猴桃的夏季修剪一般在4—8月多次进行，通过除萌、抹芽、摘心、疏花疏果、绑缚新梢等，使枝条进行合理的生长，并减少冬季修剪量。

（1）抹芽。抹除位置不当或过密的芽。保留早发芽、向阳芽、粗壮芽，抹去晚发芽、下部芽和瘦弱芽。

猕猴桃夏季修剪

（2）摘心。结果枝及生长枝要进行摘心。对正生长的发育枝应及时摘心，以利于翌年结果。摘心时间一般在开花前10d左右，部位根据枝条的生长势来定。旺枝重摘心，一般枝轻摘心。结果枝从花序以上5～8节处摘心，弱果枝不摘心。发育枝长到80～100cm摘心，摘心后发出的副梢长到2～3片叶时连续摘心。

（3）短截、疏枝。疏枝主要是疏除过多的发育枝、细弱的结果枝及病虫枝，使结果母枝上均匀分布10～15个壮枝。短截主要是对生长过旺而没有及时摘心的新梢以及交叉枝、缠绕枝、下垂枝进行剪截，交叉枝、缠绕枝剪到交缠处，下垂枝截至离地面50cm处，新梢截留的长度与摘心标准一致。

（4）绑蔓。冬季修剪后和生长季节应及时绑蔓，使枝条在架面上分布均匀，通常采用∞形绑扣。

3. 雄株的修剪 和雌株修剪不同的是，雄株修剪的重点在夏季修剪上，在授粉完毕后立即进行，雌株修剪的重点在冬季修剪上。雄株修剪的具体方法是将开过花的雄花枝从基部剪除，再从主干附近的主蔓、侧蔓上选留生长健壮、方位好的新梢加以培养，使之成为翌年的花枝，同时节约了更多的空间，以便雌株生长和结果。

三、其他管理

1. 疏花疏果 从节约养分方面考虑，疏花更优于疏果，但是南方猕猴桃花期经常出现暴雨和花期不遇的情况，因此，花谢后7～15d疏果有利于稳产。疏花的原则是疏除畸形花、花序中的侧花、花枝上两端的花。疏果的原则是摘除畸形果、花序中的侧果，根据品种和枝条差异，每个枝条留果4～6个。

2. 摘心 花前1周左右对结果枝摘心，可促使营养转向花序，促进果实的发育；后期摘心可改善光照条件，促进花芽分化，为翌年增产奠定基础。

3. 果实套袋 猕猴桃一般在谢花后1个月左右进行套袋，套袋有利于减少病虫害侵染、防止阳光暴晒，可以改善果实外观品质和减少农药残留。

4. 绑蔓 绑蔓是猕猴桃生产中工作量较大的一项工作，夏季修剪和冬季修剪都要按照栽培架式、枝蔓类型和生长情况进行，并适时绑缚。枝条生长到40cm以上、已半木质化才能进行绑缚，过早容易折断新梢。为防止枝梢被磨伤，绑扣应呈∞形。

技能实训

技能实训7-1 猕猴桃绿枝蔓扦插育苗

一、目的与要求

通过本次实训操作，学会猕猴桃绿枝蔓扦插育苗技术。

二、材料与用具

1. 材料 猕猴桃绿枝蔓插条、吲哚丁酸或萘乙酸、营养袋、蛭石、珍珠岩、木糠等。

2. 用具 修枝剪、塑料盆、量筒、烧杯、铁锹、锄头等。

三、内容与方法

1. 扦插时期 5—6月进行扦插。

2. 插穗准备 绿枝蔓插穗选用生长健壮、组织较充实、叶色浓绿厚实、无病虫害的木质化或半木质化新梢蔓。绿枝蔓插穗不贮藏，随用随备。为了促进早生根，可用生长素类处理下部剪口。常用药剂及处理方法：100～500mg/L的吲哚丁酸（IBA）处理0.5～3.0h或3～5g/L速蘸，200～500mg/L的萘乙酸（NAA）处理3h，ABT生根粉蘸下剪口等。

3. 插床准备及基质配制 插床基质多选用疏松、肥沃、通气、透水的草炭土、蛭石或珍珠岩。蛭石和珍珠岩作基质时，一定要用1/5左右腐熟的有机肥，并充分拌匀。基质最好消毒，常用消毒方法有：

（1）物理消毒法。即用高压锅在1.22×10^5Pa下灭菌14h。

（2）化学消毒法。常用1%～2%的甲醛溶液均匀喷洒基质后，覆盖塑料膜熏蒸1周，再打开膜，通风1周即可用。插床一要有充足的光照条件，二要有弥雾保湿设备。

4. 扦插 扦插时将插穗的2/3～3/4插入床土，留1叶在外，直插、斜插均可，叶片朝向一致，可用木棍或竹棍引路，以防擦伤表皮，扦插间距为10cm×5cm。

5. 扦插后管理 扦插后注意保湿，特别在前2～3周湿度是决定着扦插的成败的因素。弥雾的次数及时间间隔以苗床表土不干为度，弥雾的量以叶面湿而不滚水为宜。

四、实训提示

有条件的情况下，建议采用不同基质配比以及苗床与营养袋进行对比试验。要及时督促和指导学生进行扦插后管理的各项工作。

五、实训作业

检查扦插繁殖的成活和苗木生长情况，并根据结果撰写实习报告。

技能实训7-2 猕猴桃生长期枝蔓整理

一、目的与要求

通过本次实训操作，学会猕猴桃生长期枝蔓整理技术。

二、材料与用具

1. 材料 猕猴桃生长期植株。

2. 用具 细绳。

三、内容与方法

1. 抹芽掰梢 抹去节间过密的芽和掰除过多的新梢蔓，疏抹双生芽和三生芽。

2. 摘心

（1）结果枝摘心。从花序以上5～8节处摘心，弱果枝不摘心。

（2）发育枝一般长到80～100cm摘心，摘心后仍会发出副梢，同时对副梢长到2～3片叶时连续摘心。

（3）旺枝重摘心促使其发枝，对一般枝轻摘心为了积累营养，使芽充实而饱满。

3. 绑缚新梢蔓 将密集新稍蔓均匀地绑缚，引向空当处。

四、实训提示

以个人为单位，每人负责 1～10 株整个生长期的枝蔓整理工作。

五、实训作业

根据实际操作情况撰写实训报告。

技能实训 7-3　猕猴桃冬季修剪

一、目的与要求

通过本次实训操作，学会猕猴桃冬季修剪技术。

二、材料与用具

1. 材料　猕猴桃植株。

2. 用具　修枝剪、绑缚细绳等。

三、内容与方法

1. 修剪时期　冬季修剪时期应严格控制，一般猕猴桃修剪从 11 月起至翌年 1 月底结束。

2. 各类枝蔓的修剪

（1）徒长枝。生长势旺盛，一般长 2m 以上，节间长，不结果，可从 12～14 芽处剪截。

（2）徒长性结果枝。长 1.5m 以上的枝蔓，可结 2～3 个果，也从 12～14 芽处剪截。

（3）长果枝。长 50～150cm 的结果枝，坐果 5～7 个，从盲节后 7～9 芽处剪截。

（4）中果枝。长 30～50cm 的结果枝，坐果 4～5 个，从盲节后 4～6 芽处剪截。

（5）短果枝。长 5～20cm 的结果枝，坐果 3～4 个，从盲节上 2～3 芽处剪截。

（6）发育枝。不结果，修剪时视其空间枝条的强弱而定，需要时适当保留，过密的可疏掉。

（7）衰弱枝、病虫枝、交叉枝、重叠枝、过密枝。应及时从基部消除。

3. 剪留枝蔓的绑缚　具体的绑枝方法，主要有 3 种：

（1）牵引绑。牵引绑多用于初果上架树，采用中短剪修剪法及弱树复壮重剪法的果树，是指对枝条较短、不能平拉至钢绞线上的果树，将绑条绑死在枝条顶端，牵引到钢绞线上的绑法。

（2）牵拉绑。牵拉绑是指对木质化较强、呈直立状或与架面角度较大的枝条，用绑条套拉，强行拉平或减少与架面角度固定枝条的方法。在一个枝条上多在中下部采用此法。

（3）直扣绑。直扣绑就是将枝条用 U 形卡或绑条直接平扣固定在钢绞线上的方法。多数正常夏剪的树体均采用此法。

四、实训提示

有条件的地区尽可能联系当地猕猴桃生产园，承包冬季修剪生产任务，采用产学结合的方式进行。

五、实训作业

根据实际操作情况撰写实训报告。

红阳猕猴桃高效栽培技术

红阳猕猴桃是由四川省苍溪县从实生的中华猕猴桃中选育出来的新型珍稀水果，属中华猕猴桃新品种之一。该品种抗逆性强，果实较大，风味浓甜可口，较耐贮藏，深受广大果农喜爱。

红阳猕猴桃栽培

一、建园

（一）园地选择及准备

选择没有污染的地方建园，要求土壤疏松肥沃、土层深厚，地下水位在1m以下，坡度在25°以内，pH为5.5～7.0，按3m的行距开挖壕沟压入杂草。

（二）搭架

猕猴桃属藤本植物，设立支架可使树体保持一定的树形，枝叶在空间内能够分布合理，获得充足的阳光和良好的通风条件，保持良好的生长结果状态，有利于田间管理和提升产品品质。搭架以棚架为好，一般搭水泥柱棚架。每亩需水泥柱110根左右（含撑柱），梯田需要的水泥柱数量多一点，平地可少一些。

二、苗木选择

选择以抗性良好的一年生实生苗为砧木，要求苗木须根发达，根系完整，长度在25cm左右，高度20cm左右，粗度0.6cm以上，侧根在两根以上，每株有4～5个饱满芽。按雌雄比例（8～10）∶1的要求配置授粉树。

三、栽植

由于红阳猕猴桃长势较弱，栽植株行距以2m×3m为好，每亩栽植110株。栽植时间在当年落叶后至翌年萌发前（11月至翌年3月上旬），选择晴天下午或阴天栽植。栽植前解除嫁接膜，为保证成活率，可在栽植前先将根部打泥浆。栽植时保持根系伸展，分层覆土，将嫁接口露出地面，覆土后再踩紧，然后浇足定根水。

四、栽后管理

（一）幼树管理（栽植后第1～2年）

1. 浇水、补苗　定植后密切观察，如园内土壤含水量低要及时补浇水，以保证成活率。若发现缺苗，要及时补苗。

2. 施肥

（1）追肥。幼树追肥要按照少量多次的原则进行，每次施肥量要适当，将肥料用水稀释后再施入，每次每株施腐熟人畜粪1.0～1.5kg或尿素50～100g或硫酸钾复合肥80～100g，追肥时间在3月下旬至7月下旬，一般间隔30～35d追一次，共追肥4～5次。

（2）基肥。基肥在10月下旬施入，每株施腐熟人畜粪20～30kg、45%硫酸钾复合肥150～200g。

无论追肥还是施基肥，都是在距离苗木10～15cm处开环状沟后施入肥料（以后随着苗木的长大，环状沟逐渐向外扩展），化肥施肥深度4～5cm，有机肥施肥深度15～20cm 。

3. 排水防涝　猕猴桃为肉质根，既怕干又怕涝，特别是雨季要及时清沟排水，防止园地积水。

4. 立杆扶苗　猕猴桃小苗抽生的直立新梢是树体将来的主蔓，苗木定植后可在旁边插一根支柱，新梢抽发后用稻草或布条将幼蔓缠绑在支柱上，使幼蔓攀缘支柱上架。

5. 摘心　主梢长至1.5m左右时及时摘心，促使抽发更多的分枝，这些分枝是第二年结果的母枝。如果栽植当年主梢上能抽发长度大于1m的5～6个分枝，翌年就能开花结

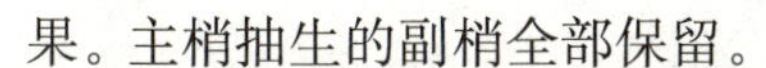

果。主梢抽生的副梢全部保留。

6. 合理间作 幼年园因树苗小，行间空闲地较多，为充分利用土地，提高经济效益，可在幼龄园内种植一年生作物，如在冬季种植绿肥。间作的必须是豆科作物和矮秆作物，不能是高秆作物和藤本作物。间作的作物要与猕猴桃间隔0.4～0.5m，防止间作物影响猕猴桃苗生长。间作物收获后将作物秸秆深埋在猕猴桃树行间，达到培肥地力、改良土壤的目的。

（二）成年树管理（栽植后第3～20年）

1. 精细修剪 进入成年期后植株开始进入盛果期，结果部位上移，为了确保优质、高产，要认真修剪、合理留枝，确保营养枝和结果枝的比例合理。主要修剪对象为细弱枝、枯枝、严重病虫枝、交叉枝和生长不充实的营养枝，要特别重视成年树的更新修剪。修剪后各类枝条的留芽数不同，一般长果枝留芽10～12个，中果枝留芽7～8个，短果枝留芽3～5个。在修剪的同时，要做好生长期的抹芽工作，以促进营养枝生长充实健壮，转化为第二年的结果母枝。

2. 人工授粉 红阳猕猴桃开花时昆虫活动不频繁，为保证坐果率，花期要进行人工授粉。当雌花开放达20%时，每日8—11时进行人工授粉，每朵雄花授5～6朵雌花。在人工授粉的同时，还可在果园四周放养蜜蜂，进一步提高坐果率。注意在人工授粉时，对弱花和结果枝基部的弱小花朵不进行授粉。

3. 疏果 在授粉后7～10d的幼果期要及时进行人工疏果，疏除病虫果、畸形果和基部小果，以减少营养消耗。在疏果的同时，根据不同的结果枝确定留果数，一般长果枝留果4～5个，中果枝留果2～3个，短果枝留果1～2个。

4. 合理施肥 猕猴桃产量较高、果树需肥较多，成年树应按其需肥特点科学施肥，使之达到高产、丰产、优质，成年树全年共施肥3次。

（1）基肥。在采完果后的10月下旬至11月上旬进行。此期气温和土温较高，利于肥料溶解、分解和根系吸收，可促进恢复树势和花芽分化，为第二年丰产打下基础，一般每株施有机肥25kg、45%硫酸钾复合肥0.3kg 。

（2）萌动肥。在2月底至3月上旬施入，每株施45%硫酸钾复合肥0.5～1.0kg。

（3）果实膨大肥。在疏果结束后的5月下旬至6月上旬进行，每株施45%硫酸钾复合肥0.8～1.0kg、饼肥2～3kg。

5. 套袋 红阳猕猴桃树势弱、叶片少，为使幼果不被阳光灼伤，要在授粉后半个月内进行套袋。

6. 溃疡病防治 红阳猕猴桃抗溃疡病能力弱，易感溃疡病。溃疡病对猕猴桃来说是一种毁灭性病害，综合防治技术如下：

（1）农艺措施。加强施肥管理，培养强健树势，重施有机肥和钾肥，重视施用硼肥，避免偏施氮肥。

（2）喷药防治。在萌动期、抽梢期、幼果期、果实膨大期可用波尔多液、嘧霉胺、丙森锌、苯醚甲环唑进行防治。注意各种药剂要交替使用，以防产生抗药性。

（3）划涂药保护。一是生长季（3—6月）对所有嫁接口、枝蔓分叉处、结果母枝基部纵划涂抹噻霉酮；二是在主干嫁接口附近纵划树皮，涂抹膏剂噻霉酮。

五、适时采收

猕猴桃果实成熟时外观变化不明显，当果实长至固有大小、种子已变褐、果实易从树上摘落时即为成熟适期。采收过早，果小味淡，贮藏期间烂果率高；采收过晚，果实容易软化，易遭早霜危害。根据市场需求情况，一般在 9 月上旬采收红阳猕猴桃。

“双创”案例

网络时代猕猴桃新卖法

网络时代猕猴桃新卖法

地处陕西猕猴桃核心产区的岐山县有 7 万亩猕猴桃。适合的气候条件，肥沃的土壤，让这里出产的猕猴桃有着 3∶7 的黄金酸甜比，却因为销售渠道单一，果农每年都面临卖果难的情况。2018 年一个名为李军辉的人，用了一种方法，不但自家猕猴桃不愁卖，还把乡亲们的猕猴桃销售一空，甚至还要到处找货源，这种方法就是电子商务（电商）。通过电商，他完成了 400 多万元猕猴桃的销售额，新签订 100 亩果园的优质猕猴桃，将他的猕猴桃电商之路提升到一个新的高度，全年可实现销售额 800 多万元。

复习提高

（1）适宜当地栽培的猕猴桃优良品种有哪些？

（2）猕猴桃枝蔓有哪些类型？

（3）猕猴桃栽培为什么要配置授粉树？如何配置？

（4）如何合理进行猕猴桃肥水管理？

（5）如何确定猕猴桃的采收时期？

（6）猕猴桃如何整形修剪？

项目八
柑橘优质生产技术

学习目标

• 知识目标

了解柑橘生产概况和本地区柑橘主要种类和品种；熟悉柑橘生长结果特性和对环境条件的要求；掌握柑橘嫁接苗培育技术和建园的基本要求；掌握柑橘园周年管理技术。

• 技能目标

能进行柑橘枝蔓调控和花果管理；能独立进行柑橘土肥水和主要病虫害管理；能制订柑橘周年生产管理计划方案。

• 素养目标

具备吃苦耐劳、热爱劳动、遵纪守时的职业素养；理解果园安全生产的意义，培养生态文明建设意识和使命感。

生产知识

柑橘生产概况

柑橘（*Citrus reticulata*）是芸香科（Rutaceae）柑橘属（*Citrus*）植物，是世界上第一大水果，也是世界第三大贸易农产品。它们不仅营养丰富，而且色、香、味俱佳，除鲜食外，还可加工成各类罐头、果汁等产品，其中橙汁是世界上最受欢迎的果汁，橘皮、橘络、枳实、种子等可入药，果皮、花、叶可提取香精油，同时柑橘可美化环境和供观赏用。

柑橘在全球范围内分布广泛，全球有 135 个国家生产柑橘类水果，截至 2019 年底，世界柑橘收获面积达 989.8 万 hm^2 左右，产量达到 1.58 亿 t，均居世界首位。世界柑橘主要生产国为中国、巴西、印度、墨西哥、美国和西班牙，上述六国的柑橘产量占到世界总产量的 62%。

我国是世界柑橘的主要原产地，已有 4 000 多年的栽培历史。柑橘类果树性喜温暖湿润气候，是我国南方重要的果树之一。据 FAO 统计，2019 年我国柑橘收获面积（未包括港澳台地区）约为 287.9 万 hm^2，居世界首位，产量达到 4 406.3 万 t，居世界第一位。我国是世界第一大宽皮柑橘生产国和第二大甜橙生产国，也是世界上消费宽皮柑橘最多的国家，除此之外，我国还是世界重要的柠檬和酸橙、葡萄柚的生产国。我国柑橘主要分布于北纬18°～37°，主产区在20°～33°，主要生产地区有广西、湖南、江西、广东、四川、湖北、福建、浙江、重庆、贵州、云南、台湾，陕西、甘肃、江苏、河南、山东、安徽、上海、西藏有少量栽培或野生类型分布。

柑橘是一种早产、丰产、稳产、优质、高效的果树，3年后开始投产，5年后丰产。每亩产量可达2 000～3 000kg，最高可达7 500～8 000kg。柑橘的适应性强，在我国南方各省份均有种植。柑橘的品种多，从9月至翌年5月均有鲜果上市，结合贮藏保鲜技术，可做到周年供应。

当前我国柑橘产业存在的主要问题是：①果品供过于求，柑橘滞销的问题常年存在；②品种结构不合理，中熟品种居多，早、晚熟品种少，鲜食品种多，加工品种少；③平均单产较低；④品质需进一步优化，尤其是外观品质；⑤品牌急需做大做强，缺乏世界著名的品牌；⑥橙汁加工落后；⑦病虫危害损失大，柑橘黄龙病、柑橘溃疡病和大实蝇的危害给柑橘产业造成了巨大的损失。

未来我国柑橘产业的发展方向：①柑橘新品种的选育速度加快，早、晚熟品种及自主选育品种比例逐渐增加；②加工品种所占比例进一步增加，鲜食品种以杂柑为发展热点；③无公害、绿色栽培技术发展迅速，柑橘食用安全性得到提高；④生产管理现代化，果园规模化、机械化趋势日益增强，生产效率逐步提高。

任务一　主要种类和品种

一、主要种类

柑橘是芸香科果树，包括枳属、金柑属和柑橘属（表Ⅱ-8-1）。目前栽培面积较广的是柑橘属。

表Ⅱ-8-1　柑橘类3个主要属的特征

［傅秀红，2007，果树生产技术（南方本）］

属名	主要特征
枳属	落叶性，三出复叶，子房多茸毛，果汁有脂
金柑属	常绿性，单身复叶，叶脉不明显，子房3～7室，每室胚珠2枚，果小，果汁无脂
柑橘属	常绿性，单身复叶，叶脉明显，子房8～18室，每室胚珠4枚以上，果大，果汁无脂

（一）柑橘属

柑橘属种类繁多，品种及品系极丰富，习惯上依其形态特征分为大翼橙、宜昌橙类、枸橼类、柚类、橙类、宽皮柑橘类。大翼橙类世界上现已发现6个种，我国有3种；宜昌橙类有宜昌橙、大种橙2种；枸橼类有枸橼、柠檬、黎檬、绿檬（来檬）4种；柚类有柚、葡萄柚、香圆3种；橙类有甜橙、酸橙2种；宽皮柑橘类有柑、橘、香橙之分，是本属栽培面积最大的种类。

（二）金柑属

金柑属原产于我国，果小味甘，耐寒，耐旱，较抗病虫，适应性广，丰产，有山金柑、金枣、圆金柑、长叶金柑和金弹5个杂种。

（三）枳属

枳属只有枳（别称枸橘）1个种，原产于我国，树势强健，枝多刺，耐寒性特强，耐酸性土壤，是优良砧木之一。

二、主要品种

（一）宽皮柑橘类

1. 温州蜜柑 原产于我国，500多年前日本名僧智惠来天台山国清寺留学，回国时途经黄岩、温州等地，带去许多橘子赠送给亲友，并在鹿儿岛县长岛繁殖，时称李夫人橘、温州橘、唐寅橘等。1916年由浙江省温州市九山最早从日本兴津园艺场引入栽培。因具有无核、丰产、优质、鲜食与加工兼优等特点，早已成为当今世界上栽培最多的宽皮柑橘良种。温州密柑依熟期分为特早熟、早熟、中熟、晚熟4类。温州蜜柑叶片较大，树冠开张，呈半圆形或圆头形，较矮化，枝条较粗而发根力较本地早、槾橘、椪柑等品种弱。果实橙红色，无核，酸甜适中，风味好。

2. 椪柑 又名芦柑，主产于广东汕头、福建漳州、浙江衢州、湖南常德等地。椪柑以枳为砧，枝梢直立，树势强健，树冠高大而稍挺，广圆头形，主干多棱，枝条细密，尤其嫁接的树冠呈谷堆形或倒卵形。叶呈椭圆形，较小，花大多为单花，单果重130g左右。果形有高圆形和扁圆形之分，果顶凹陷，宽广，有放射沟，蒂部广平或隆起，果皮橙黄色，有光泽，外形美观，且皮松易剥。果大，皮宽厚易剥，浓橙色，油胞小，果心大，肉脆嫩爽，有香气，汁多，化渣，酸甜适口，种子少，可溶性固形物含量12%～15%，品质好。12月上中旬成熟，丰产性强。在低丘红壤中种植，其耐旱、耐高温性、耐贮藏性强于其他柑橘品种，常温下可贮藏到翌年3月。

3. 南丰蜜橘 主产于江西省南丰县。树势壮旺，树梢长细而稠密，无刺，叶卵圆形，翼叶较小。果实扁圆形，橙黄色，果顶平，易剥皮，皮薄汁多，少核无渣，色泽金黄，浓郁芳香，甜酸适口，营养丰富，可溶性固形物含量11%～16%，品质优。丰产性好，抗寒性强。

4. 砂糖橘 原产于广东，树冠圆锥状圆头形，主干光滑，枝条较长，上具针刺。叶片卵圆形，先端渐尖，基部阔楔形，叶色浓绿，边缘锯齿状明显，叶柄短，翼叶小，叶面光滑，油胞明显。果实扁圆形，果小，色泽橙黄，果皮薄，易剥离，单果重50～100g，可食率71%，果肉爽口，汁多化渣，味清甜。11月上旬成熟，丰产稳产。

5. 本地早 又称天台山蜜橘，原产于黄岩。树冠呈自然圆头形，较整齐，树势强健，枝条细密，耐寒耐湿，适应性广，结果期长，稳产性好。果实扁圆形，平均单果重80g。果皮橙黄色或深橙黄色，较粗，常有疣状突起，有光泽，果肉深橙黄色，组织紧密，质地柔软果汁多，味甜，可溶性固形物含量12%左右，品质上等，一般于11月上、中旬成熟。其果形小，果实利用率高，吨耗量少，加工适应性和质地超过温州蜜柑，系鲜食和加工两者兼用的良种之一。

（二）甜橙类

原产于我国，是世界上栽培面积最大的柑橘类果树。甜橙树势中等，分枝较密、紧凑，树冠圆头形。果圆形至长圆形，果皮淡黄、橙黄至淡血红色，难剥离，囊瓣10～13个，不易分离，汁液多，有香气，为果中佳品。果实耐贮运，冬、春贮藏期间，在2～6℃适温和85%的空气相对湿度条件下，可贮藏2～7个月，但其耐寒性较弱，在生产上要注意防寒。甜橙类依据果实特点可分为脐橙、血橙、普通甜橙等。

1. 脐橙

（1）纽荷尔。原产于美国，目前我国的纽荷尔脐橙品系有美国系、西班牙系和法国系3种，在湖北、湖南、四川、江西、福建、浙江等省有试种和发展。该品系树形相似于罗伯生脐橙，但树势比罗伯生脐橙强，相似于林娜脐橙，表现生长健壮，枝梢粗壮，有小刺，叶片密集，叶色深绿色。无裂皮病，坐果率高，结果性能好，丰产稳产，早熟，不易裂果。果实呈椭圆形或鹅蛋形，比一般华盛顿脐橙果形稍长，美观，色泽橙红，中等大小，较整齐，单果重180～250g，果面光滑，果肉脆嫩，汁多味浓，有特殊香味，化渣，品质佳，无核。11月中、下旬成熟，比朋娜脐橙稍迟。适应性广，耐贮藏，多为江南新发展柑橘产地引种品系。

（2）朋娜。原产于美国，系华盛顿脐橙的枝变品系。其树势中等稍强，叶片较小，叶稀，叶色较浅，树干上有瘤状突起，适应性强，比华盛顿脐橙亲本系早进入结果期，以春梢结果为主，坐果率高，无裂皮病，但因果皮薄，初期结果树采前易裂果落果。果皮色泽橙红或较浅，果实圆球形或稍扁呈椭圆形，果顶平，脐小，多为闭脐，果基微凹，放射状沟纹明显，达果面1/3。外形虽不及纽荷尔脐橙美观，但果实大小较整齐，单果重180g，可溶性固形物含量11%～13%，肉质香脆，化渣，酸甜适中，风味佳，无核。11月上、中旬成熟，有早期丰产性，适于密植矮化早结高效栽培。枳砧朋娜脐橙定植后3年即可投产，5年生果树亩产达1 000kg，但易感溃疡病。

（3）脐橙4号。中国农业科学院柑橘研究所从罗伯逊脐橙中选出的优良芽变系。树势中庸，坐果率高，果实呈亚球形，单果重250g左右，果色由橙色至深橙色，可溶性固形物含量12%以上，含糖量10%左右，糖酸比达13，多汁，风味浓甜，脆嫩化渣，品质优良，耐贮性好，不易发生枯水现象。11月中旬成熟，耐高温高湿气候，也极耐寒，适于高接换种，栽培管理较容易。

此外，还有铃木脐橙、佛罗斯特脐橙、罗伯生脐橙、丰脐及华盛顿脐橙的优株系及福本等。

2. 血橙

（1）塔罗科珠心系血橙。意大利从塔罗科中选育。树势强健，无刺，无翼叶。果实球形，果梗部稍隆起，果皮橙红色，成熟时果面呈深浅不一的紫红色或带红斑，果肉也呈紫红色斑，单果重156.5～267.5g，果肉质地脆嫩多汁，风味极优。果实2—3月成熟。

（2）摩洛哥血橙。桑吉内洛血橙的变异，1982—1984年中国农业科学院柑橘研究所从摩洛哥、意大利引进。树势中等，果实圆球形或亚球形，中等大，单果重110～150g，果皮中等厚，果肉深橙色，具紫红色斑纹或全面紫红色。果实翌年1—2月成熟。

3. 普通甜橙

（1）锦橙。原产于我国四川，又名鹅蛋柑，系40年代从地方实生甜橙中选出的优良变异。树势强健，树冠圆头形，树姿较开张，叶片长卵圆形，果实长椭圆形，形如鹅蛋，平均单果重175g左右。果皮橙红色或深橙色，有光泽，较光滑，中等厚，肉质细嫩化渣，甜酸适中，味浓汁多，微具香气，可食率74%～75%，可溶性固形物含量11%～13%，品质上乘，是鲜食加工兼用的品种。一般在11月下旬至12月上旬成熟。

（2）伏令夏橙。主产于美国、西班牙等国。树势强健，枝梢壮实，稍直立，叶片长卵形，翼叶明显。果实圆球形或长圆球形，单果重140～170g，果肉橙黄色或橙红色，表面稍粗糙，油胞大而突出，汁胞柔软多汁，酸甜适口，可溶性固形物含量11%～13%，果实较耐贮运。成熟期为翌年的4月底至5月初。

（三）杂柑类

1. 清见 原产于日本，系特罗维塔甜橙（华盛顿脐橙实生变种）与宫川温州蜜柑杂交育成的杂交品种。树势中庸，幼树期树姿稍直立，开始结果后逐渐开张，枝梢细长，易下垂。叶片大小中等，花药退化，花粉全无。果实扁球形，单果重200～250g，果面橙黄色，较光滑，果肉橙色，囊壁薄，果肉柔软多汁，果皮、果肉具有甜橙香气，风味较佳。花粉极少，单性结果强，四周无授粉树时则为无核。成熟期为3月上中旬，果皮脆弱，易受风害。

2. 天草 由日本农林水产省果树试验场口之津分场育成，亲本为（清见×兴津）×佩奇。树势较强，树姿开张，枝叶密生，高接初期强枝有刺，结果后刺退化，结果性能极好。果实呈扁球形，单果重约200g，果皮红橙色，光滑、较薄、稍难剥，果肉橙色，柔嫩多汁，浓香，无核，含糖高，风味极佳。抗病性强，丰产性好，耐贮运。在金华一带10月下旬成熟，重庆一带12月中旬成熟。

3. 不知火 原产于日本，以清见与中野3号椪柑杂交育成。叶略小，与椪柑相似，叶厚，翼叶较大，树体耐寒性与清见相同，果实单性结果强。单果重200～280g，是宽皮柑橘中的大果型。果实倒卵形或扁球形，果皮黄橙色，成熟果果皮略粗，易剥皮，有椪柑香味，无浮皮，果肉橙色，肉质柔软多汁，囊壁极薄而软，口感脆甜。成熟期2—3月，留树保鲜可至4月中下旬，风味极好，品质优。

（四）柚类

1. 强德勒红心柚 树势较旺，丰产性强，始果期早。果实倒卵形，单果重1 500g左右，果肉鲜红色，皮薄，酸甜适口，味美多汁，脆嫩化渣，种子少。耐贮运，不易枯水粒化。果实11月中旬成熟。

2. 琯溪蜜柚 原产于福建平和县琯溪河畔。树冠半圆形，枝条开张，树势强健。果实倒卵形，单果重1 500～2 000g，最大可达4 700g，果皮薄，橙黄色，果肉香甜、脆嫩、多汁，无核，可溶性固形物含量9%～10%，风味佳，丰产性好。10月下旬成熟，耐贮运。

3. 沙田柚 原产于广西容县沙田村。树势强健，树冠圆头形，枝条细长、较密，叶大，长椭圆形，翼叶较大。单果重700～2 000g，果实梨形或葫芦形，果皮黄色，光滑，果柄部凸出，肉质特别松脆，汁稍少，味甜，可溶性固形物含量10%～11%，耐贮运。

自花授粉能力弱，需配置同花期的授粉树，11月底成熟。

4. 梁平柚 原产于重庆市梁平区。树势中等，树冠开张，枝多披散下垂。果实扁圆形，单果重1 000～1 500g，果顶平凹，果皮黄色，皮薄光滑，油胞圆平，具浓郁香味，果肉细嫩多汁，化渣，可溶性固形物含量11%～14%，品质上等。10月下旬成熟，丰产稳产性好，较耐贮藏。

（五）金柑类

1. 宁波金弹 俗称金橘，它是罗浮和圆金柑的杂交种，因其果形大、品质好，为金柑类中的佼佼者。主产于浙江省宁波市北仑区，其适应性广，抗逆性强，丰产性好，较耐寒，能抗溃疡病，可以适当发展。该品种有大叶和小叶两种类型。大叶型果大，丰产、优质，种植面积广，树冠呈圆头形或半圆形，枝较粗长而有小短刺，一年开花抽梢3～4次，春夏梢为主要结果母枝，以春梢坐果率较高。一般7月开花，以早伏花结果最好。果实大，呈椭圆形，单果重10～13g。嫁接苗定植后3～4年开始结果，一般株产15～25kg，原产地于11月中、下旬采收。果皮厚，呈橙黄色或金黄色，富有光泽，果肉微酸，味甘甜，有芳香，种子少，宜鲜食和加工蜜饯。

2. 蓝山金橘 主产于湖南蓝山县。单果重20～30g，果实长圆形，果皮甜脆，果肉较厚，略带酸味，种子3～4粒。在原产地于11月下旬成熟。

3. 融安金柑 主产于广西融安县、阳朔县。单果重13～17g，皮厚，香甜，果肉稍带酸味，宜鲜食和加工。在原产地于12月上、中旬成熟。

任务二 生物学和生态学特性

一、生物学特性

（一）生长特性

1. 根系 柑橘的根系分布依种类、品种、砧木、繁殖方法、树龄、环境条件（土质、地下水位、土层深浅）和栽培技术不同而异。柚、甜橙、酸橙、香橙根系分布深，主要根群分布于40～60cm的土层；宽皮柑橘类、枳、金柑根系分布浅，主要根群分布于20～40cm的土层。实生苗根系分布较深，扦插苗根系分布浅。柑橘根系的垂直分布可达1.5～5.1m，水平分布范围相当于树冠的1～2倍，主要根群分布于树冠边缘内外（30～100cm）的地方，偏向内的根系多一些。

柑橘是内生菌根植物，主要靠菌根吸收水分和养分，并能增强抗逆性。根系开始生长的温度为12℃，生长适宜温度为23～30℃，超过37℃根系生长弱，甚至停止，长时间超过40℃根系死亡。

结果树根系一年中有3次生长高峰，与新梢呈交替生长，春梢、夏梢和秋梢生长停止后是根系生长高峰期。在华中、华东一带早春土温过低时，常发春梢后发根。如本地早第一次发根一般是在春梢开花后，至夏梢抽生前达到第一次生长高峰；第二次高峰是在夏梢抽生后，发根量较少；第三次高峰在秋梢停止生长后，发根量较多。

土层深厚、肥沃、疏松透气、地下水位低而湿润的土壤有利于根系生长和高产稳产。

2. 芽与枝梢

(1) 芽。柑橘的芽为复芽，每个叶腋一般有2～6个芽，故在一节上往往能萌发数条新梢，具有丛生生长的现象。柑橘的芽具有早熟性，因此可一年多次抽梢。柑橘的花芽为混合芽，萌发后先抽枝叶，再在所抽的枝上开花结果。柑橘的隐芽寿命长，如受刺激，则能随时萌发，有利于衰老树的树体更新。

柑橘新梢延长生长停止后，在顶端2～4节产生离层而自行脱落的现象称为“顶芽自剪”，又称“顶芽自枯”。顶芽自剪现象可以有效削弱顶芽优势，使得枝梢上部芽生长整齐一致，构成了柑橘丛生性强的特性。柑橘的芽还具有异质性，顶端芽质量要好于下部芽。

(2) 枝。柑橘一年可多次抽梢，在华南地区，幼年树每年可抽梢3～5次，成年结果树抽梢2～3次。

①根据抽生时期可分为春梢、夏梢、秋梢和冬梢。

春梢：一般在立春至立夏前（2—4月）抽生。春梢萌发较整齐，数量多，枝条充实，节间较短，叶小而较狭长，先端尖，翼叶小。春梢梢期为30～40d。通常幼树、旺树春梢多为营养枝，能继续抽发夏梢和秋梢；壮年、老年树则春梢多为结果枝，可成为翌年优良的结果母枝。

夏梢：一般在立夏至立秋前（5—7月）陆续抽发。夏梢抽梢不整齐，但生长旺，呈三棱形，节间较长，叶大、两端圆钝，翼叶大。幼树发生夏梢较多，可用来培养骨干枝，加速树冠形成，促进提早结果。但初结果树抽生夏梢会加剧落果，因此抹除夏梢是减少落果的主要措施。充分发育的夏梢也是良好的结果母枝。

秋梢：一般在立秋至立冬前（8—10月）抽生。生长势比春梢强，比夏梢弱，枝梢长度、节间长短及叶的大小介于春梢和夏梢之间。秋梢是重要的结果母枝，以8月秋梢最好，9月以后抽生的晚秋梢因温度低，枝叶不充实，影响花芽分化。

冬梢：在立冬前后抽生，长江流域一带极少发生，华南在暖冬肥水较好或幼旺树上多抽生。但冬梢抽生会影响夏、秋梢养分积累，不利于花芽分化，应防止冬梢的抽生。

②按照是否继续生长，可分为一次梢、二次梢、三次梢等。

一次梢：指一年只抽生一次枝梢，如绝大多数春梢。

二次梢：指在春梢上再抽生夏梢或秋梢，也有在夏梢上抽生秋梢。

三次梢：指一年中连续抽生春、夏、秋三次梢，在华南地区，一年可抽生4～5次。

3. 叶　除枳为落叶性的三出复叶外，其余均为常绿单身复叶。叶身与翼叶间有节，翼叶的大小因种类、品种而异，大翼橙和宜昌橙翼叶最大，柚次之，香橼几乎无翼叶。叶片大小以柚类最大，橙类、柠檬及柑、橘次之，金柑最小（图Ⅱ-8-1）。叶片寿命一般为17～24个月，最长可达3～4年，叶交替脱落。

由于柑橘叶片小，光合效能较低，仅为苹果的1/3，甜橙、柠檬、温州蜜柑的光饱和点为30～40klx，最适叶温15～30℃。如大气干燥，光合最适叶温15～20℃；大气湿润，光合最适叶温25～30℃，但净光合无变化。柑橘耐阴性较强，光补偿点低，如温州蜜柑的光补偿点为1 300lx，适于密植。柑橘对漫射光和弱光利用率高。

柑橘叶片也是贮藏营养的重要器官，叶片贮藏全树40%以上的氮素及大量的糖类。因虫害、冻害、寒害或栽培管理措施不当造成叶片发生不正常脱落时，叶片中的养分基本

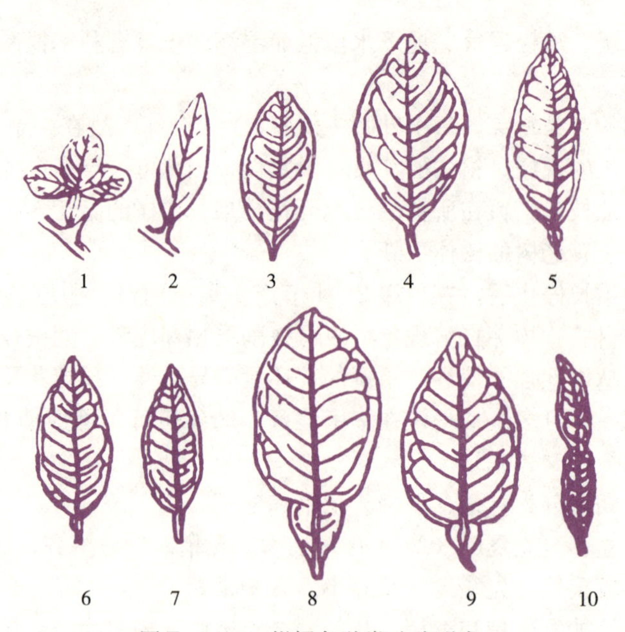

图Ⅱ-8-1　柑橘各种类叶片形态

1. 枳　2. 圆金柑　3. 枸橼　4. 柠檬　5. 酸橙　6. 甜橙　7. 柑
8. 文旦柚　9. 葡萄柚　10. 文昌橙
[覃文显，2012，果树生产技术（南方本）]

不回流，还会造成养分大量损失，因此在生产上通过延长叶的寿命、防止不正常落叶也是丰产优质的重要条件。

（二）开花结果特性

1. 花芽分化

（1）花芽分化时期。大多数柑橘品种一般在果实采收前后到翌年春季萌芽前进行花芽分化，属于冬春分化型；金柑属和枸橼类能四季成花，在春梢、夏梢、秋梢各次梢停止生长后都能花芽分化，属于多次分化多次结果的果树。根据各地观察，柑橘花芽分化时期见表Ⅱ-8-2。

表Ⅱ-8-2　柑橘花芽分化时期

（黄德灵，1987，果树栽培各论）

种类品种	地点	分化期	种类品种	地点	分化期
甜橙	重庆	11月20日至翌年1月上旬	温州蜜柑	浙江黄岩	2月下旬至3月初
暗柳橙	广州石牌	11月上中旬	温州蜜柑	湖北宜昌	12月下旬
雪柑	台湾士林	1月6日至2月3日	尾张温州蜜柑	湖南长沙	11—12月
雪柑	福州	12月30日至翌年1月5日	福橘	福州	1月5—25日
椪柑	福州	1月13日至2月6日	蕉柑	台湾士林	11月5日至翌年1月20日
椪柑	广州石牌	11月上旬	蕉柑	广州石牌	11月下旬

（2）花芽分化条件。柑橘具有四季生长的特性，在热带地区可以四季开花，在亚热带地区每年春季至少开一次花。柑橘的花芽分化需要在适宜的条件下才能完成。首先是物质基础，植株生长健壮，秋梢及时停止生长，积累足够的养分，是促进花芽分化的物质保证。其次是适宜的环境条件，低温和干旱是促进花芽分化的重要条件。在亚热带温暖湿润的气候条件下，低温是柑橘花芽分化的主要因素，柑橘花芽分化要求的适宜温度为5～13℃，在适温范围内，花芽数量的多少与冬季低温的长短呈正相关。在热带高温湿润地区，干旱成为影响花芽分化的主要因素，如广州金柑在处暑前7～10d适当控水干旱，在春节就能观赏到成熟一致的金柑。此外，光照良好，有利于柑橘的花芽分化，能增加花芽数量。

（3）促进花芽分化的措施。要促进柑橘的花芽分化，就要培养健壮的树势，促发大量健壮的营养枝，减少秋冬落叶。采果前后及时施肥，提早采果和分期采果以减轻丰产树的营养负担，利于树势恢复及花芽分化。冬季温暖地区，花芽分化时期应适当控水，达到叶片微卷、叶色转淡、略有落叶的程度。花前喷施多效唑或进行弯枝、环割、断根等处理都有促进花芽分化的作用。

2. 结果特性

（1）结果母枝。柑橘只要枝梢生长健壮，无论春、夏、秋梢都可成为结果母枝，但以春、秋梢为主要结果母枝。多年生枝也可形成结果母枝，但数量很少。

（2）结果枝。柑橘结果枝依其开花习性和叶的着生状况，通常分为4种，即有叶花序枝、有叶单花枝、无叶花序枝、无叶单花枝（图Ⅱ-8-2）。甜橙类以有叶花序枝结果为主，宽皮柑橘类以有叶单花枝结果为主，柠檬、柚、金柑等以无叶花序枝结果最好。

图Ⅱ-8-2 柑橘的结果枝类型

1. 无叶单花枝 2. 有叶单花枝

3. 无叶花序枝 4. 有叶花序枝

（蔡冬元，2001，果树栽培）

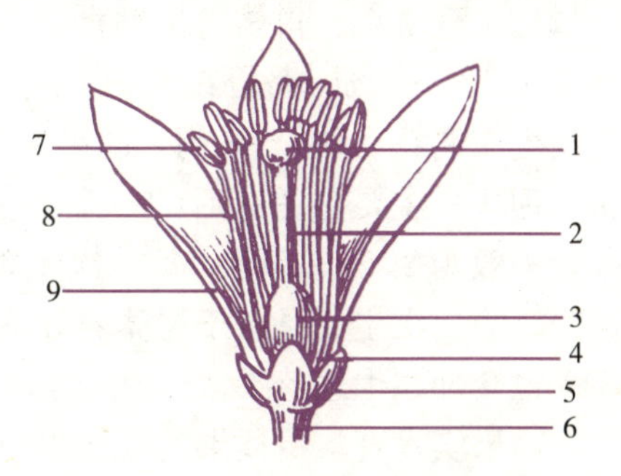

图Ⅱ-8-3 柑橘完全花的结构

1. 柱头 2. 花柱 3. 子房 4. 蜜盘 5. 萼片

6. 花梗 7. 花药 8. 花丝 9. 花瓣

（蔡冬元，2001，果树栽培）

3. 花与开花

（1）花。柑橘的花有完全花（图Ⅱ-8-3）和退化花。大多数种类、品种能自花结实，但少数种类、品种，如温州蜜柑、南丰蜜橘、华盛顿脐橙等，不经受精能单性结实。

（2）开花。从现蕾到开花需20～30d，柑橘开花的早晚与种类、品种及所在地区的气候等有关。在长江流域，以酸橙开花最早，一般在3月开花，柚类在4月中旬，甜橙比柚类迟1周，温州蜜柑在4月底至5月初，金柑开花最迟，但能在6—8月多次开花，柠檬则全年都能开花。

4. 果实与果实发育

（1）果实。柑橘的果实为柑果，由子房发育而成。子房外壁发育形成外果皮，即油胞层（色素层）；子房中壁发育形成中果皮，即海绵层；子房内壁为心室，发育形成囊瓣，内侧囊表皮的毛状细胞发育成汁胞，为主要食用部分。柑橘种类繁多，果实形态各异（图Ⅱ-8-4）。大部分品种都能自花结实，有的品种不经受精也能形成无籽果实，如脐橙、温州蜜柑等。

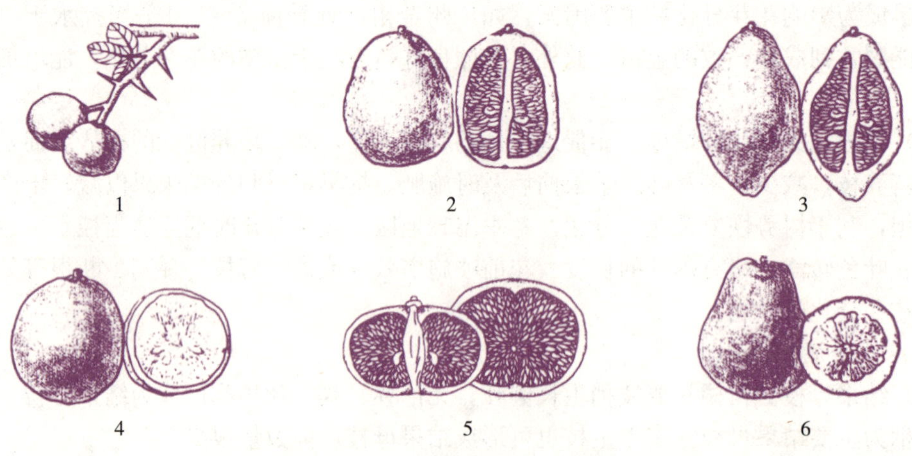

图Ⅱ-8-4　柑橘各种类果实形态

1. 枳　2. 圆金柑　3. 柠檬　4. 橙　5. 柑　6. 柚

［覃文显，2012，果树生产技术（南方本）］

（2）生理落果。柑橘坐果率低，一般为1%～5%，如温州蜜柑为3%～4%，甜橙、朱红橘为1%～3%，脐橙在1%以下。大多数品种有两次明显的落果高峰期：第一次生理落果发生在谢花后的1～2周，幼果带果梗脱落，一般落果量大，占全树花量的70%；第二次生理落果主要在谢花后的一个月左右开始，落果期主要在6月，又称“6月落果”，落果量一般为20%～30%。第一次生理落果主要是由于花器官发育不良或授粉受精不良引起的，第二次主要是由于树体养分不足造成的。此外，花期低温多雨、土壤积水、病虫危害等也会加剧生理落果。

（3）果实发育。柑橘果实发育期的长短因种类、品种而不同。通常早熟品种需150～160d，中熟品种需180～200d，晚熟品种需240～260d，夏橙则需360～390d。

柑橘果实发育一般可分为4个时期：

①细胞分裂期。从开花至6月底基本停止落果为细胞分裂期。此期果皮和砂囊的细胞不断反复分裂以增大果实体积，细胞数量不断增加，而细胞体积和质量增加缓慢，果实增大主要是果皮的厚度增加。此时期最需氮肥和磷肥，缺氮会引起严重落果，缺锌、硼也引起落果。

②细胞增大前期。果实的海绵层细胞继续增大，细胞质开始增加，果实含水量也逐渐增加。此期需充足的养分。

③细胞增大后期。果实的砂囊迅速增大、含水量增加，汁液增加，又称“上水期”，糖分也开始逐渐增加。此期需要充足的水分和钾肥。

④果实成熟期。从10月果实着色到果实完全成熟为果实成熟期。此期果实增长缓慢，主要是汁胞内充实果汁，积累养分，增加果实质量和使果皮着色。

二、生态学特性

柑橘原产我国云贵高原及印度，原产地高温多湿、部分荫蔽的环境形成了柑橘独特的生态习性，即常绿、喜温、喜湿、耐阴、不耐低温。

1. 温度 温度是影响柑橘栽培分布的主要因素。柑橘绝大部分品种分布在年平均气温在15℃以上的地区，绝对最低温度不能低于－10℃。枳能忍受－20℃的低温，因此常作为抗寒的砧木。温州蜜柑要求年平均气温在15℃以上，极端最低气温不低于－7℃，极端最高气温不超过40℃，日平均气温不低于10℃，有效活动积温不低于5 000℃，年日照时数不低于1 200h，年降水量1 000～1 500mm。脐橙生长适宜年均气温17.5～20.0℃，周年内生长适温为12.5～36.0℃，春梢抽生和开花初期的气温为12.5～23.0℃，开花坐果的适温为15～20℃，果实生长期最适温度为28～33℃。

柑橘对温度反应较为敏感，易受冻害。因此，发展柑橘种植，尤其是不耐寒的宽皮橘类、脐橙、甜橙、椪柑等品种时，一定要严格按其生态要求，因地制宜地进行布局。

2. 光照 柑橘较耐荫蔽，但充足的光照条件仍是获得高产优质的重要前提。光照充足，叶小而厚，含氮、磷较高，枝条生长健壮，花芽分化好，病虫害少，产量高，着色好，品质优；栽植过密，枝条生长细弱，叶薄，花少，果实着色不良；光照过强，则容易引起日灼。

3. 水分 柑橘性喜湿润，周年需水量较大，年降水量以1 200～2 200mm为宜。我国南方大多数地区年降水量在1 200～2 000mm，是柑橘的适宜种植区域。在柑橘生长季节若降雨少或干旱，要及时灌水，保持土壤湿度为田间持水量的60%～80%；降水过多，易降低光照条件，增大病害发生概率。甜橙对水分最为敏感，不耐旱，柑橘次之，枳、酸橘耐旱。

4. 土壤 柑橘对土壤的适应性较强，要求土层深厚、疏松肥沃、有机质含量高，一般要求土壤有机质含量在3%以上。土壤酸碱度以pH 5.5～6.5的微酸性土壤为适宜，pH过低，易造成钙、镁、磷的缺失。山地建园要求设置足够的水源和合理的排灌设施，有条件的可配置喷灌或滴灌设备；滩地建园地下水位至少在1m以上，土壤通气性好，排水通畅，有机质丰富。脐橙生长对土壤肥力的要求比其他柑橘品种更高，总体要求土壤空气中含氧量在8%以上，土层深度在1m以上，土壤有机质含量3%～4%，土壤含水量以16%～20%为宜。

5. 地形和地势 柑橘适宜在山地种植。宜选择有山体或水体等自然屏障、有逆温层、向阳、土层深厚而肥沃的坡地种植。山地建园的坡度在25°以下，海拔在300m以下，特别是100m以下的低丘缓坡为最适。但要注意在冷空气易沉积的山谷地带或风口处则不宜建园。坡度较大的，尤其是北坡和冬、夏、秋季的主风口地段，都应营造防风林带。陡坡或山顶不宜栽植脐橙。

任务三 嫁接育苗

一、常用砧木

1. 枳 耐寒性最强，耐旱、耐湿，可作矮化砧，主根较浅，须根发达。嫁接后结果早，丰产，皮薄，品质佳，较耐贮藏，抗脚腐病、流胶病、根线虫病、衰退病等。可作温州蜜柑、椪柑、甜橙、金柑、南丰蜜橘、红橘等的砧木，嫁接本地早、槾橘表现后期不亲和性。

橙实生砧木培育

2. 枸头橙 耐旱、耐湿、耐盐碱，树势强壮，根系发达，寿命长，冬季落叶少，产量高，在平地、山地、海涂均表现良好。常用作早熟温州蜜柑、本地早、早橘等的砧木。

3. 酸橘 乔化砧，耐旱、耐湿，对土壤适应性强，根系发达。嫁接后苗木生长快，丰产、稳产，果实品质好，抗衰退病，抗盐碱，对流胶病、天牛抗性较差。常用作椪柑、蕉柑、甜橙等的砧木。

4. 红橘 抗旱、耐湿、较耐寒，根系发达，对土壤适应性强。嫁接后生长旺盛，产量高，但结果较迟，抗衰退病，易患脚腐病、疮痂病，易衰老，土壤肥沃、栽培条件良好才能丰产。常用作温州蜜柑、蕉柑、甜橙等的砧木。

5. 香橙 抗旱、抗寒，较耐热，耐贫瘠，不耐湿，树势强健。嫁接后成熟期稍晚，初果期稍低产。常用作柠檬、温州蜜柑、椪柑等的砧木。

6. 枳橙 耐寒、抗旱、耐贫瘠，根系发达。嫁接后树体稍矮化，结果早，丰产，较抗脚腐病，不耐盐碱。常用作宽皮柑橘和甜橙等的砧木。

二、砧木苗繁育

选择土壤疏松、肥沃、灌溉便利的平地或缓坡作苗圃，播种前整地、施肥并进行浸种处理。华南地区宜秋冬播种，发芽快，生长整齐，病害少，翌年即可出圃。播种量为所需砧木的1～2倍，每公顷床苗可移栽10hm^2。

播种后保持土壤湿润，勤浇水，待发生3～4片真叶时应减少浇水次数，薄肥勤施。苗期注意防治立枯病、潜叶蛾等病虫害。移栽前，土壤灌透水，利起苗；移栽时，剔除劣、病、弯曲苗，对根系进行适当修剪，蘸稀泥浆，提高移栽成活率。移栽密度根据种类和品种而定。柚、橙、红檬等生长迅速，密度宜大；柑、橘生长缓慢，密度可小，一般株行距为（13～20）cm×（20～30）cm。栽植后每半月至1个月施肥1次，保证砧木正常生长发育。

如枸头橙以春播（2月中旬至3月中旬）为主，当苗高8～10 cm时，即可进行移栽。为便于管理，移苗时按砧苗大小分级移栽。移栽密度为（8～10）cm×（15～20）cm，移栽时要主根直，侧根舒展，与砧苗在原苗床时深度相同，每亩栽1.2万～1.5万株。成活后浇薄肥，一年中浇4～5次。由于砧木年内要抽梢数次，故夏梢需摘心，以防徒长，对主干15cm以下的芽头则要全部抹除，并做好开沟排水、除草、松土及抗旱等管理。

三、嫁接

橙树嫁接繁育技术

（一）接穗的选择

接穗采自树势健壮、优质高产、无病虫的优良母树，选其充实、芽头饱满的一年生春梢或秋梢，忌用徒长枝。接穗最好随采随用或用2%含水量的河沙贮藏数月。对一根接穗，不管是春梢还是秋梢，应注意选择中间2～3个芽为接芽。

（二）嫁接时期和方法

柑橘的嫁接可采用春季切接和秋季腹接的方法。

1. 切接　常采用单芽切接的方法。在春梢萌发前1～3周，选择合适的接穗进行嫁接，操作简单，成活率高。

（1）削接穗。将接穗枝条基部向下，在芽下约1.2cm、与嫁接平面相对应的棱角处向下削一刀，把枝条削成45°斜面，再反转枝条，在芽下约0.2cm处下刀向前削去皮层，削面要平滑，深度刚达形成层，然后再转动枝条在芽上0.2cm处下刀，向下呈45°，把削好的接芽插入装有清水的容器中待用。

（2）切砧木。把嫁接前3～7d已在离地面7.5～10.0cm处剪断的砧木上端削成45°斜面，在斜面的下方沿韧皮部与木质部之间向下纵切一刀，切面长度约短于接芽0.2cm，切面也要平滑，以利愈合。

（3）砧穗结合、绑扎。放接穗时应选与砧木切面大小一致、长短适宜的接芽，使穗砧形成层两侧或一侧相对正，并使其紧贴，然后用宽0.7～0.8cm、长20～25cm的塑料薄膜带缚扎，涂上接蜡（图Ⅱ-8-5）。

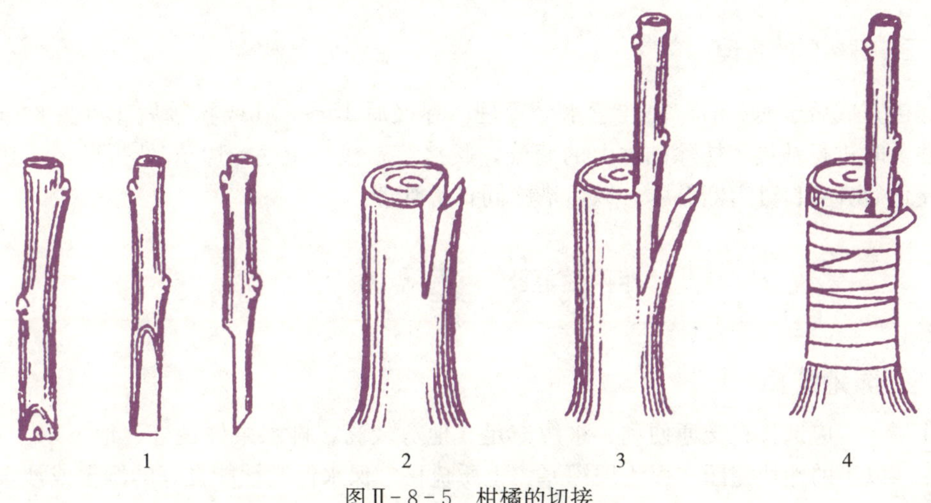

图Ⅱ-8-5　柑橘的切接

1. 削接穗　2. 切砧木　3. 砧穗结合　4. 绑扎

（蔡冬元，2001，果树栽培）

2. 腹接　常采用单芽腹接，除避开夏季高温和冬春最冷期外，几乎周年可以进行。

（1）削接穗。左手拿接穗，右手拿刀，接穗基部向外，平整一面向下，菱形一面向上，在芽下约1cm处向前斜削呈45°角的削面，再将接穗平整一面翻转向上，从芽点附近起向前削去皮层，要求削面平滑，恰到形成层（呈黄白处）。最后将穗侧转，芽点向上，在芽点上方约0.5cm处刀口斜面呈60°角将其削断，放人盛有清水的容器中待用。

（2）切砧木。在离地8cm左右的腹部或更高的位置选平直一面切削皮层，刀要沿韧皮部和木质部交界处向下纵切，长度视接穗长短而定，再将削下的砧皮切短1/3或1/2，以利包扎和芽的萌发。

（3）砧穗结合、绑扎。选用与砧木切面大小一致的接穗放入，自下而上均匀作覆瓦状缚扎，仅露出芽眼以利发芽（图Ⅱ-8-6）。

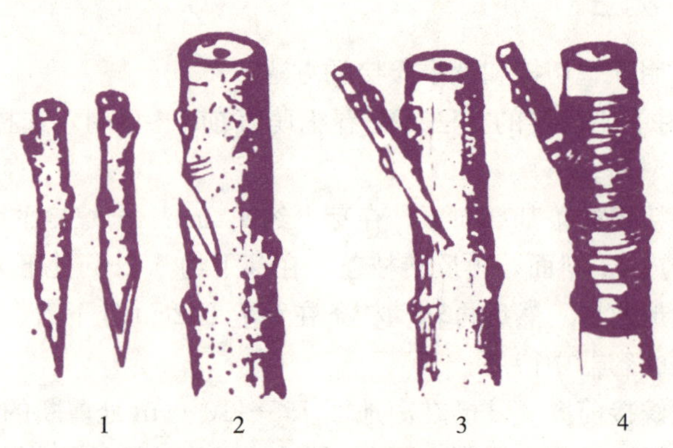

图Ⅱ-8-6　柑橘的腹接

1. 削接穗　2. 切砧木　3. 砧穗结合　4. 绑扎

（蔡冬元，2001，果树栽培）

为了减少剪第二次砧工作的麻烦，潮汕地区目前采用单芽切接（以塑料薄膜包扎，接穗露出部分及砧木的切口用接蜡涂封）的办法效果较好，但夏秋接仍采用长片小芽腹接法。

（三）嫁接后的管理

嫁接完成后至萌芽前，要注意水分管理。春接后15～20d或秋接后10d要检查成活率，并及时进行补接。抹除砧木上的萌蘖，腹接苗在接口上7～10cm处折砧，待接穗新梢木质化后齐接口处剪断砧木。以后措施同日常管理。

任务四　建　园

一、园地选择

柑橘园的建立

应选择在交通便利、水源充足、地势较高、排水条件良好、地下水位在1m以下的地块建园。以土层深厚、土质疏松、保水保肥性能良好的壤土或沙壤土为宜，丘陵、山地建园宜选择20°以下的缓坡地，大于20°的山地不宜建园。

产地环境区域3km以内无“三废”（废水、废气、废渣）污染源，果园土壤环境质量、灌溉水源质量和大气环境质量符合《无公害食品产地环境质量调查规范》（NY/T 5335—2006）。不要选在有重大危险性病虫害（如柑橘黄龙病）的产地建园。

二、定植

（一）定植前的准备

1. 挖种植穴（坑）　种植穴在苗木定植前1～2个月完成。丘陵山地柑橘园可挖大穴，穴深80～100cm，长、宽各100cm，穴挖好后分3～4层施入基肥，回填土要高出地面25cm左右。平地（水田）柑橘园因地下水位较高，宜采用筑墩或起高畦种植，筑墩或起畦的高度视地下水位灵活掌握，地下水位应控制在1m以下。

2. 苗木整理 在定植苗木前，适当修剪过长或受损的根系，剪除砧木上的萌蘖枝，解除嫁接口塑料薄膜，将同一级的苗木种在一起，以便于管理。

（二）定植时期

一般在春季春梢抽生前或秋季10—11月定植为宜，此时定植的苗木成活率较高。容器育苗则不受季节限制，可四季栽植。

（三）定植密度

定植密度因园地类型、土壤肥力、管理水平、品种（表Ⅱ-8-3）及砧木等不同而异。一般条件较好的丘陵、山地柑橘园寿命较长，可适当稀植，水田柑橘园寿命较短，可适当密植；矮化砧比乔化砧密些；树体较高大的柚类品种可稀植，甜橙类次之，柑和橘类可适当密植；肥水充足、管理水平较高的，可采用先密后稀的种植方式，设永久树和临时树，间伐方式可采用隔株或隔行间伐。

表Ⅱ-8-3 南方主要柑橘品种定植密度

［傅秀红，2007，果树生产技术（南方本）］

品种	株行距/(m×m)	数量/(株/hm²)	品种	株行距/(m×m)	数量/(株/hm²)
甜橙	(3.3～5.0)×(4.0～5.0)	405～750	本地早	(3.0～4.0)×4.0	630～840
温州蜜柑	(3.0～4.0)×(3.5～5.0)	495～945	南丰蜜橘	(3.5～4.0)×(3.0～4.0)	600～900
椪柑	(3.0～4.0)×(3.5～4.0)	630～945	柠檬	(3.0～4.0)×(4.0～5.0)	495～840
蕉柑	(3.0～4.0)×(3.5～4.0)	630～945	柚	(5.0～6.3)×(5.0～7.3)	210～405
纽荷尔	3.0×4.0	850	清见	3.0×3.5	950
奥灵达夏橙	3.0×4.0	850	砂糖橘	3.0×(3.5～4.0)	850～950
红橘	(3.0～4.5)×(4.0～5.0)	450～840	金柑	2.0×(2.0～3.0)	1 665～2 505

（四）定植方法

将苗木放入定植穴，注意根系向四周均匀展开。填土时，一边填土，一边向上轻提苗木，使根与土壤紧密接触。栽植时注意深浅适度，以土壤不盖过嫁接口为宜。定植后浇足定根水，在树盘周围覆草保湿，并在植株旁立支柱固定，以防风吹摇动根群，影响成活。

任务五 田间管理

一、土肥水管理

（一）土壤管理

1. 深翻扩穴 深翻扩穴宜在定植后2～3年进行，其方法是在原定植穴外围两侧挖宽40～50cm、长80～100cm、深50～80cm的沟。扩穴改土位置应先株间后行间，逐年向外扩展，直至全园土壤深翻完毕为止。成年柑橘园若常年没有进行深翻改土，土壤易板结，地力衰退，根系衰老，也应改土和更新根系。

2. 果园间作 幼树可利用行间种植矮生经济作物或绿肥，达到提高土壤肥力、以园养园的目的。如行间种植花生、黄豆、姜、西瓜等，可以增加果园收入。

3. 果园生草 在封行前的株行间种植假地豆、藿香蓟、苜蓿、黑麦草、紫云英等，通过定期刈割，控制杂草生长，并将杂草覆盖在树盘上。果园间种藿香蓟还有利于捕食螨类昆虫的活动和繁衍，有效地减少螨类害虫如红蜘蛛的虫口密度，从而减少喷药次数。

（二）施肥

1. 需肥规律及施肥原则 柑橘一年多次抽梢，结果量大，挂果时间长，需要吸收大量的养分。春梢开始生长时对氮的需求最多，之后每次新梢生长都达到吸氮高峰，磷在花芽分化至开花期需求较多，钾以果实迅速膨大期吸收最多。大量调查表明，优质高产橘园叶片诊断标准值：氮 2.8%～3.0%，磷 0.12%～0.18%，钾 0.8%～1.5%。柑橘施肥应以有机肥为主，配合化肥，结合树体营养诊断和土壤肥力检测结果，实施配方施肥。

2. 幼年树施肥 幼年树施肥以氮肥为主，配施磷、钾肥，氮、磷、钾比例以 1∶(0.25～0.3)∶0.5 为好。施肥量应逐年递增。一年生树根系较少，耐肥力弱，宜采用“薄肥勤施”，即每月施 1～2 次肥；二年生树施肥次数可减少，每次梢施用 2 次肥料，即每次新梢萌芽前及新梢停长时各施 1 次肥。丘陵山地果园第一年全年施纯氮量为 50～60g/株。

3. 结果树施肥 全年施肥 4 次左右。

(1) 萌芽肥。在春梢萌发前 15～20d 施用，目的是促使春梢生长健壮，维持老叶功能，延迟落叶，提高花的质量，但对初结果的壮年树，可延迟至见花蕾后再施肥。温州蜜柑因春梢长势过旺会导致落花落果严重，因此萌芽肥可不施或少施。

(2) 稳果肥。在谢花后至第一次生理落果期施入，目的是减少落果，提高坐果率。可施用速效性的氮肥，尤其是对多花树和长势中等的树效果更好。但施氮量过多会加速夏梢大量萌发反而会引起大量落果，因此需控制氮肥的施用量。

(3) 壮果肥。在生理落果结束，果实进入迅速膨大期时施入，目的是促进果实增大，培养健壮的秋梢结果母枝。此次需肥量较大，应注重氮、磷、钾肥配合施用，应掌握在秋梢萌发前 15～20d 施用。对结果过多的树，结合疏果才能促梢。

(4) 采果肥或基肥。在采果前后施入，目的是恢复树势，增强树体抗性，促进花芽分化。这次施肥要视树势、叶色、结果量等而定，早熟品种和结果少、叶色浓绿的树应在采果后施，中晚熟品种、结果多的树及弱树等可在采果前施。此次施肥应以磷、钾肥为主，控制氮肥的用量，因为施氮量过多会延迟果实成熟，利于冬梢发生，影响花芽分化。

4. 施肥量 施肥量因品种、树龄、树势、结果量、土壤肥力、肥料种类以及栽培习惯等因素不同而有很大差异（表Ⅱ-8-4）。各地可根据当地气候、树势和结果情况确定施肥量。研究表明，每生产 3 500～4 500kg 柑橘，需施纯氮 40.0～72.5kg、磷 15～45kg、钾 15～35kg。

表Ⅱ-8-4 柑橘参考施肥量

［傅秀红，2007，果树生产技术（南方本）］

树龄	施肥时期	肥料种类及数量/(kg/株)
1～5年幼树	秋末基肥	腐熟猪牛粪15，饼肥0.3～0.5或磷肥、火土灰适量
	萌芽肥	尿素0.1或腐熟人粪尿1～2
	壮梢肥	尿素0.1，绿肥10～15
	夏梢肥	尿素0.1，腐熟猪牛粪10
	秋梢肥	尿素0.1或腐熟人粪尿5～10，绿肥10～15
6～10年结果树	秋末基肥	腐熟猪牛粪50，尿素0.1，过磷酸钙0.3～0.5
	萌芽肥	腐熟人粪尿7～8，尿素0.1～0.2
	稳果肥	腐熟猪牛粪10，尿素0.1，过磷酸钙0.3～0.5
	壮果肥（7月）	腐熟猪牛粪7～8，尿素0.1～0.2
	壮果肥（9月）	腐熟饼肥2或腐熟猪牛粪20，尿素0.1
10年以上成年结果树	秋末基肥	腐熟猪牛粪70～100，尿素0.2，过磷酸钙1
	萌芽肥	腐熟人粪尿10～15，尿素0.2～0.3
	稳果肥	腐熟猪牛粪10～20，尿素0.2，过磷酸钙1
	壮果肥（7月）	腐熟猪牛粪10～15，尿素0.2～0.3
	壮果肥（9月）	腐熟饼肥3～4或腐熟猪牛粪30～40，尿素0.2

5. 施肥方法 施肥方法有土壤施肥和叶面喷施两种方式。

（1）土壤施肥。一般在树冠外缘开浅沟，深20～40cm。将肥料均匀施在沟内，然后覆土。施肥的位置要逐次轮换，每次在树冠两侧对称开浅沟施肥，随着树冠的扩张，施肥位置也逐渐远离树干。如果同时施用沤制的腐熟水肥（液肥）和化肥，应先施液肥，待其下渗后再均匀撒施化肥，以免引起肥害。干旱时，应先灌溉或淋水后再施肥，方能发挥肥效。

（2）叶面喷施。新梢生长期间叶面喷施0.3%～0.5%的尿素和0.2%的磷酸二氢钾，促进枝梢生产和充实；在花期喷施0.2%的硼砂和0.3%的尿素等，可以促进花粉发芽和花粉管的伸长，有利于授粉受精；在谢花后喷施0.3%～0.5%的尿素和0.2%的磷酸二氢钾等，可以减轻落果，提高坐果率；在7—9月，果实膨大期喷施0.3%的磷酸二氢钾等，有壮果、促梢、壮叶的作用；在9—11月喷施叶面肥，可以促进花芽分化，减少冬季落叶等。

（三）水分管理

柑橘属于常绿果树，枝梢周年生长量大，对水分的需求较高。柑橘在周年生长发育过程中，因物候期不同对水分的需求有较大差异，灌水与排水应根据物候期、土壤含水量以及当地的气候条件等因素来决定，一般要做到“春湿、夏排、秋灌、冬控”。

1. 春季注意保湿 新梢大量萌发和开花结果需要充足的水分，才能满足生长要求。如果缺水，春梢短而弱，花器发育不良，影响授粉受精，导致落花落果，老叶提前脱落。故在春梢生长和开花结果期遇春旱，应及时灌水。

2. 夏季注意排水　夏季是幼果发育期，也是高温多雨及台风频发的季节。地下水位高的平地果园易出现水涝，应及时清淤，疏通排水系统。但在初夏生理落果期若遇 7～8d 的连续高温干旱天气，应适当灌水、以免引起大量落果。

3. 秋季注意防旱　秋季是秋梢结果母枝萌发和果实迅速膨大期，需水量大。这个时期如果遇秋旱，不仅影响秋梢萌发，还会抑制果实正常发育，旱后遇骤雨则引起大量落果、裂果，直接影响当年产量。因此，秋季应特别注意灌水防旱。

4. 冬季适当控水　冬季是花芽分化期，早熟品种已采收，中晚熟品种的果实仍继续增大，遇旱要适当灌水，但土壤含水量过高会影响花芽形成，应适当控制水分。一般土壤含水量在 60%～80%最为合适，低于 60%就需要灌水。

二、整形修剪

（一）常见树形

柑橘常见的树形有自然圆头形、自然开心形、矮干多主枝形、变则主干形。温州蜜柑采用自然开心形，甜橙、金柑、橘类采用自然圆头形，椪柑多采用矮干多主枝形，甜橙、柚类常采用变则主干形。

1. 自然圆头形　树形接近自然状态，苗木定植后，定干高 30～40cm，由主干上自然分生 2～3 个强壮大枝，大枝之间相距 10～15cm，各向一个方向发展；第二年或第三年再留 1～2 个，上下之间不重叠，各主枝基角约 40°，斜向四方发展共有主枝 3～5 个，根据其空间，再留 1～3 个副主枝，各骨干枝上再留大、中、小型枝组，数年后即可成形（图Ⅱ-8-7）。

图Ⅱ-8-7　柑橘自然圆头形

［傅秀红，2007，果树生产技术（南方本）］

2. 自然开心形　自然开心形由自然圆头形改进而来，通常是 3 个主枝，无中心主干，树干开张而不露干。整形工作分 3 年进行：第一年定干，选配主枝，摘心、抹芽、除萌；第二年短截主枝延长枝，选配副主枝，摘心、抹芽、除萌，疏除花蕾；第三年短截主枝延长枝，选配副主枝，摘心、抹芽、除萌、疏花。与自然圆头形树形相比，自然开心形树冠外部凹凸起伏，内部通风透光好，能立体结果，产量更高，是目前生产上主要采用的树形（图Ⅱ-8-8）。

3. 矮干多主枝形　苗木定植后定干高 10～15cm，主干上有 4～5 个主枝，呈丛生状，主枝间距小，夹角也小，多直立向上生长，主枝上向上斜生着一些副主枝和侧枝，呈放射状生长。主枝、副主枝、侧枝从属关系不甚明显，其上着生较多的枝组，适于椪柑、金柑等丛生性较强、枝梢较直立的品种（图Ⅱ-8-9）。

4. 变则主干形　变则主干形是有中心主干的树形，苗木定植后定干高 30～40cm，留先端生长强的枝条 1 个，于生长期缚于主支柱上，使其直立向上延伸，为中心主干，其下选生长强健的 1～2 个枝作为主枝。中心主干继续向上生长，翌年再适当短剪，在其先端

图Ⅱ-8-8　柑橘自然开心形
［傅秀红，2007，果树生产技术（南方本）］

抽生强的枝中，距第一层 30～40cm 处选留第二层，然后再向上选留第三层。全树有 4～6 个主枝，分 3～4 层，在最后一个主枝上，对中心主干短截不再引缚向上。在主枝上留副主枝、枝组，均匀排列，树形基本形成（图Ⅱ-8-10）。

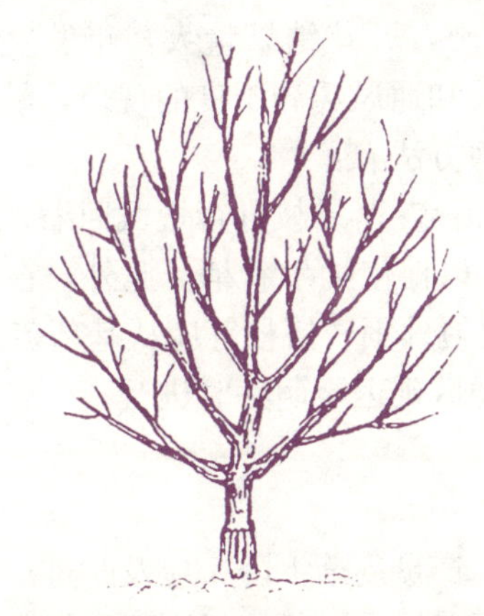

图Ⅱ-8-9　柑橘矮干多主枝形
［傅秀红，2007，果树生产技术（南方本）］

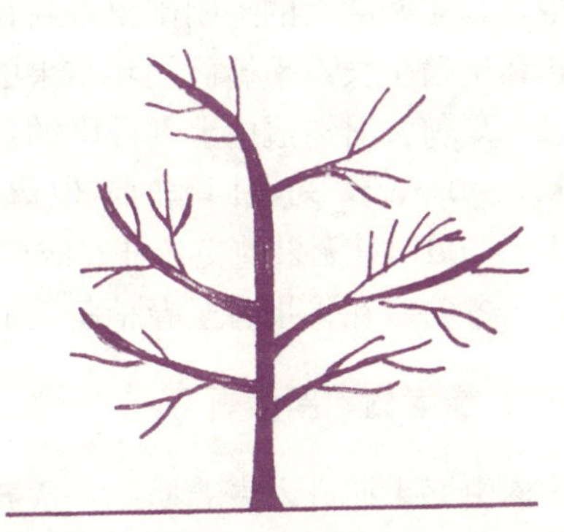

图Ⅱ-8-10　柑橘变则主干形
［傅秀红，2007，果树生产技术（南方本）］

（二）幼树整形修剪

幼树整形修剪的目的是培养主干，使树冠尽早成形。具体方法如下：

1. 定干　定干高度可视柑橘种类和立地条件而定，一般金柑定干高度 25cm，甜橙、橘类定干高度 30～40cm，柚类定干高度 40～60cm。

2. 培养主枝　枝梢萌发后在主干上选择生长健壮、分布均匀的 3～4 个枝条作为主枝，并采用拉枝、校正的整形方法，用布带或塑料带将分枝角度较小的枝条拉至 45°。

3. 培养枝梢多、健壮、树冠紧凑的树体结构　在选定主枝的基础上，继续选留侧枝，采用“抹芽控梢”的方法培养生长势一致、数量多、健壮的夏秋梢。一般早萌发的夏秋梢数量较少，可采用“去早留齐，去少留多”的抹芽控梢法，即将枝条顶端刚萌发的零星芽，每隔 3～4d 抹 1 次，待全树 80%以上末级梢都有 2～3 个新梢时，停止抹芽，让其抽梢，称为放梢。定植第一年放梢4次，即春、秋梢各1次，夏梢2次，第二年即有好的产量。

4. 调整枝梢长度和数量 通过短截或摘心的方法控制枝梢长度，一般以控制在20～25cm为宜。采用疏梢法调整枝梢的数量，一般每条春梢留夏梢2～3个、秋梢2～5个。疏梢方法是强壮梢多留，细弱梢少留，秋梢多留，夏梢少留。

（三）成年树修剪

1. 初果期树的修剪 初果期树由于成花量少，仍然以营养生长为主，目的是继续培养树冠，增加结果母枝和减少落果。主要修剪方法有：

（1）抹除夏梢。一般采用人工摘梢和化学药剂控梢。

（2）改造徒长枝。发生在主枝或侧枝上的徒长枝，应及时从基部剪除，若位置适当、需要保留者应进行短截，促使抽出分枝。

（3）抹芽控梢。视品种、结果量和当地的气候条件，采用抹芽控梢的方法，使秋梢能在规定的时间内抽出。

（4）抑制冬梢。一般结果多、秋梢抽生合适和冬季气温较低的地区，发生冬梢很少；在冬季气温较高的地区如广东，易发生冬梢，可采用环割或喷化学药剂等方法来抑制冬梢。

2. 盛果期树的修剪 盛果期树生殖生长逐渐占优势，开花结果量大，年发生新梢次数减少，栽培密度大的果园则出现封行、枝梢交叉重叠和通风透光不良的现象，易出现营养生长和生殖生长不平衡而隔年结果的现象。主要修剪方法有：

（1）夏剪。对树冠中上部外围的各种类型衰退枝和落花落果枝进行短截回缩，剪口粗度在0.5～0.8cm，短截回缩时应保留6～10cm枝桩，以促使抽生新梢。此外，在秋梢萌发前15～20d，对无果的交叉枝、纤弱枝、徒长枝和树冠外围密挤枝等应从基部疏剪。

（2）冬剪。在采果后至春梢萌芽前进行，有冻害地区延迟至萌芽时进行。

（四）衰老树更新修剪

柑橘由盛果期进入衰老期后，营养生长明显减弱，产量逐渐下降，应及时进行树冠更新复壮，才能恢复树势和产量，可根据不同的衰退程度采用重更新、轻更新和局部更新。

1. 重更新 衰老较严重的树采用此法。回缩更新时依主枝强弱，对2～4级的侧枝进行短截，不留枝叶，以春季进行回缩效果最好。

2. 轻更新 衰退较轻的树采用此法。对5～7级侧枝进行回缩，回缩后植株能迅速恢复树势和产量。

3. 局部更新 衰退不严重或出现局部衰退的树采用此法。对部分生长较强壮的分枝不进行短截，保留较多的枝梢，有利于树冠恢复，对部分衰退枝可进行短截、回缩或疏剪。

不论采用哪一种方法更新，都需要加强土肥水管理和病虫害防治，才能达到更新复壮的目的。

三、花果管理

（一）保花保果

柑橘花量大，但坐果率低，落花落果严重，因此保花保果是保证柑橘丰产稳产的重要

技术措施。

1. 落花落果时期 第一次落果是在谢花后不久，果实连果柄一起脱落，主要原因是花器官发育不正常或授粉受精不良；第二次是生理落果，无柄小果脱落，主要原因是树体营养不足、夏梢大量发生、不良天气影响、病虫严重危害等；第三次是采果前，此时落果对产量影响较大，主要原因是台风、病虫严重危害、裂果等，此次落果主要发生在衰退树上或郁闭园中。

2. 保花保果措施 生产实践证明只要根据柑橘果实生长发育的各个时期的需肥特点，给予补充各种营养元素，加上植物生长调节剂和水分调节，即可防止幼果脱落、裂果、脐黄落果、日灼落果。具体措施如下：①开花之前喷施0.1%的硼砂，加入0.2%的尿素；②落花后，适量追施一次速效复合肥，要注意控制氮肥施用量，以防夏梢旺长；③当夏梢长至3～5cm时进行摘心，留基部2～4片新梢叶，控制夏梢旺长，或喷施化学药剂抑梢；④对生长壮旺的结果树，第一次落果后在主枝上环割1～2圈，或在幼果期喷施5～10mg/L的2，4-滴+0.5%尿素，保果效果良好；⑤果实发育期注意保持土壤湿润，防止积水，丘陵山地果园在果实迅速膨大期遇旱要及时灌水保湿，地下水位高的水田果园在雨季要注意排水；⑥加强对溃疡病、炭疽病、吸果夜蛾、柑橘小实蝇、红蜘蛛、锈蜘蛛、卷叶蛾等病虫害的防治；⑦进行人工授粉，如沙田柚，提高坐果率。

（二）疏花疏果

坐果过多会消耗大量的营养，易形成大小年的现象，严重者造成植株死亡，因此需要进行疏花疏果。疏果一般在生理落果后进行，依据叶果比确定留果量。一般温州蜜柑合适的叶果比为（20～25）：1，华盛顿脐橙为60：1，沙田柚为（150～200）：1。

第一次疏果应在生理落果停止后，摘除病虫果、畸形果、小果和位置不当的果实；第二次疏果在结果母枝发生前30～40d，利用壮枝易萌发的原理，将结果母枝上只结单果的果实疏去，保留结多果的果实，这样疏去1个果就能换取2～4条枝梢。

疏花疏果应本着“按株定产，分枝负担”的原则进行。如一株10年生柚树，当年准备挂果40个，按每花序坐果率50%计，全树宜留花序80个。第一次在4月中、下旬疏花序花蕾；第二次在橘果如豆粒大时进行，留果量要比理论数多30%左右；第三次在7月上、中旬进行定果。即在1个花序上，疏去形体不正、病虫危害、果（花）梗变黄、果皮皱缩以及发育不良的畸形花（果）后，每花序留2～3个花蕾或幼果。在疏花蕾时，应保留适当数量开花迟的花蕾，以确保在盛花期遇连续低温阴雨天气造成大量落花时，迟开的花可以再次坐果，弥补损失。同时应先疏开花结果多的树，后疏开花结果少的树，先疏弱树，再疏壮树。

（三）果实套袋

在定果以后就可以进行套袋。套袋前要结合疏果和病虫害防治，用杀菌剂和杀虫剂喷施果实，待果面干后即可套袋。套袋方法同其他果树。套袋后及时做好果园的排水、清园工作，保持土壤干燥，检查套袋的质量，如果有破损或者没套好的情况及时进行更换。柑橘可带袋采收。

（四）柑橘采收

1. 采收标准 果实的采收期因品种、生长环境而异。采收过早，果实未充分着色，果实含酸量高，品质差；采收过迟则会使果实风味变淡，还会产生浮皮。因此，鲜销的果实应达到品种固有的色泽、风味和香气，如甜橙和椪柑 3/4 果面转黄，早熟温州蜜柑 1/4 以上果面转黄采收，准备贮藏的则可提前 10d 左右采收。

2. 采收前的准备 采收前先要制订采收计划，做好准备工作。准备采收用的橘箩、橘篮等容器，要垫放粗布、纸或稻草等柔软物，以免果实擦伤和刺伤，旧的用具要洗净、晒干；准备采收用圆头果剪，采收者采前要剪平指甲，以免刺伤果实。

3. 采收时间及方法 采果宜在温度低的晴天上午露水干后进行，凡遇霜、露、雨不采收，大风大雨后隔 2～3d 再采收。

果实采收时按照从外到内、由下而上的顺序依次采收。用采果剪，一果两剪，第一剪带果柄 3～4mm 剪断，第二剪剪平果蒂。高大的树采收其高处果实时要用橘梯，不可攀枝拉果。采果时去黄留青，分批采收。采收、运输过程尽量做到轻拿轻放，避免损伤。采收后的果实应置于阴凉处，并进行初步分选，将病虫果、畸形果、小果等去掉，初选出来的果实及时预冷，然后进行包装和贮藏。

四、抗寒栽培

（一）冻前防护措施

我国北部橘区存在着不同程度的冻害威胁，给柑橘生产造成很大的损失，因此，要做好防冻准备。主要措施有：

1. 栽培耐寒品种和利用耐寒砧木 经常发生冻害的北缘地区，要选栽耐寒性强的种类和品种。同时要注意抗寒品种的选育，特别是经过大冻考验后，可选择抗寒的优良株系进行繁殖。例如，华农本地早就是经过 1968 年 1 月绝对低温－17.3℃的大冻考验后，从实生树中选育出来的；江苏大丰区的福橘已生长结果多年，在 1976—1977 年的大冻中，未受冻害，继续开花结果，表现出极强的抗寒力，是值得注意的抗寒育种材料。

砧木的抗寒性能，直接影响整个植株的耐寒力。枳能耐－20℃的低温，是目前国内外最抗寒的砧木，枳砧温州蜜柑和甜橙比较抗寒。湖南常德、黔阳等地，试用枳砧高接柑橘，接口高 40cm 左右，干高等于砧高，比一般低接的耐寒力显著增强，并有矮化树冠作用。

2. 注意园地选择和设置防护林 在有严重冻害威胁的地区建园时，应尽量选择背风向阳的南坡，充分利用逆温层地带，忌选低洼地及山谷地栽种。

柑橘园营造防护林可以防止冷空气的侵袭，降低柑橘园土壤水分蒸发。可在山脊或海滩上西北、北、东北方向营造防护林，栽种松、杉、樟、柏等常绿树，形成透风林带，可以创造防冻的小区气候。如上海市崇明岛、长兴岛等地新建的柑橘园，由于四周营造防护林，取得了良好的防寒效果。

3. 培育健壮树势 培育健壮树势是提高抗寒力的关键所在。柑橘园深翻改土，培养深而广的根群为增强树势的根本措施。成年树在采果前后应及时施肥，以恢复树势；幼树

和生长旺盛的树晚秋要停止施氮肥，使枝叶老熟，抑制晚秋梢抽生，提高越冬性，也可喷施矮壮素（CCC），抑制晚秋梢。在肥料搭配上要增施磷、钾等肥料。据报道，当橘树遇－6～－4℃低温时，一般就开始结冰，如能多施钾肥，其冰点可降至－7.5～－6.5℃以下，耐寒力增加。病虫危害对柑橘的耐寒力影响很大，必须彻底防治。

4. 抓好防冻保温措施

（1）冻前灌水。夏秋干旱灌水能防止树体失水，使枝叶保持正常的含水量，增强树势。冬旱时，冻前灌水，可以利用水的潜热提高土温2～4℃，减少冻土深度，增加果园空气湿度，减少地面热辐射，能显著减轻冻害程度。

（2）培土增温。培土可以加厚土层，改良土壤，减少土壤水分蒸发，提高土温，保护根系及根颈部安全越冬。柑橘砧穗接合部和根颈是抗寒力最弱的部位，因此，培土可以保护根颈免受冻害，培土数量以根系不露、盖住根颈为标准，一般每株大树培土5cm左右，也可进行全盘培土。幼树还可埋覆主干，春季扒开；墩植的幼树可培土扩墩，逐年改墩为畦。

（3）枝干涂白、包扎与树冠覆盖。主干、主枝为树体骨架，若受冻损伤，则输导作用受阻，易感染树脂病，致树势衰弱，严重时皮层开裂，整株死亡。涂白和包扎可以保护主干。

①枝干涂白。涂白主要是利用白色石灰的反光作用，减少晴天吸热，缩小昼夜温差，保护皮层，防止树皮受冻开裂，并有防治病虫的作用。涂白剂通常用石灰5kg、硫黄粉0.5kg（或用石硫合剂残渣代替）、氯化钠0.1kg、水15～20kg调制而成。每50kg涂白剂中，加入桐油0.1kg，可增加黏着力，涂白的效果更好。涂白时，剔除霉桩，刮去枯皮，在冻前选晴天将主干、主枝基部均匀涂刷。

②枝干包扎。主干用稻草包扎或涂泥，防冻效果也较好。包扎时，注意草头压住草尾，勿使草内积水结冰。浙江黄岩在树干包草时，先在稻草内衬垫竹竿，可以防止草内积水；湖南沅江用草绳稀疏地缠扎主干及主枝基部，再用70%新鲜牛粪、20%黄泥、10%熟石灰，调匀敷上，厚度2～3cm，翌年早春解除，防冻效果很好。

③树冠覆盖。抗寒力较弱的1～2年生幼树，也可采用整株搭棚，用竹竿搭立三角支架，三面围扎稻草，南面透光，防止落叶。有条件时，也可用塑料薄膜覆盖。

（4）熏烟。浓霜容易使柑橘受冻，特别是冻后降霜，更会加剧冻害。可根据气象预报，采用熏烟造雾，减少辐射散热，减轻霜冻。熏烟材料可就地取材，如杂草、枝叶等，每亩4～6堆。霜冻一般多在凌晨出现，故应掌握在冻害临界温度前点火生烟。

（5）喷布抑蒸保温剂。保温剂喷布后，能于叶面形成一层分子薄膜，抑制水分蒸发，减少叶片细胞失水，有利于维持叶细胞的正常生理机能，起到防寒防风及防冻的作用。如湖南省园艺研究所应用武汉某个农药厂的产品（主要成分为C_{10}-C_{22}醇环氧乙烷醚）于12月下旬至翌年2月上旬对温州蜜柑进行试验，用3%的浓度喷后30d，处理比对照叶片含水量提高2.71%～2.74%，叶面薄膜可保留30～40d。喷布的柑橘叶色浓绿，叶面呈蜡质光泽，在晴天霜冻时，叶片平展，而未喷的叶片卷缩，且喷布后可兼治红蜘蛛。每次每亩需药5kg。缺点是喷后有轻度落叶现象。

（6）摇落树冠积雪。柑橘冬季常绿，枝叶茂密，遇大雪时，积雪会压断枝干，破坏树冠，要及时摇落树上积雪。宜用枝杈顶住枝条，轻轻摇落，不可打落枝叶。出现冰凌时，也要及时排除。对树冠披垂的品种，如温州蜜柑，在冰雪前用草绳扎缚，可减少雪压断枝。

（二）冻后恢复措施

冰雪低温较重的年份，常给柑橘带来不同程度的冻害，必须做好灾后柑橘的护理工作，以减轻危害，恢复树势。

1. 合理施肥 轻微受冻，发生卷叶、黄叶、生长衰弱的，可立即用0.5%尿素进行根外追肥2～3次，早春解冻后，提早施足春肥，以利恢复树势。

2. 根据“小伤摘叶、中伤剪枝、大伤锯干”的原则，合理处理树冠

（1）摘叶。对枝梢完好，但叶片受冻枯焦，未发生离层，而挂在枝上不落的，由于它还继续消耗水分并扩大受冻部分，应尽早打落，防止枝梢枯死。

（2）剪枝。对枝梢受冻者，宜在萌芽抽梢后再行修剪，因此时修剪能辨认冻死部分，确定修剪位置，后气温增高，有利伤口愈合。

（3）锯干。受冻严重，主干和主枝皮层开裂，整个树冠冻死时，可以锯断主干，使其重新萌发枝条。如果锯干后萌蘖较多，应注意从中选择2～3个生长健壮的枝培育作为骨干枝，适当摘心，使其分枝，形成新的树冠骨架。

3. 加强田间管理 柑橘受冻后树势衰弱，应加强中耕松土、增施肥料、防涝、防旱和防治病害等，以利恢复树势。特别是冻后往往引起流胶病的盛发，必须及时检查刮治。

技能实训

技能实训8-1 枳播种繁殖

一、目的与要求

通过本次实训操作，使学生掌握柑橘枳砧播种育苗的播种时期、播种方法和单位面积播种量。

二、材料与用具

1. 材料 枳的种子。

2. 用具 恒温箱、靛蓝胭脂红、水浴锅、培养皿、锄头等。

三、内容与方法

1. 砧木种子的播前处理 砧木种子在播种前应做好生活力测定和消毒、催芽等工作。

（1）种子生活力的测定。取100粒种子先在水中浸泡一昼夜，剥去种皮，用0.1%～0.2%的靛蓝胭脂红浸3h，便可看出种子的着色程度，凡不着色的则是具有生命力能发芽的种子。也可进行发芽试验，取100～200粒种子播在垫有湿滤纸的培养皿或容器内，置于25～30℃的恒温箱或在保温条件下使其发芽，计算其发芽率。通过生活力测定和发芽试验，便可决定单位面积的播种量。

（2）种子消毒。先将种子进行筛选，淘汰不充实、损伤和霉变的种子，选充实饱满新鲜的种子，先用50℃的热水预热5～10min，然后移入（56±0.5）℃的恒温热水中浸泡50min，取出摊放在洁净的纱布或竹篾上，阴干后即可播种。用这种方法消毒种子，不仅可以杀死种子内外的病毒、病菌和害虫，而且还有促使种子萌发快、出芽齐的作用。如果再用35～40℃的0.15%硫酸镁溶液浸种3h，还可提高种子的发芽率。

(3) 催芽。春播种子如未用上述热水消毒，可用45℃温水浸种1～2h后捞出种子，加入等体积的湿谷壳拌匀，放在垫草的箩筐中，置于15～20℃的温室内，使种子内的温度保持在20℃左右，每天早晚用45℃温水各淋浇1次，每隔1～2d取出种子用35～40℃温水清洗1次，以便清除烂种及废气，利于发芽，经5～9d种子微露白根，即可播种。

2. 播种

(1) 播种时期。砧木种子一般在14～16℃时开始萌发，20～24℃生长迅速。种子从当年成熟采收后至翌年3月均可播种，各地播种期因气候和播种场地的不同而异，一般分为秋播、冬播与春播3个时期。秋播在9—10月，在低纬度地区对某些成熟期较早的砧木品种于采果后取出种子处理后即可播种，冬播在11月至翌年1月，春播在翌年2—3月。在冬季比较温暖的地区和在温室里以秋、冬播为好，秋、冬播出苗快，翌年春暖后幼苗生长快，能提早移栽、嫁接。春播用浸种催芽的方法或温水消毒处理后能提早出苗，且出苗整齐。采用枳壳嫩种，则以7月下旬至8月上旬播种为宜。

(2) 播种方法。播种方法主要有撒播和条播两种。撒播占地面积小，单位面积生产苗木多，管理方便，节省人工，是目前多数地区广泛采用的播种方法。撒播要求均匀，播种后稍加镇压，然后用细土或火土灰等盖种，厚度1.0～1.5cm，再用稻草或山草覆盖，充分淋水至土壤潮湿，再覆盖一层塑料薄膜以增高土温，幼苗可提早出土。条播一般是在畦面上开宽16～17cm的播种沟，然后将种子均匀地播在沟内，播种行距为25～26cm。条播比较节约种子，便于使用工具管理，苗木的根系发育和地上部分生长均较撒播的好。

(3) 播种量。因砧木品种、播种方法、种子大小、种子质量好坏及土壤条件而异，凡种子质量好、发芽率高、幼苗生长快、植株高大的品种可播疏些，播种量可少些，反之应播密些，播种量也多些。一般每亩撒播量为40～60kg，条播量为20～40kg。

四、实训提示

该实训任务以小组为单位，各小组实训前应先制订实施方案，播种时期、播种方法以及播种量等各组可自行确定，但必须相应配套。实施方案经实训指导教师或任课教师确认后方可开展实施。

五、实训作业

根据实际操作过程和结果，撰写实训报告。

技能实训8-2　柑橘T形芽接

一、目的与要求

通过本次操作实训使学生学会果树T形芽接方法，掌握芽接苗的接后管理技术要求。

二、材料与用具

1. 材料　砧木苗、母木树。

2. 用具　芽接刀、嫁接膜、磨刀石等。

三、内容与方法

(一) T形芽接

此法嫁接速度快，成活率高，适宜时间为8—9月。其削芽、切砧、插穗、包扎方法基本同盾状芽接，具体操作步骤如下：

1. 削芽 左手顺拿枝条（芽尖向上），右手持刀向上削，若左手倒拿枝条（芽尖向下），则右手持刀向下推，削取长约 1.5cm、宽约 0.4cm 的盾状芽片，芽片削面要求平滑，芽点下稍带木质部。

2. 切砧 在砧木离地面 5～6cm 处，用刀刃对砧木皮层纵划长约 1.5cm 的切口，以划破皮层、轻伤木质部为度，同时用刀刃向左或向右稍倾斜在纵切口上部开一接口。

3. 插芽 将芽片嵌入砧木皮层切口内，使芽片与砧木贴紧。

4. 包扎 用嫁接膜自下而上捆扎，先在芽片下绕两圈然后往上缠，连芽片包扎，包扎松紧适度，随即打成活结（图Ⅱ-8-11）。

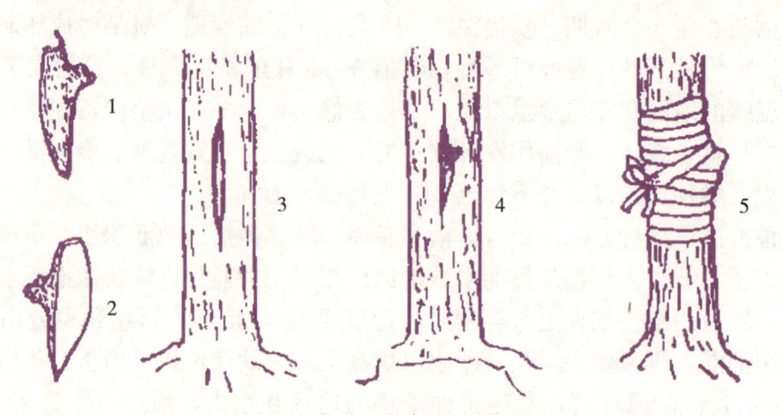

图Ⅱ-8-11 柑橘 T 形芽接

1. 接芽侧面 2. 接芽削面 3. 砧木接口 4. 芽嵌入接口 5. 包扎

［傅秀红，2007，果树生产技术（南方本）］

（二）嫁接后管理

1. 检查成活率和及时补接 一般嫁接 15～30d 后即可检查成活率，如接穗的芽仍是绿色或芽片的叶柄一触即落，嫁接口已愈合或是芽已开始萌动，表明嫁接已成活，如接穗芽失绿变褐则表明没有接活，应用同一品种或同一单株的接穗进行补接。

2. 适时解膜 夏、秋季嫁接的，15～30d 后检查如已成活，应立即松绑，以免影响接芽生长，待到 11 月时解除薄膜；晚秋嫁接的，则应在翌年开春后接芽萌动前解膜；春季切接的在芽开始膨大时，用刀尖挑破芽点上端的薄膜，待第一次新梢转绿后解膜。过早解膜会引起新梢枯死，过迟又会影响砧木和接穗的生长，且会引起腐烂。

3. 剪砧及扶苗 凡未剪砧嫁接的，解膜后应将嫁接口上部的砧木剪除。剪砧可在砧木嫁接口接芽上方 0.3～0.5cm 处一次剪除，也可分两次进行。第一次在接芽萌发前，在芽点上部 1cm 处剪除砧木，待第一次新梢停止生长时，再在嫁接口接芽上方 0.3～0.5cm 处剪第二次。剪砧应斜剪，剪口宜向芽的对面倾斜，剪口要平滑，剪时不能伤及接芽和砧木皮层。当苗高 20～30cm 时，对枝梢柔软下垂的温州蜜柑，应设立支柱扶直苗木，以防弯曲歪倒。

4. 苗木的圃内整形 春季嫁接生长良好的苗木，当年一般能抽发春、夏、秋多次新梢，为培养矮干、多主枝、早结丰产的幼树雏形，必须对苗木进行圃内整形。

四、实训提示

该实训芽接操作各组统一进行，便于操作指导。接后管理，教师操作示范后，各组自行在课后完成。

五、实训作业

根据实际操作过程和结果，撰写实训报告。

技能实训 8-3 柑橘整形修剪

一、目的与要求

通过本次实训使学生掌握柑橘树整形修剪主要方法及技术要领。

二、材料与用具

1. 材料 柑橘树。

2. 用具 修枝剪、手锯、人字梯等。

三、内容与方法

（一）幼树整形修剪

1. 幼树整形 柑橘常采用自然圆头形、自然开心形、变则主干形、矮干多主枝形整形，下面简述自然圆头形、自然开心形、变则主干形的整形方法。

（1）自然圆头形。一年生苗定植后，距地面 30～40m 定干，留出整形带，经常抹去主干高度 30cm 以下的嫩芽。在整形带内选留 3～4 个生长健壮、方向分布均匀的新梢作为主枝培养，使其分枝角度保持在 40°左右，主枝间距 10～15cm，中间一主枝应较直立，其余的嫩梢适当抹去或摘心留作辅养枝。第二年春季，根据各主枝的生长强弱进行适当调节，采取抑强扶弱的方法，如强枝重剪、弱枝轻剪，强枝开张角度、弱枝缩小角度，使各主枝均衡生长。在各主枝延长枝中上部适当短剪。如果主枝生长势强，枝粗长，可距主干 40cm 处留第一侧枝。第三年在主枝和侧枝上继续培养延长枝，并选留第二、第三侧枝，注意使各个侧枝互相错开，各相距 30～40cm。这样经过 3～4 年整形，树冠的骨架即可形成相当数量的枝组，开始结果。

（2）自然开心形。苗木定植后，定干 20～30cm，让其自然抽生 3～4 个新梢，在生长期选择 3 个分布均匀的作主枝，俯视三主枝间约为 120°，主枝基角 40°～50°斜生向外延伸。生长期立支柱，将三主枝引缚其上，剪去不充实部分，继续培养主枝延长枝，并在主枝上配置 1～3 个副主枝，同时在骨干枝上再配置各种枝组结果。

（3）变则主干形。苗木定植后，定干 30～40cm，留先端生长强的 1 个枝，在生长期缚于支柱上，使其直立向上延伸，为中心主干，其下选择生长强健的 1～2 个为主枝。中心主干继续向上延伸，第二年再适当短截，其先端抽生强健的枝，仍选 1 个为中心主干延长枝，其下再选留 1～2 个主枝，主枝间距为 30～40cm，然后再向上选留第三层。全树分 3～4 层，主枝 4～6 个，最后一个对中心干短截不再引缚向上。在主枝上留副主枝、枝组，均匀排列。经过 4 年的整形培养，树形基本形成。

2. 幼树修剪

（1）合理利用每次梢，采取抹放结合，培育各次梢扩大树冠。定植后第 1～2 年每年放梢 3～4 次，即春、秋梢各 1 次，夏梢 1～2 次。春梢一般抽生比较整齐，夏、秋梢需通过抹芽放梢。投产前一年，末次梢要适时，一般在华南地区气温高、雨水充沛可多放一次梢。当春梢有 50%萌发夏梢时可放夏梢，当秋季有 70%～80%的枝条萌发新梢时可放秋梢。对夏、秋梢摘心，促进分枝和枝梢粗壮，但结果前一年秋梢不能摘心。

（2）疏除花蕾。在 3 年内，摘除所有的花果，节约树体养分，以利于树体的营养生长和扩大树冠。

（3）冬季修剪。短截主枝、副主枝的延长枝1/3～1/2，剪除无用的枯枝、病虫枝、密弱枝及徒长枝。

（4）通过撑、拉、吊等矫正树形，进行主枝角度和方位调整。

（二）结果树修剪

对柑橘结果树的修剪以轻剪为原则，并依树龄及种类品种不同而异。

1. 甜橙的修剪 甜橙树形高大，树冠内外都能结果，初结果树的春梢、夏梢、秋梢都能成为优良结果母枝，盛果期树多以春梢为结果母枝，结果母枝短小。采用有主干树形修剪，但要控制树冠的高度。树冠内膛的壮枝要多保留，除疏剪枯枝、病虫害枝、弱枝、扰乱树形的交叉枝、密集枝外，还要疏剪或回缩外围衰退枝组和树冠顶部一些大枝，对树冠“开天窗”，保持树冠通风透光良好，使树冠内部结果母枝壮实。抹除部分春梢保果。

2. 温州蜜柑的修剪 树冠较矮小、枝条开张、粗壮下垂的结果母枝，花量虽少但坐果率高，树冠外围的枝条结果多，品质优良。修剪除去枯枝、病虫枝、交叉枝及部分弱枝，并短截下垂枝，培养直立粗壮的骨干枝，使枝条突出，树冠呈波浪状；对树冠外围的枝条去弱留强；对前一年的结果枝，强者短截，弱者剪除；对徒长枝位置不宜者剪除，位置适当者短截；现蕾期抹除春梢保花保果，特别是中、晚熟品种，抹除树冠顶部、外部及结果母枝上的春梢，其他营养枝上春梢去密留壮，三疏一或五疏二。

3. 椪柑的修剪 树势直立，枝条基角小，顶端优势强，下部枝较开张，早结果。随结果年龄增加，结果部位上移。结果树树冠中、上部有轮换结果现象，丰产时常因果重而使主枝弯垂或折裂。修剪除剪去枯枝、病虫枝、交叉枝及部分弱枝外，再剪除已结果2～3年树冠下部的下垂枝及内膛枝；对中、上部能透光的部位，除结果后的弱枝及细弱结果枝应剪除外，其余一律保留；对于骨干枝上抽生的徒长枝，凡扰乱树冠者应剪除，发生于树冠空缺部位者，可短截促发分枝；对部分顶端优势强的突出树冠的直立枝，可进行回缩修剪，促发分枝，以稳定树冠高度。

4. 柚的修剪 树体高大，生长旺盛，结果树内膛细弱枝、下部枝是良好的结果母枝。修剪时根据“顶部重、四周轻，外围重、内膛轻”的原则，保留树冠内膛的无叶、少叶枝，使其开花结果，同时注意疏剪树冠外围部分的密集枝，顶部“开天窗”通风透光。

5. 脐橙的修剪 多数品种（品系）生长势较弱，枝梢易丛生，花量大但坐果率低，修剪时疏剪弱枝、丛生枝、枯枝、病虫枝和扰乱树形的交叉枝，短截衰退结果枝组。

四、实训提示

根据不同品种的生长结果特性，对柑橘幼年树进行整形修剪，每人独立整形一株。每人独立修剪一株结果树，修剪前先分析该树的具体情况，修剪后观察其修剪反应。

五、实训作业

根据要求，结合生产任务，完成实训报告。

优质沃柑高效栽培技术

沃柑是坦普尔橘橙与丹西红橘的杂交F_1代种，属于宽皮柑橘类型，起源于以色列，

2004年由中国农业科学院柑橘研究所引进，目前在我国的种植面积超过6.7万hm^2。沃柑生长势强，定植后第二年即可结果，第三年株产25～50kg。果实扁圆形，果皮橙红、光滑、靓丽，易剥皮，果肉细嫩、化渣，可溶性固形物含量13.1%，最高可达17%。丰产性好，耐贮运，裂果少。成熟期为1—3月，可挂树至4月。沃柑是优质、高糖低酸、汁多味甜的晚熟杂柑品种，具有明显的市场前景和价格优势。

一、苗木选择

选择生长健壮、根系发达、主根直、无检疫性病害和常见病害的无病毒容器苗。

二、园地选择

沃柑适宜在土层深厚、土壤肥沃疏松、有机质含量高、排灌良好、地下水位低的地方建园，以缓坡地红壤及沙壤土最佳，适宜的土壤pH为5.5～6.5。沃柑耐寒性较差，要求全年的平均温度在16℃以上，冬季最低温不能低于-1℃，否则易发生冻害。

三、栽培技术

1. 定植 按确定的株行距进行定植。适宜的株行距为2m×3m或3m×4m，每亩栽植55～110株。定植时间以秋冬定植（11月）或春季定植（3月）为宜。

定植时，挖长宽深为0.6m×0.6m×0.5m的定植坑，表土与心土分开堆放，每坑放入腐熟有机肥2～5kg、杂草3kg、钙镁磷肥0.5kg、石灰0.5kg，回坑时杂草和石灰放底层，腐熟有机肥、钙镁磷肥和表土混匀回坑。将苗木放在坑中间，根系要自然展开，扶正，边填回土边轻轻向上提苗、踩实，并培成1个高30cm、直径60cm的树盘，注意嫁接口要露出土面5cm左右。浇足定根水，最好用稻草或杂草或地膜覆盖树盘。

2. 土壤管理 春秋季在果树行间种植多年生豆科植物、禾本科植物或牧草，并定期刈割，覆盖地面，使其自然分解腐烂或结合畜牧养殖，起到改土增肥作用。

3. 施肥

（1）幼树施肥。采取“薄肥勤施”的原则。以根施为主，叶肥为补。以氮肥为主，配合磷、钾肥为辅。实行“一梢三肥”，即促梢肥（放梢前10d）、攻梢肥（新梢展叶时）、壮梢肥（叶片转绿后），可淋施高氮型复合肥，以增强树体营养生长，促进抽发健壮枝梢，使之迅速扩大而形成丰产树形。

（2）成年树施肥。按照“春氮夏钾秋复合，膨大期间有机质水肥淋，采后重施促恢复”的原则进行施肥。在春梢抽发前10～15d施促梢促花肥，以速效氮肥为主；谢花前后施稳果肥，以速效性氮肥为主配合有机肥；秋梢抽发前15d施促梢壮果肥，可开沟施有机肥或高钾型复合肥，并注意适期以叶面施肥方式增施硼、镁、钙、锌、铁等中微量元素。

4. 水分管理 一般在萌芽期、开花期、果实膨大期、封冰期对沃柑各灌水1次，在沃柑采收前的15d停止灌水。常用的灌水方法有滴灌、喷灌和沟灌。

5. 整形修剪 沃柑适宜的树形为自然开心形。定植后，定主干高度30～50cm，并按“一叉三枝”法短截放梢，即每个分叉上留3个左右均匀粗壮的枝条，第一年培养树冠，向外扩张。

结果树按“春留、夏控、秋放、冬不留”的原则结合各种修剪措施整形放梢。春季梢多花少，应适当疏除部分嫩梢；夏季枝梢与幼果竞争养分而引起大量落果，需控制夏梢生长；秋季以秋梢结果，采用放梢的方法；冬季温度低，枝梢发育不充分，且消耗养分，应去冬梢。

6. 花果管理

（1）保花保果。加强营养供给，增强树体养分状况，合理修剪与控梢。适当使用生长调节剂，如在盛花期或谢花后使用浓度约为10mg/kg的赤霉素。做好病虫害的防控，也可采用环割与环剥的方法来促花。

（2）疏花疏果。提倡合理适量挂果，严格进行疏果。疏除顶生果、低质果、粗皮大果、果顶朝天果（常遭日灼）、畸形果、密生果和病虫果，使留存的果大小均匀，提高外观品质和内在品质。

7. 病虫防治 沃柑主要的病虫害有溃疡病、炭疽病、红蜘蛛、锈壁虱、潜叶蛾、蚜虫、小绿象虫、黑刺粉虱、介壳虫，生理性病害有日灼、缺素症等。沃柑对溃疡病高感，田间以夏梢发病最重，应重点防治。同时，要做好冬季清园和早春的预防工作，加强果园管理，改善通风透光条件，促使树势生长健壮，提高果树抗病虫能力。

规划师的柑橘财富

规划师的柑橘财富

黄桂利，作为城市规划师，他在城乡统筹的规划中敏锐地察觉到了在都市周边一日游的休闲农业是一块很大的市场，2014年，他果断承包了位于上海市长兴岛的柑橘园。2015年，黄桂利引入新的种植技术——限根种植，再加上科学合理的管理，种出的柑橘在上海柑橘评选活动中获得金奖，品质、口感都得到很大提升。随后他依托柑橘为载体，打造了一个好吃、好看、好玩的休闲农场，专供上海市民一日游玩。到2017年，整个农场销售额突破了1 000万元。

复习提高

（1）柑橘在什么时期花芽分化？怎样使柑橘多形成花芽？

（2）计划密植有何好处？怎样计划密植？

（3）柑橘需要哪些营养元素？每生产1 000kg柑橘需要多少营养元素？

（4）柑橘主要缺素症在根外追肥时使用多大浓度？

（5）柑橘的枝序是怎样形成的？不同时期枝序的生长结果特点是什么？

（6）温州蜜柑的修剪特点是什么？

（7）温州蜜柑怎样进行夏季修剪？

（8）柑橘落花落果的原因是什么？

（9）柑橘冻害的发生因素有哪些？

项目九
杨梅优质生产技术

学习目标

• 知识目标

了解杨梅生产概况和本地区杨梅主要种类和品种；熟悉杨梅的生物学特性、种类和优良品种；了解杨梅生长结果特性和对环境条件的要求；掌握杨梅的主要生产技术和周年生产管理特点。

• 技能目标

能够认识杨梅常见的品种；学会杨梅的整形修剪技术；能独立进行杨梅的建园和周年生产管理。

• 素养目标

具备认真观察的职业素养和勤于动手的能力；具备精益求精、一丝不苟的工匠精神。

生产知识

杨梅生产概况

杨梅果实初夏成熟，色泽艳丽，果肉甜酸适中，风味良好，为广大群众所喜爱。果实含糖量高达12%～18%，含酸1.7%～3.2%，有止咳生津、助消化、治霍乱等功效。树势强健，根为菌根，能固氮，在瘠薄的山地生长良好，枝叶繁茂。树冠翠绿圆整，姿态优美，终年常绿，为园林绿化的优良树种。

杨梅原产于我国东南部，中国是杨梅的主产国，日本、泰国有少量栽培。印度、缅甸、越南等国出产另一种杨梅，果较小，常栽于庭院，供人观赏或糖渍食用。

杨梅性喜温暖湿润，在我国主要分布在长江流域以南，主要产区有浙江、福建、江苏、广东、湖南等地，台湾、广西、云南、贵州、四川、安徽南部也有分布和栽培。其中以浙江栽培面积较大，产量较高，品质较好。

任务一　主要种类和品种

一、主要种类

杨梅（*Myrica rubra* ）是杨梅科（Myricaceae）杨梅属（*Myrica*）果树，本属全世界约有50余种，原产于我国的有杨梅、毛杨梅、青杨梅、全缘叶杨梅、矮杨梅和大杨梅共6个种。

1. 杨梅　杨梅为常绿乔木，高5～12m。幼树树皮光滑，呈黄灰绿色，老树为暗灰褐色，表面常有白晕斑，多具浅纵裂。叶革质，叶面富有光泽，深绿色，叶背淡绿色，叶面叶背平滑无毛。雌雄异株。果较大，圆球形。我国栽培品种多属本种。

2. 毛杨梅　毛杨梅为常绿乔木，高4～11m。幼枝白色，密被茸毛，树皮淡灰色。叶片无毛，叶柄稍有白色短柔毛。果小，卵形。分布于我国云南、贵州、四川海拔1 600～2 300m处，东南亚也有分布。

3. 青杨梅　青杨梅又称细叶杨梅，灌木或乔木，高1～6m。幼枝纤细，被短柔毛及金色腺体。叶背叶面密被腺体，中脉有短柔毛，叶柄无毛。果椭圆形，红色或白色，单果重5～10g。10—11月开花，翌年2—5月果实成熟。果腌渍后可食，并可入药。主产于广西、海南。

4. 全缘叶杨梅　全缘叶杨梅为常绿大灌木或乔木，高8～10m。云南西南边境有分布，在海拔900～1 400m山地与落叶阔叶林混生，当地2—3月开花，4—5月成熟。果实椭圆形，红色，单果重2.67g，味酸。主产于印度、斯里兰卡、缅甸、越南。

5. 矮杨梅　矮杨梅又称云南杨梅，常绿灌木，高1m。叶面叶脉凹下，背面凸起，叶柄极短，稍有短柔毛。果小，卵圆形稍扁。产于云南、贵州海拔1 500～2 800m处。

6. 大杨梅　大杨梅是常绿大乔木，高15m。分布于我国云南西南海拔900～1 400m山地或林中及缅甸。花期2—3月，成熟期4—5月。果大、味酸，直径2.6～2.8cm，熟时黄白色，此特点明显区别于毛杨梅。

二、主要品种

仅杨梅种供栽培，其余均为野生。主要品种有：

1. 荸荠种杨梅　系我国杨梅四大良种之一，该种系1810年由李国瑞在三七市镇石步村张湖溪老鹰尖首先发现，至今已在全国各杨梅产区发展面积达3万hm^2。因果实成熟时呈紫黑色且有光泽，并酷似老熟荸荠而得名。

该品种树势中庸，树姿开张，树冠圆头形或半圆形。幼树始果早，果实中等大，略扁圆，平均单果重9.8g，果紫黑色，肉柱紫红色，质地较硬，脆嫩，品质极佳。可溶性固形物含量12.8%，含酸量0.8%，核特小，果实可食率为95%，味甜多汁，离核性好。当地成熟期在6月下旬。果实成熟时不易落果，抗逆性较强，适应性广，在我国南方及西南边陲引种栽培，表现良好。果实宜鲜食和加工，为我国目前鲜食兼罐藏最佳品种之一。

2. 晚稻杨梅　又称皋泄晚稻杨梅，系我国杨梅四大良种之一，由实生杨梅树变异选优而来。母树发源于定海区皋泄爱国村雪岭下（现属白泉镇），为果农杨嘉发所栽，后其子孙广为采穗嫁接（高接）扩种已有160余年历史，至今全国已栽植7 400hm^2。主要分布在皋泄、爱国、万寿、潮面等7个村。

该品种树势强健，树冠呈圆头形或圆筒形，主侧枝直立而紧密，盛果后略显开张，以中短果枝结果为主（占90%以上），粗根发达，细根多。果实圆球形，呈紫黑色，富亮光，单果重11.7g，大的重达15g以上，肉柱圆钝肥大，果顶到顶点微凹，果基圆形，凹沟短，有缝合线3～4条，不明显。鲜食肉质细腻，甜酸适口，汁多清香，风味浓郁，肉核易离，可溶性固形物含量10.5%～12.6%。6月底开始成熟，7月初开始采摘上市，采收期12～15d。该品种适应性强，栽植地域广，抗性较强，表现抗寒、抗旱、抗风，病虫危害较轻，大小年幅度小，属鲜食、加工最优良品种之一。

3. 东魁杨梅 系我国杨梅四大良种之一，是1963年由原浙江农业大学李三玉、刘权在果树资源复查时偶然发现，同年由我国著名园艺家吴耕民教授取名为“东魁”。东魁杨梅原名为东岙大梅，20世纪70年代末黄岩县澄江区桔果林业站洪湘汉同志找到150年生以上的实生母树，群众称为野大杨梅。主产于浙江黄岩区江口镇。1983年6月通过鉴定，至今在全国各地已栽种2.6万hm^2。

该品种树势强健，树冠呈圆头形，枝梢粗而壮，一般成年树树高7.0～8.5m，冠径8.0～9.5m，不宜密植。叶形大而密生。实生嫁接苗栽后8年始果，幼龄树营养生长势强，结果较少，应采取控梢促花措施，促其早投产。成年树株产50kg以上，最高株产可达175kg，大小年结果不明显。果特大，单果重25g左右，最大的可达48g，为当今世界杨梅果实之魁。肉质随树龄和成熟度增加而变得脆嫩。肉柱钝尖，色紫红鲜艳，可溶性固形物含量11%，风味浓，甜酸适口，肉厚，宜鲜食和加工。原产地果实成熟期为6月下旬，在兰溪成熟期为6月14—24日，采收期约10d。较耐贮运，可贮藏3～4d。抗病力强，很少发生斑点病、灰褐斑病及癌肿病等。

4. 丁岙梅 系我国杨梅四大良种之一，产于浙江省温州市瓯海区、永嘉县等地，有1 000余年栽培历史。近20年福建、广东、湖南等省引种栽培较多，面积达2.65万hm^2。

该品种树势强健，树冠高大，产量中等，抗风较好。果实圆球形，果面紫红至紫黑色，单果重11.3g，果柄长2cm，果蒂凸起呈红黄色至绿色的瘤状突起，故有“红盘绿蒂”的佳名。果肉柔软多汁，甜多酸少，可溶性固形物含量11.1%，品质上等。主产地6月中、下旬成熟，较耐贮藏。丰产性好，种植后4～5年始果，15年左右进入盛果期，可维持40～50年，属短枝型品种，采前落果少，因果柄长，成熟时不易被风吹落。对环境和栽培技术要求较高。

5. 临海早大梅 系浙江省临海市林业特产局和原浙江农业大学园艺系，从临海当地水梅品种实生单株选出的早熟变种，1989年通过鉴定。主产于临海市城关镇西郊乡。

该品种树势较强健，树姿开张，树冠呈圆头形，分枝力强。树皮光滑，浅灰色。叶片倒披针形，叶色浓绿，带有光泽。果实略扁圆形，单果重15.7g，最大可达18.4g，果实大小较整齐，色紫红，肉柱长而较粗，大多旱槌形，肉质致密，质地较硬，甜酸适度，品质上等。含总糖量8.71%，总酸1.06%，可溶性固形物含量11%。产地果实6月中旬成熟，采收期约12d。除鲜食外，宜做糖水罐头。嫁接苗种植4～5年始果，成年树株产可达50 kg以上，大小年幅度较小，较当地水梅丰产稳产。抗病性强，较耐肥，耐贮运。

6. 木叶杨梅 系兰溪里山杨梅的主栽品种之一。树势中庸，树冠圆头形，树姿较直立。果大，高圆形，单果重12.13g，果面紫红色，肉柱紫红，顶端钝圆，可溶性固形物含量11.33%，风味浓，汁多、酸甜适中，质地细嫩，品质佳，单核重0.75g，肉柱黏核。产地3月底至4月上旬开花，6月15—25日成熟，采收期10d左右。适应性广，较耐贮运。嫁接后3年结果，成年树株产100 kg左右，稳产，经济寿命80～100年，若栽于海拔100～400m山区，成熟期推迟，品质更佳。

7. 杨柳杨梅 又称柳叶梅，系兰溪主栽品种。树势强，圆头形，主枝、树皮呈灰白色。果实中大，扁圆形，单果重10.8g，果面紫红或紫黑色，肉柱紫红色，顶尖或钝尖，可溶性固形物含量11%，风味酸甜略偏酸，质地较硬，核大长扁圆形，茸毛长，肉柱黏核。3月下旬至4月上旬开花，6月10—22日成熟，采收期10～12d。嫁接后3年始果，7～8年盛果，株产可达80～150kg，经济寿命长达80～100年。成熟期早，而栽于海拔100 m以上山地或低丘，品质变好，成熟期推迟，大小年结果较明显。

8. 水梅 主产于临海、仙居、黄岩、温岭、乐清、宁海、兰溪等地。树势较强，树冠圆头形，枝较披垂。果实圆形或扁圆形，单果重9～11g，最大可达13g以上，深红至紫红色间或粉红色，可溶性固形物含量10%～12%，风味酸甜，质地软，口感较好，核中大，肉柱黏核，可食率90%左右。6月中、下旬成熟，采前落果较重，采收期约12 d，成年树株产80～100 kg，经济寿命长达80年。适应性广，丰产，果核常作砧木育苗用。

9. 早荠蜜梅 由浙江省农业科学院园艺研究所和慈溪市杨梅研究所从荸荠杨梅实生早熟变种中选出，主产于慈溪市横河镇。树势中庸，树冠圆头形，叶片小。果大，完熟时呈扁圆形、深紫红色、光亮，可溶性固形物含量12.38%，酸甜适中，品质优良。特早熟，产地6月上、中旬成熟，比荸荠杨梅提早10d以上。栽后3～4年始果，6年生株产13kg，亩产1 085kg。抗逆力强，花期提早20d，避免了风沙危害，因而结实率高、较稳产。

10. 水晶杨梅 俗称二都白杨梅，主产上虞二都和余姚西山一带，南宋时已负盛名，系清代贡品，有“越中果品第一案”的记载。树势较强，树冠半圆形。果实球形，乳黄色，略带绿晕，单果重10g，汁多、清甜，可溶性固形物含量10%左右，品质上等。产地果实6月下旬至7月上旬成熟，但采收前落果较多。

任务二 生物学和生态学特性

一、生物学特性

（一）生长特性

1. 根 根系分布较浅，具有与放线菌共生的菌根，能起到固氮作用，故有“肥料木”之称。在浙江除严冬季节根系停止生长外，全年都在陆续生长，在4月中旬、6月下旬至7月中旬、9—11月出现3个生长高峰期。由于根与梢或果与梢叠加交错，养分竞争激烈，将引起大量落花、落果，这也是幼年树投产迟的原因之一。故须采取植株调整等措施，从营养生长上协调地上部与地下部的关系，抑制春梢和根系过旺生长，以利于开花和结实，使幼年树结果提前和过旺大树增产。

2. 枝梢 杨梅枝条的顶芽均为叶芽，顶芽及其以下的几个芽常抽生出斜生的4～5个新梢，其下部的芽称为隐芽，一般不抽生，顶端优势明显。枝条有徒长枝、发育枝、结果枝（雌花枝）和雄花枝等之分。在浙江一年常抽生春、夏、秋3次梢，其中70%左右为春梢，是翌年的主要结果枝，春梢生长高峰期在4月中旬至5月上旬，夏梢在6月底至7月中旬，秋梢在9月中、下旬，故在管理上宜促发春梢，控制夏秋梢的生长。

（二）结果习性

1. 花 杨梅花小，单性，无花被，雌雄异株，风媒花，均为柔荑花序。每个雄花枝叶腋着生雄花序2～60个，雄花序长3～6cm，由15～36朵小花组成，花鲜红色或紫红色，雄花开放较早，自花穗上部向下开放，花期约1个月。每一结果枝雌花序2～25个，雌花序长0.7～1.5cm，由7～26朵小花组成，鲜红色，同一花穗自上向下开放，花期约20d，3月上旬至4月初开花（图Ⅱ-9-1）。

图Ⅱ-9-1 杨梅花序和花

A. 雄花序 B. 雌花序

1. 花枝 2. 花穗 3. 小花 4. 总苞 5. 小苞片 6. 雄蕊
7. 花枝 8. 花序 9. 小花 10. 总苞 11. 小苞片 12. 雌蕊

（于泽源，2005，果树栽培）

（1）杨梅结果枝的类型。杨梅的结果枝依其长短性质不同可分为徒长性结果枝、长果枝、中果枝和短果枝。

①徒长性结果枝。长度超过30cm，花芽着生不多，花后结实率很低。

②长果枝。枝长20～30cm，先端5～6节为花芽，枝条细瘦，因枝条不充实，其结果率也低。

③中果枝。枝长10～20cm，除顶芽为叶芽外，其下发育充实的10余节全是花芽，结实率高，为优良结果枝。

④短果枝。枝长在10cm以下，结果良好。

（2）杨梅的落花落果。通常杨梅花序的坐果率为2%～5%，落花落果现象比较严重，以谢花后2周（4月中旬）和果实着色期（5月上旬）为落果高峰期，尤以谢花后2周落花最严重，占总花数的60%～75%。影响落花落果的主要因素有：

①花序着生节位。以花序顶端的1～5节坐果率最高，特别是第一节占绝对优势，占总果数的20%～45%。

②花期天气状况。杨梅为雌雄异株果树，风媒花，靠风传播花粉，开花期若遇阴雨大

雾天气，会影响花粉传播和授粉受精。

③结果枝新梢生长状况。第一次落花落果前，如花枝顶端不抽春梢，则坐果率较高，如荸荠杨梅坐果率可达15%～20%。如花枝上抽生春梢，且生长旺盛，则会造成大量落花落果。

④品种与树势。晚稻杨梅、荸荠杨梅、东魁等坐果率较高，而水梅落果较严重，幼年树生长旺盛较成年树坐果率低。

⑤雄株配置比例低或无雄株。当雄株比例低于1%或无雄株时，授粉受精受到影响，坐果率低。

2. 果　果实为核果，每一雌花穗结1～2果，以顶端果最可靠，其余的花多脱落或退化，花序轴就成为顶端长有1～2果的果梗。食用部分是由外果皮和中果皮细胞发育而成的肉柱，每果有100～300条肉柱。

二、生态学特性

1. 温度　杨梅是喜温又较耐寒的常绿果树，宜在年平均气温15～20℃的区域栽培。据研究，在1月平均气温为3℃、7月平均气温为29～30℃的情况下，不会出现冻害与灼伤。但冬季极端气温却不能低于−12℃，即使在−10℃低温时间较长时，若无恰当的保护性措施，枝梢也会受损，造成落叶减产。7—8月是花芽分化期，气温以20～25℃为最好。杨梅怕夏季高温，特别在果实成熟季节，温度过高会导致果实酸度增加。江浙一带在6月下旬，若梅雨结束后气温骤然升高，往往造成杨梅不能如期成熟，品质变劣。

2. 湿度和风　杨梅生长要求水分充足，年降水量在1 300mm以上，其中4—9月对水分要求较多。但由于杨梅根系分布广，为菌根植物，短期干旱对其影响不大，然而遇到久旱也要减产。杨梅为雌雄异株植物，以风为媒，花期如遇天气晴朗且有微风的天气，则有利于传粉受精，提高坐果率；反之，花期天气过于干燥，或连日阴雨将妨碍传粉受精，对生长结果和产量极为不利。

3. 光照和坡向　杨梅是耐阴的果树，种在北坡山麓的品质好，而种在光照强烈的南坡，树势反而较差，果实品质也逊于栽于北坡的杨梅。杨梅树冠高大，枝叶茂盛，根系浅，8—10月台风过境时，常被大风吹倒，故栽在山地背风地有利于避风。坡向以北坡或朝东北方向，较为荫郁的山岙为好。

4. 土壤及地形　据江苏、浙江各杨梅主产区实地考察，杨梅耐瘠耐酸，凡有狼尾蕨、杜鹃、松、青冈栎、毛竹等酸性指示植物生长的地段，土质多属土层深厚而排水良好的沙质黄壤或砾质壤土，土壤pH 4.5～5.5，地形又多属阴山、山垅、山岙地段或海拔高度在100～400m的山地，其果实的品质好。但在建园中要注意水土保持，尽可能建水平梯地或挖鱼鳞坑，局部平整后再种植。

任务三　育　　苗

杨梅的繁殖方法有实生、嫁接、压条、扦插等4种。在粗放栽培的地区，采用实生繁殖，但绝大部分实生树所结果实品质低劣。压条或扦插繁殖，虽然初步获得成功，但繁育系数低，根系远不及嫁接的发达，尚不能在生产上大量应用。

在经济效益高的产区，如浙江、江苏的大部分地区都采用嫁接繁殖，以保持杨梅的优良种性。杨梅组织内富含单宁，嫁接成活率低，不少地方嫁接成活率仅在30%左右。近年来，不少杨梅老产区的果农不断摸索，取得了成功的经验，使嫁接的成活率稳定在90%以上，繁育出一大批优质苗木。

一、砧木苗繁育

1. 圃地的选择 杨梅苗圃应选择在排水良好而在夏季可以进行灌溉的地方，以土层深厚、质地疏松而肥沃的土壤为好。若遇自然条件不能满足需要时，可以进行人工改良，如土壤黏重时要掺沙和增施有机肥料。

此外，杨梅苗圃忌连作，要选择没有种过杨梅树苗或其他树木的地方种植杨梅。凡种过龙柏、水杉、柑橘、松、桃等各种果树或观赏树木的土地，如再种杨梅苗木，常使植株生长矮小，且枝干细弱，不及轮作地上培育出的苗木的一半高（图Ⅱ-9-2)。杨梅苗圃适宜的前作有水稻、蔬菜以及各种豆科作物。

2. 种子的收集和处理 野生和栽培品种的种子都可以作为培育砧木的材料。种子采收后洗净表面的肉质，摊放在通风的地方阴干，切忌直接暴晒在阳光下，以免降低种子发芽率。待种子干燥以后用适当的方法贮藏。

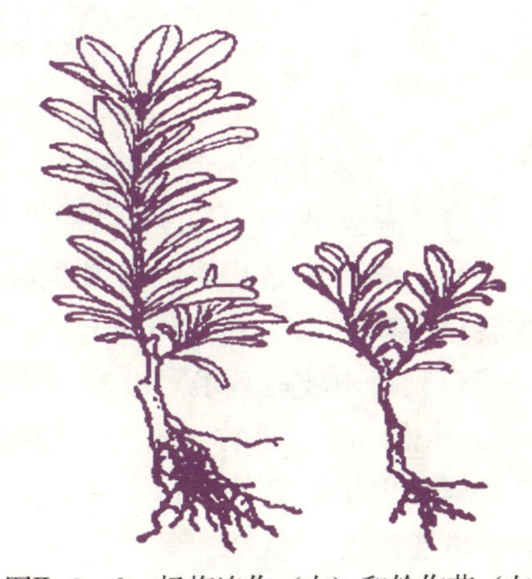
图Ⅱ-9-2 杨梅连作（右）和轮作苗（左）
（于泽源，2005，果树栽培）

目前使用上最普通的方法是在8月即开始沙藏，用3份清洁的湿沙和1份种子混合后，在室外贮藏，贮藏中谨防鼠害，到10—12月播种，播种时畦面撒多菌灵，以防苗期病害。这种方法播种的发芽率可高达50%～60%，且提高了土地利用率。

3. 播种 为了使苗木生长整齐，一般采用苗床撒播，待出苗以后再移植。在播种前（9月)，对土地进行深翻、晒干、整平以后，再在畦面上撒一层红黄壤的新土，这种新土的杂草种子和病菌很少，播种后可以减少杂草发生的数量，节省除草用工，土内病菌少，杨梅幼苗的死亡率低，生长粗壮而健康。撒好新土以后再播种子，每平方米播种子1.25～1.50kg，播后稍加镇压，撒焦泥灰或沙土进行覆盖，盖土深度1cm左右，再盖草，到12月中旬天冷时再盖薄膜保温。

4. 移苗和管理 栽植幼苗的土壤要进行翻耕，经过风化干燥，再做成宽1m的畦，每亩施过磷酸钙75kg、菜饼肥150kg或猪栏肥1 500kg。在移植前对苗木喷射50%多菌灵可湿性粉剂500～600倍液或70%甲基硫菌灵可湿性粉剂600倍液，对附着在苗木表面的病菌进行消毒，以降低发病率。一年生小苗的种植距离一般行距30～35cm，株距8～10cm，每亩种植15 000～18 000株。种植以后土壤压紧，如遇干旱天气应浇水。

二、嫁接

1. 接穗的剪取和贮藏 接穗选择7～15年母树的向阳面和顶部，粗度在0.5～

0.8cm，带灰白色充分成熟的枝条，若高接大树除用上一年生枝外，有时还用二年生的枝条。采下的接穗应立即剪去叶子，随采随接，当天接不完的，应用湿布包好或沙藏保鲜。

2. 砧木的准备 砧木实生苗粗度至少在0.6cm以上，并有比较发达的须根，生长充实，如果过嫩，则影响切接或切腹接成活率。如果用割接（劈接），要求砧木粗度在2cm以上。

3. 嫁接时期和方法 不同嫁接时期成活率有高低，浙江北部、中部和东部在4月初至4月20日嫁接成活率在70%左右，如技术熟练则嫁接成活率可达90%以上，5月上中旬嫁接的成活率相应降低，6月1日以后嫁接的就难以成活。越往南嫁接最适时期越应相应提早，往北嫁接时间则延迟。

在繁育苗木时普遍应用切接和切腹接，其他的嫁接方法如割接、剥皮接主要用在大树上，在小苗嫁接中则不常用。

任务四 建 园

一、园地选择

杨梅喜温暖湿润的环境和微酸性土壤，我国南方的丘陵山地均可栽培。年平均气温15～21℃，大于等于10℃的有效积温4 500℃以上，平均降水量1 300mm以上，初夏果膨大转色期降水量大于160mm，空气相对湿度在80%以上，有利生长和生产优质果品。杨梅宜在山坡地栽培，坡度小于25°，海拔高度在700m以下，一般最适宜100～400m。凡松、杉、毛竹、蕨类、杜鹃、麻栎、香樟、青冈栎、苦槠等植被生长良好的地方杨梅也能生长良好，以pH 4.4～5.5、土层深厚、排水良好的红壤和黄壤较为适宜，但忌连作。

二、品种选择

应选择适应当地环境条件，并表现出良好经济性状和抗性的地方特色品种。

三、授粉树配置

杨梅雌雄异株，需配置授粉树，雌、雄株比例为100∶(1～2)。种植以后如没有授粉树的，可在雌株上高接雄枝。尤其在新种植区，又无野生杨梅树存在的，必须配置适量的雄株。

四、定植

1. 定植时间和密度 一般春季2—3月，秋季10月上旬至11月上旬进行定植，此时温湿度适宜，先长根后放梢，成活率高。栽植密度因品种而异，一般株行距5m×5m或6m×6m，每亩栽20～25株。早大梅结果早，树冠较小，每亩可栽35株；东魁杨梅、晚稻杨梅等品种，树势强健、高大，株行距以(5～6)m×(6～7)m为宜，可栽16～20株。栽植过密则进入盛果期后，树冠相互挤压，严重影响产量及质量。

2. 大穴深坑 在山坡上掘穴种植，也可修筑梯田后再种植，定植前的冬季要先挖好直径 1m、深 0.8m 左右的穴，深层土壤经冬季冰冻风化后填回原处，再将表土和充分熟化后的有机肥混合填入穴中压实，上面盖上松土呈馒头形以待种植苗木。

3. 摘叶定植 苗木定植前，每个定植穴施堆肥 50kg 或饼肥 3～4kg，再加过磷酸钙 0.5～1.0kg。由于杨梅叶多，摘叶定植可减少定植后水分蒸腾，有利于发根成活。起苗的前一天，用水浇湿苗地，挖苗要深，以减少对根系的损伤。苗木远运，需用黄泥水蘸根，包草包保湿。目前杨梅苗的嫁接部位，多用薄膜包扎，因其难以自行腐烂，种植时必须解除嫁接膜。

4. 深栽培土 深栽培土是苗木成活的关键。在定植时，苗木不能种植在穴的中间，应深种在定植穴靠山坡的边缘，只有将半棵苗靠近未挖松的泥，根系才能吸收到土壤毛管水，以免造成缺水而死。深度以达到接穗口长出的新枝基部第三片叶为止。

5. 浇水盖草 定植后宜立即浇水，使根土紧密结合。在伏旱季节采用树盘盖草护湿，并每隔 10～15d 浇 1 次水或对树冠人工喷水，确保其安全度过伏旱关，盖草要离主干一定距离。幼树定植后最好要固定支柱，防止树体摇动，以利于成活和生长。

6. 施肥促梢 抽秋梢前在离主干 20～30cm 环形沟处每株施用少量复合肥，促进秋梢生长。

任务五 田间管理

一、土肥水管理

（一）土壤管理

1. 幼树期土壤管理 对杨梅幼年园应及时中耕除草，保持土壤疏松。炎夏季节，注意用山草、秸秆等覆盖树盘。注意种植绿肥深翻压青，同时施肥以改良土壤。

2. 成年期土壤管理 成年杨梅多行天然生草栽植，但在 4—6 月及 9 月秋梢停止生长后宜进行中耕除草两次，用铲除的杂草覆盖树盘。采果后或秋冬季进行树盘深翻或全园深翻，深度为 15～20cm，要求近树干处浅，然后再培土 10cm 左右，以加速土壤熟化和增厚土层。

（二）施肥

1. 幼树期施肥管理 杨梅幼树（1～3 年）施肥以速效性肥料为主，氮、磷、钾配合施用，其比约为 4∶1∶3。每年秋冬施有机肥，每株施鸡粪 10kg 或土杂肥 25kg；生长季节按“一次梢二次肥”原则，在每次新梢抽出前半个月施攻梢肥，以氮肥为主，待新梢老熟前再施一次，以钾肥为主。

2. 成年树施肥管理 成年树以高产优质为目标，施肥量随结果树产量的增加而逐年适当增加，原则上应多施钾肥，氮、磷、钾比为 4∶1∶5，常年施肥 2～3 次。

（1）采后肥。采果后重施采后肥，占全年施肥量的 50%～55%。如株产 50kg 的树，一般施饼肥 2～3kg 与硫酸钾 0.5～1.0kg，以恢复树势，促发粗壮夏梢和花芽分化。

（2）春肥。于2—3月萌芽前施入春肥，一般每株施硫酸钾1kg与尿素0.2kg，促发春梢。

（3）果实生长期追肥。加大硫酸钾的施入，促进果实膨大，提高果实品质。可选用0.2%～0.3%磷酸二氢钾进行叶面施肥，一般喷施1～2次。

（三）水分管理

南方各省杨梅园在枝梢生长期和果实发育期雨水较多，能够满足需要，但要注意在梅雨季节加强开沟排水。后期若连续干旱及高温强日照，应及时适量灌水，加强土壤覆盖等。

二、整形修剪

杨梅树整形修剪的方法有人工修剪和化学调控，这里主要介绍人工修剪。

（一）整形

杨梅的树形多采用自然开心形、自然圆头形和主干形等。因杨梅的顶芽及其附近1～4芽能抽生枝梢成为骨干枝或侧枝，先端抽生枝梢的生长势都很强，下部多是隐芽，故树冠分枝很有规则。幼树整形时，只要轻度修剪，5～6年即可成形。

1. 自然开心形 定植后第一年以抹芽为主，从离地20cm起选留第一个主枝，以后每隔15～20cm留第二、第三个主枝，3个主枝均生长健壮，开张角度为50°左右，均匀地向不同的角度张开。留用的主枝抽发夏梢，每个主枝保留2个夏梢，夏梢上再抽发秋梢，适当摘心，促使主枝充实粗壮。第二年对主枝适当短截，使其按原来的方向发展，并将主枝上所有的侧枝短截，萌芽抽枝后，在主枝的侧面距主干60～70cm处留一强壮枝作为第一副主枝，培养三个副主枝上的第一副主枝均应在主枝的同一侧。第三年在各主枝的另一侧距第一副主枝60～70cm培养第二副主枝，第四年距第二副主枝40cm左右处在培养第三副主枝，每个主枝再培养2～3个副主枝，副主枝和主枝间的角度一般为60°～70°。主副枝的延长枝每年要适当短剪延长分布（图Ⅱ-9-3）。自然开心形主枝有3个，并向四周开张斜生，中心开张，阳光通透，树干不高，管理方便。

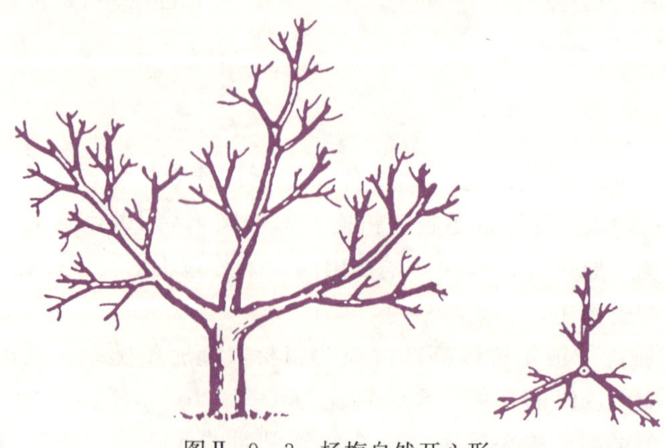

图Ⅱ-9-3 杨梅自然开心形

（于泽源，2005，果树栽培）

2. 自然圆头形 苗木定植后，在离地 30～40cm 处进行定干，待发枝后，留生长强壮、方位适当的枝条 4～5 个作为主枝，主枝在中心干上下各保持 10～15cm 的间距，开张角度 40°～50°，向四周伸展，主枝间互不重叠（图Ⅱ-9-4）。

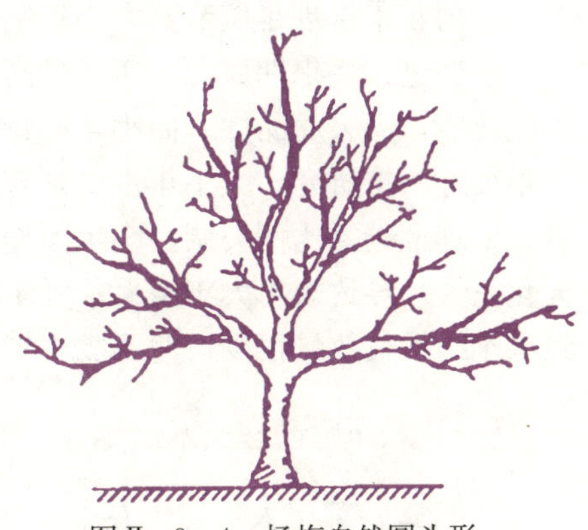

图Ⅱ-9-4 杨梅自然圆头形

（于泽源，2005，果树栽培）

3. 主干形 选用生长良好的苗木定植后，留干高 60～70cm 进行修剪。其后发生的枝条，以最上面 1 个枝条为主干延伸枝条，其下留 3～4 个作主枝，向四周开张，并删除过多的强枝。第二年，主干顶端的延长枝留长 60cm 短截发枝，最上一分枝继续留作延长枝，并选择其下 3～4 个斜生枝作主枝。第三、第四年也同样进行。如此，树干逐年上升，到盛果期树冠大致不会升高。此类树形不再设副主枝，以主干上多留主枝来代替副主枝，在完成整形后，1 株树共有 12～15 个主枝。杨梅具有强烈的顶端优势性，主干形的树冠最初是上小下大的圆锥形树冠，很快又转为上下大小相似的圆筒形树冠，而后变成倒卵形树冠，但倒卵形树冠内部荫蔽，结果部位上升，产量逐年下降（图Ⅱ-9-5）。

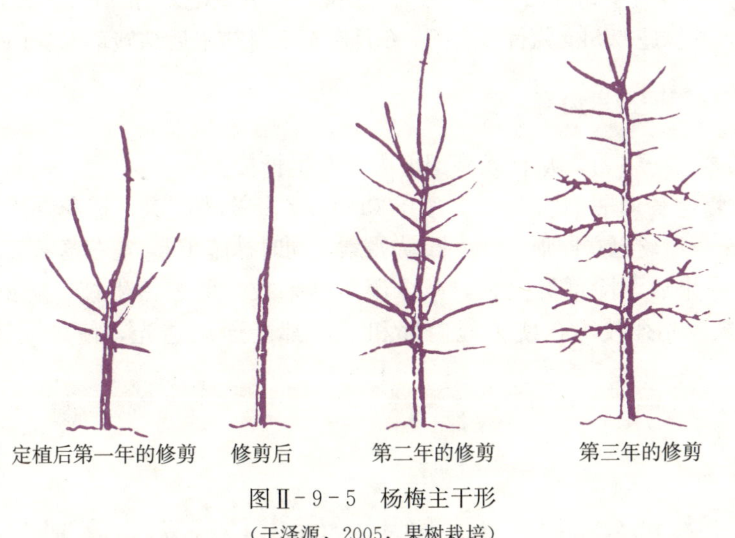

图Ⅱ-9-5 杨梅主干形

（于泽源，2005，果树栽培）

（二）修剪

1. 生长期修剪 春季发芽后到秋季生长停止前，及时除去树体上的无用的萌蘖，包括主干基部发生的徒长枝，主枝、副主枝和大型辅养枝背面发生的过强枝条，同时春季枝梢开始生长后组织尚未木质化前对其进行摘心，既可提高坐果率，减少落果，又可促进树冠光秃部分的徒长枝抽发二次枝，进而演变成结果母枝。此外，通过拉枝和撑枝，促使杨梅树冠开张，改善光照，达到立体效果。

2. 休眠期修剪 成年结果树在春梢发生前，剪去枯枝、虫枝、纤弱枝、徒长枝、交叉枝，并适当疏删，除去主干主枝上萌发的萌蘖，其他不做特殊修剪。

三、花果管理

杨梅花果管理是调节其大小年结果，整体提升杨梅产量和品质的一项重要技术措施。

杨梅进入盛果期后，大年产量高、果实小、色泽浅、味酸品质差，甚至7月初果实还不能成熟，失去商品性，而小年产量仅为大年的1/5，价格虽好，但因产量低，经济效益仍不很好。据研究，大小年主要是管理不当、病虫危害与气象等因素综合作用，造成树体营养生理上碳氮比例失调。小年因挂果数量少，春梢及夏梢抽生量大，枝条粗，同时花芽分化完善，导致来年大年结果；大年时因树体挂果多，营养消耗多而很少抽生结果枝，导致来年结果枝数量很少，便形成小年。

（一）大年树管理技术措施

1. 合理短截 大年树于春季2月至3月中旬全树短截1/5～2/5结果枝，使其抽出一定数量春梢，为小年结果准备一定的结果枝。

2. 结合疏花，喷布植物生长调节剂 在盛花后期，用100mg/kg的多效唑溶液喷洒有花树冠，使之适量落花；也可用1 000倍液的吲熟酯或200mg/kg萘乙酸、乙烯利，在幼果期喷洒，使其适量落果。

3. 合理用肥 5月中旬叶面喷果实肥大叶面肥0.5%氯吡苯脲（KT-30），促进果实增大，提早着色，并株施0.5kg氮钾复合肥，6月底至7月初采后株施草木灰10～15kg。

（二）小年树管理技术措施

1. 疏删修剪 2—3月，从枝条基部剪去2/5生长枝。

2. 喷布植物生长调节剂 2—3月喷500mg/kg多效唑1次；盛花期喷10～20mg/kg赤霉素1次；采果后树冠立即喷50mg/kg赤霉素，同时株施10kg左右草木灰。

3. 修剪 采果后删除部分夏梢，减少翌年结果枝，剪去密生枝、病虫枝、衰老枝、纤细枝、下垂枝、枯死枝等，使树冠内部和下部都能通风透光，使之立体结果并改善品质。

技能实训

技能实训9-1 杨梅幼树生长季环沟施肥

一、目的与要求

通过本次实训操作使学生掌握杨梅幼树科学施肥方法。

二、材料与用具

1. 材料 幼年杨梅树、尿素、硫酸钾、过磷酸钙。

2. 用具 锄头、簸箕、台秤等。

三、内容与方法

1. 确定施肥时间 每次新梢抽出前半个月或新梢老熟前施肥。

2. 正确选用肥料 新梢抽出前半个月施用尿素，新梢老熟前施用硫酸钾。

3. 施肥方法 采用环沟施肥法，在杨梅树冠投影外缘稍远处挖深与宽分别为20～40cm的环状沟进行施肥。

四、实训提示

本实训以小组为单位进行。

五、实训作业

根据实际操作过程和结果，撰写实训报告。

技能实训9-2 杨梅疏果

一、目的与要求

通过本次实训操作，使学生掌握杨梅疏果的技术要求与方法。

二、材料与用具

1. 材料 杨梅结果树。

2. 用具 疏果剪。

三、内容与方法

1. 疏果时期 第一次在谢花后20d，果实已有花生仁大小时进行疏果；第二次在谢花后35d，果实横径约1cm时进行。

2. 留果量 第一次疏果时，每条结果枝宜留4～6个果；第二次疏果时，每条结果枝宜留2～4个果。

四、实训提示

本实训以个人为单位进行，前后两次定株定人，以便考核评分。

五、实训作业

根据实际操作过程和结果，撰写实训报告。

杨梅早结丰产栽培技术

杨梅进入结果期的时间与其他果树相比较迟，且一般需要7～8年的树龄才会结果，更迟的甚至达到10年。因此，让杨梅提早结果，是众多杨梅种植人员最关心的问题。

一、园地选择

杨梅适应性强，一般山地均可种植。海拔高度对杨梅品质有明显的影响，海拔较高的山峰，风速大、气压低、水分蒸发快，易使裸露的杨梅果肉肉柱形成尖刺形；而海拔高度相对较低的山地，气温较高，昼夜温差小，湿度较大，果实可溶性固形物含量也低；海拔中等的山地，山峦重叠，互相遮蔽，散射光多，空气湿度和温度配比合理，较有利于杨梅果实的生长发育。

二、良种选择

选种方面推荐适应性比较广、树势强健的东魁为主要的栽种品种。东魁的抗寒抗病能力强，同时也是杨梅中果形最大、产量最高的种类，产出的果实无论是直接食用还是进行加工都可以，而且果实的贮藏期相比于其他品种的杨梅长，可以减少运输方面的成本。

三、挖穴改土

杨梅种植穴直径为100cm、深80cm，在挖掘种植穴的过程中，应将表土和心土分开放置。将种植穴周围其他种类的树挖除，避免其在种植过程中争夺杨梅的水分与营养。将土填回穴中时，应将25～50kg的腐熟栏肥或5～8kg的腐熟饼肥与表土搅拌均匀，先填入种植穴中至距地面10cm处，然后去除剩余的表土中的草根等杂质，填到穴中至高出地面约20cm，穴土下沉后的高度应与地面基本持平。在填埋种植穴的过程中，若表土不够，可从种植穴周围挖取。挖穴改土的工作应该在12月底之前完成，使有机肥能够进一步腐熟，并给土壤充分的时间下沉。

四、合理栽植

杨梅栽植最适合的时间是2月中下旬至3月上旬，最佳栽植密集度为每亩25～30株。栽植时要注意授粉树的配置，低丘地区要栽植1%的雄株，中高地区需要栽植3%的雄株。雄株的栽植不应太过集中，会影响花粉的传播。栽植时应尽量选择阴天或小雨天，避免阳光猛烈、气温过高、风力较大的天气，减少苗木水分的蒸发。

1. 精心定植 栽植杨梅宜深不宜浅，应将嫁接口以上10cm的主干部分栽入土中，这样既可以减少主干的阳光暴晒，发生新根，又能为嫁接口提供合适的温度和湿度，促进愈合。定植穴的大小要保证苗木的根系可以舒展，将苗木放入穴中时，要放在中央，并将苗木的根系理顺，避免根系上翘的情况。培土进行1/2时，将苗木向上拔高2～5cm后压实，确保根系在土壤中是顺直的，既可以土壤直接接触，又不会出现窝根的现象。培土至嫁接口上5cm处时再次压实，然后用保湿较好的心土培至嫁接口上10cm。

2. 防旱防晒 杨梅喜欢阴冷潮湿的环境，不耐高温暴晒。在定植后要立即施加肥水，遇到干旱天气更应注意。定植后需要搭棚或插树枝为杨梅遮阳。高温干旱的天气到来之前，可用稻草覆盖种植墩，在稻草上压泥土，减少土壤中水分的流失。秋季将之前的覆盖物挖穴埋在地下，为土壤提供营养。

3. 合理施肥 种植1～4年的树为幼龄树，培育的主要目的是扩大树冠，重点施好春梢、夏梢和秋梢的发芽肥，以见效较快的肥料为主，可以配合使用氮、钾、磷肥料。种植5～7年的为初果树，施肥的目的是促进开花结果，控制枝梢生长，产量高的树一年有2次施肥，必须做好3月中上旬每株施加硫酸钾复合肥1.0～1.5kg的工作。

杨梅采摘完毕后每株施加尿素约0.25kg、硫酸钾1.0～1.5kg、腐熟饼肥5kg左右，同时要将种植园内的杂草清除，进行深埋，增加土壤肥力。

4. 整形修剪 如果对杨梅不进行树体修剪放任其自由生长，会导致树体因营养不足而结果时间偏迟。在杨梅种植后的3年内，要做好树形骨架的培养工作。在距地面约20cm处，培养方位角约120°、垂直角约60°、上下枝的距离约10cm的主枝3个，其余枝条均为辅养枝。培养辅养枝时，可以手动拿枝、拉枝，使辅养枝能够开张角度，避免其与主枝竞争。如树体的主干不正、主枝的角度未达到要求，可以采用吊、撑、拉等方法对其进行调整。

树龄较小的杨梅修剪不宜过重，修剪的重点是抹芽和打顶。及时抹芽可以保证幼龄杨梅的枝梢数量维持在一个适宜的数量，能够均匀分布，有利于杨梅的生长。打顶可以防止树体枝条下垂，促进枝条增粗，使芽眼饱满，利于幼龄杨梅的分枝。

对于已成年的杨梅，修剪的主要目的是培养早结丰产的树体结构，调节杨梅的生长与

结果的关系，使其能够成为优质高产的盛产树。修剪重点是保证杨梅的枝条密度，剪除病虫枝，维持树体开花数量适宜。

5. 控梢促果 种植5～7年的杨梅常常会发生因生长速度加快而导致花量很少或只开花不结果的现象，为避免此类现象的发生，必须重视控梢促果工作。

(1) 控氮抑梢。在施肥时主要施加有机肥和钾肥，严格把控肥料中氮的含量，达到抑制营养生长的作用，促使杨梅适龄结果。

(2) 开张大枝角度。通过撑、拉等手段将较大枝条的角度张开到60°左右，缓和杨梅的生长趋势，并对光照条件进行调整，促进杨梅开花结果。

(3) 化学控梢。对生长过于旺盛的杨梅，可以在春、夏2个季节抽条发芽时喷布1次多效唑，抑制树体的营养生长。也可以于前一年的11月进行地面撒施，这种撒施方法1年1次即可，如果使用过多，会造成对杨梅的终生损害。

6. 防治病虫害 为了能够尽量减少杨梅的病虫害，同时保证其早果丰产，要在病虫害发生之前就做好防治工作，做到有备无患。

杨梅常见的病害为癌肿病、褐斑病和干枯病。癌肿病可用抗菌剂402（乙基硫代磺酸乙酯）200倍液防治，也可人工除去病枝；褐斑病可用50%多菌灵可湿性粉剂1 000倍液或65%代森锌可湿性粉剂600倍液防治。

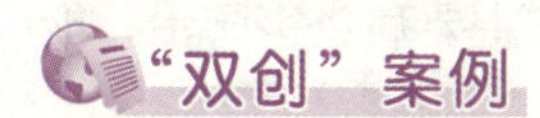

“双创”案例

“90后”的新农庄

这个农庄好像动物园。孔雀在这里开屏，鸵鸟在这里散步，鸽子在这里飞翔。这里的农庄有杨梅、火龙果、杧果、波罗蜜、青枣、草莓等40种水果和蔬菜。这是一个怎样的农庄？这样吸引我们的农庄竟然是一个90后小伙子用5年时间建成的，你能想得到吗？

“90后”的新农庄

复习提高

(1) 杨梅根系有何特点？相应施肥特点如何体现？

(2) 阐述杨梅生长结果特点。

(3) 生产上有哪些措施可以提高杨梅嫁接成活率？

(4) 杨梅开花有哪些特点？

(5) 分析杨梅成年结果树大小年的原因及其克服措施。

项目十
杧果优质生产技术

学习目标

- 知识目标

了解杧果的主要种类、品种以及适宜生长的环境；了解杧果生产概况及当地优良品种；理解杧果生长结果特性；掌握杧果优质高效生产的关键技术及其理论依据。

- 技能目标

能进行杧果枝蔓调控和花果管理；能独立进行杧果土肥水管理和主要病虫害防治；能制订杧果周年生产管理计划方案。

- 素养目标

具备优良的工作作风和严谨的科学态度，善于发现问题、解决问题；了解农业在我国的战略地位，树立学农、爱农和从农之心。

生产知识

杧果生产概况

杧果是热带常绿果树，有“热带果王”的美称，在国内外市场深受欢迎。杧果果实营养丰富，外观美，香气浓，肉厚汁多，味道甜美，可以直接鲜食或榨制鲜果汁，也可加工成浓缩果汁、果酱、蜜饯、果酒、果干、果冻等加工品。实生杧果树冠形丰满，树形美观，是热带和亚热带地区城乡优良的绿化树种。

杧果原产于亚洲东南部热带地区，印度、缅甸、泰国及马来西亚半岛被认为是杧果属物种形成的中心地区。印度是目前全球最大的杧果生产国，全球已知近 1 600 个杧果品种中 90%以上在印度境内，阿方索、班加帕利等品种闻名遐迩。据 FAO 资料，2018 年世界 103 个杧果生产国和地区收获面积总计 575 万 hm^2，比上年增长 0.86%；年产量为5 538万 t，比上年增长 6.5%；单产为 9.6t/hm^2，比上年增长 5.6%。全球产量在 2010—2013 年保持在 6%左右的增长速度，随后增速有所放缓，在 2018 年产量达到历史最高。

据中国热带农业科学院发布的数据显示，我国杧果的种植面积和产量均居世界第三位，2019 年种植面积为 32.3 万 hm^2，总产量 278.2 万 t。我国杧果主产于广西、海南、广东、云南、福建、四川和台湾等地。其中，冬春干旱、夏秋湿润的海南东部、广东雷州半岛西海岸、广西田阳和田东等是杧果最适生态区域。

任务一 主要种类和品种

一、主要种类

杧果（*Mangifera indica*）属漆树科（Anacardiaceae）杧果属（*Mangifera*）。据报道，杧果分类目前仍未形成科学性和系统性的体系，有学者根据花中有无花盘将杧果属分成两部分，即印度组系和印支组系，包括41种，其中可食用的有15种，几乎所有食用杧果品种都属于印度次大陆的杧果（*Mangifera indica*）。杧果栽培历史悠久，形成品种与品系很多。从果皮色泽看，有绿色、黄色、红色和紫红色；从果实形态看，有圆果形、长果形等；从果实成熟期看，有早熟、中熟、晚熟3种；依据种胚特点，可分为单胚和多胚两个类群；按生态型可分为三大品种群，即印度品种群（代表品种是秋芒、阿方苏）、印尼品种群（代表品种是鹰嘴芒）及印度支那品种群（代表品种是吕宋芒）。

二、主要品种

1. 金煌芒 我国台湾地区选育。树势强壮，叶片大而长，易成花，花穗长，花朵大，丰产稳产。果特大，单果重600～1 500g，果实长椭圆形，成熟果皮和果肉呈黄色，纤维极少，品质上等。4月开花，果实7月成熟。

杧果优良品种介绍

2. 台农1号 我国台湾凤山热带园艺试验所选育，枝条节间短，叶窄小，树冠矮，适宜矮化栽培，花序再生能力强。果实抗炭疽病能力强，单果重200～250g，果实卵形但稍扁，成熟时果皮黄色，果肩粉红色，果肉黄色，可食率60%～65%，细嫩多汁，味香浓甜，纤维少，品质上等，耐贮藏。开花期在3月，成熟期在6月中旬到7月上旬。

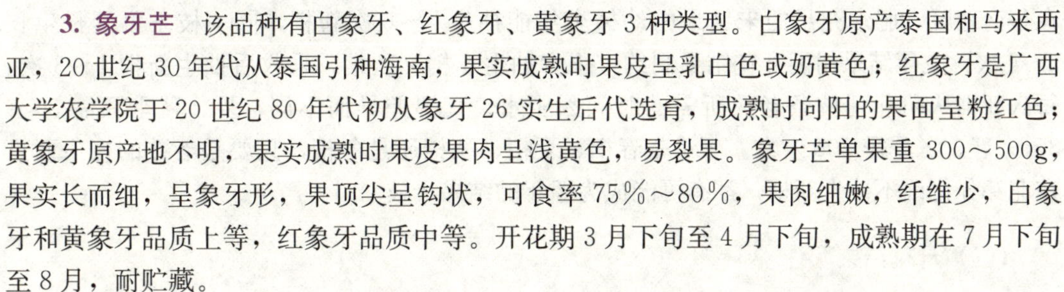

3. 象牙芒 该品种有白象牙、红象牙、黄象牙3种类型。白象牙原产泰国和马来西亚，20世纪30年代从泰国引种海南，果实成熟时果皮呈乳白色或奶黄色；红象牙是广西大学农学院于20世纪80年代初从象牙26实生后代选育，成熟时向阳的果面呈粉红色；黄象牙原产地不明，果实成熟时果皮果肉呈浅黄色，易裂果。象牙芒单果重300～500g，果实长而细，呈象牙形，果顶尖呈钩状，可食率75%～80%，果肉细嫩，纤维少，白象牙和黄象牙品质上等，红象牙品质中等。开花期3月下旬至4月下旬，成熟期在7月下旬至8月，耐贮藏。

4. 青皮芒 原产于泰国。树势中等偏强，成熟叶片的叶面呈波浪状，在春季干旱地区较丰产和较稳产，春季阴雨地区不稳产。果实肾形或长椭圆形，有明显腹沟，在主产区海南成熟期为5月中旬至6月上旬，成熟果皮青黄色或暗绿色，单果重200～250g，可食率约70%，向阳果面有时呈红晕，果肉淡黄色，纤维少，味甜清香，品质上等，易裂果。

5. 粤西1号 中国南亚热带作物研究所选育。树势强，花穗再生能力强。单果重100～200g，果实长卵形，成熟时果皮黄色，果肉金黄，嫩滑多汁，味甜清香，纤维少，可食率约70%，产量较高。开花期2—3月，果实成熟期为5月下旬至6月中旬。

6. 田阳香芒 广西田阳县选育，主产于广西田阳、田东等地。树势中等，耐旱，肥水要求不高，耐修剪，在春季干旱地区栽培丰产稳产。单果重200～300g，果实椭圆形，皮薄光滑，熟后果皮黄色，果肉黄色，纤维少，果汁多，肉质细嫩香甜，可食率约75%，品质上等，耐贮运，是鲜食的优良品种。2—3月开花，6月上旬至7月上旬成熟。

此外国内栽培较多的还有紫花芒、金穗芒、桂香芒、桂热芒、秋芒、白玉芒、留香芒、凯特芒、爱文芒、红芒6号、攀西红芒、椰香芒等；世界各杧果产区还有许多各有特色的良种，如阿方苏、克沙尔、班根帕里、朗格拉、丘莎、吕宋芒、海顿芒、肯特、鹰嘴芒和斯里兰卡811等。

任务二　生物学和生态学特性

一、生物学特性

（一）生长特性

杧果生物学特性

1. 根系 杧果实生根系很发达，成年树主根粗大、深长，垂直生长可达5～6m；侧根分布浅，集中分布在0.2～0.4m土层，根系水平分布最大可超过冠径范围。

在热带地区只要土壤水分充足全年均可生长，没有休眠期，在亚热带地区如遇土壤干旱和冬季的低温会暂时停止生长。华南地区成年结果树的根系生长高峰期一般在果实采收后到秋梢萌发时及秋梢老熟停长后两个时期，但生长量受土壤水分制约；春季虽然气温回升，雨水充足，但因开花结果等地上器官旺盛生长而抑制根系生长。

2. 枝梢 杧果枝条层次明显，同一枝条各次梢有明显界线。老熟的枝条顶芽或上端的侧芽萌发抽生新梢，全年抽生新梢次数和质量优劣因气候、树龄、栽培管理水平而异。在华南地区，肥水充足的未结果的幼树全年能抽生4～6次新梢，同一枝条可延长生长2～4次；成年结果树因开花结果制约，很少抽生春梢和秋梢，采收后抽生新梢1～3次。每次新梢从萌芽到枝条老熟所需的时间因肥水、气温差异而不同，夏、秋季只需30～35d，春、冬季需60d左右。不论是春梢、夏梢、秋梢还是冬梢，只要是老熟的枝条而且在花芽分化前不抽生新梢，都有可能成为翌年的结果母枝。

（二）开花结果习性

1. 花芽分化 杧果花芽分化期一般在11月至翌年3月。广西大学农学院在南宁观察，青皮芒等早、中熟品种在11—12月花芽分化，紫花芒、秋芒等晚熟品种在1—3月花芽分化。通常10～15℃低温和干旱有利杧果花芽分化，但低温并不是杧果花芽分化的必要条件，在我国海南和印度杧果产区，虽然冬季温度高但杧果开花结果也好，可见只要冬季干旱就能诱导杧果花芽分化。花芽分化期适当高温有利两性花形成，但当气温高于20℃时易形成混合花序，出现花序夹带新叶的现象，甚至长出新梢，5℃以下低温则容易形成雄花。

光照度和枝条粗细对花芽分化也有较大影响。光照充足，枝条花芽分化率高，开花提早，坐果率较高。枝条生长过弱或过旺都不利其花芽分化，直径为0.7～0.9cm的结果母枝易成花且坐果率高，过粗的不易成花，过弱的易成花但坐果难。

杧果绝大多数是末级枝梢的顶芽和近枝条顶端的腋芽分化成为花芽，如顶芽受损死亡就会促进近顶端的3～4个腋芽进行花芽分化，腋生花芽一般在顶生花芽被摘除后10～15d出现。生产上有时通过摘除顶生花序延迟花期，但不同品种的花序再生能力有较大的差别，秋芒、紫花芒、粤西1号的花序再生能力强，青皮芒、吕宋芒花序再生能力弱。

2. 花与开花 杧果花序是顶生或腋生圆锥形花序，花序长10～60 cm，花梗颜色因品种而不同，每个花序着生几百上千朵小花，小花的花径5～10mm。花型有雄花和两性花两种，杂生于同一花序，雄花子房退化，两性花子房一室，雌蕊一枚，不同品种两性花比例差别较大（表Ⅱ-10-1）。当气温高于20℃时，抽生的大多是带叶花序，低温抽生的花序为无叶花序，但高温有利两性花形成。

表Ⅱ-10-1 杧果不同品种两性花比例

（于泽源，2005，果树栽培）

单位：%

时间	紫花芒	粤西1号	桂香芒	爱文芒	红芒6号	草莓芒
1992年	16.25	22.00	23.20	41.16	29.59	15.58
1994年	13.36	8.30	55.95	42.47	18.55	16.07

早、中熟品种的花期在11月至翌年2月，目前主栽和推广的晚熟品种如栽培管理适当其正常的开花期在3—4月，一个花序的花期为15～20d。开花期遇低温阴雨连绵天气将严重影响授粉受精和幼胚的发育，受害轻的结无胚的小果，受害重的落花落果甚至没有产量，这是华南地区许多早熟品种冬季花量大但往往低产或没有产量的重要原因。开花前叶面喷施0.2%～0.3%磷酸二氢钾与0.3%硼砂混合溶液能减少落花量。

杧果是典型的虫媒花植物，传粉昆虫主要是蝇类、蜂类、蚂蚁等，杧果未能受精的花在开花后2～5d凋谢落花；授粉受精后的两性花子房开始膨大逐渐变为绿色，进行生长发育。

3. 果实生长 杧果果实由外果皮、中果皮（果肉）和种子组成，种子1枚。成熟的果实外果皮有黄色、橙色、紫红色、黄绿色、暗绿色，果形有圆形、椭圆形、心形、肾形、象牙形等，果肉有黄色、橙色、白色等，果肉纤维多少因品种而异。

杧果开花到果实成熟的生长发育期为100～150d，受精约30d后开始迅速膨大，成熟前15～20d体积基本停止增大。华南地区主栽的晚熟品种成熟期大多在7中旬至8月上、中旬。

杧果整个生长过程有两个明显的生理落果期。第一次在开花后10～20d果实长到黄豆粒大时，落果量极大，主要是受精不良引起；第二次在开花后40～60d、小果直径2～3cm时，此次落果的主要原因是肥水不足或胚发育不良。还有少数品种如紫花芒采前15～20d有明显落果现象。绝大多数品种到果实成熟时坐果率一般都低于1%。

二、生态学习性

1. 温度 杧果喜温畏寒，经济栽培要求年平均温度高于21℃，大于等于10℃年活动积温 6 500～7 000℃，最冷月平均温度不低于 15℃，全年无霜或有霜日只有 1～2d。世界大多数盛产杧果的地区年平均温度都在 25℃左右，最冷月平均温高于 18℃。绝对低温高于 5℃地区所产杧果成熟期较早，糖酸比较高，品质较好。杧果在气温 20～30℃时生长良好，气温降到 18℃以下时生长缓慢，10℃以下停止生长，当温度下降到 5℃时，幼树的新叶和成年树的嫩梢就会发生轻度的冻害。开花期与幼果发育初期的气温以 20℃以上为宜。低于此温度授粉受精不良，造成落果；如高于 37℃，并伴随风，小花及幼果易遭受日灼，导致落花落果。

2. 光照 光照充足，杧果枝条生长快、长势好，花芽分化和开花坐果良好。据欧世金对紫花芒等 7 个品种调查结果显示，果园西向边行的枝条平均抽花率为 71.85%，园内枝条平均抽花率仅为 57.21%，光照好的南向枝条抽花率比北向枝条抽花率高 22.5%，整形修剪通风透光的植株抽花率比透光性差的植株高 41.05%。光照不良时，果、枝和叶生长纤弱，花芽分化迟，果实生长慢，果皮色差，果肉含糖量低，但日照太强也会灼伤果实和枝条。杧果幼苗需在隐蔽条件下才能生长良好，在强光照下生长慢，叶片黄化。

3. 水分 杧果根系深，比较耐旱，花芽分化期尤其需要适当干旱，否则不利于花芽分化。终年高温多雨的一些地区如巴西、牙买加的湿润地区和马来西亚的大部分地区栽培的杧果生长旺盛，枝梢很难抽出花穗，结果少，产量低。杧果花期出现阴雨连绵或大雾的天气常常使花穗霉烂枯死。果实生长期如果缺水则会导致大量落果，湿度过大时果实的外观差，在果实生长后期遇骤雨极易裂果。因此，在灌溉条件良好、降水量少的地区种植杧果产量稳定，病虫害少，果实外观好，风味浓，耐贮藏。

4. 土壤 杧果对土壤适应性强，但以土层深厚（2m 以上）、地下水位低（低于 2.5m）、排水良好、有机质丰富、pH 5.5～7.5 的园地种植为宜。若在排水不良、土层过浅、盐碱地种植，植株极易黄化；但在水肥过于丰富的土壤种植，植株极易徒长，不利开花结果。我国杧果主产区的气象要素见表Ⅱ-10-2。

表Ⅱ-10-2 我国杧果主产区气象要素

（刘德兵，2018，杧果精准栽培技术）

主产区	生长期/月	年均温/℃	最冷月均温/℃	绝对最低温/℃	年降水量/mm	花期降水量/mm	年日照时数/h	备注
海南东部	2—6	24.5	18.3	1.4	998.9	30.5	2 628.1	冬春无连续低温阴雨
海南三亚	2—6	25.4	20.7	5.1	1 270.9	27.7	2 586.5	冬春无连续低温阴雨
广西百色	4—9	22.3	13.7	−2.1	1 061.1	59.3	1 912.0	冬春无连续低温阴雨
云南元江	4—9	23.9	16.6	3.8	781.4	44.9	2 223.0	冬春无连续低温阴雨
云南怒江坝	4—9	21.3	14.1	1.2	715.4	36.8	2 228.6	冬春无连续低温阴雨
广东湛江	4—9	23.1	15.6	0.1	1 567.3	260.8	1 937.0	冬春连续低温阴雨
四川米易	4—9	19.9	11.0	−2.8	942.1	3.3	2 358.6	冬春无连续低温阴雨
广东广州	4—9	21.8	13.3	0	1 694.1	371.8	1 860.0	冬春连续低温阴雨

任务三 育 苗

杧果可用播种、嫁接和空中压条等方法繁殖种苗，生产上主要用嫁接的方法繁殖苗木。

一、砧木苗繁育

夏至收完杧果后，7—8月高温多雨天气，是杧果育苗的最佳时间。其育苗方法是：

1. 沙床催芽 杧果在收种子后，要集中存放在阴凉潮湿处，勿让太阳暴晒，防止失去生命力，降低发芽率。催芽前先剥壳取仁，放在沙床上进行催芽。据试验，剥壳催芽比不剥壳发芽率高40%～60%，出苗快则需要15～20d。在催芽时，早晚淋水一次，以防沙床干裂。

2. 苗圃育苗 出芽后转移到苗圃育苗。苗圃应选择土质肥沃，湿润、疏松、排水良好的沙质土壤或壤土，播前每亩施农家肥2 500～3 000kg，精细整地，泥土细碎，起畦宽1m，然后将种芽均匀摆放，种芽间距以25cm左右为宜，播后覆上一层薄土，盖草保温。播种畦四周要开好排水沟，预防暴雨成涝。

3. 苗期管理 种芽移入苗圃后，要加强管理，保持土壤湿润，高温“三伏天”或干旱要注意淋水。杧果苗在水肥充足条件下，半年后茎粗达0.8～1.0cm，就可以进行嫁接或移植。

4. 防虫灭病 杧果幼苗的主要病虫害有炭疽病、白粉病、钻心虫、果实蝇、天牛等。由于幼苗抵抗力较差，要注意观察，当发现病虫危害时，应及时施药防治，避免或减少损失。

二、嫁接

常规育苗是当苗木长到粗度1cm左右时嫁接。春、夏、秋季嫁接成活率高，嫁接高度一般为离地面20～25cm，嫁接方法采用切接、补片芽接等。

（一）切接

1. 选接穗 选取枝条为树冠外围向阳、生长健壮、充实、芽饱满、无病虫的1～2年生枝已经老熟的枝条，一般秋接用当年春、夏梢，春、夏接用前一年秋梢或当年春梢，正在开花、结果或刚收果的枝条及隐蔽的弱枝不宜用作接穗。

2. 削接穗 选芽饱满的1～2年生健壮枝条，在芽眼下1cm处，向前呈45°角斜削一刀，选留枝条上1～2个芽，在芽的背面或侧面削去皮层稍带木质，长2～3cm，削面要平，然后在距离最上面芽0.3cm处将穗切断。

3. 开嫁接位和接合 砧木茎粗达0.6～0.8cm时可嫁接。在第一蓬梢上方无叶节的茎段削1个与接穗切口相当的平面，截去切面以上的部分，并切去切口的大部分皮层，仅留下面小部分作插接穗之用。对准皮层，插入接穗，用塑料薄膜带缠紧，密封即成。

（二）补片芽接

果树补片芽接

1. 选接穗 选健壮、充实、叶芽多而芽眼饱满的1～2年生枝作接穗。采接穗最好在上午，久旱之后应在采接穗前2～3d灌水，以利于剥皮。采下的接穗剪去叶片，但不能剪伤芽，也不应用手剥叶以防伤芽。如需贮藏或运输的，可用湿椰糠或经发酵的木糠保存，湿度以手捏成团而不出水、落地松散为宜。

2. 开芽接位 在砧木第一蓬梢上方，选表皮光滑、无叶节的枝段开芽接位。用刀尖刻一宽约1cm、长2.5～3.0cm的长方形，深达木质部，并在右上角挑开树皮，拉下1/3，如果易剥皮即可削芽片。实践表明，在第一蓬梢上方芽接抽梢后回枯少，成活率高，操作也较方便。

3. 削芽片 宜选用芽眼饱满的叶芽或密节芽，削取长3～4cm、宽1.2～1.5cm的芽片，按接口宽度修平芽片两边，小心将皮层和木质分离，但不能损伤形成层，最后把芽片削成比接口稍小的长方形（芽点在中间）。

4. 接合与捆缚 将砧木接口的树皮全部剥去，贴入芽片，用弹性好的塑料薄膜带自下而上叠合缠紧，缚牢，不能露出芽片。

任务四 建 园

一、园地选择

杧果生长要求阳光充足、温暖忌霜冻低温的环境，因此建园就应选择在向阳、土层深厚、排水方便、有灌溉条件的平原或丘陵地。同时，为了今后的管理方便，降低成本，还要考虑园地的交通和设施条件。

二、果园规划

搞好土地的基础设施建设，按照地形、地貌安排好排灌系统、道路系统和果园的配套设施（如用具及肥料仓库、田间肥料堆沤池、药剂贮藏配制工作间、宿舍、果品处理工场及仓库等），划分好种植小区，在风口的位置上还应设置防护林，丘陵坡地则应按照不同的坡度进行等高定穴或修筑梯田，以达到保水、保肥、保土的目的。

三、栽植穴准备

栽植穴的规格可按不同的土质分别对待。土层深厚、土质疏松的土壤，栽植穴可浅挖，地势较低的甚至可用墩式种植；如果在黏质泥土或浅层有硬砾的土壤上种植，则必须挖穴种植，一般穴的规格为100cm×100cm×(60～80)cm。回填土时应先将杂草放在穴底，表土和底土分别与等量的腐熟有机质肥料混合填回，每植穴需肥料为有机肥25～30kg、石灰1kg、磷肥1.0～1.5kg。回填土面应高于地面20～30cm，等植穴中的有机肥腐熟及土壤下沉稳定后方可进行定植。

四、种植规格

杧果是一种速生快长的高大乔木果树，枝条生长迅速，树冠形成快。4年生的杧果，其树冠的覆盖幅度已达 6.5m²；栽植密度为 50 株/亩的果园，6 年生的杧果基本全部封行。因此，在建园时就应该从经济栽培的角度考虑种植的规格，太疏会影响早期单位面积的产量，浪费空间；过密又会引起早期郁闭，不利于通风透光，易滋生病虫害，影响产量及品质，并增加管理上的困难。所以，既要使果品的产量高、品质好，又能使管理方便，种植的规格就应建立在经济栽培的基础上。按不同的品种采用不同的种植规格，以栽植密度 40 株/亩为基础，即株行距 5.0m×3.3m 较为适宜。

五、品种布局

品种选择直接关系到杧果商品生产的成败，在选择时不但要考虑到果品的品质及市场适销程度，而且要考虑所选择的品种是否能适合本地区的生态条件，种植后能否稳定地获得产量，同时还要考虑早、中、晚熟种的搭配。目前，各地引进的杧果品种很多，但大多数的品种由于不能适应花期低温阴雨天气，致使产量低而不稳，缺乏经济栽培的价值。

经实践，目前在广州地区较适合栽培的品种有紫花芒、桂香芒、粤西 1 号、红芒 6 号及新引进的金煌芒等，这几个品种具有花期迟、两性花比例适中的特点，较易获得稳定的产量。

六、定植

要提高种植的成活率，除了苗木本身质量（包括起苗质量）外，还需要适时种植和讲究种植的方法。一般杧果种植期以春季（3—5 月）为宜，在寒潮已过、气温明显回升、空气湿度大、果苗新芽尚未吐露时种植，成活率高。秋植气温高，容易发梢，但较干旱，日照又强，蒸腾量大，应选择有秋雨的时候种植，才能提高成活率。

移植的杧果苗有带土和裸根两种。带土苗易成活，恢复生长较快；裸根苗如果注意起苗质量，根系醮好泥浆，在运输途中保持根部湿润，定植后加强淋水管理，成活率仍会很高。无论是哪一种苗，种植时都应将每片叶片剪除 2/3，以减少水分蒸腾，保持地上部和地下部的生理平衡，有利于成活。定植时应把苗放在栽植穴中间，注意不要弄破土球，在泥球周围培上细土，培土深度以培至根颈为宜。定植后要淋足定根水，以后视天气情况确定淋水次数，在天气晴朗的情况下，每隔 2～3d 淋水 1 次，保持土壤湿润，直至植株恢复正常生长为止。

任务五 田间管理

一、土肥水管理

（一）土壤管理

定植后第 2～4 年每年 8—9 月结合施基肥扩坑改土，5 月上、中旬和 9 月中旬对树盘中耕松土 1 次，树盘覆盖地膜或干草，行株间生草覆盖生草的高度控制在 40 cm 以下。

（二）施肥

生产上主要根据杧果当年生长结果状况结合园土肥力确定施肥量。

1. 幼树施肥 定植后第1～2年施肥以尿素、粪水等氮肥为主，每40～50d施肥1次，全年共施6～7次，每株每次施尿素0.2～0.3kg、钾肥0.1～0.2kg或粪水30～50kg。

2. 结果树施肥 杧果结果树施肥通常根据物候期进行，广西田阳丰产优质的杧果园单株全年施肥方法如下（以单株产量30～40kg为参考）：

（1）采果肥。8月中、下旬每株施尿素、复合肥、磷肥和石灰各1kg、硫酸镁0.3kg、麸饼肥2.0～2.5kg或农家肥30～40kg。如果培养晚秋梢作翌年结果母枝，应10月中旬灌水，每株施尿素0.3～0.4kg，促进晚秋梢萌芽和生长。

（2）促花肥。11月每株施钾肥0.4kg和尿素0.3kg。

（3）壮花肥。2月中旬施肥，每株施复合肥0.5kg，钾肥和尿素各0.3kg，施肥后淋水。

（4）壮果肥。花谢后施肥，每株施复合肥0.5kg，尿素和钾肥各0.3kg，花果量少的树只施钾肥。

（三）水分管理

杧果园在春季、夏季、秋季天气干旱时都要及时灌水，促进枝叶和果实的生长发育，雨季应注意排水，防止园地积水。12月至翌年1月要控水，促进花芽分化。

二、整形修剪

（一）幼树整形

1. 自然圆头形 定干高度0.6～0.8m，可以设中心干也可以不设中心干，培养3～4个主枝，每主枝培养侧枝2～3个，成年树控制树体高度2～3m（图Ⅱ-10-1）。定植第1～3年的幼树只轻剪，要多保留枝叶。

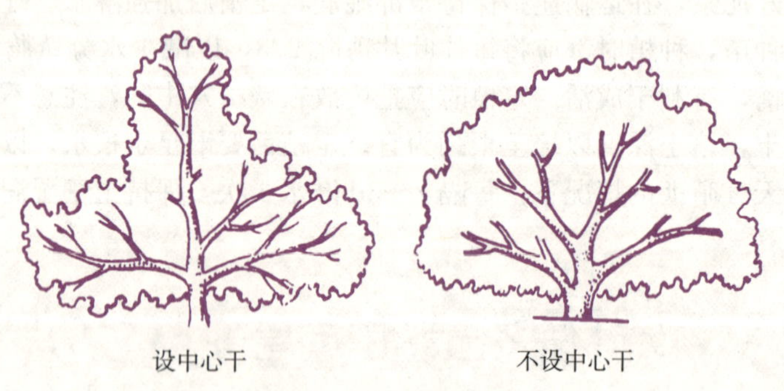

图Ⅱ-10-1 杧果自然圆头形

（于泽源，2005，果树栽培）

2. 疏散分层形 定干高度0.8～1.0m，设中心干，培养2层主枝，第一层主枝3～4个，第二层主枝2～3个，两层主枝距离1.0～1.2m，成年树冠高度控制在3m以下(图Ⅱ-10-2)。

（二）修剪

1. 幼树修剪 定植第1～2年，当主枝的培养枝长到40～50cm时摘心，使其生长壮

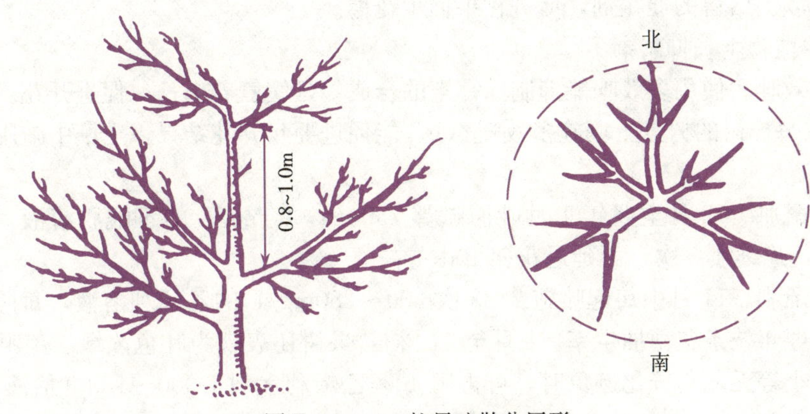

图Ⅱ-10-2 杧果疏散分层形

（于泽源，2005，果树栽培）

实并促发分枝，每主枝培养侧枝2～3个，各侧枝的培养枝长到40～50cm时摘心，促发分枝。第二年春季如果幼树抽生花序要剪除，通过整形修剪和供应充足肥水，培养秋季树冠健壮枝条约30个。到定植后第3～4年的秋季时，树冠一般培养结果母枝50～60条。

2. 结果树修剪 如果要培养两批秋梢，则采果后10～15d应及时修剪，广西百色通常在9月上旬前完成采后修剪，如果只培养一批秋梢则采后修剪延迟到9月中、下旬。疏剪树冠上部和外围衰弱枝条、下垂枝条、病虫害枝条、枯枝和部分过密枝条，回缩修剪各树冠之间的交叉枝条，创造通风透光的树冠。树冠高度控制2.5m左右，过高过长的枝条要回缩。每批新梢长到5cm时要疏梢，每剪口只保留生长强壮的新梢1～2个，使新梢生长壮实。第六年后的树冠培养结果母枝80～100个。12月中旬剪除细弱枝和荫蔽枝，环剥生长旺盛的大枝，促进花芽分化。夏季疏果的同时疏剪挂果枝条上方不结果的枝条及抽生的夏梢，剪掉遮盖果实的枝条、叶片、果实旁边的花穗残梗，改善光照，避免果实外皮擦伤。

（三）培养健壮结果母枝

我国杧果各产区一般都培养秋梢作翌年结果母枝。秋梢萌发期和生长期迟，翌年花期也延迟，相反秋梢老熟早且花芽分化也早，分化率也较高。粤西和桂南地区8月修剪抽生的秋梢往往出现早花，10月中、下旬萌发的第二次秋梢作翌年结果母枝，翌年花期将延迟。采果前后及时施速效肥和灌水，采果后7～10d及时修剪和灌溉，促进秋梢及时萌发，新梢生长约10cm时及时疏芽定枝、去弱留强，每一基枝保留1～2新梢，保证秋梢生长健壮。健壮的结果树通常要培养两次秋梢，最后一次秋梢要求在10月中、下旬萌芽，12月中旬老熟。

三、花果管理

（一）促进花芽分化

1. 环割或环剥 12月对生长旺盛的大枝进行环割或环剥，促进花芽分化。

2. 喷施叶面肥 1—2月用0.8%～1.0%磷酸二氢钾或硫酸钾水溶液对树冠喷雾，也可以喷施市场上出售的促花剂，促进杧果抽生花穗。

3. 应用植物生长抑制剂

（1）多效唑。使用多效唑能抑制赤霉素的合成，延缓营养生长，促进开花。华南地区11—12月在每株树的树盘土壤施多效唑30g，能促进翌年开花结果，土壤中施用一次药效可维持3年。

（2）丁酰肼。12月至翌年1月叶面喷雾750～1 000mg/L的丁酰肼溶液，每隔7～10d喷1次，连续喷3次，可延迟花期10d左右。

（3）乙烯利。11月中旬起喷施2～3次200～250mg/L的乙烯利溶液，每隔15d喷1次，可提高翌年枝条花穗抽生率。1月至2月初若果树还表现为叶色浓绿、芽眼瘦小、叶片开张角度小等无花芽分化迹象时，可再用40%乙烯利水剂1 000～1 500倍液与15%多效唑可湿性粉剂500～1 000倍混合液喷施叶面2次，间隔15～20d，可促进花芽分化。广东徐闻用以上方法对台农1号进行控梢促花试验，效果相当显著，处理的植株第二年开花率达95%，坐果率达80%。

（二）保花保果

1. 叶面追肥 开花期叶面喷布0.2%～0.3%磷酸二氢钾与0.3%硼砂混合水溶液，对提高杧果坐果率有一定效果。

2. 应用植物生长调节剂 杧果常用的保果激素有赤霉素和防落素。在盛花期和幼果呈豌豆大小时各喷施1次4%赤霉素乳油500倍液或95%防落素可湿性粉剂1 000倍液，保果效应明显。

3. 花期吸引昆虫促进传粉受精 杧果是典型的虫媒花，开花期主要传粉媒介是各种蝇类及少数蚂蚁，花期应在果园中每隔10～15m放置少量腐臭死鱼、禽粪，吸引蝇类于花穗间活动，从而达到授粉的目的，如果能喷雾1%蔗糖溶液引蝇效果更好。

（三）疏花疏果

疏果在果实直径约3cm时进行，每一穗果保留生长最好的果实2～3个，金煌芒等大果型品种每穗只留果1个。

（四）套袋护果

套袋的杧果果面光滑美观，机械伤和病虫害少，果实的外观品质明显提高。果袋可选用单层或双层纸袋，果袋颜色目前通常为白色或浅黄色。套袋在疏果后进行，套袋前2～3d应喷波尔多液等杀菌农药。据王元理等试验，红皮品种如海顿芒最佳套袋时间为第二次生理落果后，即大部分果实基本转色时。套袋过早，虽能促进果面光洁，但影响着色，并且降低了可溶性固形物的含量；套袋过晚，果面着色鲜艳度较好，但不能有效改善外观品质。红皮品种在采前15d去袋可促进着色。

（五）果实采收

远销鲜果在果肩圆满、果蒂凹陷、果皮色泽变淡时采收，本地销售和加工的果实在果肉转为黄色后才采收。鲜果销售的果实采收时保留果柄2～4cm处剪断，刚摘下的果实果柄朝下或平放1～2h再装箱，防止果柄断口流出白色的乳汁污染果面引起果实腐烂，乳汁污染的果面可用1%醋酸水擦洗干净。

技能实训

技能实训10-1 杧果生长结果习性观察

一、目的与要求

通过本次实训能识别常见的杧果品种，观察杧果物候期；通过观察树冠整体特征及树枝、叶片、果实形态识别杧果主要品种，观察杧果枝梢与开花结果，了解杧果生物学特性。

二、材料与用具

1. 材料 杧果种植园、不同品种杧果果实实物或标本、生产上主栽品种资料（品种介绍文字资料、图片、多媒体课件）。

2. 用具 载果盘、卡尺、水果刀、折光仪、托盘天平、记载表、记录笔等。

三、内容与方法

（一）识别主要品种

1. 树体识别 确定识别任务及标准。

（1）树干。干性，综合判断生长势。

（2）树冠。树姿直立性或开张性、冠内树叶浓密度。

（3）树枝。枝条的密度与粗壮度、新梢颜色。

（4）叶片。叶片大小、形状、厚薄、颜色深浅、叶面平或起波状或扭曲。

（5）花。花序大小、花梗颜色、花朵大小、花瓣颜色。

2. 果实识别 包括外观品质与内质品评。

（1）观察果实形状。大小、纵径、横径、平均单果重、形状（圆形、长圆形、椭圆形、长椭圆形、象牙形）、果腹沟、果脐。

（2）观察果皮颜色。绿色、灰绿色、黄色、红色、粉红色、花纹等。

（3）观察果实内部结构与颜色。用水果刀纵向切开果实，记录果肉厚度、果皮厚度、果肉颜色、种子大小。

（4）测定果实。可使用手持式折光仪测量果实可溶性固形物含量。

（5）品尝果实。含纤维度、肉质、甜味、香味、异味。

（二）枝梢生长与开花结果观察

1. 枝梢生长与开花观察

（1）幼年树观察。一年四季新梢萌发期，包括春梢、夏梢、秋梢的萌发次数及萌发数量的观察记载。

（2）成年树枝梢生长的观察。正常开花结果树秋梢生长，落花落果树夏梢与秋梢生长，不开花树春梢、夏梢、秋梢生长的观察记载。

（3）开花观察。开花期（抽花序、初花、盛花、谢花期）与开花顺序的观察记载。

（4）花型观察。杧果花有两性花与雄花两种类型，两性花子房1室，雌蕊1枚，雄花子房退化。

2. 果实发育观察 幼果发育、小果膨大、果皮着色、果实成熟、落果集中期的时期进行记载。

把上述观察结果记录在表Ⅱ-10-3中。

表Ⅱ-10-3 杧果生长发育观察记载

地点： 观察时间： 年 月 日 记载人：

杧果品种					
花芽膨大期			花序抽发期		
开花期	初花期		落花落果	落花始期	
	盛花期			落花终期	
	谢花始期			第一次落果	
	谢花终期			第二次落果	
枝梢生长	春梢抽发期		果实发育	幼果开始膨大期	
	夏梢抽发期			果实迅速膨大期	
	秋梢抽发期			果实着色期	
	二次梢抽发期			果实成熟期	

四、实训提示

教学方式可灵活多样，有些内容可采用理实一体化教学方法，在相关知识的传授中可结合实训内容进行，如在品种识别时介绍主要品种。实训内容可分多次进行，并结合利用图片、多媒体课件等，加深学生认识，也可结合果实成熟期在果园内对果树个体观察、叶片观察、果实外形观察等一次性完成。

五、实训作业

全部观察任务完成后，撰写观察实训报告。

技能实训10-2 杧果药剂催花技术

一、目的与要求

通过本次实训掌握杧果药剂催花技术应用；观察果树形态，确定需要催花的果树；熟记目前对杧果具有催花效果的药物名称；掌握药液配制方法；掌握药物喷洒时期及喷洒方法。

二、材料与用具

1. 材料 确定开展活动的果园、药物（多效唑、丁酰肼、乙烯利）、肥皂。

2. 用具 量筒、水桶、喷雾器、口罩。

三、内容与方法

1. 确定催花果树及催花时期 11月下旬选择叶色浓绿、生长势旺的树用多效唑、丁酰肼、乙烯利等药物进行处理。在1月至2月初，再次进入果园观察杧果枝梢生长情况，如发现叶色浓绿、芽眼瘦小、叶片开张角度小等状况，则表明杧果无花芽分化迹象，对这种无花芽分化迹象的树需要再次用药物进行催花。通过观察确定需要药剂处理的果树，喷施药液2～3次，每隔1～2周喷施1次。

2. 配制药液 用水桶或喷雾器配制药液，先确定每桶或每个喷雾器容量，按比例用量筒量出原药，倒进水桶或喷雾器中，搅拌均匀即可喷雾。药剂浓度为多效唑600～800mg/L，丁酰肼1 000～1 500mg/L，乙烯利200～250mg/L。

3. 喷洒药液 要求均匀喷洒到叶片上，叶面及叶背均要喷洒均匀，以叶面及叶背湿润无水滴为宜。喷雾时戴上口罩，防止药物入口，喷药后用肥皂洗手。

4. 观察记载处理效果 为了对照用药效果，可以选2～3棵杧果不喷药液。抽穗时观记载抽花穗情况，观察结果记入表Ⅱ-10-4，并分析处理效果。

表Ⅱ-10-4 杧果药物催花处理效果记载

地点： 观察时间： 年 月 日 记载人：

处理	用药时间	抽穗时间	抽穗数	未抽穗数	抽穗率	备注
多效唑						
丁酰肼						
乙烯利						
对照树						

四、实训提示

教学过程中可根据当地实际情况开展理实一体化教学方式，有选择地开展实训。

五、实训作业

写出用药物对杧果进行催花的实训报告。

杧果矮化密植栽培技术

一、品种选择

选用紧凑型品种嫁接苗，目前较好的紧凑型品种有泰国青皮杧、留香芒、德杧1号，经嫁接后，即可矮化密植栽培。

二、园地选择

选土层深厚、质地疏松、肥沃、保水保肥、排水良好的沙壤土或壤土。

三、果苗的繁殖

1. 苗床催芽 每年7—8月杧果收种后，要集中存放在阴凉处，忌太阳暴晒，防止失去生命力，降低发芽率。催芽前先剥壳取仁，放在沙床上催芽。催芽时要早晚各淋一次水，防止表土干裂。

2. 苗圃育苗 出芽后转移进入苗圃，苗圃应选择土壤肥沃、湿润、疏松、排水方便的沙壤或壤土，播种前每亩施2 000～2 500kg农家肥。精细整地，起垄宽1.2m，然后将种芽均匀摆好，种芽间距离以30cm左右为宜，播后覆上一层土，盖草保温、保湿，播种四周搞好排水沟。

3. 苗期管理 苗圃要搭棚遮阳，防止太阳暴晒，种芽移入苗圃后，加强肥水管理，做好病虫害防治，保持土壤湿润，杧果苗在水分充足条件下，8～10个月苗高达40～45cm。在果苗高25～30cm、茎粗1.2～1.5cm时可以嫁接，接穗应选择品种优良、无病虫害的枝条作为嫁接穗条，适宜的嫁接时间为每年的4—5月或8—9月，此时嫁接成活率较高。

四、栽培技术

1. 整地 选好园地后，把地内的杂草和一些杂灌木清理干净，根据园地的地形、坡度进行规划。地势比较平坦，土质肥厚、疏松的地块适宜种植规格为株行距4m×4m，每亩种植42株；坡度在10°～15°的可以种植密一点，株行距为3m×3m，每亩种植74株。种植方式最好采用“品”字形种植，种植穴的规格为70cm×70cm×60cm，穴挖好后晒半个月，然后施足基肥，基肥用堆肥和火烧土，与表土拌匀后待种植。在挖种植穴时，陡坡地应顺等高线先开挖种植台，台面要求内深外浅，便于保肥、保水；坡地用挖掘机挖成1.8m～2.0m种植台后，再挖种植沟。

2. 定植 选择生长健壮、无病虫害、无机械损伤的优质嫁接营养袋苗，苗高60cm以上，茎基粗1.8cm以上。栽培时穴内先回土，再把幼苗植于穴，每穴栽培1株。栽植时先营养袋划开，再把幼苗根系自然舒展，然后覆盖厚12～13cm的细土，盖严根系，用脚踏实，使苗根与土壤紧密结合，浇足定根水。栽植后2个月内，要随时检查，发现缺株要及时补植，以保证成活率。

3. 肥水管理 定植后的1～2年是杧果栽培的关键时期，结合中耕除草、培土、追施复合肥80～100g，以后逐渐增加肥量。在7—8月杧果苗生长旺盛期追施尿素，每株施12g左右，以后逐渐增加。每年的7—8月是草木旺盛季节，要及时清除杂草，把清除的杂草铺盖在植株周围，让其腐烂，以增加肥力。干旱季节要引水灌溉，雨季积水要开沟排涝。

定植后3～6年杧果进入结果初期，也是杧果生长旺盛期，加强肥水管理是杧果矮化、密植、丰产的关键。根据生产条件，一年施肥4次：第一次春施，时间在春分前后，此时土温回升，果树根系容易吸收养分，也是杧果盛花期；第二次在小满前后，此时果实进入膨胀期，促进果实膨胀是关键，此期农药与肥料可以配置搭配，以便起到防治病虫害及保花、保果作用；第三次在杧果采收后，结合秋季中耕除草及果树修剪进行施肥，肥料以复合肥为主，此时的施肥是以恢复果树培育结果母枝为主；第四次施冬肥，在果树开花前15d左右施肥，以便于催花和促进花芽分化，有条件的施农家肥，也可以施复合肥。若天气干旱，肥料施后要浇足水，以确保果树根系吸收。

4. 整形修剪

（1）幼龄树整形。定植后的1～2年主要任务是培植杧果树形。定植后当年定干，当果苗高度达80～90cm时定干，通过剪顶促其发出多个新梢，留3个位置适当的作为主枝，其余的抹去，主枝在长至30～40cm时再次摘心，促生第二次分枝，每主枝上留两条分枝，依此类推，待果树长至1.8m以上时，已经培育成自然开心形和圆头形。其树冠的大小，应以光能利用率高和管理方便为标准。株行距为4m×4m时，最适宜的杧果树高保持在2.5m以下，冠径不超过3m；株行距为3.5m×3.5m时，杧果树高保持在2.3m以下，冠径不超过2.3m。

（2）结果初期整形修剪。定植后3～6年是杧果初结果期，此时主要以整形为主，根据杧果树势和结果情况，应适当增加短截、疏枝的程度和数量，疏除过密枝、病虫枝，回缩下垂枝，改善树冠的通风透光条件，平衡树势，注意结果枝的培养和更新复壮，调整花、叶比例，以减轻大小年结果的发生。

“双创”案例

工科男的循环农业

陈明红，浙江省金华市婺城区人，凭借自己的专业知识和平时热爱研究的钻研精神，研发出了一套循环种养模式。如今靠着这套模式，他取得了年销售额4 000多万元的成绩。

工科男的循环农业

复习提高

(1) 目前适于我国商品化栽培的杧果良种有哪些？

(2) 如何培养杧果优良的结果母枝？

(3) 杧果花芽分化有何特点？花芽分化对外界环境条件有何要求？

(4) 简述杧果园土肥水管理的技术要点。

(5) 简述杧果结果树修剪的技术要点。

(6) 生产上常用哪些措施延迟杧果花期，避免春季低温阴雨天气对开花结果产生不良影响？

项目十一
核桃优质生产技术

学习目标

• 知识目标

了解核桃的主要种类和品种；熟悉核桃的生物学特性、种类及优良品种；掌握核桃的主要生产技术环节和生产管理特点。

• 技能目标

认识常见的核桃品种；了解核桃的生物学特性，掌握其对环境条件的要求；学会核桃的整形修剪技术，能在不同时期应用相应的修剪技术；能指导核桃生产中的土肥水管理；能独立进行核桃的建园和周年生产管理。

• 素养目标

具备团队协作精神和组织协调能力，能够与人和睦相处；具备农业安全意识，理解我国乡村振兴战略的内涵。

生产知识

核桃生产概况

核桃是世界著名四大坚果（核桃、杏仁、榛子、腰果）之一，也是我国重要的经济林树种之一。我国核桃栽培历史悠久，《博物志》中记载核桃是西汉张骞自西域带回，后自北向南传遍全国，至今已有 2 000 多年的栽培历史。在悠久的栽培历史中，形成了许多优良的核桃品种，如山东的绵核桃、山西的汾阳核桃、河北的石门核桃都曾享誉国内外市场。核桃因其适应性强，南、北方 20 多个省份均有栽植，我国核桃的主要栽培区域为云贵地区、西北地区、华北地区，其中云南为我国核桃生产的第一大省，全省各县市都有核桃分布，新疆、陕西紧随其后。

核桃具有较高的经济价值，除了核桃仁有食用价值外，其树干、根、枝、叶、青皮都有一定的利用价值，故又有营养果品和医疗果品之称。核桃树喜光、耐寒、抗旱、抗病能力较强，适应在多种土壤中生长，喜钙质和偏碱性土壤。其适宜的生态条件为年平均气温 9～16℃，年降水量 600～800mm，无霜期 150～220d，能在－25～37℃条件下生长。

任务一　主要种类和品种

一、主要种类

核桃（*Juglans regia* L.）在植物分类中属于胡桃科（Juglandaceae）。胡桃科共7属44种，其中与生产有关的有3个属，即胡桃属（*Juglans*）、山核桃属（*Carya*）和枫杨属（*Pterocarya*）。其中胡桃属的种类嫩枝髓部空，总苞不开裂，雄花序单生；山核桃属嫩枝髓部实心，总苞开裂，雄花序分枝。生产上广泛栽培的种有胡桃属的核桃（*Juglans regia* L.）和铁核桃（*Juglans sigillata* Dode）。此外，枫杨属中的枫杨常用作核桃的砧木，耐湿，但嫁接成活率偏低。

核桃长期沿用实生繁殖和选择，因此资源和类型十分丰富。目前我国各地有记载的品种和类型有500余个，郗荣庭等按其来源、结实早晚、核壳厚薄和出仁率高低等，将其划分为2个种群、2大类型和4个品种群。按来源将核桃品种分为核桃和铁核桃2大种群；每个种群再按开始结实早晚分为早实类型（栽后2～3年结果）和晚实类型（栽后8～10年结果）2大类型；再按核壳厚薄等经济性状将每个类群划分为纸皮核桃（核壳厚度1.0mm以下）、薄壳核桃（核壳厚度1.0～1.5mm）、中壳核桃（核壳厚度1.5～2.0mm）和厚壳核桃（核壳厚度2.0mm以上）4个品种群。

郗荣庭、张毅萍在《中国核桃》一书中将我国现有胡桃属植物划分为3组8个种。

1. 核桃　核桃又名胡桃、羌桃。在我国栽培比较广泛，分早实和晚实两大类群，野生类型可作核桃的砧木。

2. 铁核桃　铁核桃又名漾濞核桃。喜温暖湿润的亚热带气候，也是生产应用的栽培种之一，野生类型可作核桃砧木。

3. 核桃楸　核桃楸原产我国东北、华北，尤以吉林省栽培较多。抗寒性强，是核桃优良砧木。

4. 野核桃　野核桃分布于我国安徽、甘肃、陕西秦岭巴山等地。可作核桃砧木应用。

5. 麻核桃　麻核桃又名河北核桃，是核桃与核桃楸的天然杂交种，我国北京、河北、辽宁等地均有生长。抗寒性仅次于核桃楸，系北方核桃的主要砧木之一。

6. 吉宝核桃　吉宝核桃原产于日本，20世纪30年代引入我国，在辽宁、吉林、山东、山西有栽植。落叶乔木，树高20～25m。树干皮灰褐色或暗灰色，有浅纵裂。果实长圆形，先端突尖，绿色，密生腺毛。坚果有8条明显的棱脊，之间有刻点，壳坚厚，内隔壁骨质，种仁难取。

7. 心形核桃　心形核桃原产于日本，20世纪30年代引入我国，辽宁、吉林、山东、山西、内蒙古等省份有少量种植。植株形态上与吉宝核桃相似，主要区别在果实。果实扁心形、较小。坚果扁心形，光滑，先端突尖，缝合线两侧较宽。坚果壳虽坚厚，但无内隔壁，缝合线处易开裂，可取整仁，出仁率为30%～36%。

8. 黑胡桃　黑胡桃原产于北美洲，在我国主要栽培于华北、西北和华中地区。温带落叶树种，其耐寒程度高，可耐－43℃的低温。木材质地坚硬，是高档的家具用材和室内装饰装修材料，具有极高的市场美誉度。

二、主要品种

核桃优良品种介绍

1. 纸皮 1 号 陕西省核桃选优协作组选出，现已形成无性系品种，属晚实类型。树势较强，树姿开张，主干明显，分枝力中等，以短果枝结果为主。属雄先型。坚果长圆形，壳面光滑，单果重 11g，壳厚 0.9mm，出仁率 66.5%，可取整仁，品质优，味浓香。丰产稳产，适应性强，适宜林粮间作栽培。

2. 北京 746 北京市农林科学院林业果树研究所实生选育而成，属晚实类型。树势中庸，树姿半开张，发枝力强，果枝属短枝型。坚果圆形，壳面光滑，外观较好，单果重 12g，壳厚 1.2mm，出仁率 55%，可取整仁，仁饱满，颜色浅，品质优。丰产性强，抗逆性强，适宜林粮间作栽培。

3. 礼品 2 号 辽宁省经济林研究所从新疆纸皮核桃实生后代选出，属晚实类型。树势中庸，树姿开展，以短果枝结果为主。属雄先型。坚果较大，单果重 13.3g，壳厚 0.54mm，内隔壁退化，可取整仁，出仁率 70.3%，品质优。丰产性强，抗病性较强，适宜林粮间作栽培。

4. 石门核桃 实生群体，产于河北省卢龙县石门镇，在国内外市场上享有盛名，属晚实类型。树势中庸，树姿开张，结果能力强，果枝率 75%。坚果圆形，壳面较光滑，缝合线较平，单果重 15g 左右，壳厚 1.2mm，出仁率 53.5%，内隔壁不发达，可取整仁或半仁，仁饱满，黄白色，风味浓香，品质优良，早熟丰产。

5. 穗状核桃 各地都有栽培，为实生群体。每个果枝着生 4～30 个果实，呈葡萄状或串状着生，属特殊类型，新疆、陕西、辽宁等地已选出一些优系，属晚实类型。以山西的 508 优系为例，树势健壮，树冠开张。果枝属短果枝型，每果枝平均坐果 4 个以上。坚果卵形，较小，壳面光滑，缝合线平，单果重 6.8g，壳厚 13mm，出仁率 55%，取仁容易，仁饱满，颜色浅，品质好。丰产性、适应性均强。

6. 薄壳香 由北京市农林科学院林业果树研究所从新疆核桃实生后代选出，已形成无性系品种，属早实类型。树势较旺，树姿开张，分枝力中等。属雌雄同期型。坚果长圆形，壳面较光滑。单果重 12g，壳厚 1mm，出仁率 60%～65%，取仁极易，可取整仁，种仁肥厚饱满，淡黄白色。较丰产，抗病性强，适应性强，宜在肥力条件较好的地区栽培。

7. 鲁香 1978 年山东省果树研究所杂交育成，属早实类型。属雄先型。坚果倒卵形，单果重 12.7g，壳面多浅坑，较光滑，壳厚 1.1mm，有奶油香味，不涩，品质上等，出仁率 66.5%。早实性能好，嫁接苗定植后第二年开始结果，侧生花芽率 86%，坐果率 82% 左右，雄花芽少。

8. 阿扎 343 由新疆林业科学院从实生群体中选出，属早实类型。树势旺盛，树冠圆头形，结果枝属中短枝型。属雄先型。坚果椭圆或卵圆，壳面光滑美观，单果重 15.9g，壳厚 1.2mm，出仁率 51.8%，种仁褐色，在肥水条件差时常不饱满。

9. 温 158 由新疆林业科学院从阿克苏温宿薄壳核桃实生群体中选出，属早实类型。树势较旺，直立性强。属雄先型。坚果圆形，中等大小，缝合线稍凸，出仁率 54%，仁色较浅，风味好。

10. 新早丰 由新疆林业科学院从阿克苏温宿核桃早丰、薄壳实生群体中选出，属早

实类型。树势较旺，树冠圆头形，分枝力强。属雄先型。坚果中等大小，壳面光滑美观，出仁率 50.6%。丰产性强，在肥水条件差时树体早衰。

任务二 生物学和生态学特性

一、生物学特性

（一）生长特性

1. 根系 核桃根系发达，为深根系果树，成年树主根可深达 6m，但主要根群集中分布在 20～60cm 土层中。侧根水平伸展超过 14m，集中分布在以树干为中心、半径为 4m 的范围内，根冠比通常为 2 左右。实生核桃在 1～2 年生时主根生长较快，而地上部生长慢，1 年生主根长度为树高的 5 倍以上，2 年生约为树高 2 倍，3 年生以后侧根数量增多，扩展加快，此时地上部分的生长也开始加速，随着树龄增长，逐渐超过主根。早实核桃比晚实核桃根系发达，幼树表现尤为明显，是其能够提早结果的基础之一。此外，核桃具有菌根，对其树体生长和增产有促进作用。

2. 芽 依据形态结构和发育特点，核桃芽可分为以下 4 种类型（图Ⅱ-11-1）。

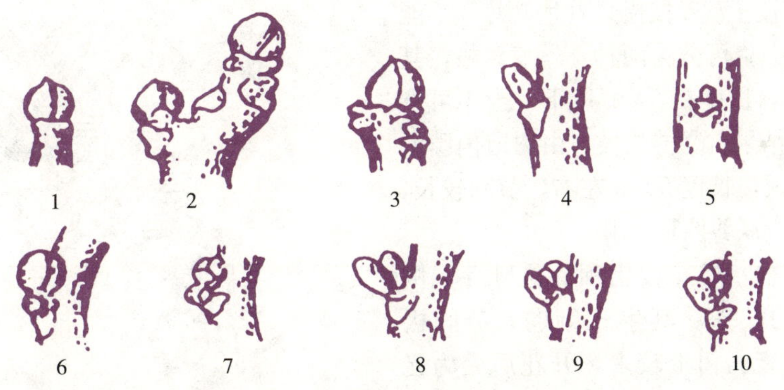

图Ⅱ-11-1 核桃芽的类型

1. 真顶芽 2. 假顶芽 3. 雌花芽 4. 雄花芽 5. 潜伏芽 6. 雌、叶叠芽
7. 叶、叶叠芽 8. 雄、雌叠芽 9. 雌、雌叠芽 10. 雄、叶叠芽

（陈守耀，2012，北方优质果品生产技术）

（1）混合芽（雌花芽）。混合芽呈圆球形，肥大而饱满，覆有 5～7 个鳞片。晚实核桃多着生于结果母枝顶端及其下 1～2 节，单生或与叶芽、雄花芽叠生于叶腋间；早实核桃除顶芽外，腋芽也容易形成混合芽，一般 2～5 个，多者达 20 余个。混合芽萌发后抽生结果枝，结果枝顶端着生雌花序开花结果。核桃顶芽有真伪之别。枝条上未着生花芽，而从枝条顶端生长点形成的芽为真顶芽；当枝条顶端着生雌花芽，其下的第一侧芽基部伸长形成假顶芽。

（2）雄花芽。雄花芽为裸芽，圆锥状，着生在顶芽以下 1～2 节，单生或与叶芽叠生，实际是雄花序雏形。萌发后抽生柔荑花序，开花后脱落。

（3）叶芽。叶芽着生于营养枝条顶端及叶腋或结果母枝混合花芽以下节位的叶腋间，单生或与雄花芽叠生。核桃叶芽有两种形态：顶叶芽芽体肥大，鳞片疏松，芽顶尖，呈卵圆或圆锥形；侧叶芽小，鳞片紧包，呈圆形。早时核桃叶芽较少，以春梢中上部的叶芽较为饱满，萌发后多抽生中庸、健壮的发育枝。

（4）潜伏芽。潜伏芽为叶芽，多着生在枝条基部或近基部，芽体扁圆瘦小，一般不萌发，寿命长达数十年至上百年，随树干加粗被埋于树皮中。核桃雄花芽分化始于开花前后（4月下旬至5月上旬），至翌年开花前完成；混合芽分化始于果实硬核期（6月下旬至7月上旬），12月上旬基本停止；早实核桃的二次花于4月中旬始分化，5月下旬完成。此外，核桃不同品种的萌芽率和成枝力差异较大，早实核桃萌芽分枝力强，一般40%以上的侧芽都能发出新梢，而晚实核桃只有20%左右能萌发。分枝多、生长量大、叶面积多，这是早实核桃能够早结果的又一重要原因。

3. 枝 核桃枝有4种类型。

（1）结果母枝。结果母枝指着生有混合芽的1年生枝。主要由当年生长健壮的营养枝和结果枝转化形成，顶端及其下2～3芽为混合芽（早实核桃混合芽数量多），一般长20～25cm，而以直径1cm、长15cm左右的抽生结果枝最好。

（2）结果枝。结果枝是指由结果母枝上的混合芽萌发而成的当年生枝，其顶端着生雌花序。健壮的结果枝可再抽生短枝，多数当年可形成混合芽，早实核桃还可当年萌发，二次开花结果（图Ⅱ-11-2）。

（3）营养枝。营养枝指只着生叶片，不能开花结果的枝条。可分为两种：①发育枝，其生长中庸健壮，长度在50cm以下，当年可形成花芽，翌年结果；②徒长枝，由树冠内膛的潜伏芽萌发形成，长度50cm左右，节间较长，组织不充实，应夏剪控制利用。

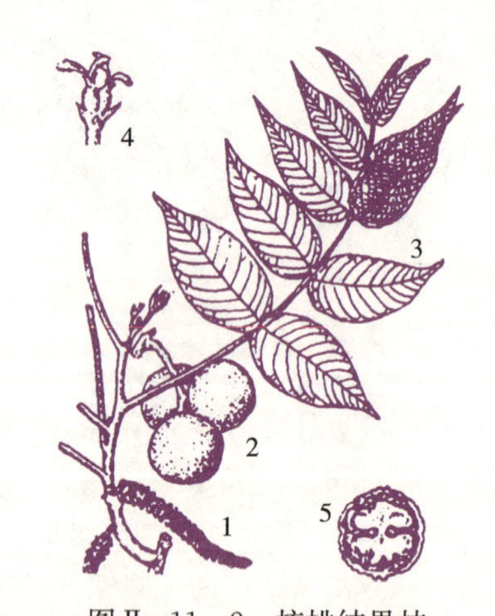

图Ⅱ-11-2 核桃结果枝
1. 雄花序 2. 果实 3. 复叶 4. 雌花 5. 坚果剖面
（陈守耀，2012，北方优质果品生产技术）

（4）雄花枝。雄花枝指顶芽是叶芽、侧芽为雄花芽的枝条。其生长细弱，节间极短，在内膛或衰弱树上较多，开花后变为光秃枝，雄花枝过多是树势衰弱和劣变的表现。一般当日均温稳定在9℃左右时核桃开始萌芽，萌芽后半个月枝条生长量可达全年的57%左右，春梢持续20d，6月初大多停止生长；幼树、壮枝的二次生长开始于6月上中旬，7月进入高峰，有时可延续到8月中旬。核桃背下枝吸水力强，容易生长偏旺。

4. 叶 核桃叶为奇数羽状复叶，每一复叶上的小叶数因种类而异，小叶面积由顶端向基部逐渐减小。当日均温稳定在13～15℃时开始展叶，20d左右可达叶片总面积的94%。着生2个以上核桃的结果枝必须有5～6个以上的正常复叶，才能健壮生长、连续结果；低于4个以上复叶的果枝，难以形成混合芽，且果实发育不良。

（二）开花结果特性

1. 花 核桃为雌雄同株异花，异花序，雌雄异熟植物。雄花序为柔荑花序，长6～

12cm，有小花100～170朵，基部花大于顶部花，散粉也早，散粉期2d左右。雌花序为总状花序，顶生，单生或2～3朵簇生，还有呈匍匐状或串状着生的（早实核桃出现多，小花多10～15朵，最多达30朵以上）。雌花无花被，仅总苞合围于子房外，当子房长达5～8mm时，柱头反曲，其表面呈明显羽状突起，分泌物增多，光泽明显时为盛开期，是最佳授粉期，持续时间2～3d。雌雄异熟是指同一株树上，雌花开放和雄花散粉的时间不能相遇。雌花先开的品种称为雌先型，雄花先开的品种称为雄先型。在建园时，要合理搭配品种，保证雌雄成熟期一致。核桃为风媒花，授粉距离与地势、风向有关，最大临界距离500m，但300m以外授粉效果差，最佳授粉距离在100m以内。

2. 果实发育 核桃果实是由雌花发育而成，多毛的苞片形成青皮，子房发育成坚果，整个发育过程可分为4个时期。

（1）果实速长期。从坐果至硬核前，一般在5月初至6月初，持续35d左右。此期是果实生长最快的时期，生长量占全年总量的85%左右。

（2）硬核期。在6月初至7月初，大约35d。核壳从基部向顶部逐渐硬化，种仁由半透明糊状变成乳白的核仁，营养物质迅速积累，果实停止增大。

（3）油化期。在7月初至8月下旬，持续55d左右。果实缓慢生长，种仁内脂肪含量迅速增加。同时，核仁不断充实，质量迅速增加，含水量下降，风味由甜淡变成香脆。

（4）成熟期。在8月下旬至9月上旬，持续15d左右。果实已达到该品种应有的大小，质量略有增加，果皮由绿变黄，有的出现裂口，坚果易脱出。此期坚果含油量仍有较多增加，为保证品质，不宜过早采收。核桃多数品种落果比较严重，自然生理落果率达30%～50%，集中在柱头枯萎后20d以内，到硬核期基本停止。

3. 花芽分化 在华北地区，雌花芽的生理分化期在6月中下旬至7月上旬，形态分化是在生理分化的基础上进行的，整个分化过程约需10个月。早实核桃的二次分化从4月中旬开始，5月下旬分化完成，二次花距一次花20～30d。

二、生态学特性

1. 温度 核桃是喜温果树。普通核桃适宜生长的年平均气温9～16℃，适应气温范围为−25～37℃，无霜期150～220d。核桃幼树在休眠状态下，气温为−20℃就发生冻害。成年大树休眠期能耐−30℃低温，但气温低于−26℃时，有部分枝条、花芽及叶芽出现冻害；当气温达到−29℃时，核桃树一年生枝条受冻害严重；当极端气温达到−37℃时，核桃树只生长不结果或长畸形果。核桃树春季展叶后，若气温降至−4～−2℃时，新梢就出现冻害；在花期和幼果期气温降至−2～−1℃时，就造成一定程度的冻害。

2. 湿度 一般年降水量600～800mm且分布均匀的地区基本可满足核桃生长发育的需要。核桃对空气湿度适应性强，但对土壤水分较敏感。一般土壤含水量为田间持水量的60%～80%比较适合于核桃的生长发育，当土壤含水量低于田间持水量的60%时（或土壤绝对含水量低于8%～12%），核桃的生长发育就会受到影响，造成落花落果，叶片枯萎。

3. 光照 核桃属喜光树种。最适光照度为60klx，结果期要求全年日照在2 000h以上，低于1 000h则核壳、核仁发育不良。特别是雌花开花期，光照条件良好，可明显提高坐果率，若遇低温阴雨天气，极易造成大量落花落果。

4. 土壤　核桃要求土质疏松、土层深厚、排水良好的土壤，在含钙的微碱性土壤上生长良好。适宜 pH 为 6.5～7.5，土壤含盐量应在 0.25％以下，稍超即会影响生长结实。

任务三　育　苗

核桃一般采用嫁接法育苗，核桃枝条粗壮弯曲，髓心大，叶痕突出，取芽困难，又含有较多的单宁，还具有伤流特点，因此嫁接成活率较低。生产上可通过提高砧穗生理机能、增大砧穗接触面、加快操作速度以及砧木防水等综合措施提高嫁接成活率。下面以插皮舌接为例说明嫁接技术要求。

一、砧穗选择与处理

枝接接穗应在发芽前 20～30d 采自采穗圃或优良品种树冠外围中上部，要求枝条充实、髓心小、芽体饱满、无病虫害。将接穗剪口蜡封后分品种捆好，随即埋到背阴处 5℃以下的地沟内保存。嫁接前 2～3d，将接穗放在常温下催醒，使其萌动离皮。将砧木剪断，使伤流流出，或在嫁接部位下用刀切 1～2 个深达木质部的放水口，截断伤流上升，且在嫁接前后各 20d 内不要灌水。

二、嫁接时期和方法

（一）嫁接时期

核桃嫁接适宜时期一般在砧木萌芽后至展叶期。

（二）嫁接方法

一般主要采用插皮舌接或方块形芽接，只要时间适宜和技术措施得当，嫁接成活率可稳定在 90％以上。

核桃舌接法

1. 插皮舌接　要求接穗长约 15cm、带有 2～3 个饱满芽。先用嫁接刀将接穗下部削成长 4～6cm 的马耳形斜面，然后在砧木上选择光滑部位，按照接穗削面的形状轻轻削去粗皮，露出嫩皮，削面大小略大于接穗削面。把接穗削面下端皮层用手捏开，将接穗木质部插入砧木的韧皮部与木质部之间，使接穗的皮层紧贴在砧木的嫩皮上，插至微露削面即可，然后用麻皮或嫁接绳扎紧砧木接口部位。为提高嫁接成活率要特别重视接后的接穗保湿，用塑料薄膜（地膜）缠严接口和接穗后套塑膜筒袋并填充保湿物等（图Ⅱ-11-3）。

2. 方块形芽接　此法成活率较高，各地应用较多。操作方法是先在砧木上切一方块，将树皮挑起，再按回原处，以防切口干燥。然后在接穗上取下与砧木方块大小相同的方形芽片，并迅速镶入砧木切口，使芽片切口与砧木切口密接，绑紧即可(图Ⅱ-11-4)。要求芽片长度不小于 4cm、宽度 2～3cm，芽内维管束（护芽肉）保持完好。

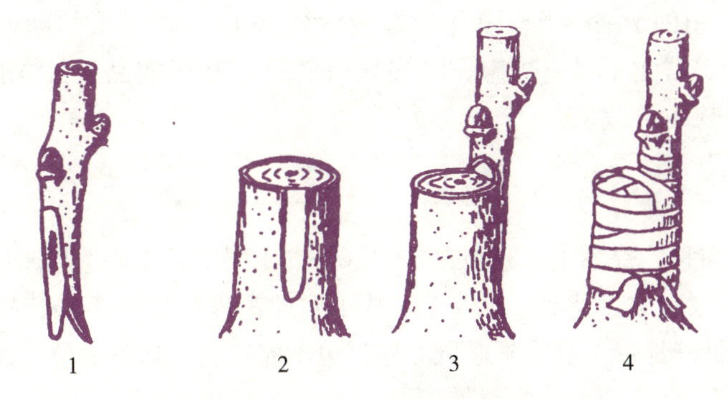

图Ⅱ-11-3 核桃插皮舌接
1. 削接穗 2. 切砧木 3. 砧穗结合 4. 绑缚
（陈守耀，2012，北方优质果品生产技术）

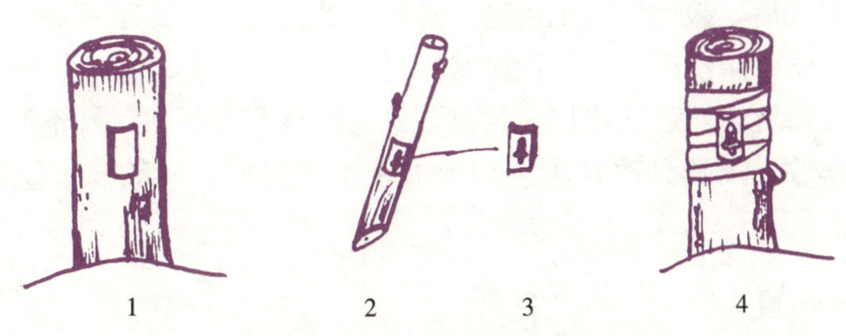

图Ⅱ-11-4 核桃方块形芽接
1. 切砧木 2. 切接穗 3. 芽片 4. 绑缚
（陈守耀，2012，北方优质果品生产技术）

三、嫁接后管理

核桃嫁接后应随时除去砧木上的萌蘖，如无成活接穗，应留下 1～2 个位置合适的萌蘖，以备补接。此外采用芽接时可在嫁接部位以上留 1～2 个复叶剪砧，待接芽萌发新梢长出 4～5 个复叶时解绑剪砧。

任务四 建 园

一、选用良种壮苗

良种就是优良品种，选择优良品种是丰产的关键。有了优良品种，即使不增加肥料投入，也能获得一定的产量，如果不是优良品种，即使增加投入与精细管理也不能获得高产。壮苗，就是优级或一级苗木。不合格的苗木不栽植。

根据结果早晚，将核桃分为早实核桃品种和晚实核桃品种。

1. 早实核桃 播种后 2～3 年或嫁接后 1～2 年能开始结果的品种。主要优良品种有辽宁 1 号、辽宁 3 号、辽核 7 号、绿岭、香玲、中林 1 号、中林 3 号、中林 5 号。早实核桃的特点是结实早、产量高，抗性较差，适合高水肥地块栽培，肥水条件差的不适合栽培。

2. 晚实核桃 用种子播种6～10年或嫁接后2～3年开始结果的品种。主要优良品种有清香、晋龙1号、晋龙2号、冀丰。晚实核桃的特点是果实品质好、抗性强、寿命长，肥水条件一般的地块也可栽培。

二、园地选择

核桃为深根性树种，根系主要分布在30～100cm土层中，因此选择园址要求土层深度在1m以上，否则必须通过改良达到1m以上，达不到此深度的地块不能建核桃园。此外，还要避开风口地带和低洼地带，夏季不通风的地带也不能建园。地下水位要在1m以下。

三、高标准整地

园地选好后，应根据建园的规模和核桃生长发育特点，对园地进行整体规划与设计，包括园地踏勘、测量制图以及各种道路修筑、排灌系统建设、防护林带设计、品种配置等各项内容。设计完成后，栽前应对土壤进行适当的改良与整理。平地或缓坡地，栽植区应整平、熟化，做好防碱防涝工作；山地应修好梯田，对于地形较复杂、暂时无法修梯田的地方，可先修好鱼鳞坑，然后逐步扩大树盘，最后修成复式梯田。有条件的地方，还可结合种草和合理间作等，以达到改良土壤和保持水土的目的。一般要求挖长、宽、高各为0.8～1.0m的坑。

四、授粉树配置

由于核桃树具雌雄异熟、风媒传粉、有效传粉距离短及品种间坐果率差异较大等特点，建园时最好选用2～3个能够互相授粉的品种，以保证良好授粉。如需专门配置授粉树，可按每6～8行主栽品种配置1行授粉品种的方式定植。通常情况下，主栽品种与授粉品种的距离应小于100m，二者比例为8∶1，还应保证授粉品种的雄花盛期与主栽品种的雌花盛期一致。

五、栽植密度

核桃属高大乔木树种，栽植密度不可过大。在土层深厚、肥力较高条件下，可采用6m×8m或8m×9m的株行距；实行粮果间作的核桃园，一般株行距为6m×12m或7m×14m；早实核桃可采用3m×5m或5m×6m的株行距，也可采用3m×3m或4m×4m的计划密植。

任务五　田间管理

一、土肥水管理

（一）土壤管理

核桃园的土壤管理主要包括土壤耕翻及扩坑、换土等内容。

定植4～5年的幼龄核桃园，为促进幼树生长发育，应及时做好除草和耕翻松土工作。

种植间作物的果园，结合对间作物的管理进行除草；未间作的果园，根据杂草情况，每年除草3～4次。耕翻松土在每年夏、秋两季各进行1次，深度为10～15cm，夏季可浅些，秋季则深些。

成龄核桃园的土壤管理主要是深翻熟化和水土保持。深翻方法是每年或隔年沿着根系大量分布区的边缘向外扩宽40cm左右，深度为50～60cm，呈绕树干的半圆形或圆形沟，回填时，表土与有机肥填入底部，底土放在上面。山地果园必须采取有效措施防止水土流失，主要方法有修梯田、挖鱼鳞坑等，各地可因地制宜采用。

（二）施肥

1. 施肥量 一般来说，幼树对氮素的吸收量较多，对磷、钾的需要量偏少。随着树龄增加，特别是进入结果期以后，对磷、钾肥的需要量相应增加，核桃幼树施肥量可以参考如下标准。

（1）晚实核桃。在中等肥力条件下，按树冠垂直投影面积计算，1～5年生树的使用量（有效成分）为氮肥50g/m^2，磷、钾肥各10g/m^2；进入结果期后的6～10年的使用量为氮肥50g/m^2，磷、钾肥各20g/m^2，并增施有机肥5kg/m^2。

（2）早实核桃。施肥量应高于晚实核桃。一般1～10年生树，按树冠垂直投影面积计算，每年的施肥量为氮肥50g/m^2，磷、钾肥各20g/m^2，有机肥5 kg/m^2；成年树应适当增加磷、钾肥的用量，一般氮、磷、钾的配比以2∶1∶1为好。

2. 施肥时期 基肥以秋季施用为好，可在采收后至落叶前完成。基肥配合一定数量的速效性化肥，比单施有机肥效果更好。如果有机肥充足，可将全年化肥的1/3或1/2与有机肥作为基肥配合施入；如果有机肥不足，则应将全年化肥的2/3作为基肥施入。

追肥以速效化肥为主，如硫酸铵、尿素、碳酸氢铵、复合肥等，一般一年进行2～3次，应抓住以下关键时期。

（1）第一次追肥。早实核桃在开花前、晚实核桃在展叶初期进行，主要作用是促进开花坐果和新梢生长，应以速效氮肥为主，使用量为全年追肥量的50%。

（2）第二次追肥。早实核桃在开花后、晚实核桃在展叶末期进行，肥料仍以氮肥为主，结果时可追施氮磷钾复合肥，主要作用是促进果实发育，减少落果，促进新梢生长和木质化以及花芽分化，使用量占全年追肥量的30%。

（3）第三次追肥。在硬核期或稍后进行，目的在于供给核仁发育所需要的养分，保证坚果充实饱满，以氮磷钾复合肥为主。

（三）水分管理

一般核桃需肥的时期也是需水的关键时期，更是灌水的适宜时期，因此灌水必须与施肥密切结合。灌水时要把握好时间，灌好核桃“三水”：

1. 萌芽水 4—5月是核桃新梢生长的旺盛期，应注意补水，增加新梢生长量。

2. 花后水 6—7月为果实生长期，缺水会导致果皮变厚。

3. 采后水 越冬前应灌封冻水，有利于树体安全越冬和虫害灭杀。

雨季应注意排水防涝。

二、整形修剪

（一）修剪时期

核桃在休眠期修剪有伤流，伤流期一般在 10 月底至翌年展叶时。为避免伤流损失营养，长期以来，核桃树的修剪都在春季萌芽后或采收后至落叶前进行。近年来，各地冬季修剪结果表明，核桃冬剪不仅对生长结果没有不良影响，而且在新梢生长量、坐果率、树体主要营养水平等方面都优于春剪和秋剪。目前，在秦岭以南地区、陕西省、河北省涉县等地已经基本普及休眠期修剪，均未发现不良影响。

（二）树形结构

核桃生产中常用的树形主要是主干疏层形和自然开心形两类型。生产中干性较强的品种多采用主干疏层形，干性弱的品种多采用自然开心形。

1. 主干疏层形 基本结构与苹果主干疏层形大同小异，但也有它的特点（图Ⅱ-11-5）。具体表现为 3 个方面。

（1）主干较高。干性较强的晚实或直立型品种主干高一般为 1.2～1.5m，若长期间作、行距较大，为便于作业，主干可留到 2m 以上。早实核桃结果早、树体较小，主干应矮一些，一般为 0.8～1.2m。因核桃树冠开张，若主干低，枝条容易接触地面。

（2）层间距较大。第一层与第二层的层间距晚实核桃应留 1.2～2.0m，早实核桃留 0.8～1.5m；第二层与第三层间距相应缩小，一般在 1m 左右。同层主枝间不留对口枝，以免卡脖。

（3）侧枝间距大。主枝上第一侧枝距中干 1m 左右，第二侧枝距第一侧枝 0.5cm。侧枝选留背斜侧，不选背后枝。

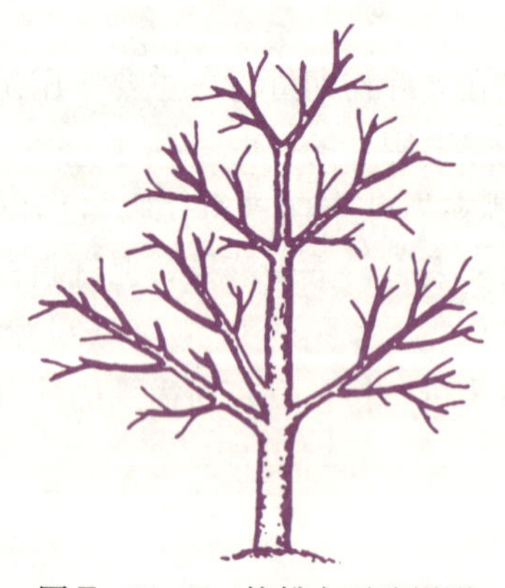

图Ⅱ-11-5 核桃主干疏层形
（陈守耀，2012，北方优质果品生产技术）

图Ⅱ-11-6 核桃自然开心形
（陈守耀，2012，北方优质果品生产技术）

2. 自然开心形 没有中干，干高多在 1m 左右，主枝 3～4 个，轮生于主干上，不分层，主枝间距 30cm 左右（图Ⅱ-11-6）。这种树形具有成形快、结果早、整形简便等特点，适合在土层薄、肥水条件差的晚实核桃和树冠开张、干性较弱的早实核桃上应用。

（三）幼年树的整形修剪

核桃在幼树阶段生长快容易造成树形紊乱。核桃整形原则和方法要领与苹果、梨等果树大体相同，所不同的是核桃（尤其晚实核桃）结实晚、早期分枝少、留干高、层间距大，因此，整形持续的时间长，有时一层骨干枝需 2～3 年才能选定。

核桃幼树整形技术

1. 定干　树干的高低应根据核桃的品种特性、栽培条件及方式等因树和因地而定。一般主干疏层形定干高度，晚实核桃为 1.2～1.5m，早实核桃为 1.0～1.2m。

2. 培养树形　分 4 步完成：第一步，于定干当年或第二年在定干高度以上选留 3 个不同方向的健壮枝条作为第一层主枝，层内主枝间距 20cm 左右，第一层主枝选留完成毕后，除保留中干外，其余枝条除去；第二步，选留第二层主枝，选留 2 个壮枝作为第二层主枝，同时开始在第一层主枝上选留侧枝，各主枝间的侧枝方向要相互错开，避免重叠、交叉；第三步，早实核桃在 5～6 年时，晚实核桃在 6～7 年时，继续培养第一层和第二层主枝的侧枝；第四步，继续培养一、二层主侧枝外，选留第三层主枝 1～2 个，第二层与第三层间距 1m 左右。至此，整个树形骨架已基本形成。

3. 修剪　在整形基础上，选留和培养结果枝、结果枝组，并及时剪除无用枝。根据核桃的生长结果特点，具体操作时应注意：对主、侧枝的延长枝要适当进行中度短截或轻短截，以利于树冠扩大，促进晚实核桃增加分枝；核桃的背下枝生长旺，若不及时控制，就会造成枝头弱，形成主、侧枝“倒拉”的夺头现象，不利于整形，一层主侧枝的背下枝全部疏除，二层以上主侧枝的背下枝，可用来换头开张主枝角度，有空间的用来结果，过密的则疏除；幼树期核桃长势旺易产生徒长枝，在空间允许的前提下应尽可能采用夏季摘心或采用先短截后缓放的方法，将其培养成结果枝组；早实核桃容易发生二次枝，对过多而造成郁闭者应及早疏除，对生长充实健壮并有空间者，去弱留强，保留一强壮枝，夏季摘心，其余疏除；用先放后缩法培养结果枝组，在早实核桃上，对生长旺盛的长枝以甩放或轻剪为宜，在晚实核桃上，则采用轻短截或中短截旺盛发育枝的方法增加分枝，但短截枝数量不宜太多，一般控制在 1/3 左右为好。

（四）结果树的修剪

1. 结果初期树的修剪　刚进入结果期的核桃，树形已经基本形成，产量逐年增加，其主要任务是继续培养主枝和侧枝，充分利用辅养枝早期结果，积极培养结果枝组，尽量扩大结果部位。采取先放后缩和去强留弱等方法培养结果枝组，使大小枝组在树冠内均匀分布，防止结果部位外移，保证良好的光照。对已经影响主、侧枝生长的辅养枝，要逐年缩剪，给主、侧枝让路；对背下枝多年延伸而成且已经影响主、侧枝生长的辅养枝，应及时回缩改造成枝组，若枝条不缺，及时疏除，不宜长期保留。疏大枝时，锯口要留小枝，以利于伤口愈合。

核桃夏季修剪

2. 盛果期树的修剪　核桃一般要在 15 年（早实核桃 6 年）左右进入盛果期，此期修剪的重点是维持树体结构，防止光照条件恶化，调整生长与结果关系，控制大小年。

修剪方法是“落头开心”，打开上层光照，落头时应在锯口下方留一粗度相似的多年生分枝，以控制树体高度，并防止锯口附近冒条。

晚实核桃由于腋花芽结果较少、结果部位主要在枝条顶端，随着结果量的增加，大型骨干枝常出现下垂现象，外围枝延伸过长，下垂更加严重。因此，此期要及时回缩骨干枝，回缩部位可在斜上生长的侧枝的前部，按去弱留强的原则疏除过密的外围枝和内膛枝条，对延伸过长的衰弱枝选斜上生长枝作头回缩复壮，以改善树冠的通风透光条件。注重枝组复壮更新，小枝组去弱留强，去老留新；中型枝组及时回缩更新，使其内部交替结果，维持结果能力；大型枝组控制其高度和长度，对已无延长能力或下部枝条过弱的大型枝组，则应及时回缩，以保证其下部中小型枝组的正常生长结果。

（五）衰老树的更新复壮

核桃盛果期后，管理不善极易出现树势衰弱，表现为外围枝生长量明显减弱、下垂，小枝干枯严重，结果部位外移，内膛光秃，同时萌发大量徒长枝，出现自然更新现象，产量显著下降。而核桃大树根系发达，经改造后恢复产量的速度远比新植果园快，因此老树复壮有较强的应用价值。

更新分小更新和大更新。小更新一般从大枝中上部分枝处回缩，复壮下部枝条，对结果枝组，疏除先端的短果枝，减少枝条密度和结果量。小更新几次后，树势进一步衰弱，再进行大更新。大更新是在大枝的中下部或下部有分枝处进行回缩，促发新枝，重新形成树冠。

三、花果管理

（一）人工辅助授粉

核桃为异花授粉且存在雌雄异熟现象，花期不遇常造成授粉不良，分散栽植的核桃更是如此。另外，早实核桃开始结果的最初几年，一般只开雌花，3～4 年后才出现雄花，直接影响其授粉、坐果。因此，在核桃园附近无成龄树情况下，进行人工授粉尤为必要。

花粉采集在雄花序即将散粉时（基部小花刚开始散粉）进行。授粉的最佳时期是雌花柱头开裂并呈倒“八”字形，柱头上花粉分泌大量黏液且有光泽时最好，此期只有 3～5d，要抓紧时间进行。授粉时先用淀粉或滑石粉将花粉稀释 10～15 倍，然后置于纱布袋内，封严袋口并拴在竹竿上，在树冠上方轻轻抖动授粉即可。

（二）疏雄花序

疏除核桃雄花是一项重要的增产技术，各地试验表明，疏雄花序增产效果十分明显。雄花发育会消耗大量养分，通过疏除雄花，节约了树体的养分。

疏雄时间以早疏为宜，一般在雄花序萌动前或在休眠期完成为好，若拖到雄花序伸长期再疏，增产效果不明显。疏雄量可视品种、树体情况而定，一般以疏除雄花总量的 90%～95%为宜。方法多用带钩的木杆或人工掰除。

四、果实采收和加工

核桃需要达到完全成熟方可采收，采收过早青皮不易剥离，种仁不饱满，出仁率与含油量低，风味差，不耐贮藏；采收过迟则会落果，若未及时捡拾，易霉烂。果皮由绿色变黄绿色或浅黄色，部分青皮顶部出现裂纹，青果皮容易剥离，有30%以上的果实已显成熟时即可采收。我国目前仍以人工采收为主，即用竹竿敲打振落，敲打时应按照自上而下、从内向外的顺序进行，以免损伤枝芽。

核桃落花落果原因分析

果实采收后，要及时进行脱青皮、漂白处理。脱青皮多采用堆积法，将采收的核桃果实堆积在阴凉处或室内，厚度50cm左右，上面盖上湿麻袋或厚10cm左右的干草、树叶，以保持堆内温湿度、促进后熟。一般经过3～5d青皮即可离壳，切忌堆积时间过长，切勿使青皮霉烂。为加快脱皮进程，也可先用3 000～5 000mg/kg乙烯利溶液浸蘸半分钟再堆积。脱皮后的坚果表面常残存有烂皮等杂物，应及时用清水冲洗干净。为提高坚果外观品质，还要进行漂白。常用漂白剂为漂白粉1kg兑水6～8kg或者次氯酸钠1kg兑水30kg，漂白时间为10min左右，当核壳由青红色转黄白色时，立即捞出用清水冲洗2次即可晾晒。

核桃落花落果防控

技能实训

技能实训11-1 核桃种子催芽处理

一、目的与要求

通过实训，使同学们学会核桃播种前的催芽处理方法，并掌握具体的操作技术。

二、材料与用具

1. 材料 经过层积处理后的核桃、石灰、纱布。

2. 用具 尼龙袋、大缸、木棍、瓷盘、温箱和温度计等。

三、内容与方法

1. 冷水浸种 将种子放冷水中浸泡7～10d，每天换水1次，或将种子装入尼龙袋压入河、渠流水中，使其充分吸水膨胀，然后捞出置于强烈的阳光下暴晒几小时，待90%以上种子裂口即可播种。如果不裂口的种子占20%以上，应将其拣出再浸泡几天，然后日晒促裂，少部分不开口的可人工轻砸种尖部促裂。这是最简便易行的方法之一。

2. 石灰水浸种 把50kg核桃倒入1.5kg生石灰与10kg水的溶液中，用石头压住核桃，然后加冷水浸泡7～8d（不需换水），捞出后在太阳下暴晒几个小时，种子裂口即可播种。

3. 温水浸种 将种子放入缸中，倒入80℃的热水，随即用木棍搅拌，待水温下降至常温后继续浸泡，以后每天换冷水1次，浸种8～10d后部分开始裂口，即可捞出播种。

四、实训提示

在进行催芽处理的同时，可将层积过的种子分别放入瓷盘中，用湿纱布盖上，然后分别放到3个温箱里，将温箱分别调到10～15℃、25～28℃、40～45℃。每12h观察1次种子萌芽情况，并将观察结果记入实训报告中。

五、实训作业

分析比较哪种催芽处理方法的发芽效果好。

技能实训 11-2　核桃播种及管理

一、目的与要求

通过核桃播种和播后管理，使学生在了解实生苗生长发育规律的基础上，较熟练地掌握幼苗的培育技术。

二、材料与用具

1. 材料　经过层积处理或浸种催芽的核桃种子、稻草等。

2. 用具　镐、铁锹、耙、皮尺、卷尺、水桶、喷雾器。

三、内容与方法

1. 整地　苗圃地在播种前先深翻 40～50cm，同时每亩施入有机肥 2 000～2 500kg、过磷酸钙 50kg、草木灰 50kg、尿素 30kg。深翻施肥后灌水，水渗下后，根据需要做畦，一般畦宽 1.0～1.2m、长 5～10m。做畦时应先将土块打碎、搂平、耙细。播前 3～5d 灌透水。

2. 播种　播种时期一般分秋播和春播。春播在土壤解冻后尽早进行，秋播在土壤封冻前进行。一般核桃播种采用条状点播，行距 40～45cm，株距 10～15cm，播种后覆土 5～10cm。播种时种子平放，以种子的缝合线与地面垂直、种尖向一侧摆放出苗最好。春播用沙藏的种子时，可掰断露白的胚根后再播种。如土壤过干，也要先在沟内灌水后再播种。播后及时覆土，覆土后要盖上覆盖物如稻草等，以保持温度，利于种子发芽出土。

3. 管理　核桃春播后 20d 左右开始发芽，40d 左右出齐，要加强实生苗的田间管理。

（1）灌水。要注意土壤湿度的变化，如发现表土过干，影响种子发芽出土时，要适时喷水，使表土经常保持湿润状态，为幼苗正常出土创造良好条件。但切忌漫灌，以免使表土形成硬盖，影响幼苗正常出土。

（2）去除覆盖物。在畦内有覆盖物的，当种子拱土时，要及时去掉覆盖物，以保证幼苗正常出土。

（3）松土除草。幼苗出土后要适时松土和除草若干次，以保证土壤疏松无杂草，有利于幼苗的健壮生长。

（4）施肥。在幼苗生长过程中，要注意灌水和施肥，发现病虫危害时要及时防治。

（5）摘心。当幼苗长到 30cm 左右高时，要适时进行摘心，并除去苗干基部 5～10cm 处的副梢，以保证嫁接部位光滑。

（6）断根。夏末对实生苗进行断根处理。在行间距离苗木基部 70cm 处，用断根铲呈 45°斜插地面，将主根切断。断根后应加强肥水管理。

四、实训作业

列表记载核桃的播种日期、出苗日期和幼苗生长发育情况，撰写实训报告。

技能实训 11-3　核桃苗嫁接

一、目的与要求

通过训练，学生能熟练使用嫁接用具，会正确选择砧木和接穗，学会核桃的两种枝接和一种芽接方法，并掌握嫁接后的管理工作。

二、材料与用具

1. 材料　核桃树、核桃砧木和接穗、塑料绑条。

2. 用具　修枝剪、枝接刀、芽接刀、手锯、水桶、磨刀石等。

三、内容与方法

1. 枝接　核桃的枝接主要用于大树高接换头和培育嫁接苗，常用的有皮下接、插皮舌接、双舌接等。掌握枝接的适宜时期，学会选择砧木和接穗。在教师示范的基础上，进行枝接嫁接的练习，注意接穗切削的长度、平滑度以及绑缚的严紧度，砧木和接穗的形成层要对齐或一侧对齐，做到“下蹬空、上露白”，以利于愈伤组织的产生。重点练习插皮舌接、皮下接。

2. 芽接　芽接用于培育嫁接苗和枝接失败后的补接，主要有方块形芽接。芽接的接穗要现采现用，保持湿度。主要练习方块芽接的基本操作方法，注意绑缚的方法、严紧程度和形成层的对齐方式。

四、实训提示

嫁接除了注意安全外还要注意各种方法的差异和嫁接质量。

嫁接要做到“利、平、齐、净、严”。

利：指刀具要锋利，操作速度要快。

平：指接穗的削面要光滑平整。

齐：指砧木与接穗的形成层要对齐。

净：指刀具、削面、切口、芽片等保持干净。

严：指绑缚要严谨。

五、实训作业

（1）核桃最适合的嫁接时期和嫁接方法有哪些？

（2）总结本人在嫁接训练中的成功之处，找出不足，加以改进，认真书写实训报告。

（3）统计本人嫁接株数及成活率，总结嫁接成活的关键点。

技能实训 11－4　核桃施基肥

一、目的与要求

通过实训，使学生了解施肥方法与肥效的关系，掌握土壤施肥的方法。

二、材料与用具

1. 材料　幼年果园或成年果园，因地制宜地选用土粪、厩肥、硫酸铵、尿素或腐熟的人粪尿、过磷酸钙或磷酸铵等肥料。

2. 用具　镐、铁锹、水桶、土钻。

三、内容与方法

果树的施肥方法应根据果树根系的分布、肥料种类、施肥时期和土壤性质等条件而定。

1. 环状施肥法　于树冠下略往外的地方挖一宽 30～60cm、深 30～60cm 的环状沟，将肥料撒入沟内或肥料与土混合撒入沟内，然后覆土。此法适于根系分布较小的幼树，基肥、追肥均可采用此方法。

2. 放射状施肥法　在距树干约 1m 处，以树干为中心向外呈放射状挖 4～8 条宽 30～

60cm、深15～60cm的沟，距树干越远，沟要越宽、越深，将肥料施入沟内或与土拌匀后施入内，然后覆土。此法适用于成年树施肥。

3. 条沟施肥法 以树冠大小为标准，于果树行间或林间开1～2条宽50～100cm、深30～60cm的沟，将肥料施入沟内，覆土。如果两行树冠接近，可采用隔行开沟、次年更换的方法。此法可用拖拉机开沟，适用于成年果树施基肥。

4. 全园撒施法 先将肥料均匀撒于果园中，然后将肥料翻入土中，深度约20cm。当成年果树根系已布满全园时，用此法较好。

5. 盘状施肥法 先在树盘内撒施肥料，然后结合刨树盘，将肥料翻入土中。幼树追肥可用此法。

6. 注入施肥法 即将肥料注入土壤深处，可用土钻打眼，深度钻到根系分布最多的部位，然后将化肥稀释后注入穴内。此法适用于密植园。

7. 穴施法 于树冠下挖若干深20～50cm的孔穴，在穴内施入肥料。挖穴的多少，可根根树冠大小及需要而定。此法适用于追施磷、钾肥料或干旱地区施肥。

8. 压绿肥 压绿肥的时期一般以在绿肥作物的花期为宜。压绿肥时可在行间或株间开沟，将绿肥压在沟内，一层绿肥一层土，压后灌水，以利于绿肥分解。

在操作时要注意以上几种施肥方法的施肥深度。基肥可深，追肥要浅；根浅的地方宜浅，根深的地方宜深。要尽量少伤很，施肥后必须及时灌水。

四、实训作业

（1）通过操作，体会几种施肥方法的优缺点。

（2）根据不同树龄、肥料种类、施肥时期总结应采用哪些不同施肥方法。

技能实训11-5　核桃根外追肥

一、目的与要求

通过实际操作，了解根外追肥常用浓度及计算方法，掌握根外追肥的方法。

二、材料与用具

1. 材料 幼年果园或成年果园、草木灰或硫酸钾、硼砂等。

2. 用具 水桶、喷雾器。

三、内容与方法

一般矿质肥料、草木灰、微量元素、生长素均可采用根外追肥。应用此追肥方法，肥料可与防治病虫的药剂混合使用，但要注意混合用后无药害和不减效。

1. 根外追肥的使用浓度 应根据肥料种类、气温、品种等条件而定，在使用前可做小型试验。

2. 根外追肥的时间 最好选择无风较湿润的天气进行，在一天内则以傍晚时进行较好。喷施肥料时要着重点喷叶背，喷布要均匀。喷前应先少量试喷，一两天后若无不良反应，再大面积喷施。喷后24h之内下雨应重喷。

四、实训作业

（1）为什么根外追肥要着重喷叶背面？

（2）根外追肥的最佳时期是什么时候？

技能实训 11-6 核桃整形修剪

一、目的与要求

通过实际操作，学会核桃的整形修剪技术，掌握核桃的整形修剪特点。

二、材料与用具

1. 材料 核桃幼树和结果树。

2. 用具 修枝剪、手锯、高枝剪、高梯或高凳。

三、内容与方法

1. 修剪时期 核桃修剪的最适时期是果实采收后至叶片变黄以前。对生长过旺树和幼树，可在早春萌芽后修剪，以调节树势，但应注意不可碰伤幼嫩枝叶。

2. 整形 核桃多采用主干疏层形，但也有采用开心形和半圆形等树形。在整形方法上，由于核桃顶芽发育充实，有明显的顶端优势，故在培养中心干和侧枝时多不短截，以顶芽萌发延长生长，扩大树冠。三大主枝要方向正、角度好、互相错落开，第二层主枝插于第一层主枝的空间。侧枝选留以向外斜生者为好，不选背后枝作侧枝，以防背后枝转旺，影响从属关系。

3. 修剪 要掌握以下几种枝条的修剪。

(1) 结果母枝的修剪。核桃到了结果年龄以后，顶芽大部分都可形成雌花芽。核桃枝条顶端优势明显，顶花芽比侧花芽结实力强，因此对结果母枝的修剪应以疏剪为主、短截为辅。

(2) 枝组的培养和修剪。进入结果年龄以后，要注意结果枝组的培养，选留健壮的生长枝，培养成结果枝组。方法是将其附近的弱枝疏掉，待其发生分枝后进行回缩，即采取"先放后缩"的方法，促使形成紧凑的枝组。枝组的距离应根据枝组的大小而定，不可过密，一般以每 60～100cm 留一枝组为宜（大、中枝组）。结果枝组结果几年后要及时更新，对下部光秃的应回缩复壮，对细弱枝条应进行疏剪，改善光照条件，减少消耗，促进母枝生长。

(3) 下垂枝的修剪。下垂枝由背后枝延伸而成，随着树龄的增长，下垂枝也逐年增多，它严重影响骨干枝的生长，故对下垂枝必须严加控制。如果下垂枝与枝头生长势相近，可以疏去下垂枝；如果下垂枝强于枝头，方位合适时，可用下垂枝换头，对原枝头短截，培养为结果枝组；如果下垂枝生长势中等，又有花芽可控制生长，可暂时保留，待结果后再剪掉，或在分枝部位回缩下垂部分，培养成结果枝组。

(4) 徒长枝的修剪。徒长枝一般着生在树冠内部或枝头的背上，造成冠内郁闭，影响枝头生长或焦梢。因此，幼树一般不保留徒长枝，但结果树可利用部分徒长枝，培养成结果枝组。方法是在夏季对徒长枝进行摘心，或在夏秋梢交界处短截，促使发生分枝，改变枝条角度，以利于形成花芽。

(5) 辅养枝的修剪。着生在中心干、主枝和侧枝上的辅养枝，在不影响主、侧枝生长的情况下有空就留，无空就缩。对辅养枝可采取"去直留斜、先放后缩"的方法，培养成结果枝组。

四、实训作业

(1) 通过实习说明核桃的修剪特点。

(2) 通过核桃修剪，观察修剪后的反应（如核桃下垂枝的修剪、核桃结果枝组的培养等），学会核桃的修剪技术。

（3）核桃最适合的嫁接时期和嫁接方法有哪些？

核桃省力化栽培

核桃省力化栽培技术

一、品种选择

1. 早熟品种 香玲、北京746、礼品2号、薄壳香、辽核4号、中林1号、绿早、绿岭。

2. 晚熟品种 清香、晋龙2号、上宋6号等。

二、园地选择和建园

（一）园地选择

选择背风向阳、降水充足、空气清新、水质纯净、土壤通透性良好且未受污染、具有良好农业生态环境的地区建园，避开繁华都市、工业区和交通要道，周围2km内无污染企业等。还应避开重茬地，避免在种植过柳、杨、槐的土壤上栽植核桃，以防根腐病的发生。土质以保水、透气良好、pH为7.0～7.5的壤土和沙壤土为宜。应做到因地制宜，适地适树。

（二）园地规划

1. 道路与作业小区划分 道路分主路、支路、小路，尽量沿高岭布设。作业区面积3.33hm^2左右，最多不超过4hm^2。

2. 品种 品种以皮薄、优质的香玲、绿岭、辽核4号为主栽品种，配以中林1号、上宋6号、绿早作授粉品种。

3. 防护林 树种为银杏、刺槐、火炬树、花椒等。

4. 密度 株行距为（2～3）m×（5～6）m。

5. 水土保持措施与排水系统 对于隔坡沟状梯田，田面、隔坡种植牧草，以护坡保土。排水主要有明沟排水和暗沟排水。

6. 灌溉系统 采用节水灌溉方式，以小管出流节水灌溉方式为好，每个作业区为1个灌区，每株树1个小管。

（三）高标准整地

采用宽、深均在1m以上的高规格整地方法，施足底肥，结合整地每亩施有机肥20t以上，与土混匀后灌水沉实。

三、高效栽植技术

（一）栽植壮苗

要求苗木标准要高，地径1.5cm以上，主根25cm以上，有6条以上长度大于20cm的侧根，苗木总高度1.1m以上，嫁接部位80cm以上，芽体饱满。

（二）科学栽植

1. 栽植时期 秋栽涂干，幼树萌芽早，在3月下旬芽体开始膨大，并且发育快。防寒措施有埋干、幼树缠塑膜、编织袋包扎、聚乙烯醇涂干等，多年试验表明聚乙烯醇涂干最为经济实用，省工省力、效果好，可以在生产上大面积推广。

2. 栽植方法

（1）修根。主根尖端轻削一斜面露出新茬，侧根剪掉根毛和细弱根尖，利于生新根且发根旺。

（2）浸水。如果在运苗途中根部缺水，把根浸入水中浸泡 12h。

（3）消毒。在石硫合剂 300 倍液或 21%过氧乙酸 100 倍液中消毒 1min。

（4）蘸生根粉。在 ABT 3 号生根粉 2 000 倍液中浸泡 2～20min。

（5）蘸泥浆。蘸生根粉后在泥浆中蘸一下，用塑料膜包住，运输过程中根不易失水。

（6）挖栽植坑。挖规格为 40cm×40cm 小穴。

（7）植苗。先将混好肥料的土填一半进坑内，堆成丘状，按品种栽植计划将苗木放入坑内，使根系均匀舒展地分布在坑内土丘上，同时校正栽植的位置，使株行之间尽可能整齐对正，嫁接口在北面，防风刮伤。然后向栽植坑内灌 10～15kg 清水，待水渗下 1/2 时，立即向坑内填入另一半混好肥料的土，将根颈埋住，轻轻踏一踏，再撒一薄层土。

3. 栽后管理

（1）定干。密植核桃在离地面 60～80cm 处的饱满芽上方留 3cm 以上剪截。

（2）套袋。定干后，用塑料膜筒套住树干，上端封口，防春寒和金龟子咬芽。

（3）盖膜。2 人合作，用长、宽为 1m 的塑料膜（树干从中心穿过）盖在树盘上，塑料膜边缘和树干中心用土压好，防金龟子上树咬嫩芽和树盘内生草，还可保墒。

（4）肥水管理。栽后半月浇水，5 月 1 日左右浇第三次水。

（5）越冬防寒。秋冬季栽植可封大堆或铺地膜，以提高地温，促根系生长，防止冻害，翌年春季发芽前扒去大土堆。防抽条可于 12 月中旬选气温较高的中午或午后在主干上缠纸条，纸条上可涂凡士林；也可套纸筒或塑料薄膜筒，上口封严，下口埋入土中。萌芽后，套袋苗新梢长 5～10cm 时，先撕开一小口通风，逐渐将口撕大，待新梢适应外界条件时再将袋去掉。还可以在上冻前树干涂聚乙烯醇、根颈部位封小土堆、修月牙形土埂等进行防冻。

四、节水灌溉

尽管核桃适应性很强，但是极度干旱既会影响产量，也会影响品质。为了省水省工，把水用在关键时期，应当采用节水灌溉技术。多年试验表明，小管出流最佳，既可避免滴灌容易堵塞、灌溉不均的问题，也可克服微喷要求压力大、蒸发量大的缺点。

五、有机物覆盖

1. 核桃壳覆盖 核桃青皮可以作肥料，并能杀死土壤中的病菌和越冬虫卵，还可以保水保墒并防止杂草滋生。

2. 杂草覆盖 杂草既可以作肥料，又可以保水保墒并防止杂草滋生。

六、行间种草

行间种植三叶草或苜蓿等，既可以作肥料，又可以保水保墒并防止杂草滋生。

七、合理修剪

1. 树形 采用单层高位开心形。本树形主要适用于株行距为（2～3）m×（5～6）m 的密植核桃园。树形结构为主干高 60～70cm，树高 2.5～3.0m，全树在中心干上间隔 15～20cm 插空排列 12～14 个大枝，大枝全部拉平，树顶拉枝开心。

2. 整形方法 当年定植后，距地面 70～75cm 处剪截定干，当年 8 月中下旬，除中心干延长枝外，将发出的新枝全部拉平（角度为 90°或大于 90°）作为大枝。翌年 3 月下旬萌芽前，将中心干延长枝剪留 40～45cm，继续培养大枝，逐年重复同样的操作，在第四年或第五年培养出大枝 12～14 个，然后中心干延长枝缓放，拉平。前 4 年整形要点是“见枝就拉平，只截中心枝”。

3. 轮替更新 早实核桃结果母枝的连续结果能力多在 3～5 年，分级次数过多后，失去结果能力而干枯，因此应当及时更新。方法是在衰老枝基部保留 10cm 左右短橛，上部去掉，待发出新枝后拉平代替原枝。

八、花果管理

1. 花期叶面喷肥 核桃初花期树体喷洒 0.3%～0.5%尿素+0.2%～0.3%硼砂，促进坐果效果明显。

2. 人工辅助授粉

（1）采集花粉。从健壮成龄树上采集将要散粉（花序由绿变黄）或刚刚散粉的雄花序，放在干燥的室内或无阳光直射的地方晾干，1～2d 即可散粉，然后将花粉收集在小瓶内盖严，置于 2～5℃的低温下备用。

（2）授粉时期。雌花柱头开裂并呈倒“八”字形，柱头羽状突起、分泌大量黏液并有一定光泽时，为雌花接受花粉最佳时期。一般正值雌花盛期，时间为 2～3d。

（3）授粉方法。用毛笔蘸上花粉，在雌花上方轻弹或用医用喉头喷粉器授粉。也可将花粉配成花粉悬液（花粉、水比例为 1∶5 000），结合叶面喷肥进行。对于大树，可将花序装入纱袋中，在果树行间抖授。

3. 疏花疏果

（1）疏除雄花。疏雄原则上以早疏为宜，一般以雄花芽萌动前进行为好，疏除量以 90%～95%为宜。用长 1.0～1.5m 带钩木杆拉下枝条，人工掰除雄花，以节约营养，提高坐果率。

（2）疏幼果。坐果过多时，应及时疏去多余的果实。一般如有双果或多果的应留单果，过于细弱的结果枝不留果，5 年生树保持每亩产量在 250kg 以内，以提高品质。疏果以在生理落果期以后，即当幼果发育到长 1.0～1.5cm 时进行为宜。疏除方法是先疏除弱树和细弱枝上的幼果，茎粗 5cm 以下的结果枝不留果，5～10cm 的留 1 个果，10cm 以上的留 2 个果。

4. 精细采收 用剪枝剪单果采收，防止用杆子打核桃损伤结果母枝。核桃成熟的外观形态特征为青果皮由绿变黄、部分顶部开裂、青果皮易剥离，内部特征为种仁饱满、幼胚成熟、子叶变硬，这时才是果实采收的最佳时期（白露）。

复习提高

（1）播种前核桃种子应该如何处理？简述催芽程序。

（2）试述核桃播种技术。

（3）核桃嫁接有哪些方法？简述各方法操作要点。

（4）核桃栽后管理要注意哪些事项？

（5）核桃园的土壤管理措施有哪些？

（6）核桃疏花的作用是什么？

（7）核桃脱青皮的方法有哪些？

（8）核桃修剪的方法有哪些？

项目十二
其他果树优质生产技术

学习目标

• 知识目标

了解香蕉、板栗和百香果等的主要种类和品种；熟悉香蕉、板栗和百香果等的生物学特性和生态学特性；掌握香蕉、板栗和百香果等的主要生产技术环节和生产管理特点。

• 技能目标

能够认识常见的香蕉、板栗和百香果等的品种；了解香蕉、板栗和百香果等的生物学特性，掌握其对环境条件的要求；能在不同时期应用各种修剪技术进行香蕉、板栗和百香果等的修剪；能指导香蕉、板栗和百香果等的生产；能独立进行香蕉、板栗和百香果等的建园和周年生产管理。

• 素养目标

培养创新意识，能够善于发现问题、解决问题；了解农业在我国的战略地位，树立学农、爱农和从农之心。

生产知识

任务一　香蕉优质生产技术

香蕉是热带代表性水果之一，因其能解除忧郁而有“快乐水果”之称。香蕉又被称为“智慧之果”，传说是因为佛祖释迦牟尼吃了香蕉而获得智慧。

世界香蕉起源于马来西亚地区，在我国南亚热带地区如海南、台湾、广东、广西、福建、四川、云南、贵州可作为经济作物栽培，以台湾、海南、广西、广东最多。香蕉是我国南方四大名果之一，具有产量高、投产早、用途广、栽培易、供应期长的特点，其味清甜，肉嫩，有悦人的风味和芳香，营养价值高，深受人们的喜爱。

香蕉果形短而稍圆，粉蕉果形小而微弯，其果肉香甜，除供生食外，还可制作多种加工品。

一、主要种类和品种

（一）主要种类

香蕉（*Musa nana* Lour.）在分类上属芭蕉科（Musaceae）芭蕉属（*Musa*）的多年生大型草本果树。香蕉在长期栽培中因杂交变异和受环境条件的影响，形成繁多的种类。食用蕉按一般性状可分为香蕉、大蕉和粉蕉三大类型，每个类型都有不少优良的地方品种。

1. 香蕉类 香蕉原产于我国南部，是蕉类中品质最佳、经济价值最高的一个种类，故华南许多蕉产区皆已为香蕉主要栽培地。香蕉干高2～4m，假茎黄绿而带紫褐色斑，也较阔大，先端圆钝，叶柄短而粗，叶柄槽开张，有叶翼（反向外开张），叶基部对称而斜向上，叶柄及叶底有白粉。果弯曲向上生长，幼果向上、直立，成熟后逐渐趋于平伸，成熟时近圆形，在21℃左右催熟，果皮有梅花点（实为炭疽病斑），皮薄，外果皮与中果皮不易分离，果肉黄白色，柔软嫩滑，味香甜，无种子，品质极佳。幼芽紫红色。抗香蕉枯萎病，但易感束顶病，抗风力弱，不耐寒，对肥水和气候条件要求较高。根据香蕉株高矮分为高型、中型、矮型3种。

2. 大蕉类 大蕉别名鼓槌、月蕉、饭蕉、牛角蕉、板蕉。植株高大粗壮，一般假茎高3～4m。叶长而大，深绿色，叶基部呈心脏形，对称，叶柄闭合成圆筒形，无叶翼，叶背无白粉。果实大而直，棱角明显，呈3～5棱。果皮厚韧，熟时橙黄色。果肉淡黄色、柔软、味甜而带微酸，无香味，偶有种子。大蕉是我国食用蕉中抗寒力最强的种，适应性较强，抗风、抗病虫力也强。在广东，大蕉又分为高型、矮型两个品系，以矮型的产量较高。

3. 粉蕉类 龙牙蕉是粉蕉的一种，植株高瘦，假茎高3～5m，色泽淡黄色且有紫红色斑纹。叶片狭长而薄，淡绿色，先端稍尖，叶基部不对称，叶柄狭长，一般闭合，无叶翼，叶柄和叶基部的边缘有红色条纹，叶背、叶鞘披白粉。吸芽黄绿色。果较短小，小果圆筒形，果身圆而直，稍弯，微起棱，催熟后果皮鲜黄色，皮薄易开裂。果肉乳白色，柔软甜滑，少香味。产量低，一般单株产15 kg左右。抗寒力比香蕉强，抗风力、对土壤的适应性均比大蕉弱。

（二）主要品种

1. 大种高把 大种高把又称青身高把、高把香牙蕉，是东莞主要优良品种。植株粗壮，假茎高2.5～3.0m，叶长且阔厚，青绿色，先端较尖，稍直立，叶背主脉有白粉，叶柄粗长，叶距疏。果轴粗大，果穗长，蕉门宽，梳数较多，单果长且充实。丰产稳产性能好，正造蕉一般单株产20～25kg，高产的达60kg，雪蕉单株产15～20kg。该品种根系发达，耐肥、耐旱、抗寒力较强，不易发生萎缩病，但易受风害。

2. 威廉斯 澳大利亚当家栽培品种，广东省1986年引进，并用组织培养技术进行繁殖推广，是近年来发展较多的品种之一。该品种植株较高大，假茎高2.5～3.0m（新植试管蕉干高2.0～2.5 m），叶片稍开张，叶柄较短，叶距较密，果穗较长，一般有8～10梳，产量较高，一般单株产20～30kg，高者可达45kg。威廉斯试管蕉，由于具有果穗较大且整齐、小果较长、外观好、丰产等优点，深受蕉农欢迎，但抗性较国内品种差，苗期易感花叶心腐病，且变异率稍高。

3. 大种矮把 东莞优良品种。植株较矮，假茎高2.1～2.5m，茎干粗壮，色青绿色而有褐斑，叶片较短、宽且较开张，叶尖和叶基较钝，叶背、叶柄披白粉，叶柄粗短，叶距密，果轴较粗短，果梳较密，每梳果数稍少，小果较长，较丰产，一般单株产15～23kg，高产的达50kg。品质较好，耐肥，抗风力较强，但根系分布较少而浅，抗旱、抗寒力较弱。

4. 油蕉 东莞优良品种。植株较矮，茎干粗壮，假茎高2.5m左右，黄绿色，带黄褐斑，叶片宽而长，叶柄较粗短，叶柄和叶脉淡红色，幼苗更明显，叶色油绿有光泽，果穗较短，果梳较密，小果较短小，但果数较多，排列整齐，产量中等，一般单株产15～20kg，果皮较厚，深绿色带蜡质，催熟后有光泽，品质较好，味较甜，较耐贮运。该品种抗逆性与抗风力较强，较耐寒，很少出现束顶病。

5. 广东香蕉2号 原63-1，广东省农业科学院果树研究所1963年从越南引种，通过营养系选种，1982年选出优良单株，1992年通过品种审定。该品种植株较矮小，茎干较粗，假茎高2.0～2.6m，叶片短，较直立，叶距小，果穗长度中等，一般8～10梳，高者达11～12梳，小果较长，较丰产，一般单株产17～33kg，品质中上，耐贮性较好。抗风力较强，适应性较广。近年来种植面积不断扩大。

6. 粉蕉 别名糯米蕉、金蕉。假茎和叶片似龙牙蕉，但叶基部对称而易于区别，果形偏直，中间微弯，两端钝尖，果柄短。成熟时棱角不明显，果皮薄，果肉乳白色，紧实柔滑，味较甜，有苹果味，产量中等。长势强壮，比香蕉耐寒，抗风力较强，对土壤适应性很强。一般较少集中栽培。

7. 龙牙蕉 又称过山香，具体特征前文已有介绍，因其易受象鼻虫危害，集中栽培易感染巴拿马枯萎病，故栽培较少。

二、生物学和生态学特性

（一）生物学特性

1. 生长特性 香蕉是热带常绿性多年生大型草本果树。香蕉的地下茎为多年生粗大球茎，地上部包括假茎（叶鞘）、叶柄、叶片。假茎由一层层叶鞘包裹而成，新叶从假茎中心抽出，然后在假茎顶部展开。当植株形成花序时，地下茎顶端分生组织向地面伸长，从假茎中心抽出花蕾。香蕉每株只能开花结果一次，结果后母株逐渐枯萎，由地下茎抽出吸芽延续后代。蕉园寿命较长，栽培蕉园一般有10～15年，广东东莞有长达百余年仍丰产的。了解香蕉的生物学特性，掌握和运用其生长发育规律及对环境条件的要求，是实现香蕉园高产稳产栽培的重要前提。

（1）根系。香蕉没有主根，只有须根。香蕉的根是由多年生肥大的地下球茎从侧边长出，可分为横生的水平根和向下生的垂直根两种。香蕉的根肉质，细长，质脆易折，缺乏形成层组织。分生的幼根上长有起吸收作用的根毛。若土壤疏松，地下水位低，垂直根可深达1.0～1.5m。横向生的水平根自球茎中上部长出，密集分布在10～30cm的土层中，深达60cm，宽超出冠幅之外达2～3m。新根白色，老根淡黄色。

根系一般在每年立春以后、温湿度适宜时开始生长，5—8月根系生长达到高峰期，9月以后根系生长又逐渐缓慢，12月至翌年1月根系几乎停止生长。由于香蕉根系由肉质须根组成，浅生而质脆，对于支持高大而沉重的地上部是不相称的，特别是抽蕾挂果的植株，极易受风害，因此必须及早做好防风工作。

（2）球茎。球茎又称为地下茎，是整个植株积累和贮藏养料的重要器官。在组织上有几种维管束都集中在球茎内，是生根、长叶、抽蕾、萌发吸芽的地方。球茎的生长发育与茎叶生长发育是相对应的，当地上部开始抽生大叶时，球茎也加速生长，地上部生长最旺盛期，也是球茎生长最迅速期。因此，加强肥水管理，促使球茎的生长发育良好，积累更多的营养物质，是促进花芽分化、提高产量的基础。吸芽着生在球茎上，一般在中部或中上部为多，其抽生次序一般是下部先抽生，越后抽生的越接近地面。因此，新生吸芽的地上茎会逐年向上升，其上升快慢则与环境、栽培技术有关。吸芽在生长发育早期依靠母株球茎的营养，以后逐渐形成地下茎和根。

（3）假茎。地上部茎干由一层层紧压的覆瓦状叶鞘重叠而成，称为假茎，它起着支持地上部和运输养分、水分的作用。新叶从假茎中心部分抽出，把老叶及其叶鞘挤向外围。假茎一般随着球茎增粗而增粗，其大小主要取决于叶片的大小和多少，肥水管理水平较高、叶片多而大的，假茎就粗壮。假茎的高矮、质地、颜色因品种而异。

（4）茎。茎包裹在假茎中央，由球茎的顶生分生组织的生长点在植株转入花芽形成阶段时迅速向上生长，在假茎中心伸出，其上着生顶生花序，呈白色圆棒状。

（5）叶。香蕉的叶由叶鞘、叶柄、叶翼、叶片组成。叶片长且宽呈长椭圆形，有粗厚的中脉和两侧羽状平行侧脉，叶脉有浅槽，叶呈螺旋式互生排列。吸芽初长出的叶是无叶身的“鞘叶”，接着长出叶身狭长的“剑叶”，以后再长出正常的大叶，直到花芽分化开始，叶片达到最大，以后再抽生的叶片便逐渐变小，到花序抽出前的两片叶最小。着生在花轴上，先出一片叶（即倒数第二片叶），先端钝平，广东蕉农称之为“葵扇叶”，最后抽出的一片叶最短，叶面很小并直生，称“护叶”。香蕉叶片逐渐变小，叶柄变短而密集，是花芽分化的标志。香蕉叶的生长发育与花芽分化、结果的关系极为密切，叶片总面积大小与果实的数量、质量、品质呈正相关，与叶片面积发育所需时间呈负相关。故保持的青叶数越多、叶片越大、叶色越浓绿、枯叶越少，丰产越有保证。

香蕉植株的形态如图Ⅱ-12-1。

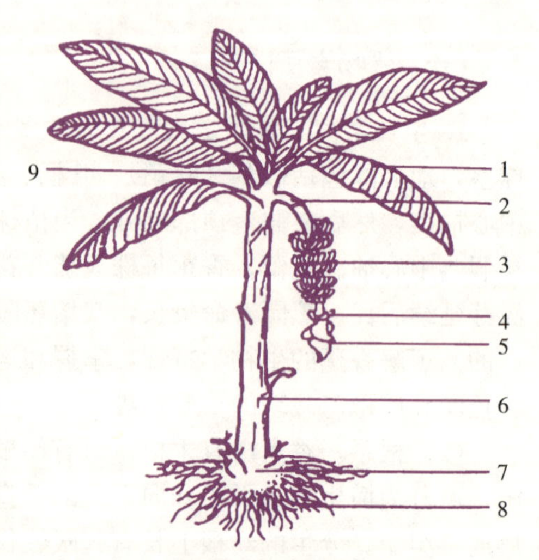

图Ⅱ-12-1　香蕉植株的形态

1. 叶片　2. 果柄　3. 果穗　4. 花　5. 花苞　6. 假茎　7. 地下茎　8. 根　9. 叶柄

［覃文显，2012，果树生产技术（南方本）］

2. 开花和果实习性

（1）花。香蕉的花序是顶生的穗状无限花序。香蕉的花芽分化受品种、叶数、叶面积、植株营养和光照、温度等综合因素的影响。一般新植蕉吸芽苗在抽出 20～24 片叶后即开始花芽分化，而新植的试管苗香蕉要抽出 32～36 片叶才开始花芽分化。蕉农经验认为，香蕉植株顶端叶片逐渐变小，叶距越来越密，出现“密叶层”（即“把头”）时，花芽分化开始。香蕉从花芽分化到现蕾，一般需要 2～3 个月。因此，为了增加雌花数量，在花芽分化前重施肥是增产的关键措施。我国台湾蕉农的经验认为，在花芽分化时应施完全年肥料的70%～80%。

香蕉植株生长达到一定叶片数，即开始花芽分化，因此，香蕉周年都可抽蕾开始结果。抽蕾后，花蕾受重力作用向下倒挂，花序逐渐伸长，花苞逐渐展开而脱落，露出许多段小花，每段小花有10～20朵，呈双行排列，称为花梳。香蕉花有雌花、中性花、雄花3种（图Ⅱ-12-2）。其排列和开花顺序为果穗基部雌花先开，接着开中部的中性花，最后开先端雄花。香蕉花黄白色，子房下位，3室，有退化胚珠多枚，各种花都具有一个合生管状被片（由3片大裂片、2片小裂片联合拼成）、一个离生被片及一组由5枚雄蕊组成的雄器和一个雌蕊。3种花的最大差别是雌花子房发达，占全花长2/3，可发育成果实，雄蕊退化，中性花和雄花均不能发育成果实。香蕉一个花序中的3种花可随营养等条件而相互转化，如花芽分化前营养充足则雌花多，反之则少。

(2) 果实。香蕉属营养性单性结实，果实由雌花子房发育而成，为浆果。栽培种香蕉是3倍体，胚珠很早退化，一般无种子，但大蕉和粉蕉偶有种子，特别是在寒冷地区。种子硬质黑色。果肉未成熟时，富含淀粉，催熟后转化为可溶性糖。果皮与果肉未成熟前含有单宁，熟后转化。香蕉果穗上每一段雌花所结成的果实称为一梳（果梳或果段），每梳蕉果有10～20个单果（小果），分两层排列，果梳在果轴上呈螺旋状排列，每果穗一般有7～10梳，多的达11～16梳（图Ⅱ-12-3）。

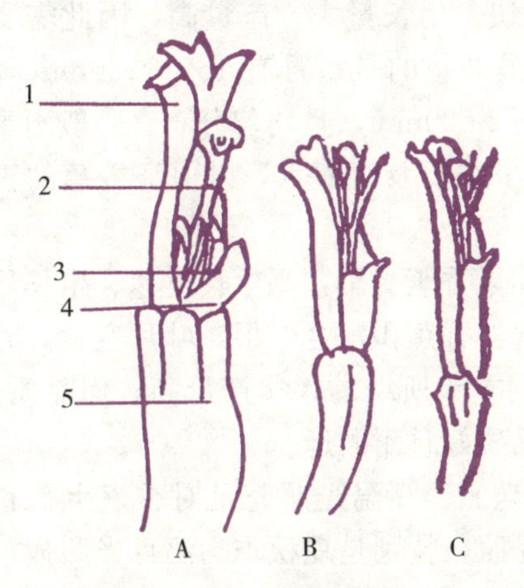

图Ⅱ-12-2 香蕉的小花

A. 雌花 B. 中性花 C. 雄花

1. 花瓣 2. 雌蕊柄 3. 雄蕊 4. 萼片 5. 花把

［覃文显，2012，果树生产技术（南方本）］

图Ⅱ-12-3 香蕉的果实

1. 果梳 2. 单果 3. 果实横剖面

［覃文显，2012，果树生产技术（南方本）］

香蕉栽培时，因选吸芽苗先后不同，其开花结果以及收获期早迟也不同。果实发育与品种、气候、环境条件、肥水管理有密切关系。一般在夏秋高温多雨季节，果实生长快，发育均匀，色泽好，成熟早，从抽蕾到采收需85～105d；而在低温干旱季节，果实细小，发育慢，从抽蕾到采收需120～160d。

（二）生态学特性

香蕉的分布受到气候条件的严格限制，香蕉生长发育也受气候的影响，从器官的形成到植株的生长、开花结果，再到产量的形成、品质的优劣，都与气候条件有密切关系。

1. 温度 香蕉是热带果树，性喜高温，怕低温，忌霜冻。在整个长发育过程要求高温多湿，不能有重霜。香蕉生长适宜温度为24～32℃，当气温达到29～31℃时，叶片生长最快，每日生长超过16cm，气温超过38℃时，叶片生长受到抑制，出现日灼现象，最高温度不宜高于40℃。气温在10℃时，植株生长缓慢，当气温降至4～5℃时，叶片开始受冻害。据华南农业大学试验结果显示，在人工模拟温度条件下，香蕉植株在10℃时，生理活动受影响，5℃时冷害症状出现，1℃时叶片冻死。由此可见，绝对低温越低或持续的时间越长，香蕉的受冻越严重。

香蕉受冻的程度与地理和品种的耐寒性有关。从地理环境讲，一般西北方向的蕉园受冻害较严重，但受霜害较轻；地势较低洼或背风的地方，受霜害较严重；靠近河流、水库边，地势开朗通风的地方，受霜害较轻。从品种来讲，大蕉耐寒性比其他品种强，粉蕉次之，香蕉较差；香蕉中以大种高把、高脚顿地雷和矮脚顿地雷的抗寒性较强，而普通矮把，抗寒性较差。同一品种不同器官中，球茎较耐寒，刚脱落苞片的幼果易受霜冻，未开大叶的吸芽最耐寒，抽蕾前后的植株最易受冻害。一般来说，叶片比果实稍耐寒，地下部比地上部耐寒。同一温度时，肥水足、生势壮旺、地势开阔通风的受害轻，而干旱、生势差、地势差、地势低洼、背风的受害重。因此，香蕉应选在最低月平均温度15℃以上、最高月平均温度35℃以下、全年平均温度接近24℃的地方种植。

2. 水分 香蕉根系肉质浅生，株高叶大，生长快，生长量大，产量高，因此需要充足的水分，但又忌积水。要求周年均衡供应水分，最理想的是每月有150～200mm降水量，最少有100mm降水量，年降水量要求在1 500～2 500mm，且均匀分布。一般雨季在5—8月，降水量多而集中，应做好排水工作。而在旱季要及时灌水，以保证香蕉的正常生长发育。

水对香蕉的生长发育与产量品质有密切关系。如果香蕉受旱，则生长迅速、生长量显著下降；花芽分化时受旱，果穗小，梳数、果数减少。香蕉积水会烂根，叶片变黄，时间太长，会烂头甚至会窒息死亡。香蕉一般在高温多雨季节所结的果实产量高，但品质差、不耐贮运；而在低温干旱季节结的果实产量低，但品质好且耐贮运。

3. 光照 香蕉除喜高温多湿外，还需要充足的光照。高温光照充足对香蕉生长和结果有利，果实发育齐整，果大成熟快。但是过强的光照，特别是夏秋季高温且光照强，易引起干旱和日灼伤。而过于密植或被林木遮蔽，光照不足，则香蕉生长速度慢且衰弱，产量低，果小无光泽，不耐贮运。根据香蕉具有丛生性和香蕉自身对阳光的适应机能，即强光时叶下垂、弱光时叶展开，植株间适当荫蔽有利于其生长。

4. 土壤 香蕉对土壤要求不是很严格，除碱田、冷底田、积水田、过沙和过黏土外，不论山地、平原，各种类型的土壤都能生长，但所获得的产量则明显不同。对土壤的适应能力，品种间的差异也很大。一般大蕉、粉蕉根群粗壮，适应性强，稍差的土壤均能适应，如砾土、瓦片、石块颇多的土壤也可以生长；而香蕉要求比较严格，因其根群细嫩、肉质浅生，重黏土、石砾土、沙土等不宜种植。因此要获得高产，就要选择较好的土壤，以土层深厚、肥沃疏松、有机质丰富、保水保肥力强、物理性状良好、地下水位低的壤土、冲积土、腐殖质土壤最为适宜。水田地区地下水位要低于70cm，最好在1m以下。山坡地种植香蕉宜选择有灌溉条件的南、东或东南坡为好。pH 4.5～7.5香蕉都能生长，最适宜的pH为6.0～6.5。

香蕉种植地的环境对蕉果品质影响很大。种在地下水位稍高的水田区，所产的蕉果含水分较多，果身肥短饱满，肉厚，皮厚，色暗，果梗粗大，肉质软，味较淡，不耐贮运；而地势稍高的蕉园，所产的蕉果较瘦长，果肉较紧实，果梗略细，果皮较薄，色绿而有光泽，味较好，水分较少，较耐贮运。

5. 风 香蕉是大型草本果树，组织疏松，株高叶大，且根系肉质浅生，极易受风害，一般5～6级风会撕裂叶片，吹断叶柄，7～8级风会吹折植株，9级以上台风会吹倒整株香蕉或连根拔起，造成严重损失。因此，台风对香蕉生产威胁很大，必须在种植前后注意做好防风工作。但微风可调节蕉园温度、湿度，促进光合作用，对香蕉生长有利。

三、育苗

香蕉除了杂交育种必须采用种子繁殖之外，在生产上均采用吸芽或球茎切块的方法繁殖种苗。

（一）吸芽分株繁殖

吸芽分株为蕉区传统的繁殖方法。当吸芽高达40cm以上时即可进行分株定植。挖苗时在吸芽与母株相接处切下，把苗挖起，要求做到不伤母株球茎，而挖出的吸芽球茎伤口要小，以利于植后成活，但不宜选用大叶芽或“隔山飞”（当年收获植株球茎上抽生的吸芽）作种苗。一般春植选用45～70cm高的剑芽，秋植选用100～150cm高的老壮吸芽（图Ⅱ-12-4）。

图Ⅱ-12-4 吸芽分株

［覃文显，2012，果树生产技术（南方本）］

（二）组织培养繁殖

用香蕉茎尖或花序分生组织，经过脱毒处理，先接种于试管培养成幼苗，再将幼苗移入荫棚营养杯进行培育，至长出8～10片叶时移植于大田定植，这是香蕉种苗工厂化生产的开始。该方法具有种性纯、不带病虫害、生长整齐、方便管理、早生快发、提早成熟、生产不受季节限制等优点，因而有利于香蕉良种化、集约化、商品化生产。但香蕉试管苗的组织较嫩，蚜虫等传病的害虫喜欢在其上取食，加上苗期的抗病能力较弱，因而幼龄蕉树很容易发病，因此必须注意做好防病工作。

四、建园

（一）园地选择

香蕉忌霜冻、怕台风、不耐旱、怕积水，建立香蕉园首先要考虑当地的气候、土壤和水源等条件。建园应在霜冻不严重、空气流通、地势开阔的地段，避免选用冷空气聚集的谷地、低洼地；沿海地区还要选择台风危害不严重或有天然屏障的地方（或营造防风林）；若在山地丘陵旱坡地建园，还要考虑解决干旱、瘦瘠的问题，应选择山的下段阴凉、湿润、肥沃、有水源的地方，坡度宜在15°以下；若在平原、水田低洼的地方建园，宜选择地下水位低于70cm、排水良好的地方。土壤则以土层深厚、疏松肥沃、富含有机质、含钾量较高的壤土、冲积土、腐殖质壤土为宜。

（二）园地规划

园地选好后，应做好排灌系统、道路系统及其他果园的规划建设工作。若是山地丘陵要建造水平梯田，减少水土流失，台风大的地区先营造防风林等。植前全园深翻30～45cm，最好经过晒白，犁耙细碎，然后施足基肥，每亩施猪牛粪或优质有机质肥1 000～2 000kg、磷肥75～100kg、石灰25～50kg，基肥可在深翻时撒于蕉地翻入土中，或按定植株行距挖穴把基肥与表土混合后填入穴中，种植穴宜在种植前一个月挖好，其规格为80cm×80cm×60cm。

（三）定植

选好种苗后，用小刀将种苗头部芽眼挖掉，以免种后发芽过早，影响母株生长，并剪去种苗过长的根和部分开展的大叶，以利新根早生快发，减少水分蒸发，提高成活率。

1. 定植时期 香蕉定植春、夏、秋三季都可进行。春植一般从春分开始，直至清明节前后，夏植可在夏至前后，秋植宜在秋分前后栽植。10月以后不宜种植，因冬季寒冷，幼苗易受冻害。

2. 定植密度 合理密植，发挥群体优势是香蕉获得高产的重要一环。根据香蕉具有丛生性的特点，适当密植，可以充分利用光能，造成香蕉彼此间适当荫蔽环境，促进香蕉生长，从而发挥群体栽植优势。

一般可按株行距2.5m×3.0m，每亩种植110株左右的密度适当调整。肥沃地种高把蕉，单株植，可放宽到2.7m×(2.7～3.0) m，每亩种植85～95株；岗地种矮蕉，单株植，株行距 (1.7～2.0)m×(2.0～2.3)m，即每亩种植145～200株；一般平地蕉园株行距 (2.0～2.3)m×2.7m，每亩种植105～125株较为普遍。如采取双株植或留部分双芽，则株行距要求较宽。

3. 种植方法

(1) 吸芽苗种植。吸芽苗应按蕉苗大小分级种植。种植时吸芽伤口的朝向应一致，如广东高州蕉农种植时习惯将蕉苗切口向东，将来抽蕾则在相反方向（向西），方便管理和减轻台风的影响。丛植的每丛苗必须大小一致，否则生长参差不齐，强苗抑制弱苗生长。

种植深度以覆过蕉头4～7cm即可，过深对生长有抑制作用，过浅易露头。但也要根据具体情况灵活掌握，一般山地丘陵、旱地宜比平地稍深，大蕉比香蕉可深些，秋植可略深些。同时，种植时注意蕉头不要与浓肥接触，覆土后踏实，然后整成树盘。定植后注意检查，如有缺株应及时补植。

(2) 试管苗种植。种植前先将袋苗淋透水，种植最好选择阴天或晴天下午进行，先慢慢撕开培养袋，尽量做到袋土不松散、不伤根，然后把苗放到穴中心，回细土并用手轻轻压实。注意不要种得太深，以免影响生长，一般深度比原袋土高1cm，种后马上淋足定根水，用草进行穴面覆盖，并用树枝进行遮阳。定植以后经常检查，若发现有劣变株，应及时清除并补植。

五、田间管理

(一) 肥水管理

1. 土壤管理 在冬天，寒冷季节过后早春回暖、新根发生前，宜进行一次深耕，增加土壤的通透性，为香蕉地下部分根系创造良好的土壤条件。

(1) 间作和轮作。新植蕉园初期植株尚小及冬春香蕉生长缓慢时，可在行间空地上间种绿肥或经济作物，如花生、黄豆、豆科绿肥等短期浅根作物，以充分利用地力，增加蕉园收入，同时茎秆回田可增加蕉园有机质和加强新植蕉冬季的肥水管理。但注意不要间种甘蔗等高秆作物，特别忌间种葫芦科、茄科的作物，以防引起香蕉花叶心腐病。香蕉是宿根性耗肥量大的果树，在原地连作年限太长，土壤肥力下降，病虫积累多，株行距混乱，加上蕉头逐年上浮，使产量明显下降。所以香蕉栽培了一定年限后，应进行轮作，以恢复地力，减少病虫害，提高产量。轮作以水旱轮作为好。近年用试管苗，香蕉年年新植，虽费工，但与水稻轮作能显著提高水稻和香蕉的产量，且减少香蕉病虫害。

(2) 中耕除草。中耕与除草一般结合进行，次数应根据具体情况而定。香蕉根系浅生，多分布在土壤表层，杂草丛生影响香蕉生长，中耕除草可创造一个疏松、透气性良好的土壤环境，促进形成强大的根系，但耕作不当，容易伤根。中耕除草要根据根系生长规律和气候条件来进行。如广东在5—8月是高温多雨季节，杂草生长茂盛，中耕除草应进行多次，但该季节根系浮生，宜浅耕3～6cm，或不中耕、只拔草，并选晴天进行。在春初（一般在2月至3月上旬），新根发生前进行一次深中耕，深度13～20cm，在离蕉头50cm处进行，并注意不要中耕过早，过早植株容易受冻害，过迟新根已长出，造成伤根，影响生长。有条件的可用小型拖拉机等机械进行中耕除草或除草剂灭草，但使用除草剂时，注意不要把药喷到香蕉的茎叶上，以免影响香蕉生长。

2. 施肥 香蕉是常绿的大型草本果树，具株高叶大、生长快、生长量大、产量高的特点，同时其对肥料敏感，易在叶片的色泽、大小、厚薄、生长势上迅速反映出来，且对钾的需求量特别大，因此要夺取香蕉高产稳产，必须重视氮、磷、钾的配合和增施钾肥。

(1) 新植蕉园施肥。有经验的蕉农认为“香蕉好坏看年头”，因为香蕉后期生长、翌年的生长、开花结果及果实发育等都是以前期和前一年的生长为基础的，所以要重视第一年，特别是前期的施肥管理。前期若肥料充足，营养丰富，地上部和地下部生长迅速，植株壮旺，根系吸收能力和叶片光合作用能力强，叶面积大，制造并贮存于球茎、叶片上的营养物质多，形成的花穗大，梳数多，果数多，吸芽早发生，生长壮，一般认为前期肥应占全年肥料的60%～80%。但后期施肥不足，则植株早衰，产量和品质也会下降。香蕉施肥应根据具体栽植情况，如土壤肥力对产量水平的影响、香蕉营养特点和香蕉各个生育期对肥料的要求而决定。

根据各地的气候特点，提倡施肥以“勤施薄施，重点多施”为原则。定植前施基肥，在抽出两片新叶时结合灌水施薄肥，一般每亩施腐熟人粪尿150～240kg，加水3～4倍，或用硫酸铵3～4kg，配成1%～2%液肥施用，随后逐渐增大浓度，数量也逐渐增多。上半年约施水肥4次，在抽出比较壮旺的大叶后，施重肥，每株施人粪尿25kg。在12月至翌年2月抽蕾有霜冻危害的地区，则在7—9月少施或不施，以抑制其生长，免遭霜冻的危害。

（2）宿根蕉施肥。因各地具体情况不同，施肥经验也有所不同，总的来说，主要掌握花芽分化前重施肥，促进多分化雌花，为丰产打下基础。果实发育期及时补充供应养分，使蕉果充实饱满，以提高单产和增进品质，同时促进吸芽健壮，为下一年丰收打好基础。

根据各地经验，宿根蕉施肥一年可施5次：

①第一次。在新根发生前，宜在立春前后施下，以粪尿为主，加少量化肥，每株施灰粪15kg，或人粪尿20kg加硫酸铵100g。

②第二次。在植株旺盛生长期，即在谷雨前后，每株施粪尿25kg及草木灰10kg。

③第三次。在植株形成“把头”、花序开始分化时，及时施速效肥，每株施硫酸铵200～250g，并酌情加施磷肥。

④第四次。在主株收获前，每株用草木灰15kg，或粪尿20kg加草木灰5～10kg。

⑤第五次。在冬季施过寒肥后，可在立冬前后施用有机质肥，如垃圾肥、堆肥、草皮泥及农家土杂肥等，并加少量磷、钾肥，以增加吸芽的抗寒能力。

（3）“一种一收”蕉园施肥。“一种一收”是指蕉园当年种植当年采收，翌年挖除旧蕉头，重新再种植新蕉苗的种植方法。采取“一种一收”栽培的蕉园，前期宜（种植后1～3个月）勤施薄施，促进植株速生快长，占全年施肥量25%，每10d左右淋水肥1次，以尿素为主；中期（种植后3.5～6个月）施重肥，促进花芽分化，占全年施肥量55%，以尿素、复合肥、氯化钾为主；后期（香蕉抽蕾后）适时追肥，保持青叶数，促进果实发育，占全年施肥量的20%，每15～20d施肥1次，以复合肥、氯化钾为主。要求香蕉种植后6个月应施完全年肥料的80%，肥料以有机质肥为主、化学肥料为辅，肥水要结合。

施肥量以株产25kg香蕉计，每株每年施入禽畜粪肥10kg、花生麸饼1.5kg、氯化钾1kg、复合肥0.75kg、尿素0.25kg、磷肥0.5kg。各生长阶段的施肥比例：种植后1～1.5个月，占全年施肥量10%；种植后2～3个月，占全年施肥量15%；种植后3.5～4.5个月，占全年施肥量25%；种植后5～6个月，占全年施肥量30%；香蕉抽蕾后，占全年施肥量20%。这里介绍的施肥量、施肥时期及施肥方法仅供参考，各地可根据土壤肥力、肥料种类及施肥习惯因地制宜，合理施用，提高肥料的利用率。

香蕉生产过程中应注意增施有机肥和生物菌肥。在前期、中期、后期均施用腐熟花生麸水的香蕉植株粗壮，叶片深绿、寿命长，绿叶数多，商品性状和品质好。在前期和中期施用NEB（恩益碧）菌剂2～3次，能增加根系营养吸收面积，增强吸肥力，提高肥料利用率，提高产量10%～15%。

3. 水分管理 香蕉是常绿大型草本果树，叶大，蒸发量大，生长快，产量高，根系肉质浅生，组织柔嫩，含水量高（据分析香蕉假茎含水92.4%，叶片含水82.6%，果实含水80%），所以香蕉需要充足的水分，但又怕积水，对干旱非常敏感。因此，蕉地要水分充足、大气湿度稍大、土壤湿度稳定，才能丰产稳产，水分过多或过少都不能正常生长。积水会使其叶变黄，严重时根群窒死、腐烂；缺水香蕉生长不良，器官早衰，造成减产。所以香蕉整个生长过程要求水分是润—湿—润，即苗期需水不多，要求土壤保持湿润则可，旺盛生长期要求水分较多，土壤要湿；后期果实成熟，要求土壤湿润则可。我国大部分香蕉种植区，虽然降水最充沛，但分布不匀，雨季、旱季明显。因此，蕉园雨季时要注意排水，防止积水；旱季要及时做好灌溉工作，但不宜进行漫灌，因漫灌易使土壤板结，应细水沟灌，让水慢慢渗入畦中。

（二）植株管理

蕉园栽培管理工作是否科学，对提高蕉园的产量至关重要。蕉园管理工作包括吸芽选留、花果管理、防晒、防倒伏、防寒、冻后抢救等工作。

1. 吸芽选留 蕉树每年萌生的吸芽很多，消耗母树大量养分，故宜及时除芽留芽。生产上只选留1～2个芽，其余的芽要及时除去，有经验的老蕉农认为“留头芽长瘦蕉，留二芽长肥蕉”。在留定接替母株的吸芽后，如见新芽浮出土面时，应及时除去，可在3—7月每隔半个月除1次，8月以后每隔1个月检查1次，除芽以切断芽的生长点而又少伤母株球茎和附近的根群为宜。

2. 花果管理

（1）校蕾。香蕉抽蕾时，有时蕉蕾刚好落在叶柄上，任其继续下去，随着蕉蕾的伸长，会压断叶柄，蕉蕾也因骤然失去支持而折断。因此，如遇叶片及叶柄妨碍花蕾及幼果生长时，可将其移除，及早在蕉蕾抽出初期进行，使蕉蕾自然下垂，避免造成损失。

（2）断蕾。香蕉只有雌花能结果，中性花和雄花不结果，所以在蕉蕾雌花开展后，于中性花开1～3梳处割断，减少养分消耗，促进幼果发育。但断蕾不宜在雨天、雾水未干时进行，以免引起蕉轴腐烂，影响蕉果发育。

（3）疏果。香蕉结果一般为8～10梳，高的可达13～16梳，为了保证蕉果质量，使果实大小较一致，应进行合理疏果。疏果应根据香蕉开花的季节、植株大小、青叶数量、植株的营养状况来决定，一般每株只留8～10梳，其余的疏去。

（4）果实套袋。在香蕉抽蕾开花3～4梳、花苞脱落时，应喷1次甲基硫菌灵或多菌灵等防病护果药物，谢花后结合疏果断蕾，再喷1次防病护果药物，喷药后立即套袋。夏季高温季节宜套浅蓝色有孔聚乙烯袋，袋底要打开。冬季气温低，宜采用无孔蓝色聚乙烯袋，袋底可扎紧，两角只留一小孔。套袋的果穗能增产9.0%～13.5%，提早成熟8～12d，且蕉身光鲜，病虫害少，避免农药残留。

3. 防晒 每年在盛夏秋初（7—9月），特别是立秋前后，高温烈日容易晒伤果轴、果柄，尤其向西的果实，易发生日灼伤，影响果实发育。可把护叶拉下覆盖果轴，用干蕉叶、稻草包裹果穗，并套上蓝色聚乙烯袋，袋的下端打开，这样可防晒、防病和减少果实机械伤。另外，习惯秋植的地区，注意选用老壮大苗和植后用稻草、干蕉叶等遮盖蕉心，以提高成活率。

4. 防倒伏 香蕉易受台风吹折、吹倒，尤以结果植株受害更甚，应在台风季节（沿海一带在5—7月）来临前，每株立支柱（杉木或竹）1～2条防风，抽蕾后更应立支柱固缚果轴及把头，承受植株和果穗质量，增强抗风力。多风地区可选种矮生品种，同时营造防风林或选择有天然屏障的地方建园。在栽培上也可通过调节栽植时期和留芽期，避免台风危害蕉果，具体的方法为5—6月定植或3—4月留芽，翌年在台风季节前收完蕉果。还应增施钾肥，提高植株抗风能力，并注意培土，防止露头。

5. 防寒 低温霜冻会造成蕉园减产甚至绝收，因此要及时做好防寒工作。

（1）培育抗寒品种。以野生蕉类抗逆性强或抗寒性强的品种与高产优质品种进行无性杂交，选育高产优质抗寒性强的新品种，取代原当家品种，这是最终解决抗寒问题的办法。目前可选用较耐寒的矮生香蕉品种。

（2）合理留芽，控制抽蕾期。通过留芽、施肥等管理控制香蕉开花结果，以便在霜冻来临前收获完毕，避免冬季抽蕾开花。增施钾肥，施好过冬肥，增强植株抗寒能力。在霜冻来临前，用稻草、枯蕉叶等遮盖植株顶部，幼苗可束起顶叶，或用草木灰填塞蕉顶岔口，防止冰水流入蕉心造成生长点腐烂死亡。

（3）越冬。幼果在断蕾后用稻草、枯蕉叶等包裹越冬，同时套上薄膜袋，袋的下端要封口，只留袋角小孔，以提高保温能力。通过在蕉园迎风处薰烟或霜冻前蕉园灌水等进行防寒。

6. 冻后抢救

（1）回暖后，及时割除被冻叶片、叶鞘，特别是未展开的嫩叶，以控制腐烂部分向下蔓延。

（2）及时追施速效肥，促进植株恢复生机。

（3）孕蕾的母株因低温霜冻抽不出花蕾时，可用小刀在假茎中上部纵割长15～20cm、深3～4cm的口子，使蕉蕾从割口抽出。

（4）根据母株受冻害程度，采用相应的留芽措施。如母株冻死或受冻严重，应立即除去母株，促进前一年预留的秋芽生长，并加强管理，争取年底收获；若母株受冻不严重，估计母株尚可抽出6～7片叶才抽蕾，即除去预留的秋芽（头路芽），集中养分供母株生长，以后改留二路或三路芽，并加强肥水管理。

（三）果实采收与催熟

1. 采收标准和方法

（1）采收标准。适时采收是香蕉栽培管理最后一项重要的工作。香蕉不像其他水果可以凭皮色来决定采收期，而主要靠果指的饱满度来决定，不同的饱满度又直接影响香蕉的产量、品质和耐贮性能。一般来说，果实达到七成熟时即可采收（最低限），但往往要根据运输远近、季节等具体要求来决定。如夏季果实不耐贮运，可在七八成熟时采收，冬季果实较耐贮运，可在八九成熟时采收；远销的可在七八成熟时采收，近销的可在九成熟以上采收。香蕉采收成熟度的掌握，可根据下列几种方法确定：

①根据果面棱角变化确定。香蕉果实发育初期棱角明显，果面凹陷，果实完全成熟时果实饱满无棱角。习惯上是观察果穗中部的小果棱角状态来判断，一般果面未丰满、棱角明显突出时，成熟度在七成熟以下；果面接近平面、棱角尚较明显时，成熟度为七成熟；果面圆满、但尚现棱角时，成熟度为八成熟；果面圆满、无棱角时，成熟度为九成熟以上。

②根据断蕾后的生长天数确定。香蕉由断蕾至果实成熟采收，不同季节所需的时间不同。一般在夏季6—7月断蕾的，需经70～80d；3—5月和8—9月断蕾的，需经80～100d；10月至翌年2月断蕾的，需经120～150d。如我国台湾果农在断蕾后套上浅蓝色聚乙烯袋，然后不同断蕾时间用不同颜色的绳，这样可按绳的颜色预知采收期，并结合饱满

度确定采收期。

③根据果实横断面比率确定。果实发育初期横断面为扁长形，随着果实成长而渐近圆形。测定果实中部横断面的长短径比率，如达75%即达采收最低标准。

④根据果实皮肉比率确定。香蕉果实在成长初期，果皮比果肉重，随着果实的生长和发育，果肉会比果皮重。果皮越薄，果肉越厚，果实愈接近成熟，因此，通过测定皮肉比率可确定其成熟度。当果肉为果皮质量的1.5倍（即可食比例为60%）时，果实发育已达七成熟以上，此时达到可采收标准。

有些国家还根据“饱满指数”来确定香蕉的采收期，但目前我国还未确立一个统一的采收标准，多凭经验进行采收。香蕉果实不耐贮藏，而且容易腐烂，因此，采收的成熟度要根据产品供销的远近、季节、气候条件等灵活掌握。

（2）采收方法。我国蕉区采收，多为单人操作。采收时先选一片完整的蕉叶，割下平铺于地面上，以备放置果穗，然后一手抓住果轴，另一只手用刀把果穗割下，把果穗放到蕉叶上。如果是高秆香蕉，先在假茎高150cm处用刀砍一凹槽，让果穗和上部假茎一同慢慢垂下，然后把果穗割下。再进行开梳、清洗、包装外运。在采收过程中，要轻拿轻放，尽量避免机械伤，以免果皮变黑和腐烂，降低商品率和品质。在国外，企业性蕉园的采收运输均用空中吊绳，即使需由人工搬运，也有海绵肩垫承托整个果穗，最大限度减少机械损伤，为提高耐贮性创造十分有利的条件。

2. 催熟 香蕉果实在植株上成熟或采收后自然成熟的，其风味远不及人工催熟的好，且成熟需要的时间长，成熟度也不一致。香蕉未成熟的果实含有大量淀粉，肉质粗硬，味涩，需经人工催熟处理，促进酶的活动，促进淀粉转化为可溶性糖以及芳香物质的生成，使肉变软、变甜，气味香醇，果皮叶绿素消失，颜色变黄。

（1）温湿度要求。香蕉催熟，最适宜温度为20～25℃，在这个温度下催熟的蕉果品质最好，香味浓，皮色鲜黄美观。当温度在30℃以上时，蕉果成熟快，容易发生青皮熟，即果皮尚青而果肉已软化，香味淡，品质差；而温度在16℃左右，催熟时间长；温度在12℃以下，蕉果难以催熟，甚至会变坏。催熟的湿度，在初期要求相对湿度保持在90%，因此在炎热或干旱季节催熟时，应在催熟室内洒水或在蕉果上喷水，以增加周围环境的湿度；在催熟的中后期，相对湿度以保持在75%～80%为宜。

（2）催熟方法。

①熏烟催熟法。这种方法是国内蕉农传统的催熟方法。具体方法是将香蕉放置在密室内或大的密封瓦缸内，然后点燃线香（不含农药的专用香），并控制好温湿度，利用线香产生的气体，促使香蕉成熟，一般经24h（冬季稍长些），可打开密室或缸盖，取出蕉果，晾放2～3d即可食用。

②乙烯利催熟法。利用乙烯利催熟蕉果，其浓度因室温不同而异，处理方法可浸果也可喷雾。一般室温在17～19℃，乙烯利浓度为0.2%～0.3%，经3d便可黄熟；室温在20～25℃时，乙烯利浓度为0.15%～0.20%，经2.5d可黄熟；室温在25℃以上时，乙烯利浓度为0.07%～0.10%，经2d可黄熟。利用乙烯利催熟香蕉，当浓度超过0.3%时，容易降低蕉果质量，如果出现果肉迅速软化的情况，蕉果就会失去特有的风味。所以，在气温较低的情况下，应使用较低的浓度，并结合加温的方法，催熟的效果更好。

③乙烯催熟法。将香蕉放在不通风的密室或大的塑料罩内，然后通入乙烯催熟。乙烯

的用量按 1∶1 000 的容积比计算，室内温度保持在 20～25℃效果很好，室内温度过高或过低会影响催熟效果。

任务二　板栗优质生产技术

板栗（*Castanea mollissima*）属山毛榉科（Fagaceae）栗属（*Castanea*）植物，原产于我国，也称中国板栗，为重要干果果树。现存的栗属植物有 10 多个种，经济栽培的主要有我国的板栗、欧洲栗、日本栗和美洲栗。其中板栗的抗病性最强、坚果的食用品质最优、抗逆性强，在国内外享有很高的声誉。

栗果营养丰富，味道甜美，可食用，也可入药。板栗是我国最早采集食用和驯化的果树之一，早在 6 000 年前已被采集食用。板栗耐旱、耐瘠薄，兼具经济价值和生态效益，适于荒山栽植，在绿化美化荒山、涵养水源、水土保持和生态保护方面发挥了重要的作用。

一、主要种类和品种

（一）主要种类

板栗优良品种介绍

中国板栗分两类，南方栗和北方栗。北方栗果小肉糯，栗中以明拣栗、尖顶油栗、明栗等品种较为著名。南方栗果大肉硬，常见品种有魁栗、浅刺大板栗、九家种等。原产于美国的美洲栗曾遭传染病侵袭，几近灭绝，因而现有品种是从中国、日本引进的栗杂交种。此外，板栗还有丛生栗、茅栗、珍珠栗等不同种类。

（二）主要品种

我国幅员辽阔，适宜栽培板栗的地区广泛。根据板栗坚果的特性和用途，形成了北方炒食栗产区、长江中下游菜食用栗产区和南方栗产区。根据板栗的坚果经济性状并结合产地的生态因子、栽培措施等，全国板栗品种可分为 6 个地方品种群，现将主要栽培品种介绍如下：

1. 燕山红栗　又名燕红、北庄 1 号，1975 年选自北京昌平，因原产于燕山山脉且坚果鲜艳呈红色而得名，现已推广到河北、山东、陕西、江苏等地。树冠紧凑呈圆头形，树体中等偏小，树姿开张，分枝角度小，较直立。结果母枝灰白色，连续结果能力强，每个结果母枝平均抽生 2.4 个结果枝，粗壮的结果母枝短截到基部芽时，也能形成结果枝，每个果枝平均着生 1.4 个总苞，一般较细弱的枝条也能结果，由于全树结果枝较多，故产量较高。总苞重 45g，呈椭圆形，刺束稀，坚果单果重 8.9g，果面茸毛少，分布在果顶部，果皮深棕红色，美观有光泽，果肉味甜、糯性，含可溶性糖 20.25%、蛋白质 7.07%、脂肪 2.46%，耐贮藏。该品种嫁接后 2 年结果，3～4 年大量结果，果实成熟期为 9 月下旬，成熟比较整齐。抗病能力强，在土壤瘠薄的条件下，易生独粒，对缺硼土壤敏感。由于母枝萌发力强，修剪时要适当控制母枝留量。

2. 红光栗　原产于山东莱西、烟台等地，从实生栗树中选出。树势较旺，树姿开张，树冠呈圆头形，总苞刺稀、短而硬。果实大小整齐，出实率45%，坚果红褐色，平均单果重9.5g，果皮深褐色，色泽鲜艳，果底较大，含可溶性糖15.4%、淀粉64.2%、蛋白质9.2%。品质优良，口感香甜，耐贮藏，10月下旬成熟，丰产、稳产，连续结果能力强。

3. 九家种 原产于江苏。树小，树冠紧密，新梢短、直立，节间短，总苞扁，肉薄，刺束稀而开展，出籽率甚高。坚果圆形，平均单果重12.2g，果面茸毛短，果皮赤褐色，光泽中等。果肉质地细腻甜糯，含可溶性糖11.58%、淀粉48.5%、蛋白质7.64%。9月中下旬成熟。较耐贮藏，产量高，品质优良，适宜炒食或菜用。幼树生长势较强，嫁接苗3年开始结果，连续结果能力强，该品种树冠小，适宜密植。

4. 粘底板 原产于安徽舒城，因成熟时刺苞开裂而坚果不开裂，故称“粘底板”。树冠开张，呈圆头形或扁圆形，成龄树树势旺盛，枝条粗大，叶片大而肥厚。结果母枝平均抽生1.4个结果枝，每结果枝平均着生1.8个刺苞。刺苞大，呈椭圆形，平均单苞重84.2g，刺束密，较硬，平均每苞含坚果2.7粒。坚果椭圆形，红褐色，果面茸毛较少，有光泽，大小整齐，平均单果重13.5g，果肉细腻香甜，干物质中含可溶性糖9.2%、淀粉50.1%、蛋白质5.95%。在舒城地区9月中旬成熟，果实较耐贮藏，适应性广，抗逆性强。

二、生物学和生态学特性

(一) 生物学特性

1. 生长特性 板栗喜光，树姿开张，寿命长。开花结果年龄因繁殖方法而异，实生树需7～8年，嫁接树2～5年开始结果。结果年限长，实生树15～20年进入结果盛期。

(1) 根系。板栗是深根性树种，侧根细根发达，表皮淡黄灰褐色，表面有皱状网纹，根尖附近根毛较少，但有共生的外菌根，扩大了根系的吸收面积，有利于对土壤水分和营养的吸收。根的再生能力较弱，也不易产生不定芽形成根蘖苗。成年树根系的水平伸展范围广，水平根发达，超过树冠1倍以上，垂直分布以20～60cm的土层根系最多，在土层薄而石砾较多的地区根系分布较浅，易遭大风吹倒。

板栗根系的活动比地上部开始早，结束迟。成年栗树的根大约在土壤温度为8.5℃时开始活动，土温在23.6℃时根系活动最旺盛。在河北一带，4月上旬根系开始活动，土层内出现许多白色的吸收根，7月下旬以后这种白色的吸收根大量发生，到8月下旬达到高峰，以后逐渐下降，在生长期有一次明显的高峰期，到12月下旬根系停止生长转入相对休眠期。栗树伤根后，愈合和再生能力均较弱，伤根后需较长时间才能发出新根，因此出圃移栽和土壤耕作时切忌伤根过多，以免影响苗木成活和对水分、养分的吸收。

(2) 芽。板栗的芽有叶芽、花芽和休眠芽3种。花芽芽体最大，叶芽次之，休眠芽最小。芽外覆有鳞片，除休眠芽较多外，均有4片，分两层左右对称排列。

①花芽。花芽又称混合花芽或大芽，着生在枝条的顶端，扁圆形或三角形，肥大，萌发生长成结果枝或雄花枝。一般比较粗壮的枝条顶端的花芽，能抽生带有雌雄花序的结果枝，下部的花芽形成只有雄花序的雄花枝，弱枝顶端花芽也只能形成雄花枝。抽生果枝的花芽比抽生雄花枝的花芽大而饱满，外层鳞片较大，可包住整个芽体。

②叶芽。幼旺树叶芽多着生在旺盛枝条的顶部和中部，进入结果期的树多着生在各类

枝条的中下部。叶芽芽体比花芽小，近钝三角形，茸毛较多，外层2片鳞片较小，不能完全包住内部2片鳞片，萌芽后形成各类发育枝。

③休眠芽。着生在各类枝条的基部短缩的节位处，芽体极小，一般不萌发而呈休眠状态，寿命长，当枝干折伤或修剪等刺激则萌发徒长枝，有利于栗树更新复壮。

板栗的叶序有3种，即1/2、1/3、2/5，因此常使栗树形成三叉枝、四叉枝和平面枝（遇刺枝），所以在修剪时，应注意芽的位置和方位，以调节枝向和枝条分布。

（3）枝条。板栗的枝条可分为发育枝、结果母枝和结果枝。

① 发育枝。由叶芽或休眠芽萌发而成，形成树体骨架的主要枝条，不着生雌雄花序。根据枝条生长势可分为3类：

a. 徒长枝。徒长枝由骨干枝的中下部休眠芽萌发而成的直立强旺枝，一般长达50cm或1～2m，节间长，芽呈三角形，不充实，一般不易转化为结果枝，是老树更新和缺枝补空的主要枝条，也可培养成结果枝组。

b. 普通发育枝。普通发育枝由叶芽萌发而成，生长健壮，不着生雌雄花序，是扩大树冠和结果的基础。生长健壮的发育枝可转化为结果母枝，翌年抽梢开花结果。发育枝生长与树龄有关。幼树时生长旺盛，具有明显的顶端优势，每年生长量较大，向前延伸较快，使树冠迅速扩张，但发枝力弱，仅顶端2～3个芽发育充实能抽生枝条，中、下部的芽抽枝较少，易于光秃。到结果盛期，发育枝生长充实，顶端2～4个芽形成混合花芽，发育枝成为结果母枝。老树发育枝生长很慢，成为纤细枝，翌年生长甚微或死亡。

c. 细弱枝。细弱枝位于各类枝下部，由于营养状况不良，生长量小，细弱，易枯死。这类枝条不易被利用，修剪时应及时剪除。

②结果母枝。抽生结果枝的上年生枝条称为结果母枝，由生长健壮的发育枝或结果枝转化而成。顶芽及其下2～3芽为混合花芽，有的品种枝条中下部叶芽和基部休眠芽均可抽生结果枝。结果母枝抽生结果枝的多少与树龄、结果母枝强弱有密切关系。结果期的树抽生结果枝率高，衰老期的树则低。强壮的结果母枝可形成3～5个混合花芽，抽生结果枝数量多，果枝连续结果能力强；弱的结果母枝抽生结果枝少，结实力差，一般不能连续结果。因而促使栗树形成强壮而稳定的结果母枝是高产稳产的基础。

③ 结果枝。由结果母枝抽生具有雌雄花序的枝条称为结果枝。自枝条下部2～9节着生雄花序，这些节上的雄花序脱落后成为空节，不能再形成芽；雄花节前端1～3节着生混合花序，雌花形成的果实，其果柄着生部位果实脱落后留下的痕迹称为果痕或果台，无芽。因此，结果枝上着生花序的各节均无腋芽，不能再生侧枝，成为空节。在混合花芽前端的枝条称果前梢或尾梢，果前梢着生花芽，果前梢的长短、芽的数量和饱满程度，决定翌年连续结果的能力。结果枝的顶芽早期脱落，尖端第一个芽实际是腋芽。结果枝基部各节位休眠芽一般不萌发。

衰弱的结果母枝和其顶芽下的芽萌发的枝条仅具雄花序，称雄花枝。结果枝多位于树冠外围，生长健壮，既能成为结果母枝，又能成为树冠骨干枝，具有扩大树冠和结实的双重作用。由于结果枝只有顶端数芽抽生枝条，从而使结果部位外移，故对健壮结果枝应加以适度短截，以降低其发枝部位。

2. 结果习性

（1）花芽分化。板栗的花芽是混合芽，混合芽萌发后先长出枝叶，而后长出几个到十几个雄花序，在前端雄花序的基部又能产生被有总苞的雌花簇（也称雌花序），具有雌花簇和雄花序的花序又称混合花序。

板栗雌雄同株异花，雌雄花分化期和持续时间相差很远，分化速度也不一样。雄花序的分化主要是在形成芽的当年完成，雄花序在新梢生长后期由基部3～4节自下而上分化，分化期长而缓慢；雌花序的形成和分化是在芽冬季休眠后开始的，分化期短，速度快。雌花序是在翌年发芽前开始形态分化，至萌芽后抽梢初期而迅速完成的，加强上一年度营养生长提高树体营养水平以及萌芽前后增施速效氮肥，或进行修剪减少养分消耗，都是促进雌花形成的物质基础。

（2）开花、授粉。板栗雄花序为柔荑花序，较雌花序为多。我国板栗有雄花序退化类型，如无花栗，其雄花序长1cm左右即退化脱落，属雄性不育类型；另一类有雄蕊，但花丝长短不一，花丝长度在5mm以下，花粉极少或少，花丝长度5～7mm的花药中有大量花粉。板栗每一总苞内一般有雌花3朵，每果枝可连续着生1～5个雌花序，其中最少有2个花序成熟（图Ⅱ-12-5）。

图Ⅱ-12-5 板栗的花
1. 雄花序 2. 雄花 3. 雌花
（黄海帆，2015，果树栽培技术）

板栗发芽后1个月左右进入开花期，雄花和雌花的开放期不同，雄花序先开放，几天后两性花序开放，花期较长，可持续20d左右，有的可达30d，雄花开放后8～10d雌花开放。板栗雄花开放过程大致可以分为花丝顶出、花丝伸直、花药裂开和花丝枯萎4个阶段。在一个雄花序上总是基部雄花先开，逐渐向上延伸，先后大约相差7d，带雌花序的雄花比单雄花序的花期晚的很多。雌花的柱头膨大，自总苞露出，就是开花。柱头露出后即有授粉能力，一般可持续1个月，但授粉适期为柱头露出6～26d，最适授粉期为柱头露出9～13d，同一雌花序边花较中心花晚开10d左右。

板栗是风媒花果树。栗花味浓郁，雄花数量为雌花的1 000倍左右，花粉量大，且花粉粒小而轻，通常花粉散布距离不超过20m。板栗自然坐果率一般为75%左右，但普遍存在严重的空苞现象，其中重要原因就是授粉不良。栗树自花授粉结实率因品种而异，栗树异交结实和花粉直感现象明显而普遍存在，因此，配置授粉品种主要考虑品种间授粉亲和力、品种雌雄异熟类型、高密度花粉散发期与雌花柱头反卷相遇和花粉质量4个方面。雌先型品种与雄先型品种，相遇型与雌雄异熟型品种可互作授粉品种。

（3）果实发育。胚珠受精后，子房开始发育。坐果初期，枝条生长迅速，幼果生长迟缓，质量和体积的增长都很少；当枝条停止生长，幼果开始迅速生长，此期体积增长较快，达到增长高峰；近成熟期体积增长减缓，而果实的充实是在成熟期前10d左右完成的。因此，栗果不宜早采，待总苞开裂、种皮变色后采收，可提高产量和质量。

栗果在发育过程中部分发育停止，形成空苞。空苞主要是由于板栗幼胚发育期生长类激素含量降低而脱落酸含量升高，导致子房中还原糖、淀粉、蛋白质、氨基酸、磷和钾等营养物质严重缺乏，幼胚发育受阻，使部分子房出现发育停滞，形成空苞。

(4) 落果。落果是指栗苞早期脱落。一般板栗的坐果率很高，正常情况下落果率不超过10%。一般在7月下旬以前为前期落果，8月上旬后为后期落果，前期落果是营养不良所致，后期落果的主要原因有受精不良、机械损伤、病虫危害等。因此，应通过加强前期肥水管理、人工辅助授粉以及加强病虫害防治等措施减少落果。

(二) 生态学习性

1. 温度 板栗在年平均温度10.5～21.8℃、绝对最高温不超过39.1℃、绝对气温不低于－24.5℃地区，都能正常生长结果。长江流域主要产区，如湖北、安徽、江苏、浙江等地，年平均气温在15～17℃，生育期（4—10月）的平均气温在22～24℃，气温高，生长期长，树势生长旺盛，栗果个大，产量较高，适于南方各品种的生长。华北板栗主产区的河北、北京、山东、辽宁等地，年平均气温在8.5～14.0℃，生育期（4—10月）的平均气温在18～22℃，气候冷凉，昼夜温差大，日照充足，生产的板栗果实小、含糖量高、风味香甜、糯性强，品质优良，适合耐寒、耐旱的北方品种生长。

2. 水分 北方栗较抗旱，但其生长最适宜的年降水量500～800mm，在北方一般种植板栗多雨年丰产、少雨年减产。南方栗较耐湿热，主产区年降水量在1 000～2 000mm。在板栗开花期阴雨连绵，妨碍授粉，空苞或独果增多，因而减产；成熟期多雨有利于栗果增产，但雨量过多会产生裂果，降低品质。

3. 光照 板栗是需光量大的阳性树种，生育期间要求充足的光照，年日照时数在2 000h以上，特别是花芽分化要求较高的光照条件，光照差，只形成雄花而不形成雌花。板栗在整形修剪、栽培密度等方面应充分考虑板栗喜光的特点。

4. 土壤 土壤条件以含有机质较多的沙质壤土有利于板栗根系的生长和大量菌根的产生，黏重、通气性差、常有积水的土壤不宜栽植板栗。板栗对土壤酸碱度敏感，pH为4～7的微酸性土壤最适宜板栗生长。山区石灰岩形成的土壤一般为碱性，不宜栽植板栗；花岗岩、片麻岩风化形成的土壤为微酸性，这类土壤通气性也好，适宜板栗生长，栽培板栗品质好。在地下水位高、排水不良的土壤上，板栗根系浅而生长发育不良，严重时发生落叶以致死亡；保水力极差的粗沙土，土壤干燥，肥力低，栗树生长弱，树体矮小，迟迟不能进入结果期。

三、育苗

我国传统板栗栽培采用实生育苗。实生育苗方法简单，在短时间可以培育大量苗木，苗木根系发达、生长健壮、寿命长、适应性强、移栽成活率高，但缺点是不易保持品种的优良性状，单株间差异大，产量低，果实外形、大小、品质不一致，商品价值不高，树体高大，管理不便，结果较迟等。嫁接育苗比实生育苗具有很多优势，目前生产上以嫁接育苗为主。此外，由于板栗枝条含有较多单宁物质，常规扦插方法很难生根，通过应用化学调节的方法处理插条，则可大大促进嫩枝插穗生根，使扦插育苗逐渐应用于生产。

(一) 嫁接育苗

板栗嫁接育苗以本砧最为普遍，野生栗也可用于板栗嫁接。茅栗具有矮化、早实、耐瘠薄的性状，为板栗品种改良、矮化砧木的筛选提供了有价值的种质资源。

1. 板栗砧木苗的繁育

（1）栗种选择与贮藏。种用板栗应在树体健壮、成熟期一致、高产稳产、抗逆性强的优良盛果期单株上选留。栗苞转黄、多数呈现开裂时为采种适期，采收不宜过早。挑选大小均匀、充实、饱满、无碰伤、无病虫害的坚果作种用，挑出虫蛀种、风干果和秕果。板栗种子成熟后若立即播种，即使在适宜的条件下也不能萌发，而是处于休眠状态，一般采用层积沙藏完成休眠。南方板栗品种群在0～5℃的低温下贮藏1个月后，40%以上的种子萌发；在相同条件下，北方板栗的萌发率很低，一般需2～3个月才能萌发。板栗休眠与栗果种皮、果皮和果仁内脱落酸的含量有关。人为除去果皮和种皮，种子在1周内就可以全部萌发。休眠后的种子，脱落酸含量显著降低。采用3%硫脲处理板栗种子可解除休眠，直接用于生产。

板栗嫁接育苗技术

种栗在贮藏前要进行杀虫处理，处理方法有熏蒸和浸水两种。熏蒸灭虫是在密闭的容器或熏蒸房内进行，可用二氧化硫进行熏蒸处理，用药量40～50g/m^3，熏蒸时间18～24h。大部分栗果实成熟期在9月中旬前后，此时栗果实的湿度和温度都比较高，需要在自然状态下摊开风吹，以降低栗果的温度和湿度，一般处理2～3d即可贮藏。

栗果怕干、怕湿、怕热、怕冻，采收后失水过多，发芽力大为降低，严重则干枯失去发芽力，温度过高容易霉烂，受冻种仁易变质。所以，自果实采收、贮藏及播种期间，均需保湿、防热、防冻，保持种子的生活力。

沙藏是板栗最常用的贮藏方法。南方多采用室内湿沙贮藏，即在室内地板上铺秸秆或稻草，然后再铺一层厚5～6cm的沙，沙的湿度以手捏成团、放下即散为宜（沙中含水量6%～8%）。沙层上堆放栗果，一层栗果一层沙，每层厚3～6cm，栗果堆高50～60cm、宽1m，长度不限，最上面用稻草覆盖，每隔20d检查1次，注意保持沙的湿度。有的地方也有用锯木屑、苔藓等填充物进行保湿。

北方多采用室外挖沟贮藏。选择排水良好的地段，挖宽1.0～1.5m、长度依据种栗量的多少而定的沟，在沟底铺厚10 cm的湿沙，栗果和湿沙按1∶3的比例混合拌匀后放于沟内，或一层沙一层栗果，填到离地面20cm为宜，其上培土，盖土厚度随气温下降分次加厚。

除沙藏法，板栗种子还可以冷藏，利用冷藏库等进行保存，贮藏温度0～4℃，保持湿度恒定。

（2）播种。苗圃地选择土层深厚、土壤肥沃呈微酸性的沙质壤土，以没有严重病虫害、没有重茬障碍、具备灌溉条件、排水良好、交通便利的平地或缓坡地为宜。

①播种时期。板栗的播种分春播和秋播两个时期。秋播适宜冬季低温期短的地区，一般在10月下旬或11月上旬进行，此时种子在土壤中自然完成休眠，不需要冬藏，播种后需覆土5～6cm。秋播易受冻害和鸟兽危害，出苗率低，一般不提倡。春播一般在清明前后，华北地区一般在3月下旬至4月上旬、当沙藏的种子发芽率达到30%时进行。

②播种方法。可采用点播或开沟播，播种前深翻施肥，加深土层，开沟整畦，畦宽1.0～1.5m、长5～20m，在整好的畦面上，采用单行或宽窄行，挖深5～6cm、行距25～30cm的播种沟或穴，种子按株距10～15cm平放或侧放于沟内，勿使果尖朝上或倒立放置。播种量1 500～1 800kg/hm^2，播种后覆土3～4cm，稍加压实整平畦面。根据土壤墒

情及时浇水，播后可覆盖草苫或地膜保温。播种前进行催芽处理可提高出苗质量和整齐度，待胚根长到1～3cm时剪去0.5cm根尖，可促进侧根萌发，培育发达根系。采用冷藏法保存的板栗种子必须催芽。催芽的方法可在向阳地块挖半地下式的畦，深30～30cm、宽70～80cm，长度依据种子量而定，播种前5～7d将种子移入畦内，以25cm厚度均匀摊开，覆盖塑料薄膜增温，温度达到20～25℃，夜间加盖草苫保温，3～5d后拣出发芽种子分批播种即可。

（3）苗期管理。播种后10～15d出苗。板栗幼苗不抗旱、不耐涝，根据土壤墒情适量灌溉，雨季要注意排水。幼苗展叶后6—7月可追肥1～2次，或喷叶面肥，以氮肥为主；9月以后不再追施氮肥，可加施1次磷、钾肥，秋季停止生长后可施有机肥。注意及时除草、松土、间苗和病虫害防治。北方冬季干旱，易引发栗苗冬季“抽干”，即自上而下干枯，为防止“抽干”发生，秋季可剪除苗干（平茬）。

2. 接穗的选择和贮藏 在综合性状优良、生长健壮、丰产、稳产、无病虫害的结果母树上选取一年生健壮的结果母枝或发育枝作接穗，在萌芽前30～40d采集，结合冬季修剪采集接穗。蜡封接穗，每50～100根1捆，在阴凉通风的室内，斜插在湿沙中，露出先端1/3，温度保持在3～5℃。

3. 嫁接时期和方法

（1）嫁接时期。板栗嫁接一般在春季砧木萌动至萌芽展叶前进行，采用枝接的方法。此时树液开始流动，树皮容易剥离，嫁接成活率高。嫁接时期不宜过早，过早温度低，愈伤组织形成慢，影响成活率；嫁接时期也不能过晚，否则砧木已经生长发育，营养物质被消耗，成活后生长势弱。秋季嫁接以9月中下旬至10月上旬进行带木质部的芽接，成活率较高。

（1）嫁接方法。板栗嫁接生产上采用较多的是劈接、切接、腹接、插皮舌接、皮下接等，其中插皮舌接（图Ⅱ-12-6）、皮下接操作方便，砧穗接触面积大，成活率高。枝接成活的关键是接穗粗壮充实，刀要快，操作迅速，削面长而平，形成层对齐，包扎要紧密，并外套塑料袋，以保温增湿，可促进愈伤组织发生，提高成活率。

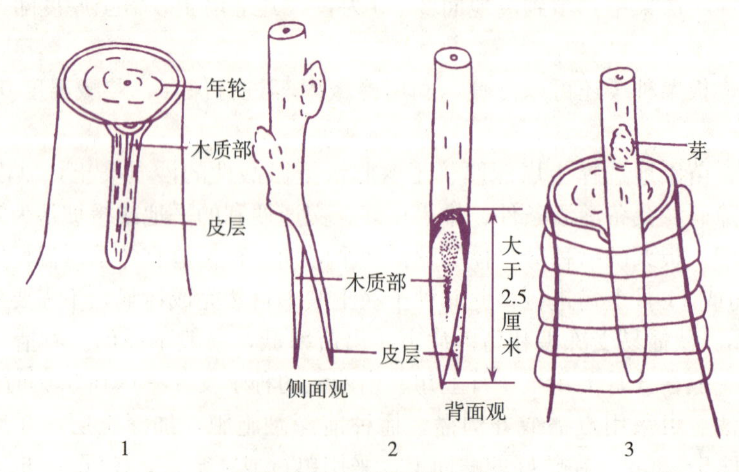

图Ⅱ-12-6　板栗插皮舌接

1. 切砧木　2. 削接穗　3. 砧穗结合

（黄海帆，2015，果树栽培技术）

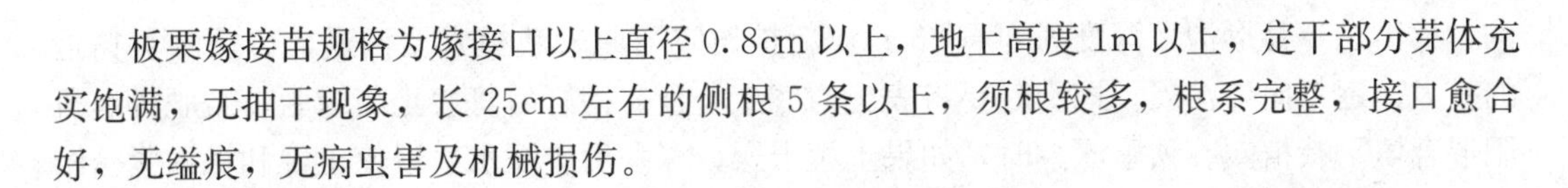

板栗嫁接苗规格为嫁接口以上直径0.8cm以上，地上高度1m以上，定干部分芽体充实饱满，无抽干现象，长25cm左右的侧根5条以上，须根较多，根系完整，接口愈合好，无缢痕，无病虫害及机械损伤。

（二）扦插育苗

板栗扦插枝条切口易氧化、腐烂，枝梢按常规方法扦插极难生根，应用化学调节的方法处理插条，则可大大地促进嫩枝扦插生根，并加快幼苗生长。采用一年生苗嫩枝扦插，分别应用HL-7、HL-43、PR-A生根剂，萘乙酸（NAA）、吲哚丁酸（IBA）、6-苄氨基嘌呤（6-BA）、2，4-滴、硼酸、维生素B_2、硫酸锰、维生素C等植物生长调节剂、微量元素和营养物质的多种组合浸泡插穗，或采取全光照连续喷雾，或人工间断喷水，或电子叶自动间歇喷雾的方法控水控温，使生根率达到63.5%～90.0%，促进了板栗的快速、高效的育苗进程。

四、建园

1. 园地选址 我国板栗生产主要在山区。园地地形以阳坡、半阳坡为好，坡度不要超过25°。山区栗园的小区划分，应以自然沟或水分岭为界，面积控制在3.3～6.7hm^2，结合山地地形规划好道路、排灌系统和水土保持系统。

2. 选用良种壮苗 选择早实、丰产、商品性状好、适宜本地气候土壤特点的品种，一般选择直径1cm左右、主侧根系5条以上、根长20cm左右、枝条发育充实、无病虫害的2年生以上的健壮苗木。板栗枝条含水量低，最好从当地购苗，随采随栽，从外地购苗时，一定要加湿包装。

3. 栽植形式与密度 板栗栽植形式有长方形、正方形、三角形和等高形等，栽植行向以南北向为好，但山坡地一般随坡向栽植。长方形栽植有利于田间作业，三角形栽植有利于密植丰产但不利于管理。栽植密度依地力条件及品种特性而定。瘠薄山地、河滩沙地宜栽短枝型品种，栽植密度为675～990株/hm^2；土质较好、水源充足的地块，栽植密度为525～675株/hm^2，也可采用2m×3m和2m×4m的高密度栽植，以提高前期产量，利用轮替更新修剪技术，控制树冠的扩展速度，延长密植园的高产年限，随着郁闭程度的增加，有计划地进行间伐。

4. 栽植方法 一般要求定植穴深80～100cm，每穴施土杂肥或厩肥50～100kg。主栽品种与授粉品种可按5∶1或8∶1配置。栽植前要修理根系，剪去烂根、残根、干枯根和过长的根系，预防根部病害并刺激新根发生，栽植前可用清水浸泡根系几个小时，入穴前可用生根粉蘸根。

五、田间管理

（一）土肥水管理

1. 土壤管理

（1）改土扩穴。改土扩穴可分为深翻扩穴和全园深翻两种方式。深翻扩穴适用山地、丘陵栗园，一般在秋季采果后至休眠期结合施基肥进行。其方法是在原种植穴之外挖环形沟，梯田挖半月形沟，深度为60～80cm，新扩树穴与原来栽植穴要沟通，以后随着树冠的扩大，逐年向外扩展。挖土时要将表土与底土分开，挖好后将表土与绿肥、厩肥等有机肥混合填平栽植穴。秋季深翻时，如果土壤干燥，深翻后应灌水，以使土壤和根系紧密结合。无灌水条件的山地栗园，则应在雨季翻土，既改善了土壤结构，又起到了蓄水保墒的作用。全园深翻适用于土层深厚、质地疏松的平坦栗园，深度一般以20～30cm为宜，春、秋两季皆可进行。深翻时，树冠外宜深，树干周围宜浅。

（2）松土除草。松土除草可以切断土壤中的毛细管，减少土壤水分的蒸发，防止杂草与栗树争夺水分和养分。成龄树全园松土除草，而幼树可在树干周围1～2m的范围内除草，每年可进行2～3次。这种清耕方式容易导致水土流失，在国外已被生草法代替。我国部分栗区正逐步改变这种清耕方式，将树下杂草收割覆盖于树下，以增加土壤中有机质的含量，涵养水源，减少地表径流。

（3）生草培肥地力。生草栽培可覆盖栗园地表，收割后的牧草留在栗园增加了土壤有机质含量，改善了土壤的物理结构和化学性能，具有防止水土流失和提高地力的作用。生草栽培也存在和栗树争夺水肥的缺点，在土层薄、水量少、气候干旱的北方进行生草栽培时，最初几年要通过增施肥水供应来解决草、树争肥的矛盾，几年后通过刈割翻压，增加土壤有机质含量，并逐步代替有机肥。在我国，栗园生草比较适合土壤条件较好或降水较多的地方，生草的种类应选择对当地自然条件适应性强、抗旱、养分消耗少、干物质产量高的品种。

2. 施肥

（1）板栗的需肥规律。板栗在生长发育周期中需要多种元素，其中氮、磷、钾3种元素是主要元素，其次是钙、硼、锰、锌。板栗在不同时期吸收元素的种类、数量不一样。氮素的吸收是在萌芽前，即根系活动后就已开始，以后，随着物候期的变化，发芽、展叶、开花、新梢生长、果实膨大，吸收量逐渐增加，直到采收前还在增加，采收后吸收急剧下降，在整个生长周期中，以果实膨大期吸收最多。因此，春季适量施氮，可促进树体和果实的发育，但氮肥过多会引起枝条旺长、成熟度低，影响翌年的产量。判断氮元素的多少，一看叶片大小、厚薄和颜色的深浅，二看尾枝的长短，一般含3～6个饱满芽说明施氮适中，尾枝过长说明施氮肥过量。磷的吸收在开花之前吸收量很少，开花后到9月下旬的采收期吸收比较多而稳定，采收以后吸收量非常少，落叶前几乎停止吸收。磷的吸收时期比氮、钾的都短，吸收量也少，但磷在板栗的生命周期起重要作用，缺磷花芽分化不良，树体抗逆性降低。钾的吸收在开花前很少，开花后迅速增加，从果实膨大期到果实采收期，吸收最多，采收后同其他元素一样迅速下降。钾肥施用的重要时期是在果实膨大期。

随着板栗树龄的增加和土壤中大量元素的不断施入，有些栗园出现微量元素缺乏症。要注意适时补施微量元素肥料，适当控制氮、钾肥的施用量，避免出现氮、钾过高的现象。过度干旱或雨量过多均不利于钙的吸收，在中性偏酸的栗园中，以施腐殖酸钙和生物钙肥为主，尽量少施石灰。

（2）施肥时期。

①基肥。采收后结合深翻扩穴施基肥，对促进花芽分化、提高花芽质量、加速栗树生长均有显著作用。按照树龄大小，每株施厩肥、堆肥等农家肥50～100kg。

②萌芽前后追肥。一般每株施尿素0.1～0.5kg，并配合部分硼肥。

③果实膨大期追肥。施用氮、磷、钾复合肥，并配合硼肥。

④采收前后追肥。采果前后要适当追肥，以磷、钾肥为主。

⑤叶片施肥。除土壤施肥以外，可以进行叶片施肥。在展叶期叶面喷施磷酸二氢钾和硼酸，可有效地提高雌花分化，减少空苞率；7—8 月喷施尿素，加快刺苞和栗果的生长发育速度；秋后喷磷、钾肥补充树体的养分亏损，增加叶片的光合效能。

3. 水分管理 板栗比较耐旱，但过分干旱会影响树体生长发育，因此，在干旱季节要适时灌溉。早春浇水有利于新梢生长和雌花分化，不但能提高新梢的生长量，增加当年的产量，而且有利于来年的雌花分化；秋季干旱时，及时补充土壤水分，有利于增加栗果的质量，提高当年的产量和坚果质量。树盘下覆盖杂草或作物秸秆、绿肥间作均有利于树体保墒。

（二）整形修剪

板栗是阳性树种，喜光。树势直立时树冠郁闭，内膛光照不良，促使结果部位外移，因此，在整形时要求开张主枝的角度，增加内膛光照，从而缓和极性生长，促使下部枝的健壮生长。板栗长势强，成年后易形成大树冠，大树冠的栗园单位面积产量都不高。板栗开花结实消耗树体贮藏养分较多，在大量结果后，树体营养贮藏不足，翌年产量不高，大小年现象比其他果树明显，修剪时要注意控制结果母枝的留量，避免养分大量消耗，保持产量和树势的稳定。

板栗幼树整形

1. 小冠形整形修剪 小冠型整形修剪是采用夏季摘心、弯枝和长、中、短截相结合的综合修剪技术，用以控制极性生长的整形修剪方法。适应这种修剪方法的树形主要有主干疏层延迟开心形、开心形、变则主干形（四主枝“十”字形）3 种。在土壤肥沃、土层较厚、树势旺盛的情况下或干性强的品种，可采用主干疏层延迟开心形或变则主干形；在土层较薄的丘陵山地或干性较弱的品种，可采用开心形。不论何种树形，都要求达到低干矮冠，骨干枝少，骨干枝角度开张，内膛光照良好，结果枝粗壮，有效结果面积大，骨架结构牢固。

（1）主干疏层延迟开心形。主干分层，透光好，结果面积大，产量高。干高 60～80cm，主枝 5 个，第一层 3 主枝间距 25cm，第一层与第二层主枝间距 80～100cm，第二层内主枝间距 60cm，基层主枝开张角度 45°～50°，上层主枝角度为 30°～40°。各主枝上选留 1～2 个侧枝。第一侧枝距主干 70～100cm，第二侧枝距第一侧枝 40～60cm。树高 3～4m，第五主枝以上不再留主枝。

（2）开心形。光照良好，有利于结果，树体较矮，便于管理。主干高 50～60cm，全树 2～3 个主枝，不留中心主枝，各主枝在主干上相距 25cm，主枝开张角度为 40°。各主枝左右两侧选留侧枝，树高 2～3m。

（3）变则主干形。光照好，结果面积大，骨干牢固，结合了开心形和主干疏层延迟开心形两种树形的优点。干高 60～70cm，全树 4 个主枝，一层一枝向四周辐射，各主枝间隔 50～60cm，主枝角度为 45°，主枝两侧选留 1～2 侧枝，树高 3～4m。

2. 实膛修剪 合理利用内膛徒长枝，养树结果，更新换头。每年修剪时及时剪除细弱枝、无用枝、病虫枝、干枯枝和没有利用价值的徒长枝，有利于减少营养消耗和树体复壮。冬季以分散与集中修剪相结合，夏季辅以摘心为主的修剪方法。

（1）生长枝修剪。对生长过旺的树去强留中庸，少短截，多疏除，长放中庸枝；对树势较弱、结果母枝数量少、结果部位外移的树要回缩顶端枝，同时疏去过密枝、下脚枝、病虫枝、细弱枝及徒长枝，但徒长枝在空虚之处有需补充时，宜留1/2长度或5～10个节短截，促其分枝形成结果母枝。

（2）结果母枝修剪。树冠外围15cm以下结果母枝应疏除。每平方米树冠投影面积结果母枝留量一般为8～12个，过多时每个2年生枝上可留2～3个结果母枝，一部分作为更新母枝。所留结果母枝按饱满芽所在位置和数量进行修剪，一般留最饱满芽3～5个剪截，如果最饱满芽位于结果母枝先端，可不剪截。

结果母枝上抽生的新梢留先端1～2个结果，其余在20cm左右时摘心，促其形成强壮更新母枝。每个结果枝留1～2个栗苞，结果枝结果后回缩到更新母枝处。

3. 密植栗园的控冠修剪 要实现密植板栗早果丰产和持续高产，必须掌握3项关键技术：一是保证前期有足够数量的枝条，为早期丰产打下基础；二是保证枝条养分分配均匀，促生中庸枝，为早期丰产奠定基础；三是保证树型结构紧凑，控制树冠外展。

（1）间伐。根据栗园的栽植密度和郁闭程度决定是否间伐。间伐的时间以春秋季为好，对于株行距2m×3m、郁闭程度达到95%以上的栗园，视栽植行向进行隔行或隔株间伐，间伐后的株行距为3m×4m。

（2）促花。

①疏除过密枝、交叉枝、重叠枝，打开内膛，增加光照。对主侧枝背上的2～3年生过高枝组，从基部2～3cm处进行回缩，促生壮枝。郁闭度较轻的栗园，可以进行树冠处理，重点是回缩外围枝组，压缩过高过密的结果枝（组），疏除多余的细弱枝，打开栗园行间、株间和树冠内膛，增加光照，培养壮枝。

②促壮枝。大型枝组、重叠枝、密集枝经重回缩、疏除以及短截后，剪口会抽生出大量的新梢，有目的地培养这些新梢作为更新枝，疏除丛状枝、密集枝、背下枝、侧生枝，保证新抽生的枝条有良好的光照从而形成饱满的混合芽。

③促成花。8月中、下旬，对较长新梢在枝条3/4饱满芽处进行短截，降低枝组高度，促进养分积累。

（3）控冠。密植栗园持续高产的关键是保证园内通风透光，减缓树冠的扩展速度，延迟郁闭年限。除利用轮替更新的控冠修剪技术外，应采取以下措施：

①施肥控冠。板栗的结果枝不需要太长，尤其是密植栗园，更需要结果枝短而粗、芽体饱满。因此，在施肥时，尽量不施或少施氮肥，以有机肥或磷、钾肥为主，每公顷施用有机肥45～75t或磷酸二铵450～600kg，使枝条壮而不旺、短而不弱，缓慢扩冠。

②节水控冠。结果板栗大树新梢生长时间短，春季不是特别干旱的情况下尽量少浇水，避免结果枝过长。

③利用短枝品种。短枝品种比常规品种的枝条生长量小，树冠扩展慢，利用短枝品种建园，可大大减缓栗园的郁闭年限。

4. 自然开心形整形

（1）定干。栽植后距地面50～70cm处剪截，注意剪口下方要留5～7个饱满芽。

（2）主枝选留。当年从剪口下抽生的枝条中选出3个长势均衡的枝条作为主枝培养，使枝条以50°～60°开张，向外斜生。

（3）侧枝培养。翌年从各主枝抽生的健壮分枝中选留 2～3 个作为侧枝，侧枝在主枝上的间距为 50～80cm，并左右错开，夏季反复摘心，促生分枝，增加枝量。

5. 结果树修剪

（1）结果母枝的修剪。强结果母枝尾枝上有 5～6 个完全混合花芽，应轻剪，保留 2～3个结果枝；中壮结果母枝尾枝上有 3～4 个完全混合花芽，保留 1～2 个结果枝，过密重叠时，则疏剪较弱的枝；衰弱的结果母枝应回缩，在下面培养新的结果枝代替，同时弱结果母枝上的细弱枝应及早疏除，使养分集中供应母枝，使其转弱为强。

（2）雄花枝的修剪。10cm 以上雄花枝留基部 2 个芽短截；不超过 10cm 或顶芽饱满的短粗雄花枝，翌年可抽结果枝，可不剪。

（3）营养枝的修剪。30cm 以上的营养枝基部留 2 个芽剪截，促生新的结果母枝；长度在 20cm 以下的健壮营养枝可甩放不剪。

（4）结果枝的修剪。尾枝健壮、芽体充实饱满的结果枝，按上述处理结果母枝方法的进行处理；尾枝细弱、芽体不饱满的，可按营养枝的方法剪截。

（5）徒长枝的控制和利用。30 cm 以上的强旺徒长枝应先于夏季摘心，冬季短截，促发分枝，翌年去强留弱，去直留斜；对于弱树主枝基部发生的徒长枝，应保留作更新枝。

（三）花果管理

1. 促进雌花形成技术　板栗促进雌花形成技术，应以健壮的树势、枝势为基础，在高营养水平条件下才能达到预期效果，因此促进雌花形成技术是以土肥水为基础的综合技术。

（1）抹芽。通过抹芽减少消耗，将养分集中在优质大芽上，增加了雌花数量，减少了细弱枝数量。另外，抹芽后由于养分集中，促进了新梢基部叶的面积，增加前期光合产物的供应，减少雌花败育率。芽体发绿（花生米大小）时，根据结果母枝强弱确定留芽数量，强枝适当多留芽，一般在母枝顶端留 3～4 个大而饱满的芽，母枝基部留 1～2 个饱满芽，其余芽全部抹除。抹芽的原则是“去小留大，去下留上，去里留外，疏密留稀”。

（2）果前梢摘除、摘心。根据板栗的混合花序在春季形成的特点，为了集中养分促进雌花形成，在结果新梢最上端一个混合花序长到 0.5～1.0cm、顶端呈红色或黄色时，对果前梢摘除或摘心。

（3）疏除雄花序。早期疏除雄花序可以减少养分、水分的消耗，促进雌花的形成。在雄花序不足 2cm 时，除新梢顶端 4～5 个花序保留外，其余的雄花序全部疏除。也可在混合花序能看清楚时开始疏除雄花序，雄花枝的雄花序全部疏除。

2. 增强板栗结实性能　板栗自花结实率低，板栗建园时要配置授粉树，必要时采用人工授粉。通过疏总苞，节约营养，减少雌花败育率，增加每个总苞着生栗实的数量，提高单粒重。花期增硼是降低板栗空苞率的关键措施之一，可采用树冠喷施或土施硼素，花期可喷硼和尿素的混合液。

3. 增加单粒重技术　采收前 30d 左右是栗实迅速增大期，这一时期供水不足会严重影响板栗大小，采收前干旱时注意适时灌溉。采收前 30d 左右，连续喷 2 次 0.3%～0.5%尿素水溶液或 10 000 倍的叶面宝可以提高叶片光合强度，使单粒重明显增加。栗实充分成熟才能采收。栗实的增重主要在后期，过早采收会严重影响栗实单粒重，应根据品种及其总苞开裂规律确定最佳采收期。

任务三　百香果优质生产技术

百香果又名西番莲、西番果、爱情果等，其营养丰富，果汁能散发出杧果、石榴、柠檬、蜜桃、香蕉、西瓜、酸梅、荔枝、草莓、菠萝等100多种水果的浓郁复合香味，故称之为百香果。百香果原产于巴西南部、阿根廷北部和巴拉圭一带，广泛分布于世界热带、亚热带地区。世界上栽培百香果的主要国家与地区有巴西、秘鲁、夏威夷、哥伦比亚、委内瑞拉、哥斯达黎加、危地马拉、巴拿马、厄瓜多尔、斐济、印度、斯里兰卡、马来西亚、泰国、日本、肯尼亚、南非和澳大利亚。

目前，中国台湾的台东、南投、台南、云林、苗栗等地为主要产地，在广西、福建、广东、黑龙江、海南、云南、四川、重庆等地也有种植。百香果枝条垂直飘逸，枝繁叶茂，终年常青，少病虫害，抗热耐寒。其叶形奇特，花大、色艳，挂果期长，可用于庭院、天台花园、园林空中绿化和美化，效果极佳。

一、主要种类和品种

（一）主要种类

百香果（*Passiflora edulis*）为西番莲科（Passifloraceae）西番莲属（*Passiflora*）的多年生藤本植物。西番莲科约有16属，500余种，主产世界热带和亚热带地区。我国有2属，蒴莲属（*Adenia*）和西番莲属（*Passiflora*）。西番莲属约有400个种，其中60多种可以食用，大部分供观赏用。90%的种类产于热带美洲，其余种类多数产于亚洲热带地区，我国有19种，2变种（包括引种栽培种），分布于南部和西南部。百香果果实可供食用的有紫果西番莲、黄果西番莲、大果西番莲、甜果西番莲、香蕉西番莲、樟叶西番莲6种，作为商品栽培的主要是紫果西番莲、黄果西番莲和杂交种西番莲。

（二）主要品种

1. 紫果系列　紫果西番莲果较小，鸡蛋形，星状斑点不明显，单果重40～60g，果汁香味浓、甜度高，适合鲜食，果汁含量较低，平均果汁率30%。其典型特征为卷须及嫩枝呈绿色，无紫色，只有成熟果皮为紫色，甚至紫黑色。该品系耐寒耐热，但抗病性弱，长势弱，产量低。代表品种有紫星、吉龙1号等。

（1）紫星。果实椭圆形，横径7.5～8.5cm，纵径10.0～10.5cm，单果重50～60g，开花至成熟需60～70d，成熟果皮紫色至深紫色，果肉黄色，鲜果酸甜，香味特浓。果肉内均匀分布黑色种子，每个果实含种子45～140粒，种子扁形。紫星自花结实，坐果率高达50%以上，连片种植不需人工授粉，少量种植可进行人工授粉。花期3—4月，成熟期5—7月，整株挂果400～1 000个。3年生树平均株产10～15kg，每亩产量2 000～2 500kg。

（2）吉龙1号。该品种适应性广，抗逆性强，较耐寒，病虫害发生轻，早果、丰产。果实鸭蛋形或球形，紫色或紫红色，生长快，当年种植当年开花，自花授粉，坐果率高达80%以上，当年株10～30kg，第3～5年株产可达100～250kg。果实品质好，含糖量高，

达15.4%～21.0%，维生素C含量丰富，每100g果肉含维生素C可达49mg，香气浓。每平方米平均挂果22.4个，平均单果重61.82g，产量13.85t/hm^2。

2. 黄果系列 黄果西番莲成熟时果皮亮黄色，果较大，圆形，星状斑点较明显，单果重80～100g。果汁含量高，果汁率可达45%，pH约2.3。该品系卷须紫色，茎呈明显紫色，成熟时果皮黄色。其优点是生长旺盛、开花多、产量高、抗病力强，但该品系不耐寒，霜冻即死。酸度大，香气淡，一般做工业原料加工果汁，不适合鲜食。代表品种有华杨1号、长黄511、芭乐味黄金果等。

(1) 华杨1号。由华南农业大学陈乃荣教授从黄果系列中选育，为广东省栽培的主要品种，华南地区成熟期在7月中下旬至12月底。每100g果汁中维生素C含量为14.6mg。该品种具有果大和丰产潜力，经人工授粉亩产可达1 500kg，是良好的果汁原料。

(2) 长黄511。由华南农业大学选育。该品种适应性较强，产量较高，品质优，出汁率较高，每年2—9月多次开花、结果，自花结实，无须人工授粉，且果多果大，抗寒能力强，是值得推广的品种。

(3) 芭乐味黄金果。果实圆形，单果重60～150g，成熟时果色为金黄色，果皮色泽光亮，果肉有浓郁的芭乐香味。

3. 杂交品种系列 为黄色、紫色两种百香果杂交的优良品种，果皮呈紫红色，星状斑点明显，果实长圆形，单果重100～130g，抗寒力强，长势旺盛，可自花授粉结果。果汁含量高达40%，色泽橙黄，味极香，含糖量高达21%，是最好的鲜食加工兼用品种。代表品种有台农1号、台农2号、紫香1号、满天星等。

(1) 台农1号。台农1号由台湾凤山热带园艺试验分所以紫果为母本，黄果为父本杂交的F_1代品种。果实鲜红色，圆球形，果皮无斑点，略光滑，单果重约62.8g。果汁浓黄色，香味浓烈。花期3月中下旬至11月下旬。该品种适应性较强，果实较大，产量较高，品质优，出汁率较高，适宜于夏季凉爽的地方种植。该品种自交亲和，但病毒病较严重。

(2) 台农2号。台农2号是台农1号的改良品种。为提高台农1号抗茎基腐病能力，2014—2015年福建龙岩同安坪顶农场从台湾引进台农1号种子育苗作接穗，利用黄百香果抗茎基腐病强的优势，以黄百香果实生苗作砧木，进行嫁接培育种苗，重新命名为台农2号，并在龙岩红坊、白沙、湖雷试种成功。适宜于北纬24°以南、年日照数2 300～2 800 h的地区种植，当年种植的苗木5月15日前后开花，7月上旬果实上市。台农2号果大、风味佳，在海拔500m以下，土壤pH 5.5～5.6，前作为水稻、土壤疏松肥沃、排灌方便的田块栽植，产量高，其抗茎基腐病更强。

(3) 紫香1号。紫香1号百香果是从台湾引进的台农1号嫁接苗选育而来的鲜食优良品种。成熟期为6月下旬至翌年2月，适合在南方栽培条件下种植，具有耐湿性、抗病性强，自交亲和的特点，自然结果率可以达到70%以上，其果实具有皮厚、耐运输、便于贮运，适合鲜食也适合加工等优势，在广西、广东和福建等地已成规模发展。

(4) 满天星。满天星品种由我国台湾地区从印度尼西亚引进改良培育而成的，因果表有星星点点而得名。花期分别为3—5月和9—11月，成熟期分别为5—6月和12月至翌年3月，开花至成熟需60～80d。茎叶和卷丝均呈绿色，果实呈圆形或卵圆形。该品种为热带品种，抗寒性较差，叶片也带有甜味，易受蓟马、螨虫等侵害，诱发绿斑病，果实较大，甜度高，无香味，耐贮运，适合鲜食。

二、生物学和生态学特性

（一）生物学特性

1. 生长特性

（1）根系。百香果属半木质藤本植物，主根不明显，水平根分布可达4～5m，垂直根分布在5～40cm的土层中。

（2）芽。除冬季低温期外，周年均可生长，据观察，气温达15℃时就开始发芽，夏秋季生长迅速，蔓长可达10m以上，呈黄绿色。叶腋着生卷须和叶芽，花芽着生在卷须基部。

（3）叶。叶片薄革质，叶长6～13cm、宽8～13cm，掌状3深裂，中间裂片卵形，两侧裂片卵状长圆形，裂片边缘有细锯齿，近裂片缺弯的基部有1～2个杯状小腺体，无毛。

2. 开花结果特性

（1）花。百香果花为两性花，单生于叶腋，花大，花径5～7cm，苞片3枚，萼片5枚。花瓣披针形，白色带淡紫色。副花冠由许多丝状体组成，3轮，上半部白色，下半部紫色。雄蕊5枚，柱头3裂。

（2）果实与种子。果实卵形或圆球形，单果重25～60g，果面光滑，嫩时绿色，成熟后黄色或黑紫色。果皮稍硬，果肉橙黄色，以两层液囊形式包裹种子，形成许多表面光滑的颗粒。种子极多，黑色或黑褐色。春种秋实，果实成熟后自然脱落。

（3）花芽分化。百香果花芽属当年分化型，一边抽梢，一边分化，从花芽分化到开花仅30d左右。当年新种的扦插苗到6月就可开花，8月即有少量果实上市，翌年进入正式结果期。每年3—11月可多次开花，成花阶段枝蔓基部上每节可形成1朵花，生产上可连续形成4～6朵正常花，以后每隔2～3节能形成正常发育的花朵。花蕾形成至开花需18～20d，一般在上午10—11时开花。

（二）生态学特性

1. 温度　百香果是典型的热带、亚热带果树，最适生长温度为25～32℃，紫果种喜凉爽气候，黄果种喜热带气候。黄金百香果对低温敏感，一般0℃即受冻害，闽北及高海拔地区尤其要注意霜期来临前的防寒工作，否则主茎上部和侧枝易被冻枯，甚至整株冻死（低于5℃枝蔓冻死，0℃以下连根冻死）。

2. 水分　百香果的根是肉质根，浅根作物，喜湿润状态，忌积水，又怕干旱，要求降水量每年1 500～2 000mm，不应低于1 000mm，开花的适宜相对湿度为50%～60%。干旱缺水会导致花朵发育不良，授粉不完全，果实发育变小、皱皮，甚至落果；水分过多易导致根腐病、茎基腐病害的发生，要及时排干多余的水分，避免病害的发生。

3. 光照　百香果的生长对日照的要求很高，不仅需要相对较强的光照，而且需要充分的光照时间。年日照时间为2 000h的地区基本能达到百香果良好生长的日照要求，但年日照时间2 300～2 800h时，百香果更易积累养分。

4. 土壤　百香果对土壤要求不高，除重黏土外，沙土、壤土和轻砾土都能适应，以

富含有机质、疏松、排水良好、土层深厚、pH 6.0～6.5 的土壤为宜，忌积水和水淹。

三、育苗

百香果可用种子进行实生苗繁殖或用枝蔓进行扦插繁殖，植后一年内可开花结果，全年花果不断。扦插育苗和实生育苗两种繁殖方式培育的苗木定植后，开花结果期及果实品质、风味无显著差别，但实生苗会出现杂交新品种。此外，还可以采用嫁接育苗。

（一）扦插育苗

选择生长健壮、无病虫害、向阳的一年生充分成熟的枝条，取其长 20cm、带 1 片全叶或 2～3 片嫩叶的枝段（后者扦插成活率高）作插穗，用 25mg/kg ABT 生根粉溶液浸泡 30min 或用 1.8%复硝酚钠水剂 6 000 倍液浸泡 4～6h，并加入适量杀菌剂。取出插穗扦插于沙泥或疏松肥沃的沙壤土苗床上，保持适当湿度并遮阳，20～30d 即发根，再将生根插穗移至营养袋或去掉遮阳网直接淋水施肥，待新梢老熟后即可移栽。

（二）播种育苗

在优良母株上选择果大、形正、汁多、皮薄、品质好、充分成熟的果实，取籽洗净晾干，即采即播。播种前将种子浸水 2～3d，洗净后用适量杀菌剂拌种，播于沙床中催芽，然后再移栽到苗床，或直接撒播在疏松肥沃的苗床中。移栽后每 2d 浇水 1 次，保持苗床湿润，并清除园内杂草。移栽 10d 后，发现缺株要及时补缺。若取种容易，可直接将选好的果实晒干，敲碎取种，撒播在育苗地、营养袋或花盆中育苗。当幼苗茎粗达 0.3～0.5cm 时即可出圃移栽。

四、建园

（一）选地

大面积种植百香果以富含有机质、肥沃、排水良好、土层深厚、pH 在 5.5～6.5 的缓坡地为宜，种植前要开好园内排水沟和通道，便于排水和运输，一般黏土地透性差，沙地保水性较差，最好不要种植。

（二）搭架

百香果为蔓生植物，要依赖棚架才能正常生长，搭建通风透光、扎实牢固的棚架为百香果的优质高产的首要条件，同时搭架也可减少百香果的病虫害的发生。棚架以水泥柱、镀锌管、竹为材料，可以搭平棚式或“门”字形平棚式，架高以 1.8～2.0m 为宜，棚架顶部用铁线或尼龙绳编织成“井”字形。棚架要结合当地田块的地形地势及气候环境选择适合的搭架方式。

（三）种植

每年的春季 3 月，气温稳定在 10℃以上就可以种植，切不可早种，以防苗木冻害。种植密度以每亩 50～70 株为宜，株行距 3m×3m，也可结合密植，每亩定植 100～120

株，密植耗时耗工，疏枝疏叶比较多，病虫害难防治，不适合选择。将选好的苗木按3m×3m的距离进行种植，宜选择阴天或晴天进行，将苗木从杯中托出，动作不宜太大，以免泥土松散不利于长苗，将苗轻放入田中定植穴中，用土盖实，栽后及时浇定根水，整理好枝蔓，插上引蔓枝，把苗绑在引蔓枝上固定住，以防枝条被风吹折损伤。

五、田间管理

（一）土肥水管理

1. 土壤管理 百香果生长的夏秋季，雨后要对果园进行中耕浅锄，深度为5～10cm。中耕结合除草进行，次数依杂草生长情况而定。中耕可使土壤疏松透气和切断土壤毛细管，有利于土壤微生物活动和土壤养分的分解，并减少水分蒸发，提高土壤保水能力。

冬季清园后要进行全园翻土，埋入清园后的杂草和残枝落叶，翻土结合每株施入0.8～1.2kg石灰粉。此时中耕既可翻土改土，又可翻动土壤中的越冬害虫，经烈日暴晒、干燥和冬季低温后降低翌年的病虫基数。

2. 水分管理 百香果是浅根系作物，喜湿润，既怕积水又怕干旱。水分是影响百香果产量的因素之一。缺水会使茎干变细，卷须变短，叶片和花朵变小，侧根较少，嫩叶变黄绿色，老叶显暗灰色至变黄脱落，节间变短，节数减少，影响花芽分化，果实变小甚至变空壳，造成减产。积水会造成烂根、烂梗甚至死亡，因此田间管理要开好排水沟，防止积水，并要经常保持土壤湿润，干旱季节特别是开花结果期，更要及时灌水以保证植株正常生长与发育。

3. 施肥 新定植的百香果，前期主要以施入氮肥为主，促进植株生长。定植后10～15d根系开始生长，可施0.5%的稀释尿素水，以后每隔20～25d施1次。中后期主要以磷、钾肥为主，最好施用复合肥，每株15～20kg，于立春前后沟施。在开花结果期，要适当进行追肥，每隔20d要施肥1次，每株施0.5kg左右。

（1）花前肥。施肥时间在4月中旬，以速效肥为主，每株施尿素150～200g、过磷酸钙500g，或沼气液50kg，在树盘周围挖浅沟施入。

（2）壮果肥。在果实膨大期（6—7月）可施用沼气液或腐熟的农家肥，配以少量的复合肥，可采用放射状或条状施肥，应浅施，以防伤根。

（3）基肥（冬肥）。在冬季果实采收后结合修剪施入，此次施肥有利于改善根系生长环境，提高树体养分积累水平，提高抗寒越冬能力，为来年丰产打下基础。施肥量视树势和产量的不同区别对待，成年树每株施厩肥50kg、酵素菌肥3kg和三元复合肥0.5kg，干旱时需适量浇水。

（二）整形修剪

在百香果栽培管理当中，整形修剪对结果迟早、果实品质好坏、能否丰产稳产以及是否便于管理等都有影响。通过修剪调节树枝组成，改善树体空间结构，以增加结果部位，调节通风透光能力来提高树体结果能力，改善树体营养分配，减少病虫害危害，达到丰产稳产。

1. 幼树的整形修剪 幼树的整形修剪是百香果丰产栽培的基础，其目的是培育丰产树形，促进早开花、早结果，主要包括整形上架和结果前整形修剪。

（1）整形上架。一般在小苗恢复生长后进行，插设支柱引导主蔓上棚架。其间应及时除萌抹梢，每6d左右抹芽1次，促使主蔓速生、粗壮。当主蔓长到40～50cm时，在其旁边插上小竹竿或绳索牵引主蔓上架，架式以平顶棚架式和篱笆式为主。主蔓上架后，要经常牵引侧蔓使其呈螺旋状在铁丝架上缠绕生长，侧蔓满架后，断顶绑扎。侧蔓走向为一边一枝，以利于早日抽发结果枝布满支架。

（2）结果前整形修剪。一般是采用单主蔓双层四大枝整形法，当主蔓长到70～80cm时留侧蔓2枝，分别牵引上架，在高出架面10～15 cm处摘心，促发2条主蔓，作第一层主蔓。植株长到150～160cm时，再留壮一侧枝，与主蔓延长枝同时作为二层主枝，分别牵引向反方向上架，形成双层四分枝蔓整形。此期间应将主蔓80cm以下和80～160cm的侧枝、萌枝全部剪除或抹掉。

2. 成年树的修剪 百香果尤其成年树喜光，一年三季花果不离枝，消耗了大量营养成分，若不及时修剪，可引起光照不足，以致树冠郁闭紊乱，枝条密生交叠，病虫害危害加重，结果产量低下。实践证明，经修剪的百香果枝蔓强，养分充足，枝梢健壮，光照通风好，果实硕大，病虫害少。

成年树修剪主要是疏除过密的交叠枝、徒长枝、病虫害枯枝、细弱枝等。修剪的总体要求是树冠通风透光，树枝上下不重叠。修剪时，先剪下部后剪上部，病虫害枯枝全剪去，强树少疏，弱树多疏，向阳面轻剪，阴面重剪。

具体修剪操作方法包括疏剪、摘心和剪枝。疏剪应保证各个主蔓按照一定距离配好结果母枝，将过密重叠枝和细弱枝从基部、主蔓中剪除。摘心一般应在主蔓上留下壮枝2m摘心，对结果枝进行修剪时，确保其上留有6～7个果摘心，挂果期及时反复摘心，保证充足的养分供给每个果实，提升一级果的产出率。剪枝应按2个主枝留蔓，靠近主蔓的枝条先结满果实，成熟收果后，及时修剪保留2～3节的果枝基部，新结果枝会从基部萌出，3～4节在侧蔓上预留，确保其可以重新长出侧蔓。需要指出的是冬季最后一批果实收获后，基本要求是棚顶主干保留30cm，结果母枝保留1～2节，所有的结果枝应从基部进行重剪，重剪应在收果后1个月内进行，有助于多级分枝在结果母蔓中充分抽生出来，使挂果数和花蕾数增加，为提升产量打好基础。

（三）促花保果及采收

果皮表面有紫红色时，表明果实成熟就可以采收，一般果实在5—6月从开花结果到采收需45～50d，8月需50～60d，9月以后要80～90d才可以成熟采收。

1. 促花保果 在百香果盛花期对叶面喷施磷酸二氢钾250倍液进行促花，在7月下旬果实膨大期对叶面喷施硼砂进行保果。另外，还可采取在根部追肥的措施进行促花、保果。

2. 及时采收 百香果果实充分成熟后，连果柄一起自然脱落，落在地面或搁在棚架上，用竹竿将搁在棚架顶的果实取下，并注意轻拿轻放，防止果实受损。采收脱落果实的时间不能超过3d，因为新鲜果实很容易失水变皱，影响外观。如需装箱外运，可在果实九成熟时采收，此时果实还未完全成熟，果实不能自然脱落，需人工采摘。采后用薄膜袋包装贮存保鲜，可提高果实商品价值。

技能实训

技能实训 12-1　香蕉分株繁殖

一、目的与要求

通过实训，初步掌握蕉类分株繁殖方法。

二、材料与用具

1. 材料　抽生吸芽的香蕉植株。

2. 用具　锄头、手铲或小锹、铁铲。

三、内容与方法

1. 吸芽选择　作种苗的吸芽高度应在0.4m以上，假茎粗壮，叶片窄长，大叶芽一般不宜作种苗。

2. 起芽　先将要起苗的吸芽外侧的土壤用铁铲和锄头挖开，挖至吸芽地下茎底部，用手铲挖开吸芽与母株之间的土壤，当见到吸芽与母株地下茎连接处时用手铲从连接处铲断，从母株的地下茎分离出吸芽，然后将吸芽取出并回土填坑。分离吸芽时尽量少伤母株地下茎。

四、实训提示

挖出的吸芽直接用于大田种植或假植在营养袋内备用，吸芽切口最好涂上草木灰，待伤口晾干后定植。

五、实训作业

根据操作与观察，撰写实训报告。

技能实训 12-2　香蕉选留芽和除芽

一、目的与要求

通过实训，初步掌握蕉类植株选芽和留芽的方法。

二、材料与用具

1. 材料　香蕉生产园地。

2. 用具　锄头、钢钎、铁铲、手套。

三、内容与方法

1. 选留芽　“一种多收”的蕉园在香蕉母株抽生吸芽后，根据下一次香蕉预计收获的时期确定留芽的时间，在母株长出的吸芽高度为30～40cm时，选留假茎粗壮、叶片狭长呈剑形、生长位置合理的吸芽作母株接替株。所留的吸芽数量为1～2株，多余的吸芽全部铲除。留芽时香蕉花穗或果穗下方的吸芽、畦面边缘的吸芽和“大叶芽”不留。

2. 除芽　“一种一收”的蕉园不留芽，抽生的所有吸芽全部铲除；“一种多收”的蕉园除留作母株接替株的吸芽外，其余的吸芽全部铲除。除芽时选用锄头或铁铲平整地面，将吸芽的假茎去除，然后用钢尖扎入吸芽球基中间点的生长点，并将生长点捣烂。夏季5—8月每20d左右要除芽一次。

四、实训作业

根据操作与观察，撰写实训报告。

技能实训 12-3　香蕉断蕾和果实采收

一、目的与要求

通过实训，初步掌握蕉类花穗断蕾和果穗采收的方法。

二、材料与用具

1. 材料　抽出花穗未断蕾的蕉株和已成熟即将采收的蕉株、多菌灵。

2. 用具　电工刀、砍刀、软垫、蕉梳切割刀、包装箱。

三、内容与方法

1. 断蕾　晴好天气选择抽穗开花结果的蕉株，根据植株生长的状况确定留取的合适蕉梳数量，一般留取 7～9 梳。在果穗最下端的一梳蕉下 10～15cm 处用电工刀等小刀割断蕉穗的果轴，也可在断口处将无用的蕉梳留取 1～2 果处断蕾，待断口处变干后涂抹 50%多菌灵可湿性粉剂 500 倍液防腐。断蕾的每个植株要做断蕾日期标记，以便确定采收时期。

2. 采收　以 2～3 人为一组，1 人先用砍刀在假茎的中上部砍切 1 刀，使植株缓慢倾斜，另 1～2 人托住缓慢倒下的果穗，持刀人再将果轴割下，果穗上段的果轴一般保留 15～20cm，两人合作将果穗保护性转移。放置采下果穗的地面要垫有棉毡等软物，而且果穗不能叠放，避免机械损伤。用特制的蕉梳切割刀或小刀将蕉梳割下，清除果指上花瓣残萼。清洗果梳后晾干，装入备好的纸箱并封口。

四、实训作业

根据操作与观察，撰写实训报告，并简述香蕉断蕾和采收的注意事项。

技能实训 12-4　板栗挖骨皮嫁接

一、目的与要求

通过本次实训使学生掌握板栗挖骨皮嫁接的方法，熟练操作技能，提高嫁接成活率，并掌握嫁接苗的管理技术。

二、材料与用具

1. 材料　板栗实生苗、板栗接穗。

2. 用具　嫁接刀、嫁接膜、磨刀石。

三、内容与方法

1. 削接穗　接穗剪成 5～20cm 的长度，将穗条中下部削出长 2～8cm 马耳形斜面，在接芽正下方将皮层削去，以刚露出木质部为度。

2. 开砧　在砧木离地面 5～10cm 处剪断，削平断面，用嫁接刀在断面削一光滑侧面，自外向内削出一短斜面。在短斜面上沿木质部与韧皮部之间，稍带一些木质部自上而下直切一刀，长 2.0～2.5cm，将木质部与韧皮部分离，并去除木质部。

3. 砧穗结合　将接穗插入砧木切口，形成层对准、对齐、密接。

4. 绑扎　用嫁接膜绑扎带扎紧、扎密实，确保不漏气。

四、实训提示

实训以个人为单位，以嫁接数量和嫁接成活率为主要考核指标。

五、实训作业

根据实际操作过程和结果，撰写实训报告。

技能实训 12-5　板栗控梢促果

一、目的与要求

通过本次实训，使学生掌握板栗梢果矛盾的调控技术。

二、材料与用具

1. 材料　成年板栗树、多效唑。

2. 用具　标签、记录本、量筒、量杯等。

三、内容与方法

1. 果前梢摘心　当混合花序前段新梢长至 6 片嫩叶时，摘去顶端 2～3 叶，有利于集中营养，促进幼树发育。

2. 药剂控梢　在板栗新梢旺长期喷 15％多效唑可湿性粉剂 300～400 倍液，以控制新梢旺长，促进幼树发育。

四、实训提示

实训时可一部分以果前梢摘心与不摘心对比试验，另一部分以 15％多效唑可湿性粉剂 300～400 倍液为基本浓度，做不同浓度处理对比试验。

五、实训作业

根据实际操作过程和对比试验结果，撰写实训报告。

技能实训 12-6　百香果扦插育苗

一、目的与要求

通过百香果扦插，使同学们熟悉百香果的扦插育苗技术要求，并熟练掌握百香果的扦插技术。

二、材料与用具

1. 材料　百香果树、ABT 生根粉或 1.8％复硝酚钠、沙、泥土、杀菌剂。

2. 用具　修枝剪。

三、内容与方法

1. 插穗选择　选择生长健壮、无病虫害、向阳的 1 年生充分成熟的枝条，取长 20cm、带 1 片全叶或 2～3 片嫩叶的枝段（后者扦插成活率高）作插穗。

2. 插穗处理　用 25mg/kg ABT 生根粉溶液浸泡 30min 或用 1.8％复硝酚钠水剂 5 000倍液浸泡 4～6h，并加入适量杀菌剂。

3. 扦插　取出插穗扦插于纯沙、沙泥各半及纯泥土 3 种不同的苗床上，保持适当湿度并遮阳，20～30d 即发根。

四、实训提示

以小组为单位，分组操作，比较 3 种不同苗床的生根情况。

五、实训作业

根据实际操作过程和结果，撰写操作报告，记录实验结果。

技能实训 12-7 百香果整形修剪

一、目的与要求

通过对百香果上架及修剪的实际操作，掌握百香果整形修剪技术。

二、材料与用具

1. 材料 百香果树。

2. 用具 修枝剪、细绳。

三、内容与方法

以棚架栽培为例，当主蔓 40～50cm 时插立 1 根竹竿牵引主蔓。主蔓上架后或距离棚架 20cm 左右时，进行摘心促分枝，促发 3～4 条一级蔓向不同方向伸长，形成第一批主要结果枝，留 10～12 果；再从一级蔓上 2～3 叶摘心促发二级侧蔓，为第二批主要结果枝，留 6～8 果；从二级蔓上留 2～3 片叶摘心促发三级蔓，为第三批主要结果枝，留 3～5 果；此后促发的枝蔓不再作结果枝，可选留作营养枝，抹除全部花序。允许 1/3 的枝蔓垂吊于棚架下，形成立体挂果，以防棚架上枝叶过密重叠而导致病虫害的发生。

四、实训提示

以小组为单位，分组操作。

五、实训作业

根据实际操作过程，撰写实训报告。

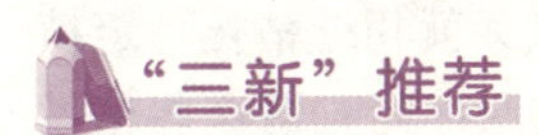

香蕉免耕更新栽培新技术

香蕉免耕更新栽培技术是香蕉更新新技术，这一新技术的应用解决了香蕉园更新时清理老头蕉和土壤翻耕的问题，不仅有利于香蕉园的保水、保肥和土质的稳定，防止了老蕉园香蕉束顶病等病毒病对香蕉的影响，而且费用更低，现将香蕉免耕更新栽培技术介绍如下。

一、清理病毒病残株

应用免耕更新栽培新技术时，新植蕉苗和老头蕉有 1 个月左右的共同存在期，为防止香蕉束顶病和香蕉花叶心腐病等病毒病对新植蕉苗的影响，必须逐行检查，提前 1 个月用 25%氟节胺乳油 500 倍液来就地处理这些病毒病植株。

二、新香蕉苗定植

香蕉采收后，不必把老头蕉挖掉，而是根据不同品种和土壤特性重新确定株距，行距一般保持不变，只是改种在原行间。

为避免老头蕉的蕉根对新定植蕉苗的影响，定植穴要挖得比常规定植穴大，要求面宽、深、底宽为 60cm×50cm×40cm，表土与心土分开等与常规做法相同。

每个定植穴施 10kg 腐熟的猪牛厩肥作基肥，基肥和表土混合回填于定植穴中，回填土高出地面 20cm 左右。

三、杀灭老头蕉

应用 25%氟节胺乳油 500 倍液来处理老头蕉，其技术要点如下：

1. 用具　粗0.6～0.8 cm、长40cm的钢筋（一头磨尖、一头打弯成把手，以便手抓），连续注射器或畜用注射器，500～1 000mL塑料瓶，镰刀。

2. 打洞注药　一手拿钢筋的把手在老蕉干离地50cm处向下斜扎一个洞，深至蕉干心部，另一手用注射器往洞里注入香蕉氟节胺药液，香蕉中高干和矮干树需注入5～7mL，高干树需注入10mL。

3. 注药后处理　若老头蕉的吸芽基部围径在35cm以上，注药后立即用镰刀将其从地表处割除；若基部围径不足35cm，则不必割除。

四、香蕉苗栽后的早期管理

应用香蕉免耕更新栽培技术，行间栽植香蕉苗2个月之内主要管理技术如下：

1. 防治病虫害　为防止老头蕉上的病虫危害新植蕉苗，香蕉苗栽后立即对老头蕉及其吸芽喷洒混合农药，以防止害虫及香蕉叶斑病传播到新植蕉苗。1个月内还要土施5%辛硫磷颗粒剂或3.6%杀虫单3～5g，以防老头蕉上的根线虫和地下害虫转移危害新植蕉苗。

2. 灌水　平地应统一在蕉行的同一侧开浅沟，坡地则应在环山行内侧开浅沟灌水。早期浅沟离蕉苗20cm左右（即恰好在植穴旁边），其宽20～25cm、深5～7cm，这样浇灌的水就从浅沟迅速向蕉苗所在的定植穴渗透，避免了水从蕉苗基部流过而造成土埋蕉苗或把蕉苗冲倒。以后根据蕉苗的生长情况，结合松土培土逐渐把浅沟移向蕉行的行内，浅沟的深度也逐渐加深到10～15cm。如果是水田，则原有的大畦大沟不变，灌溉方法也不变。

3. 大田管理　用氟节胺处理老头蕉20～30d，老头蕉蕉干及其吸芽就相继枯死，定植的蕉苗也已恢复正常生长。处理后45～60d，老头蕉及其吸芽开始腐烂，此时将这些枯烂的老蕉干和吸芽推倒或人工挖下作为香蕉园覆盖物，如果结合松土培土在其上盖上一层薄土，则很快就腐烂变为肥料，供新植蕉苗吸收利用。

板栗高接换种技术

板栗高接换种技术

板栗高接换种是指在原有的老品种树上改接优良品种，将其改接成高产、稳产、品质优、效益高的品种。该技术是近年来实现板栗优质生产的重要技术手段。

一、接穗采集与贮藏

高接换种一般在春季枝条萌发前进行。高接换种用的接穗在萌芽前20d采集，要从优质高产的母树上挑选。选择树冠外围粗壮、无病虫害的老熟枝或木质化的枝条，粗度0.7～1.2cm，简单进行一次修剪，形成Y形接穗，然后采用蜡封的方式保存以减少水分的散失，提高成活率。用的蜡可以是蜂蜡，将蜡放在火上融化，用接穗轻蘸一下，然后套袋贮藏于阴凉处。

二、砧木处理

用于嫁接的主枝粗度要达到5～10cm。选择好嫁接的主枝后，在1m以下的合适位置找到各主枝皮层比较光滑的一面，将主枝锯断，锯口要修整圆滑，有利于伤口愈合。嫁接采取枝接的方式，在刚好到达木质部的地方向下竖切，切口长10cm左右。砧木的切口如果没有准确到达木质部，可用刀刮去皮层，恰好露出木质部。

三、接穗处理

处理好砧木，进行接穗的处理。在枝下 2～3cm 的地方平直切削皮层，使切口恰到木质部，切口长度 10～15cm，翻转接穗，将接穗切断。

四、嫁接

处理好的接穗插入砧木的切口内，让接穗与砧木一侧的形成层对齐，使二者的木质部紧密结合，接穗的切口要高于砧木的切口，这样有利于伤口的结合，然后用绳子捆绑结实，最后用塑料薄膜包扎紧实。

五、嫁接后管理

（一）植株管理

5 月中旬嫁接新枝可长到 1m 左右，此时需要对树体进行修剪一次。将嫁接口以下的枝条全部抹除以减少树体营养的流失，然后将过密枝、重叠枝、交叉枝、下垂枝等影响树体生长结果的枝条全部剪除，最后对枝条进行短截，剪去枝条长度的 1/3，这样可以回缩树形，促进结果枝的快速生长。修剪完成后，还要将嫁接口上的塑料薄膜去除，以利于接口愈合。

（二）肥水管理

高接换种的树第三年就可以开花结果，可与成年树一同进行田间肥水管理。适时施肥，是保证树体营养、促进树体多结果的有效措施。4 月时，追肥 1 次，在距离树基部 1m 的位置开沟，沟深 20cm 左右，宽 20～30cm，每株施有机肥 2～3kg。4 月中旬，雄花先开放。5 月初，雌花陆续开放。到了 6 月，有效授粉的果苞就进入了孕育状态。果苞逐渐形成，这时施 1 次促果肥，喷施 1 次 2%的磷酸二氢钾水溶液，每亩使用 50～70kg 溶液能使果实发育的比较饱满，结出比较好的果实。

丰收后 1 个月左右给栗树补充 1 次营养，为翌年结果做准备，在距离树基部 1.0～1.5m 处的一侧开一条沟，沟宽 20～30cm、深 15～20cm，可以将附近的果壳填入沟中，然后再将有机肥均匀地施入沟中，每株施有机肥 5kg 左右，回土填平即可，施肥后立即浇 1 次水利于肥料的吸收。

（三）病虫害防治

1. 病害 危害板栗的主要病害为栗胴枯病。生产上一般可于板栗果苞发育阶段进行观察，一些树干上会有发黄并且隆起的现象，这是栗胴枯病的症状。6 月下旬以后，树皮病部扩展肿大、逐渐松软、纵向开裂，病菌借雨水、昆虫、鸟类传播，能导致整个枝条或全株枯死。根据栗胴枯病的发病规律，发现后应及时将病区刮去，并涂抹 5 波美度的石硫合剂。

2. 虫害 桃蛀螟是危害板栗最严重的害虫，不仅使产量造成损失，还会造成果实品质大大降低。桃蛀螟的成虫于 7 月下旬至 8 月上旬开始在栗苞的针刺上产卵，从栗苞形成到采收都受到不同龄期幼虫的危害。生产上，利用成虫对糖醋液具有一定的趋性，可在栗树上放置一瓶糖醋液。糖醋液由敌敌畏、乙醇、醋和糖按 0.1∶1∶10∶1 的比例混合而成。每亩栗园可挂 5～6 瓶糖醋液，每 2～3d 更换 1 次，可以有效诱杀成虫。

板栗通过选择优良品种进行高接换种，能充分利用栗树树干粗壮、根系发达的特性，在较短的时间内形成较高的产量，从而有效提升板栗栽培的经济效益。

“双创”案例

沈秀华的板栗致富路

沈秀华的
板栗致富路

沈秀华，曾经是河北省迁安市沙河驿镇一位地地道道的农家女，因为和丈夫翻建自家的房屋，欠下了3万多元的债务。为了还债，她和丈夫做起了收购贩卖板栗的生意。在创业致富的道路上，她经历了板栗发霉变质、产品卖不出去等各种困难。沈秀华克服重重困难，坚持诚信经营，先后开起了农产品超市，建成了板栗仁加工厂，成立了农林专业合作社，将致富的道路越走越宽。

复习提高

(1) 食用蕉类常分为哪几类？目前我国香蕉大面积栽培的良种有哪些？
(2) 香蕉花芽分化与叶片生长有何关系？花芽分化时期对肥水有何要求？
(3) 香蕉对氮、磷、钾肥需求有何特点？如何进行肥水管理才能丰产优质？
(4) 宿根蕉园怎样选留吸芽作接替株？
(5) 板栗有哪些品种群？各有何特点？
(6) 板栗嫁接繁殖砧木有哪几种？各有何特点？
(7) 板栗常用哪些方法进行嫁接？怎样提高其成活率？
(8) 怎样采收和处理板栗球果？
(9) 百香果栽培的最适环境是什么？
(10) 百香果整形修剪的技术要点有哪些？
(11) 如何对百香果进行促花保果？

参考文献

边卫东，2000. 桃栽培实用技术［M］. 北京：中国农业出版社.
卜庆雁，周晏起，2014. 图说葡萄栽培关键技术［M］. 北京：化学工业出版社.
蔡冬元，2001. 果树栽培（南方本）［M］. 北京：中国农业出版社.
蔡永强，2017. 火龙果栽培关键技术［M］. 北京：中国农业出版社.
车艳芳，曹花平，2014. 果树修剪整形嫁接新技术［M］. 石家庄：河北科学技术出版社.
陈杰忠，2003. 果树栽培学各论（南方本）［M］. 3版. 北京：中国农业出版社.
陈清西，纪旺盛，2004. 香蕉无公害高效栽培［M］. 北京：金盾出版社.
陈腾土，1997. 沙田柚高产栽培技术［M］. 南宁：广西科学技术出版社.
冯杜章，赵善陶，2007. 果树生产技术（北方本）［M］. 北京：化学工业出版社.
傅秀红，2007. 果树生产技术（南方本）［M］. 北京：中国农业出版社.
高新一，1999. 板栗栽培技术［M］. 2版. 北京：金盾出版社.
郭继英，赵剑波，姜全，等，2012. 图解桃树整形修剪［M］. 北京：中国农业出版社.
郭俊英，2018. 蓝莓优质高效生产技术［M］. 北京：中国科学技术出版社.
郭晓成，邓琴凤，2005. 桃树栽培新技术［M］. 咸阳：西北农林科技大学出版社.
郭正兵，2000. 果树生产技术［M］. 北京：中国农业出版社.
黄辉白，2003. 热带亚热带果树栽培学［M］. 北京：高等教育出版社.
蒋锦标，卜庆雁，2011. 果树生产技术［M］. 北京：中国农业大学出版社.
李金和，施清，2001. 果树栽培（南方本）［M］. 北京：中国农业出版社.
李亚东，刘海广，唐雪东，2014. 蓝莓栽培图解手册［M］. 北京：中国农业出版社.
梁森苗，2020. 杨梅栽培实用技术［M］. 北京：中国农业出版社.
刘权，1995. 南方果树修剪技术［M］. 北京：中国农业出版社.
刘全，2000. 南方果树整形修剪大全［M］. 北京：中国农业出版社.
刘荣光，2002. 南亚热带小宗果树实用栽培技术［M］. 北京：中国农业出版社.
马骏，蒋锦标，2006. 果树生产技术（北方本）［M］. 北京：中国农业出版社.
马蔚红，2003. 杧果无公害生产技术［M］. 北京：中国农业出版社.
尼章光，王家银，张林辉，2016. 杧果栽培新技术［M］. 昆明：云南科学技术出版社.
聂继云，2003. 果品标准化生产手册［M］. 北京：中国标准出版社.
覃文显，陈杰，2000. 果树生产技术（南方本）［M］. 2版. 北京：中国农业出版社.
任成忠，2013. 中国核桃栽培新技术［M］. 北京：中国农业科学技术出版社.
沈兆敏，1988. 中国柑橘区划与柑橘良种［M］. 北京：中国农业科学技术出版社.
沈兆敏，1992. 中国柑橘技术大全［M］. 成都：四川科学技术出版社.
施泽彬，胡征龄，2020. 梨优质高效栽培技术［M］. 北京：中国农业出版社.
石健全，沈丽娟，1998. 脐橙高产栽培技术［M］. 南宁：广西科学技术出版社.
王俊霞，2018. 核桃栽培与果园管理［M］. 北京：中国农业大学出版社.

王少敏，高华君，2002. 果树套袋关键技术图谱［M］. 济南：山东科学技术出版社.
王跃进，2016. 果树修剪知识与技术［M］. 北京：中国农业出版社.
吴学龙，2004. 南方梨树整形修剪图解［M］. 北京：金盾出版社.
郗荣庭，2001. 果树栽培学总论［M］. 3版. 北京：中国农业出版社.
小林干夫，2019. 图解果树栽培与修剪关键技术［M］. 北京：机械工业出版社.
谢鸣，张慧琴，2018. 猕猴桃高效优质省力化栽培技术［M］. 北京：中国农业出版社.
徐海英，闫爱玲，张国军，等，2015. 葡萄标准化栽培［M］. 北京：中国农业出版社.
徐建国，2003. 柑橘优良品种及无公害栽培技术［M］. 北京：中国农业出版社.
于新刚，2020. 梨树四季修剪图解［M］. 北京：化学工业出版社.
于泽源，2005. 果树栽培［M］. 北京：高等教育出版社.
俞德浚，1979. 中国果树分类学［M］. 北京：农业出版社.
袁卫明，2009. 果树生产技术［M］. 苏州：苏州大学出版社.
查永成，郁怡汶，2010. 板栗栽培新技术［M］. 杭州：杭州出版社.
张铁如，2004. 板栗无公害高效栽培［M］. 北京：金盾出版社.
张育英，陈三阳，1992. 热带亚热带果树分类学［M］. 上海：上海科学技术出版社.
作物学会热带园艺专业委员会，中国热带农业科学院南亚热带作物研究所组，2000. 南方优稀果树栽培技术［M］. 北京：中国农业出版社.

图书在版编目（CIP）数据

果树生产技术：南方本 / 郭正兵，吴红主编．—
北京：中国农业出版社，2021.10（2024.7 重印）
高等职业教育农业农村部“十三五”规划教材
ISBN 978-7-109-28549-1

Ⅰ.①果…　Ⅱ.①郭… ②吴…　Ⅲ.①果树园艺一高
等职业教育一教材　Ⅳ.①S66

中国版本图书馆 CIP 数据核字（2021）第 146650 号

中国农业出版社出版
地址：北京市朝阳区麦子店街 18 号楼
邮编：100125
责任编辑：吴　凯　　文字编辑：刘　佳
版式设计：杜　然　　责任校对：刘丽香
印刷：北京通州皇家印刷厂
版次：2021 年 10 月第 1 版
印次：2024 年 7 月北京第 4 次印刷
发行：新华书店北京发行所
开本：787mm×1092mm　1/16
印张：24.25
字数：560 千字
定价：62.00 元

读者意见反馈

亲爱的读者：

感谢您选用中国农业出版社出版的职业教育规划教材。为了提升我们的服务质量，为职业教育提供更加优质的教材，敬请您在百忙之中抽出时间对我们的教材提出宝贵意见。我们将根据您的反馈信息改进工作，以优质的服务和高质量的教材回报您的支持和爱护。

地　　址：北京市朝阳区麦子店街 18 号楼（100125）

中国农业出版社职业教育出版分社

联系方式：QQ（1492997993）

教材名称：　　　　　　　　　　ISBN：

个人资料

姓名：____________所在院校及所学专业：____________

通信地址：________________________

联系电话：____________电子信箱：____________

您使用本教材是作为：□指定教材□选用教材□辅导教材□自学教材

您对本教材的总体满意度：

从内容质量角度看□很满意□满意□一般□不满意

改进意见：________________________

从印装质量角度看□很满意□满意□一般□不满意

改进意见：________________________

本教材最令您满意的是：

□指导明确□内容充实□讲解详尽□实例丰富□技术先进实用□其他____________

您认为本教材在哪些方面需要改进？（可另附页）

□封面设计□版式设计□印装质量□内容□其他____________

您认为本教材在内容上哪些地方应进行修改？（可另附页）

____

____

本教材存在的错误：（可另附页）

第______页，第______行：____________应改为：____________

第______页，第______行：____________应改为：____________

第______页，第______行：____________应改为：____________

您提供的勘误信息可通过 QQ 发给我们，我们会安排编辑尽快核实改正，所提问题一经采纳，会有精美小礼品赠送。非常感谢您对我社工作的大力支持！

欢迎访问“全国农业教育教材网” http：//www. qgnyjc. com（此表可在网上下载）

欢迎登录“中国农业教育在线” http：//www. ccapedu. com 查看更多网络学习资源

欢迎登录“智农书苑” http：//read. ccapedu. com 查看电子教材